大面积填筑地基
地下水工程效应

谢春庆　潘　凯　徐德欣　著

人民交通出版社股份有限公司

北　京

内 容 提 要

本文依托大量的工程案例,针对"大面积填筑地基"系统研究了其作用机理、过程及其危害;构建了大面积填筑地基水文地质勘察方法体系和地下水工程效应分析技术体系;探讨了地下水渗流场可视化分析技术和物理模型试验分析技术在大面积填筑地基地下水工程效应研究中的运用及其实践;重点研究了红层场地、岩溶场地、冰碛物场地、河谷富水场地、黄土场地、变质岩场地、砂质土场地、非均质土石混合体场地 8 类典型场地大面积填筑地基的地下水工程效应;理论研究与工程实践紧密结合,提出了相关问题的处理和防治措施建议,并取得较好的实际效果。

本书可供机场、公路、铁路、水利水电工程、建筑(市政)工程等相关行业从事大面积填筑工程领域勘察、设计、施工技术人员及科研人员参考使用,也可作为高等院校相关专业的参考用书。

图书在版编目(CIP)数据

大面积填筑地基地下水工程效应/谢春庆,潘凯,

徐德欣著. —北京:人民交通出版社股份有限公司,

2023.11

ISBN 978-7-114-18831-2

Ⅰ.①大… Ⅱ.①谢…②潘…③徐… Ⅲ.①地基—

地下水—地下工程—工程地质—研究 Ⅳ.①P64

中国国家版本馆 CIP 数据核字(2023)第 098560 号

书　　名:大面积填筑地基地下水工程效应
著 作 者:谢春庆　潘　凯　徐德欣
责任编辑:崔　建　章　嵩
责任校对:刘　芹
责任印制:张　凯
出版发行:人民交通出版社股份有限公司
地　　址:(100011)北京市朝阳区安定门外外馆斜街 3 号
网　　址:http://www.ccpcl.com.cn
销售电话:(010)59757973
总 经 销:人民交通出版社股份有限公司发行部
经　　销:各地新华书店
印　　刷:北京虎彩文化传播有限公司
开　　本:787×1092　1/16
印　　张:24
字　　数:548 千
版　　次:2023 年 11 月　第 1 版
印　　次:2023 年 11 月　第 1 次印刷
书　　号:ISBN 978-7-114-18831-2
定　　价:78.00 元

(有印刷、装订质量问题的图书,由本公司负责调换)

前言
FOREWORD

随着经济、社会的不断发展,我国的基础设施包括公路、铁路、机场、港口、水利及城市基础设施建设呈快速发展的势头。但与此同时,工程建设与自然环境之间的矛盾将日益突出,地质灾害和工程病害频发,并逐年增多,不仅大幅增加了建设投资、影响工程顺利建设和安全使用,也不利于可持续发展。特别是对于地形、地质、岩土、水文地质环境复杂,涉及大面积挖填的工程,建设及后期维护过程中遇到诸多工程问题和技术难题,如地下水问题、地基不均匀沉降问题、边坡稳定性问题、特殊性岩土问题、不良地质作用问题等,其中地下水问题是其中最典型的工程问题。地下水与岩土体的相互作用,一方面改变着岩土体的物理、化学和力学性质,另一方面也改变着地下水自身物化性质。地下水的润滑、湿化、软化、泥化、溶解、水解、氧化还原、浮托、渗流、孔隙水孔压等不良作用,引起的地基强度降低、变形增大、地面塌陷、边坡变形失稳、建(构)筑物破坏、排水系统失效、地质灾害风险加剧等工程问题,将对工程的建设和运行产生不利的影响及危害。因此,地下水不良作用对工程的顺利建设和安全运行有非常重要的影响,即"地下水工程效应"不可忽略。

然而,目前国内工程勘察中关于地下水的勘察,多数还停留于传统水文地质勘察、调查阶段,即仅对场地原始的水文地质条件、水化学特征及地下水作用进行勘察和分析,并未对施工期、运营期地下水环境变化和地下水不良作用进行预测,更没有深入分析地下水工程效应对工程建设的影响。现行国家、行业和地方规范、标准对地下水的勘察或水文地质勘察均有相关要求,但基本都针对原始场地水文地质条件勘察,针对施工、运营期水文地质条件勘察和不良作用预测、分析的相关要求较少,且不具体。前人关于大面积填筑地基地下水的研究,多侧重于渗流场、物化特征、动力特征、不良作用、成灾机制的理论研究,与工程实践结合不紧密。

公路、铁路、机场、港口、水利及城市基础设施建设很多都面临大面积挖填施工,其中机场工程最具代表性。近年来,由于对大面积填筑地基地下水工程效应缺乏深入认识,机场建设和运行中出现了一系列的工程问题,如地基过大沉降与不均匀沉降变形、地面沉陷、塌陷、道面脱空、错台、断板、附属建筑结构开裂、边坡变形失稳等,不仅影响到工程的顺利建设和安全运行,同时也造成了不小的经济损失和不良社会影响。

基于此,作者通过总结二十多年来从事大面积填筑工程勘测设计、咨询、审查、研究等相关工程经验和技术成果,以机场大面积填筑工程案例为主要依托,系统进行了大面积填筑工程水文地质勘察技术体系、水文地质分析方法、典型场地水文地质特征及大面积填筑地基地下水工程效应研究。希望相关研究成果和经验总结,能为公路、铁路、机场、港口、水利及城市基础设施建设等相关行业工程技术人员和科研人员提供帮助。

参与本书编写的除谢春庆、潘凯、徐德欣外,还有柳天佳、程瑞驭、李航、赵新杰、廖先斌等,感谢他们的辛勤付出。

本书由广东中煤江南工程勘测设计有限公司资助出版。本书撰写中借鉴和参考的文献已列出,但难免疏漏,在此谨向文献作者一并致谢。

由于作者水平有限,书中难免存在不妥及疏漏之处,恳请读者给予批评指正。

作 者

2023 年 6 月

目 录
CONTENTS

第1章 绪 论

1.1 研究背景

根据交通运输部统计数据,截至2021年12月底,全国公路总里程达528.07万km;铁路营业里程15.0万km;内河航道通航里程12.76万km,港口生产用码头泊位20867个;颁证民用航空运输机场248个,其中定期航班通航机场248个,定期航班通航城市244个。现阶段,我国交通运输行业将加快推动智慧交通发展,大力发展绿色交通,推进智慧公路、智慧港口、智慧航道、智慧枢纽等新型基础设施建设试点,推动智能铁路、智慧民航、智慧邮政等示范应用。

以民用航空为例,目前我国已经基本形成了长三角、珠三角、长江中游、成渝、京津冀五大机场群。"十三五"建设目标已胜利完成。"十四五"时期,我国将加快民航重大基础设施项目建设,稳步扩大机场覆盖范围,将推进以机场为核心的综合交通枢纽建设,强化枢纽机场与轨道交通衔接,进一步促进机场辐射范围扩大和世界级机场群打造,同时将加大对三区三州、边疆边境、东北地区、偏远落后地区中小机场的支持力度。"十四五"时期,我国将迎来新一轮的基础设施建设高潮,公路、铁路、航运、航空等领域的基础设施建设将得到进一步的发展。

但经济发展需要与生态保护相协调,国土空间规划中的"三条红线"不可逾越。随着城市化的进程和建设用地的逐年减少,基础设施建设"上山下海"的情况将会越来越多,工程建设所面临的工程地质问题也将越来越复杂。

对于涉及大面积填筑的工程,建设中往往需要"削山填谷""填海造陆"或大面积软基处理,建设中所遇到的工程地质问题更多、更复杂,如地下水问题、地基不均匀沉降问题、边坡稳定性问题、特殊性岩土问题、不良地质作用问题等,其中地下水问题是最典型的工程问题。

地下水作为地质体中最活跃的成分,其引起的地基沉降、塌陷、湿陷、湿化、冻融、液化及边坡滑移等,给工程建设和后期维护带来诸多困难。据统计,我国70%以上的大面积填筑地基变形、失稳、破坏等直接或间接与地下水相关。

以机场工程建设为例,近年来地下水对机场工程建设的影响日益突出,出现了大量道面不均匀沉降变形、脱空、错台、断板、接缝破坏、冻融、盐胀等工程病害,以及边坡失稳、地面塌陷、滑坡、泥石流等灾害问题。地下水作用贯穿机场全寿命周期,地下水不良作用对工程造成影响的时间差异很大,有的在建设期就暴露,如蒙自机场、铜仁机场、六盘水机场、攀枝花机场、陇南机场、天水机场、遂宁机场、南充机场、天府机场等;有的要几年,甚至几十年才能表现出来,如文山机场、敦煌机场、中川机场、西宁机场、青海湖机场、邦达机场、拉萨机场、库尔勒机场等。

因地下水不良作用引起的工程病害、灾害给机场的建设、运营和维护带来困难,同时大大增加了工程建设投资、后期维护成本和安全风险。

因地下水不良作用引起的工程病害、灾害的典型案例如下:

(1)PZH 机场建设和运营期填方边坡多次大规模滑坡,虽前后耗资数亿元进行治理,但目前仍未完全根治滑坡,造成了重大经济损失和不良社会影响,滑坡相关特征如图 1.1-1 所示。

a) 滑坡全貌特征(坡脚—坡顶)

b) 滑坡前缘地下水出露特征

c) 滑坡应急抢险

图 1.1-1　PZH 机场滑坡特征

(2)NC 机场建设阶段填方地基、高填方边坡变形、滑移和道槽区过大沉降变形,造成工程停滞,建设投资增加,相关特征如图 1.1-2 所示。

a) 加筋墙、填方地基滑移失稳

b) 混凝土重力式挡墙破坏及坡脚地面隆起变形

图 1.1-2　NC 机场填筑地基滑移破坏特征

(3)LC 机场改扩建施工阶段,因填方堆载作用和地下水长期作用,造成机场端头已有填方边坡发生变形滑移,相关特征如图 1.1-3 所示。

图 1.1-3　填方边坡变形特征

（4）LPS 机场建设阶段，填方加载造成老滑坡复活，高填方边坡发生大变形，被迫停工进行滑坡抢险和边坡加固，相关特征如图 1.1-4 所示。

图 1.1-4　LPS 机场老滑坡复活、高填方边坡变形特征

（5）TR 机场二期扩建时，填方边坡滑塌、渗透破坏，填方边坡破坏特征如图 1.1-5 所示。

a) 边坡鼓胀、坡脚剪出　　　　　　　　　　b) 边坡潜蚀破坏冒水

图 1.1-5　TR 机场边坡滑塌、渗透破坏特征

（6）TS 迁建机场试验段土石方和地基处理阶段，边坡区填方施工中老滑坡复活导致地基拉裂、滑移变形，工程被迫停工。此后投入大量费用再次进行场地稳定性论证和滑坡治理，造成设计方案重大变更、建设工期延误、工程投资大幅增加，相关典型特征如图 1.1-6 所示。

（7）LP 机场、LGH 机场运营数年后，土面区、边坡区、围场路、排水沟沿线发生大面积的地面塌陷，特征分别如图 1.1-7、图 1.1-8 所示。

a)   b)

图 1.1-6 TS 迁建机场试验段填方区老滑坡复活变形特征

a) 围场路塌陷

b) 排水沟、土面区塌陷

图 1.1-7 LP 机场飞行区地面塌陷特征

a) 排水沟塌陷

图   1.1-8

b) 巡场路塌陷   c) 边坡区塌陷

图 1.1-8   LGH 机场飞行区地面塌陷特征

(8) XN 机场站坪、联络道自 1991 年建成以来,分别于 2005 年、2007 年、2012 年和 2018 年进行了四期改扩建,2012 年后道面出现了较大规模的接缝破坏、道面脱空、沉陷、错台、断板、碎板等病害,造成部分站坪停用,后期投入大量费用进行道面病害治理,相关特征如图 1.1-9 所示。

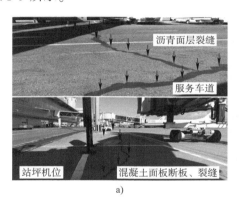
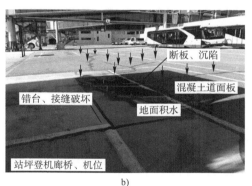

a)   b)

图 1.1-9   站坪道面沉陷、断板、错台特征

(9) LS 机场站坪、联络道发生大面积道基过大沉降、不均匀沉降,道面断板、碎板、错台、接缝破坏,相关特征如图 1.1-10 所示。

a)   b)

图   1.1-10

c)
d)

图 1.1-10　站坪、联络道道基过大沉降、不均匀沉降,道面断板、碎板特征

（10）GH 机场自建成至今老道面发生了大面积的沉陷、错台、断板、碎板、板角剥落、接缝破坏、角隅断裂等病害,相关特征如图 1.1-11 所示。

a) 道面沉陷、错台特征
b) 接缝破坏特征

c) 贯穿跑道断板、碎板特征
d) 道面板冻胀隆起、胀裂特征

图 1.1-11　GH 机场道面病害特征

综上,针对大面积填筑工程,仍有以下几方面的问题需要进一步探讨和研究:

（1）如何将传统水文地质勘察、调查与工程建设相结合,采用"工程水文地质"的思维、勘察方法,查明工程建设场地的水文地质条件,提供相对准确的水文地质参数,从而更好地服务工程建设?

（2）大面积挖填施工是否会引起工程区水文地质条件变化? 如何变化? 水文地质条件

变化是否对工程建设产生影响？产生什么影响？影响程度如何？

（3）地下水的作用机理以及地下水不良作用引起的工程效应有哪些？典型的表现形式和易造成的灾害和工程病害有哪些？

（4）不同地区的各类典型场地的水文地质条件和大面积填筑地基地下水工程效应有哪些特征？

（5）如何有效防治地下水不良作用引起的灾害、工程病害？可采用哪些有效、经济、适宜的处理措施？

……

1.2 研 究 目 的

本书以工程实践为基础，系统总结并提出一套完整的大面积填筑地基水文地质勘察、分析技术体系。以典型场地大面积填筑工程案例为依托，详细分析工程场地的水文地质特征，分析典型灾害、病害的成因机制，深入研究地下水工程效应对工程建设、地质环境的影响；分析各类典型大面积填筑地基地下水控制和病害、灾害防治措施及效果，针对地下水不良作用引起的工程问题，总结提出技术可行、经济适宜的处置措施建议。通过研究，为大面积填筑工程的勘察、设计、施工、病害防治、科学研究等提供技术参考，助力于提高工程建设质量，节约建设投资、降低安全风险。

1.3 研 究 内 容

本书主要研究内容包括以下几个方面：

（1）大面积填筑地基水文地质勘察与分析方法研究。

研究大面积填筑地基水文地质勘察技术方法和水文地质分析方法，以大面积填筑地基生产、科研实践为基础，总结、创新性地提出一套针对大面积填筑地基的水文地质专项调查、勘察技术体系和水文地质分析技术体系。

（2）大面积填筑地基地下水工程效应物理模型试验方法研究。

研究物理模型试验方法在地下水工程效应分析中的运用，包括模拟区选择、模型搭建、边界条件控制、数据采集、数据分析及地下水作用与大面积填筑地基变形、稳定性的相互关系等。

（3）大面积填筑地基地下水工程效应数值模拟方法研究。

结合典型工程案例，研究"大面积填筑地基工程地下水渗流场特征数值模拟方法""大面积填筑地基工程地下水作用与地基变形分析数值模拟方法""大面积填筑地基地下水作用与边坡稳定性分析数值模拟方法"，为地下水工程效应分析提供技术支撑。

（4）大面积填筑地基地下水作用机理研究。

研究大面积填筑地基地下水作用机理和效应，如"强度劣化效应""增湿加重效应""渗流潜蚀效应""孔隙水压力效应""冻结层滞水效应""锅盖效应"等，为大面积填筑地基地下水工程效应分析提供理论依据。

（5）典型工程场地大面积填筑地基地下水工程效应研究。

依托典型场地的工程实践案例，分析各类典型场地原始地基水文地质特征和工后水文地质特征，特别是大面积填筑施工对场地地下水渗流场的影响，从而进一步分析各类典型场地大面积填筑地基的地下水工程效应和对工程建设的影响。该项研究包括"红层场地大面积填筑地基地下水工程效应""岩溶场地大面积填筑地基地下水工程效应""河谷富水场地大面积填筑地基地下水工程效应""黄土场地水文地质特征及填筑场地地下水工程效应""冰碛物场地水文地质特征及填筑场地地下水工程效应""变质岩场地大面积填筑地基地下水工程效应""非均质土石混合体大面积填筑地基地下水工程效应""砂质土大面积填方地基地下水工程效应分析"。

（6）大面积填筑地基地下水控制措施和病害、灾害防治措施研究。

在大面积填筑地基水文地质勘察与分析方法研究、地下水作用机理研究、典型工程场地大面积填筑地基地下水工程效应研究的基础上，结合工程实践进行大面积填筑地基地下水控制措施和病害、灾害防治措施研究；针对地下水不良作用引起的工程问题，总结提出技术可行、经济适宜的处治措施建议。

1.4 技 术 路 线

本研究的技术路线，见图 1.4-1。

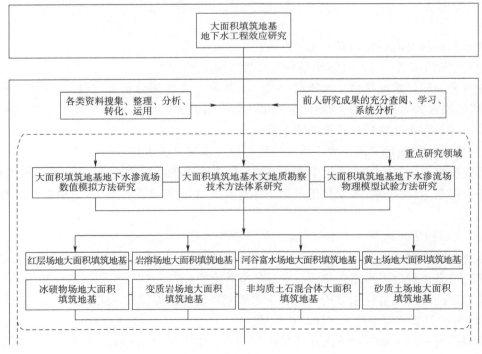

图 1.4-1

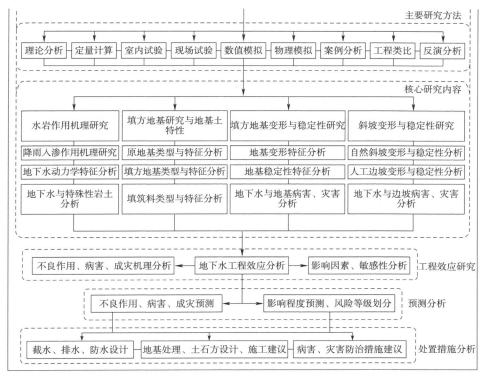

图 1.4-1 研究技术路线图

1.5 国内外研究现状

1.5.1 填料工程特性研究

大面积填筑工程采用的填筑料类型,按地质成因划分为残积土、坡积土、洪积土、冲积土、淤积土、冰积土、风积土和人工开挖的岩质块碎石土;按粒径和塑性指数划分为碎石土、砂土、粉土和黏性土;按工程填料和可挖性分类划分为石料(块石料、碎石料)、土石混合料(石质混合料、砾质混合料、土质混合料)、土料(砂土料、粉土料、黏性土料)和特殊土料(工业废渣、矿渣等)。

1)碎石土、混合土

碎石土作为一种天然建筑材料,被广泛地应用于建筑地基、路基、场道等工程中,关于其土石比、级配、压密工艺、工法、检测方法及碎石土地基的强度、变形特征、渗透性等方面的研究取得了许多有价值的成果。粗粒土是指粒径为 0.075～60mm 的颗粒含量(质量比)大于 50% 的土石混合料[1]。对于由粗粒土形成的地质体,工程中往往按照特殊土体来对待,《岩土工程勘察规范》(GB 50021—2001)(2009 年版)[2]、《工程地质手册》(第 5 版)[3] 以及其他相关规范中将其称为"碎石土",碎石土是土石方工程中常见的土体之一。

油新华等[4] 在对三峡库区蓄水边坡进行工程地质调查的基础上,正式提出了土石混合体的概念,并据此进行天然地质体的统一工程分类,将地质体分成岩体、土石混合体、土体三大类,同时将含石量介于10%~90%之间的岩土体称为土石混合体。董云[5]通过室内试验对以岩性、含石量和分维值为分类坐标的土石混合料进行了强度和击实试验,得到了土石混合料按上述指标分类的界限值,提出了混合料中软硬岩分类标准及含石量分类标准。

成国文等[6]利用PFC颗粒流分析软件模拟不同含石量土石混合体在双轴压缩条件下的颗粒变形特征,研究得出含石量低于20%时,土石混合体的性质与土类似;当含石量为45%左右时,土体和块石共同承担压力;当含石量大于70%时,块石起到骨架作用而抵抗变形。徐文杰等[7]应用分维理论对虎跳峡右岸分布的土石混合体粒度分布的分维规律进行了研究分析,研究表明,土石混合体的分维分布与自身的成因及形成过程有关。

武明[8]通过室内大型三轴试验,研究了颗粒含量、干密度、含水率等于混合土抗剪强度的关系,得出土石混合料尽管化学成分、风化程度、级配组成不同,但共同的特征是可以将这类土视为由粗、细两种料组成,其工程特性主要取决于粗、细料的含量。周中等[9]通过自制的常水头渗透仪,测定了不同含砾量时土石混合体的渗透系数值,研究发现含砾量与土石混合体渗透系数之间存在指数关系。朱崇辉等[10]通过对不同级配粗粒土的渗透试验研究和相关性分析,得出粗粒土的渗透系数与反映其颗粒级配特征的不均匀系数和曲率系数存在较大的相关性,并以太沙基公式为例,将原有公式修正为与级配参数相关的函数表达式,从而体现出粗粒土渗透系数与级配特征的关系。

2)砂质土

砂质土与其他类型的土在结构、物理力学性质上存在着明显差异。砂质土的粒组特征往往与其工程性质和运用相关联。刘恒[11]通过对含黏粒砂土填方路基渗透特性及沉降研究认为,粉砂、细砂土容易出现流沙现象,中砂、粗砂土虽然性质相对较好,但其仍有可能出现管涌、渗漏等不良现象。关于砂质土用于地基填料的研究,张晓、李洪胜等[12-13]对公路填砂路基的施工技术进行了探讨,获取了一些砂质土填筑施工技术方面的成果。

3)红黏土

红黏土是指碳酸盐岩经风化作用形成的高塑性黏土,在我国的云贵高原、四川盆地东部、湖北、湖南和广东、广西北部地区广泛分布,是一种区域性特殊土,颜色为棕红或棕黄,覆盖于碳酸盐岩系之上。液限大于或等于50%的高塑性黏土,为原生红黏土;原生红黏土经搬运、沉积后仍保留其基本特征,且液限大于45%的,为次生红黏土。谢春庆等[14]以黔东某机场为例,探讨了红黏土的基本物理力学性质及工程地质特性,得出红黏土具有高含水率、高塑性、低膨胀、强收缩、中高压缩性、较高承载力的特性,总体上是一种良好的天然地基土,但受网状裂隙、厚度分布变化剧烈等影响,沉降变形大,是一种不均匀的地基。纯红黏土填土的强夯施工多数是失败的,原因是红黏土含水率过高,孔隙水压力难以消散,反复击打易形成橡皮土,周围隆起,土的强度反而降低,应加入其他的碎石、块石填料。徐榴胜[15]通过室内试验结合工程实际探讨了红黏土在岩土工程应用中的一些代表性问题,如塑性图、红黏土分类、膨胀式与试验研究及一些工程的隐患的发生和发展。刘敏等[16]根据现场勘察及地基监测资料,对毕节机场红黏土的空间分布特征、基本物理力学性质、红黏土地基的承载特性、击实特性及膨胀特性进行阐述,在此基础上提出了红黏土地基的加固处理方案。张涟英等[17]通过对多条已建高速公路红黏土边坡破坏或稳定状态调查,总结了贵州高速公路红黏土边坡的变形破坏机理,认为红黏土自身结构、开挖卸荷及水的作用是导致红黏土边坡坍塌的主要因素。刘春等[18]通过对非饱和红黏土的强度特性进行了常规三轴试验研究,得出了随土样饱和度的增加,其吸力强度降低,且饱和度与吸力强度呈指数函数关系。

4)冰碛物、冰水堆积物

冰碛物、冰水堆积物是在冰川作用过程中所挟带和搬运的碎屑构成的堆积物。冰碛物、冰水堆积物是一类成分、结构和性质复杂的第四纪堆积物,其工程性质与粗粒骨架和充填物密切相关。冰碛物、冰水堆积物的宏观特征是分选、定向、磨圆、层理性差,粒径变化大,与常见的冲击、洪积、泥石流堆积、坡积、残积等地质成因的土体存在明显差异。曾涛[19]对康定地区冰水堆积物和冰碛土进行了物性试验,颗粒形状特征分析试验和大型三轴试验和冻融循环试验,讨论了该类土基本物理性质、颗粒形态特征、强度参数以及冻融循环下边坡滑移位移等。涂国祥等[20]通过室内大型常规三轴试验,对大渡河某巨型冰水堆积体堆积物的变形特性、强度特性等进行了研究,研究表明,冰水堆积物在剪切破坏过程存在明显的剪胀现象和应变强化现象。张杰[21]通过含水率、颗分、CBR(加州承载比)等室内土工试验,并依据规范,对冰水堆积物土体作为高速公路路基填料的可行性进行了分析,并由室内击实性能试验得到了最大干密度和对应的最佳含水率,可用于指导现场填筑施工。方学东等[22]对稻城亚丁机场冰碛土物理力学性质研究表明,冰碛土颗粒级配良好,经过后期多次冰川的不断压实,表现出承载力高、密度高、空隙比小以及地基变形模量大的工程特性,前期固结压力平均值可以达到290kPa,能够作为高原重大工程的天然良好地基。谢春庆[23]通过野外调查、室内试验、现场测试等方法,对川西冰碛层分布、结构特征、物理力学性质等进行了研究,并开展了冰碛层作为路基填筑料的相关研究[24],研究表明,只要处理得当,冰碛层具有较好的路用性能,适合作为路基填料;又以川西某机场为例,研究了冰碛土的工程性能及地基处理方法[25];同时通过开展冰碛层地下水工程效应及处理方法研究[26],在系统研究冰碛层水文地质特征的基础上,采用理论计算、模型分析及数值模拟等方法,从冰碛层结构特征、富水性及渗透特性及液化特性等方面分析了冰碛层地下水浸泡软化与渗透破坏等工程效应,提出了降低或消除承压水头、强夯置换、碎石桩及反滤层等地基处理方法,可有效地消除了冰碛层中地下水对工程的不良影响,相关研究成果对同类地基研究、工程建设具有重要的参考意义。

5)湿陷性黄土

我国黄土分布面积广,并以黄土高原为典型代表。黄土高原地处我国西北内陆干旱半干旱气候区,受自然环境、干湿循环气候的作用和时空分布不均匀的水资源作用,导致黄土与生俱来就具有两大工程特性,即结构性与非饱和性[27]。在黄土地区,水岩作用引起的地基湿陷、黄土滑坡等不良地质作用、工程病害等越来越多,因此,在黄土的结构特征、工程特性、水岩作用机制作用下的原生黄土及黄土人工地基的物化特征、强度特征、变形特征一直是黄土及黄土地基工程特性的研究难点和热点。

大量的研究表明,黄土的结构性特征包括固体颗粒大小、形状、分布,孔隙的形态、大小、孔隙率,以及固体颗粒的空间排列分布、胶结形式等;结构性使得黄土具有保持原有结构不被破坏的能力,一旦结构发生破坏,相应的力学性质也将发生变化[28]。关于原生黄土的结构特性,国内外大量学者从细观、微观结构等方面进行了研究,取得了很多有益的研究成果。国外学者Sajgalik J[29]采用电镜扫描研究了黄土的微观结构特征及黄土的崩解机理;国内学者朱海之[30]、张宗祜[31]等,借助光学显微镜对黄土的微观结构进行了研究,提出原生黄土的多种结构形式;高国瑞[32]等对黄土的微观结构开展了大量的研究,对黄土显微结构特征进行了较为系统的分析与分类。这些研究为黄土的特殊工程性质问题的研究奠定了理论基础。在黄土细观、微观结构性研究的基础上,部分学者还从物理力学的角度,定量研究和描述了黄土的结构性力学特征,提出了"结构屈服应力与结构强度"的细观力学概念[33-34],但仍然存在诸多不足,后续又有很多学者进行了深化研究,细化完善了相关研究成果[35-36]。黄土的初始结构性与其矿物组成、堆积历史、颗粒之间的联结力大小、排列紧密程度等密切相关,黄土结构的变化为黄土地区环境地质问题、灾害、病害的形成等提供了重要的内在条件。除了外部营力的作用,地下水也是引起黄土结构发生变化的重要因素之一。黄土是西北等黄土分布区主要的填筑材料之一。关于黄土地基处理、施工技术方面,较多的学者进行了现场物理模型试验、室内试验及数值模拟等相关研究[37-39],取得了许多有意义的研究成果,并运用于工程实践中。

1.5.2 地下水位变化及其危害研究

气候变化、地质环境变化、人类工程活动(如工程扰动、大量抽取地下水、人工引水灌溉)等会不同程度地引起地下水位的变化,地下水位变化往往会引发一系列的环境地质问题和岩土工程问题。前人关于地下水位升降引发的环境地质问题和岩土工程问题做了大量研究[40-44]。研究得出,地下水位的变化可能会造成如下几方面的问题。

1)地下水位上升引起的主要问题及危害

地下水位上升引起的常见工程问题有:①浅基础地基承载力降低;②砂土地震液化加剧;③建筑物震陷加剧;④土壤沼泽化、盐渍化;⑤岩土体产生变形、滑移、崩塌失稳等不良地质现象;⑥地下水的冻胀作用;⑦对湿陷性黄土、崩解性岩土、盐渍岩土的不良影响;⑧膨胀性岩土产生胀缩变形等。

造成地下水位上升的因素很多,如大气降水增多、气温升高、大面积填筑施工、人工灌溉、修建水利设施等。一方面,地下水位上升将使岩土体的含水率增大,天然重度增加,岩土体的强度下降,即工程领域俗称的"饱和增湿作用"和"强度劣化作用";另一方面,地下水位上升还会引起岩土体孔隙水压力的升高,即产生"孔隙水压力效应"。由于地下水位上升产生的不良作用,可能引起滑坡、泥石流、岸坡垮塌等不良地质作用和土体盐渍化、沼泽化等环境问题。对于工程建设,地下水位上升会影响地基的强度和稳定性,并影响建筑物、构筑物的稳定,造成地基的变形、渗透破坏、边坡失稳、建筑基础上浮、变形破坏等;在湿陷性土地区,地下水位上升将引起地基的湿陷沉降变形;在季节性冻土地区,地下水位上升将引起地基土冻融,影响上部结构、地下结构的变形;在砂性土分布区,地下水位上升将使地基土有效应力降低,加剧饱和砂土、粉土的液化程度;在滑坡、不稳定斜坡分布区,地下水位上升将加剧斜坡的变形失稳。

2)地下水位下降引起的主要问题及危害

地下水位下降引起的常见工程问题有:①地面塌陷;②地面沉降;③海水入侵;④地裂

缝、滑坡、岸坡垮塌;⑤地下水枯竭,水质恶化;⑥地基附加沉降,建筑的沉陷等。

气候变化降雨减少、大量抽取地下水、施工降水、地基处理、工程施工等会引起地下水的下降,地下水下降不但会影响自然环境,也会对工程建设造成危害。一方面,地下水的减少会降低岩土含水率,对地表植物、空气湿度造成影响,导致土地荒漠化以及水质污染现象;另一方面,地下水位的大幅降低会引起地面沉降、开裂甚至塌陷,影响地基的稳定性。

在岩溶分布区,地下水位下降会显著改变其水动力条件和应力平衡,造成岩溶或土洞的塌陷。地下水位下降造成地面沉降、开裂的现象,主要是由于地下水位下降后土体中孔隙水压力下降,有效应力增大,从而引起土颗粒的固结压缩变形导致的,如西安、上海等许多大中城市,由于气候变化和大量抽取地下水造成地下水位下降,引发地面沉降、开裂和建筑物变形破坏。

3)地下水位频繁升降引起的主要问题及危害

地下水位频繁升降,对工程建设的影响也是非常显著的,如在河谷富水区、盐渍土分布区,由于降水、冰雪融水季节性变动,以及水利工程人为因素的影响等,地下水位频繁地变动会使地基土的状态、含盐量、结构不断变化,从而影响地基土的强度和变形特性。由于地下水的反复升降,部分土体还会发生渗透变形,影响地基稳定。目前很多机场、公路、建筑场地发生的脱空、沉降、边坡垮塌、地面塌陷等不良现象与地下水位的频繁升降作用密切相关。

1.5.3 水岩作用机理研究

"水岩相互作用"这一术语由水文地球化学学科的奠基人之一、苏联著名水文地质学家奥弗琴尼柯夫于 1938 年提出,至今,水岩相互作用研究内容已发展成为水-岩(土)-气-有机物相互作用机制[45-46]。正如 Brace W F 所说"没有一种自然物质,在影响地质作用的进程方面能够与水相提并论"[47]。由此可见,地下水与岩土相互作用对于岩土体变形破坏的重要性。

地下水与岩土体相互作用类型主要包括力学作用、物理作用和化学作用三类:①力学作用,如孔隙水压力效应、动水压力效应、饱水加载效应;②物理作用,如浸泡软化、湿化、泥化、润滑作用,结合水强化作用,以及掏蚀、侵蚀作用;③化学作用,如离子交换、溶解、水化、水解、溶蚀及氧化还原作用[48]。

张芳枝[49]等国内学者对特殊土质进行了干湿循环条件下的工程力学试验,初步探讨了干湿循环影响下土体抗剪强度的变化规律。关于非饱和土基质吸力的变化对于预测边坡、支挡结构、基础结构的稳定性十分重要,近年来也得到了较为广泛的研究。Gasmo[50]和 Charles[51]分析了饱和渗透系数和土-水特征曲线关系,得到了水渗透性函数。戚国庆等[52]以实验数据为基础,对非饱和土中基质吸力变化产生的应变进行了探讨,建立了非饱和土应变与含水率的变化关系,并对降雨引起的边坡位移机制及规律进行了分析。唐辉明[53]、马淑芝等[54]运用水-岩耦合三维有限元数值模拟对不同库水位变动状态下的地下水位变化和滑坡稳定性进行了分析。此外,刘建军[55]根据岩土饱和-非饱和渗流理论,进行了强降雨条件下公路边坡地下水渗流场动态的模拟分析,得到了滑体内地下水压力水头、总水头及流速的变化规律。

目前基于渗流条件下的填方地基,尤其是填方边坡稳定性问题研究仍存在许多的疑问,如何解决好渗流引发大面积填筑地基、填方边坡变形破坏问题依然需要更加深入的研究。

1.5.4　大面积填筑地基病害、灾害研究

我国自然环境复杂,受场地条件的制约,许多分布在山区丘陵、山前堆积扇、河谷海滨地区的大型工程,建设阶段经常会面临大面积的挖填施工问题,"削山填谷""填海造陆"的情况很常见。以地形地貌、地质环境复杂的西部地区机场工程为例,近年来地质灾害、工程病害频发,给工程建设、后期维护带来诸多困难[56-58]。

西南地区典型案例如攀枝花机场高填方边坡多次大规模的滑移[59-63],贵州某机场建设期填筑体、填方边坡变形滑塌[64],蒙自机场试验段填筑体大型滑坡、南充机场道槽区沉陷变形、高填方边坡滑移[65],康定机场高填方边坡滑坡、道槽及土面区填筑体沉陷[66-67],昆明长水机场道槽区过大沉降、地面塌陷[68],泸沽湖机场、黎平机场地面塌陷等。

西北地区典型案例如敦煌机场,自建成通航以来,道面逐年出现鼓胀变形破坏,道面板拱起、开裂、错台[69-70];山西吕梁机场老滑坡、填方边坡变形、地基沉降变形[71-72];西宁机场道面沉陷、脱空、断板破坏;延安机场、陇南机场填方地基、边坡的变形;共和机场老道面沉陷、错台、大面积断板等。

大面积填筑地基出现的这些工程问题、工程病害及灾害,不仅增加了建设、维护费用,还给机场的顺利建设和后期安全运营造成了较大影响。综上,前人开展了大量关于大面积填筑工程病害、灾害研究,但关于地下水工程效应与大面积填筑工程病害、灾害相关研究仍有许多问题需要进一步探讨。

1.5.5　地下水数值模拟研究

地下水数值模拟是基于计算机利用数值方法来分析和预测不同条件下局部或区域地下水系统行为的一种手段,我国在地下水数值模拟技术方面起步较晚[73]。近几十年来,随着地下水科学和计算机科学的发展,地下水数值模拟技术也得到了快速发展,特别是三维水流模型与有限元算法程序这两方面的引入,推动了溶质迁移技术的发展。数值模拟方法以其方便灵活、适用于各种复杂水文地质条件的特点,已广泛应用于地下水资源预测、水资源环境分析、水流影响评价之中[74-75]。

常见的地下水数值模拟方法主要包括有限差分法(FDM)、有限元法(FEM)、边界元法(BEM)和有限分析法(FEM)等。常用的地下水数值模拟软件有 Groundwater Modeling System(GMS)、FEFLOW、Visual MODEFLOW、Visual Groundwater、MIKE SHE、MT3DMS、TOUGH2、PEST2000、SEEP/W 等,它们已越来越成熟地被应用于各类地下水数值模拟中。

目前地下水数值模拟在实际运用中,仍然存在不少问题[76]。如:不重视具体地质条件、水文地质条件的研究;在具体建立模型时不能正确建立反映当地具体条件的概念模型,或者不是根据具体地质、水文地质条件来建立模型;不重视概念模型的建立和数值模型的识别、检验,而是随意主观地忽视一些现象或边界条件、随意增删数据,去搞"拟合"等,使得模拟结果失去可信度。

但不可否认,地下水数值模拟技术在地下水领域中的应用十分广泛,是辅助解决地下水相关问题的一个重要技术手段。

1.5.6　地下水物理模型试验研究

物理模型方法是一种发展较早、应用广泛、能形象直观地反映地下水与地质体作用过程的分析方法。物理模型试验,可将繁杂的实际场地水文地质条件情况简化为一个简单的水文地质模型信息,然后用相似的物理模型法来比拟水文地质模型[77]。在早期研究中,相关学者做了一些关于地下水物理模型的试验研究,提出在采用的物理模型试验中,材料的选用应能满足相似性原理并易于观察试验现象和测量各种数据,同时模型应尽量简化;陈鸿雁等[78]开展了地下水运移的物理模型试验研究,得到了较好的预期试验结果,地下水物理模型试验可以直观地反映地下水渗流场及可能出现的物理现象。刘东等[79]通过物理模型试验研究,得到了研究区大致的地下水运移规律和特征。在地下水渗流与边坡稳定性物理模型试验研究方面,俞伯汀等[80]进行了管道排泄系统的物理模型试验,研究了含碎石黏性土边坡地下水管道排泄系统的形成规律和特征。

关于大面积填筑地基地下水渗流模型试验,目前研究尚浅。由于物理模型试验具有形象直观地反映地下水与地质体作用过程的优势,因此,可将物理模型试验运用于地下水工程效应的研究,探讨与地下水相关的工程问题。

本章参考文献

[1] 刘开明,屈智炯,肖晓军.粗粒土的工程特性及本构模型研究[J].成都科技大学学报,1993(06):93-102,92.

[2] 中华人民共和国建设部.岩土工程勘察规范:GB 50021—2001(2009年版)[S].北京:中国建筑工业出版社,2009.

[3]《工程地质手册》编写委员会.工程地质手册[M].北京:中国建筑工业出版社,2018.

[4] 油新华,何刚,李晓.土石混合体的分类建议[C]//2002年中国西北部重大工程地质问题论坛论文集.2002:466-470.

[5] 董云.土石混合料强度特性的试验研究[J].岩土力学,2007,28(6):1269-1274.

[6] 成国文,郝建明,李晓,等.土石混合体双轴压缩颗粒流模拟[J].矿冶工程,2010,30(04):1-4,8.

[7] 徐文杰,胡瑞林,谭儒蛟,等.虎跳峡龙蟠右岸土石混合体野外试验研究[J].岩石力学与工程学报,2006(06):1270-1277.

[8] 武明.土石混合非均质填料力学特性试验研究[J].公路,1997(01):40-42+49.

[9] 周中,傅鹤林,刘宝琛,等.土石混合体渗透性能的试验研究[J].湖南大学学报(自然科学版),2006(06):25-28.

[10] 朱崇辉,刘俊民,王增红.粗粒土的颗粒级配对渗透系数的影响规律研究[J].人民黄河,2005(12):79-81.

[11] 刘恒.含黏粒砂土填方路基渗透特性及沉降预测研究[D].武汉:湖北工业大学,2020.

[12] 张晓.高等级公路填砂路基施工技术探讨[J].公路,2018,63(06):75-77.

［13］李洪胜.填砂路基施工技术的探讨［J］.交通标准化,2009(5):16-20.

［14］谢春庆,吴勇,陈其辉.黔东某机场红黏土工程地质特性及评价［J］.山地学报,2001(S1):131-135.

［15］徐榴胜.红黏土在岩土工程应用中的若干问题［J］.贵州地质,1993(03):257-264.

［16］刘敏,刘宏,高奋飞.毕节机场红黏土地基的工程特性研究［J］.水利与建筑工程学报,2011,9(06):84-86.

［17］张涟英,黄宏辉,郑甲佳.贵州高速公路红黏土边坡稳定分析［J］.贵州大学学报(自然科学版),2014,31(03):105-110.

［18］刘春,吴绪春.非饱和红黏土强度特性的三轴试验研究［J］.四川建筑科学研究,2003(02):65-66,73.

［19］曾涛.高寒地区冰水堆积物颗粒特征分析及物理力学性质研究［D］.成都:西南交通大学,2018.

［20］涂国祥,黄润秋,邓辉,等.某巨型冰水堆积体强度特性大型常规三轴试验［J］.山地学报,2010,28(02):147-153.

［21］张杰.冰水堆积物填料工程特性室内研究［J］.铁道建筑,2010(07):94-96.

［22］方学东,黄润秋.青藏高原典型冰碛土的物理力学特性研究［J］.工程地质学报,2013,21(01):123-128.

［23］谢春庆.冰碛土工程性能的研究［J］.山地学报,2002(S1):129-132.

［24］谢春庆,陈涛,邱延峻.冰碛层路用工程性质研究［J］.路基工程,2010(04):78-80.

［25］谢春庆,邱延峻,王伟.冰碛层工程性质及地基处理方法的研究［J］.岩土工程技术,2008(04):213-217.

［26］谢春庆,廖崇高,王伟.冰碛层地下水的工程效应及处理方法研究［J］.工程勘察,2013,41(04):25-29.

［27］冷艳秋.黄土水敏特性及其灾变机制研究［D］.西安:长安大学,2018.

［28］王永焱.中国黄土的结构特征及物理力学性质［M］.北京:科学出版社,1990.

［29］ŠAJGALIK J. Sagging of loesses and its problems［J］. Quaternary International,1990(7-8):63-70.

［30］朱海之.黄河中游马兰黄土颗粒及结构的若干特征——油浸光片法观察的结果［J］.地质科学,1963(02):88-100,102.

［31］张宗祜,张之一,王芸生.论中国黄土的基本地质问题［J］.地质学报,1987(04):362-374.

［32］高国瑞.黄土显微结构分类与湿陷性［J］.中国科学,1980(12):1203-1208,1237-1240.

［33］李作勤.有结构强度的欠压密土的力学特性［J］.岩土工程学报,1982(01):34-45.

［34］张炜,张苏民.非饱和黄土的结构强度特性［J］.水文地质工程地质,1990(04):22-25,49.

［35］党进谦,李靖.非饱和黄土的结构强度与抗剪强度［J］.水利学报,2001(07):79-83,90.

［36］刘海松,倪万魁,颜斌,等.黄土结构强度与湿陷性的关系初探［J］.岩土力学,2008(03):722-726.

［37］邵生俊,王丽琴,邵帅,等.黄土的结构屈服及湿陷变形的分析［J］.岩土工程学报,

2017,39(08):1357-1365.

[38] 于丰武,段毅文,邢斐.机场高填方湿陷性黄土地基强夯处理试验研究[J].工程质量,2016,34(01):85-88.

[39] 殷鹤,黄雪峰,张彭成,等.新方法处理高填方黄土地基的室内试验研究[J].施工技术,2016,45(07):92-94.

[40] 李豫馨.浅析地下水升降引起的岩土工程问题[J].科技风,2019(08):109.

[41] 王志浩.水位升降及降雨联合作用下库岸边坡稳定性研究[D].咸阳:西北农林科技大学,2021.

[42] 常丽珍.地下水位变化条件下的边坡稳定性突变模型[J].公路交通科技(应用技术版),2018,14(10):173-174.

[43] 付蕾.地下水位变化对高速铁路高架桥桩基础影响研究[D].杭州:浙江大学,2019.

[44] 周国金,陈刘欣,肖源杰,等.水位升降对高铁路基湿度场和变形特征的影响[J/OL].岩土力学,2020(S2):1-14.

[45] 沈照理,朱宛华,钟佐燊.水文地球化学基础[M].北京:地质出版社,1993.

[46] 钱会,马致远.水文地球化学[M].北京:地质出版社,2005.

[47] Brace W F. Permeability of crystalline and argillaceous rocks[J]. International Journal of Rock Mechanics & Mining Sciences & Geomechanics Abstracts,1980,17(5):241-251.

[48] 王士天,刘汉超,张倬元,等.大型水域水岩相互作用及其环境效应研究[J].地质灾害与环境保护,1997(01):70-90.

[49] 张芳枝,陈晓平.反复干湿循环对非饱和土的力学特性影响研究[J].岩土工程学报,2010,01:41-46.

[50] Gasmo J M,Rahardjo H,Leong E C. Infiltration effects on stability of a residual soil slope[J]. Computers & Geotechnics,2000,26(2):145-165.

[51] Zhan T L T,Ng C W W. Analytical Analysis of Rainfall Infiltration Mechanism in Unsaturated Soils[J]. International Journal of Geomechanics,2004,4(4):273-284.

[52] 戚国庆,黄润秋.降雨引起的边坡位移研究[J].岩土力学,2004,25(3):379-382.

[53] 唐辉明,马淑芝,刘佑荣,等.三峡工程库区巴东县赵树岭滑坡稳定性与防治对策研究[J].地球科学(中国地质大学学报),2002,27(5):621-625.

[54] 马淑芝,贾洪彪,唐辉明,等.水-岩耦合三维有限元法在滑坡分析中的应用[J].地质科技情报,2006,25(6):91-95.

[55] 刘建军,裴桂红,薛强.降雨条件下道路边坡地下水渗流分析[J].岩土力学,2005,26(S2):196-198.

[56] 谢春庆.民用机场工程勘察[M].北京:人民交通出版社股份有限公司,2016.

[57] 谢春庆,刘汉超.西南地区机场建设中的主要工程地质问题[J].地质灾害与环境保护,2001(02):32-35.

[58] 冯立本.机场工程的环境工程地质问题[J].岩土工程技术,1996(04):39-42,18.

[59] 龚志红,李天斌,龚习炜,等.攀枝花机场北东角滑坡整治措施研究[J].工程地质学报,

2007（02）：237-243.

[60] 李天斌,刘吉,任洋,等.预加固高填方边坡的滑动机制:攀枝花机场12#滑坡[J].工程地质学报,2012,20（05）:723-731.

[61] 袁肃.攀枝花机场滑坡特征、机理及治理措施研究[J].工程建设与设计,2018（13）:121-122,125.

[62] 李江,张继,袁野,等.高填方边坡多期次滑动机制研究——以攀枝花机场12#滑坡为例[C]//2019年全国工程地质学术年会论文集[出版者不详]2019:296-305.

[63] 李玉瑞,吴红刚,冯君,等.四川攀枝花机场12#滑坡动力响应数值模拟分析[J].中国地质灾害与防治学报,2018,29（05）:26-31.

[64] 谢春庆,潘凯,廖崇高,等.西南某机场高填方边坡滑塌机制分析与处理措施研究[J].工程地质学报,2017,25（04）:1083-1093.

[65] 钱锐.西南某红层机场试验段高填方边坡稳定性研究[D].成都:成都理工大学,2015.

[66] 李群善.康定机场北段高填方边坡稳定性及场道沉降变形研究[D].成都:西南交通大学,2008.

[67] 谢春庆,廖梦羽,廖崇高.西南某大面积高填方体局部破坏特征及原因分析[J].勘察科学技术,2015（06）:27-32.

[68] 陈绍义,陈利娟.土洞的形成与发育机制及处理措施——以某机场为例来说明[J].四川地质学报,2009,29（03）:296-299,305.

[69] 杨茂华.敦煌机场道面病害分析[J].青海交通科技,2006（05）:32.

[70] 白旭耀.敦煌机场跑道道面病害与治理[J].民航经济与技术,1995（11）:40-41.

[71] 王念秦,柴卓.黄土山区建设机场的灾害问题及防治途径初探[J].甘肃科技,2010,26（24）:54-56.

[72] 谷天峰,王家鼎,王念秦.吕梁机场黄土滑坡特征及其三维稳定性分析[J].岩土力学,2013,34（07）:2009-2016.

[73] 王军进,张洪伟,张国珍,等.地下水数值模拟方法的研究与应用进展[J].环境与发展,2018,30（06）:103-104,106.

[74] 薛禹群,谢春红.地下水数值模拟[M].北京:科学出版社,2007.

[75] 薛禹群.中国地下水数值模拟的现状与展望[J].高校地质学报,2010,16（01）:1-6.

[76] 李凡,李家科,马越,等.地下水数值模拟研究与应用进展[J].水资源与水工程学报,2018,29（01）:99-104,110.

[77] 王海林.地下水流的物理模拟实验[J].现代地质,1989（04）:485-486.

[78] 陈鸿雁,徐蕾,孙晓萍.地下水运移的物理模拟实验方法研究[J].吉林水利,2000（06）:25-27.

[79] 刘东,孙宇,石岩.地下水运移的物理模拟实验方法研究[J].工程建设与设计,2018（20）:66-67.

[80] 俞伯汀,孙红月,尚岳全.含碎石黏性土边坡渗流系统的物理模拟试验[J].岩土工程学报,2006（06）:705-708.

第2章 大面积填筑地基水文地质勘察技术体系

大量的工程案例、经验与教训表明,细化水文地质勘察工作,分类、分阶段开展水文地质勘察工作,将是未来水文地质勘察的发展趋势,同时也是确保工程安全建设、降低工程风险、保障工程质量的迫切需要。地下水对工程建设有非常显著的影响,现行诸多国家及行业标准、规范都明确提出工程建设中应开展水文地质勘察(调查),包括一般水文地质勘察和专项水文地质勘察,但规范多数只对原始场地水文地质条件勘察作出规定,针对施工、运营期水文地质条件勘察和不良作用预测、分析的相关要求较少,且不具体,关于大面积填筑地基开展水文地质勘察的相关规定、要求和指导性说明则更加鲜见。

《民用机场工程勘察》[1]一书阐述了进行大面积填筑地基水文地质勘察的必要性和工作意义,并提出"大面积填筑地基专项水文地质勘察"的概念,明确了水文地质专项勘察应在初勘或详勘后进行,勘察过程包括初勘或详勘后至开工阶段、原地基处理、土石方填筑施工和竣工后四个阶段,勘察内容包括水文地质调查、水文地质试验、水文地质评价、地下水防治与地基处理建议等专项工作。

大面积填筑地基水文地质勘察与传统的水文地质勘察调查(如供水水文地质调查、环境水文地质调查、矿山水文地质调查、农业水文地质调查、地热水文地质调查等)的工作目的、任务和分析方法等方面虽有相似之处,但各有侧重,存在明显的差别。作者通过系统总结大面积填筑工程水文地质专项勘察实践经验,对比分析了"大面积挖填工程水文地质勘察"与"传统水文地质勘察(调查)"的异同点,提出适用于大面积挖填工程的水文地质专项勘察(调查)分析技术体系。

本章主要包括大面积填筑地基水文地质勘察工作特征分析和水文地质勘察分析方法两个方面。

2.1 水文地质勘察工作特征分析

传统水文地质调查与工程水文地质勘察在工作目的、任务和要求上具有相同之处,但也存在显著差别。传统水文地质调查涉及面广,主要是从宏观上查明研究区的水文地质条件,为地下水资源的综合开发利用和管理、国土开发与整治规划、环境保护和生态建设,经济建设和社会发展规划提供区域水文地质资料和必要的水文地质参数。传统水文地质调查精度相对比较低,常用比例尺为1:250000~1:10000;工程水文地质勘察一般只涉及工程建设区及其影响区,主要目的是查明工程场地的水文地质条件,获取准确的水文地质参数,分析地下水对工程建设的影响,并提出处置措施建议,为工程的选址、设计、施工等提供可靠的水文地质依据,服务于工程建设。工程水文地质勘察的精度相对比较高,并往往与工程地质勘察同步实施,常用比例尺为1:50000~1:500,部分复杂区域甚至可以达到1:200。

2.1.1 传统水文地质调查工作特征

1）传统水文地质调查的目的、任务

根据《水文地质手册》（第 2 版）[2]、《供水水文地质勘察规范》（GB 50027—2001）[3]、《地下水资源勘察规范》（SL 454—2010）[4]、《岩溶地区 1∶50000 水文地质调查技术要求》（2008）[5]等相关规范、标准及参考资料，传统水文地质调查的目的、任务、要求和工作内容如下。

（1）工作目的。

①为地下水资源的综合开发利用和管理、国土开发与整治规划、环境保护和生态建设、经济建设和社会发展规划提供区域水文地质资料。

②为城市建设和矿山、水利、港口、铁路、输油输气管线等大型工程项目的规划，提供水文地质资料。

③为更大比例尺的水文地质勘察，城镇、工矿供水勘察，农业与生态用水勘察、环境地质调查等各种专门水文地质工作提供设计依据。

④为水文地质、工程地质、环境地质等学科的研究提供区域水文地质基础资料。

（2）基本任务。

①查明水文地质条件，包括含水层系统或蓄水构造的空间结构及边界条件，地下水补给、径流和排泄条件及其变化、地下水水位、水质、水量等。

②查明地下水化学特征及形成条件、地下水的年龄及更新能力。

③查明地下水动态特征及其影响因素。

④查明地下水开采历史与开采现状，计算地下水天然补给资源，评价地下水开采资源和地下水资源开采能力。

⑤查明存在或潜在的与地下水开发利用有关的环境地质问题的种类、分布、规模大小和危害程度，以及形成条件、产生原因，预测其发展趋势，评价地下水的环境功能和生态功能，提出防治对策建议。

⑥采集和汇集与水文地质有关的各类数据，建立水文地质空间数据库。

⑦建立或完善地下水动态监测网点，提出建立地下水动态监测网的优化方案。

2）调查阶段划分与工作内容及要求

（1）阶段划分。

传统水文地质调查分为普查、详查和勘探 3 个阶段。对于水文地质条件简单的地区，调查阶段可进行简化或合并。

（2）各阶段工作内容及要求。

各阶段水文地质调查的工作内容、要求汇总见表 2.1-1。

①普查阶段。

对于已进行区域水文地质工程地质普查的地区，其资料可直接利用或只进行有针对性的补充调查，基本查明工作区的水文地质、工程地质和环境地质条件。

②详查阶段。

查明工作区的水文地质、工程地质和环境地质条件，从地下水资源、地质环境出发，论证工作区适宜的建设发展规模、布局和产业结构。

传统水文地质调查各阶段工作内容及要求　　　　　　表 2.1-1

工作内容	各阶段要求		
	普查阶段	详查阶段	勘探阶段
水文地质条件分析	基本查明含水层特征,地下水的补给、径流、排泄条件及其变化等	查明含水层特征,地下水的补给、径流、排泄条件及其变化等	详细查明含水层特征,地下水的补给、径流、排泄条件及其变化等
水文地质参数	通过现场简易试验,或利用类比资料、经验资料确定,并以经验值为主	通过室内试验和群孔抽水试验确定	通过现场勘探和干扰抽水试验确定,满足建立地下水资源评价模型要求
地下水资源评价	初步估算,提交 D 级可开采量	初步评价,提交 C 级可开采量	详细评价,提交 B 级可开采量
地下水综合利用	为规划、设计、选址提供依据	为水资源初步设计提供依据	为水资源施工图设计提供依据

③勘探阶段。

详细查明工作区水文地质、工程地质条件,评价地质环境,为城市地区、国家重点项目和国土综合利用开发的重点地区可行性研究和设计提供依据。

2.1.2　一般工程水文地质勘察工作特征

1）工程水文地质勘察的目的、任务

根据《岩土工程勘察规范》(GB 50021—2001)(2009 年版)、《工程勘察通用规范》(GB 55017—2021)、《公路工程地质勘察规范》(JTG C20—2011)、《铁路工程地质勘察规范》(TB 10012—2019)、《民用机场勘测规范》(MH/T 5025—2011)、《水运工程岩土勘察规范》(JTS 133—2013)等相关规范、标准及参考资料,工程水文地质勘察的目的、任务、要求和工作内容如下。

(1)工作目的。

①查明工程场地的水文地质条件。

②获取准确的水文地质参数及水化学参数。

③评价地下水对混凝土、金属材料等的腐蚀性。

④进行水文地质分析,评价地下水对场地、地基产生的影响,并提出相应的防治措施建议。

(2)基本任务。

①通过资料搜集、整理、分析和相应的勘察工作,掌握和查明场地的水文地质条件,具体包括如下内容:

a. 地下水的类型和赋存状态。

b. 含水层的分布规律。

c. 工程区区域性气候资料或工程场地建立的独立气象监测站气象资料,如年降水量、蒸发量及其变化对地下水位的影响。

　　d. 地下水的补给排泄条件、地表水与地下水的补给关系及其对地下水位的影响。

　　e. 勘察时的地下水位、历史最高地下水位、近 3~5 年最高地下水位及水位变化趋势和主要影响因素。

　　f. 是否存在对地下水和地表水的污染源及其可能的污染程度。

　　②查明场地地下水的动态变化，对于缺乏常年地下水位监测资料的地区，在高层建筑或重大工程初步勘察时，宜设置长期观测孔，对有关层位的地下水进行长期观测。

　　③通过资料搜集，水文地质室内及现场试验，查明场地的水文地质参数，特别是渗透性系数、单井涌水量、影响半径、流量、流向、流速等关键水文地质参数。

　　④对高层建筑或重大工程，当水文地质条件对地基评价、基础抗浮和工程降水有重大影响时，宜进行专门的水文地质勘察。关于专项水文地质勘察，应符合以下要求：

　　a. 在已有水文地质、工程地质勘察工作的基础上，进一步查明含水层和隔水层的埋藏条件，地下水类型、流向、水位及其动态变化，当有多层对工程有影响的地下水位时，应分层测量地下水位，并查明相互之间的补给关系。

　　b. 查明场地地质条件对地下水赋存和渗流状态的影响，必要时应设置观测孔，或在不同深度处埋设孔隙水压力计，量测压力水头随深度的变化情况。

　　c. 通过现场试验，测定地层渗透系数等水文地质参数。

　　d. 采取代表性的水样进行室内试验，分析地下水的水化学特征，评价地下水对天然建筑材料的腐蚀性。

　　e. 分析评价地下水的作用和影响，并提出预防措施的建议。地下水作用评价包括地下水对岩土体物理性质、强度、化学作用的影响，以及地下水力学作用评价。

　　地下水物理、化学作用评价应包括以下内容：

　　（a）地下水位以下的工程结构，应评价地下水对混凝土、金属材料的腐蚀性。

　　（b）对软质岩石、强风化岩石、残积土、湿陷性土、膨胀岩土和盐渍土，应评价地下水的聚集和散失所产生的软化、崩解、湿陷、胀缩和潜蚀等有害作用。

　　（c）在冻土地区，应评价地下水对土的冻胀和融沉的影响。

　　地下水力学作用评价应包括以下内容：

　　（a）对基础、地下结构物和挡土墙，应考虑在最不利组合情况下，地下水对结构物的上浮作用；对节理裂隙不发育的岩石和黏土且有地方经验或实测数据时，可根据经验确定；有渗流时，地下水的水头和作用宜通过渗流计算进行分析。

　　（b）验算边坡稳定时，应考虑地下水对边坡稳定的不利影响。

　　（c）在地下水位下降的影响范围内，应考虑地面沉降及其对工程的影响；当地下水位回升时，应考虑可能引起的回弹和附加的浮托力。

　　（d）挡墙背填土为粉砂、粉土或黏性土，验算支挡结构物的稳定时，应根据不同排水条件评价地下水压力对支挡结构物的作用。

　　（e）因水头压力差而产生自下而上的渗流时，应评价产生潜蚀、流土、管涌的可能性。

　　（f）地下水位下开挖基坑或地下工程时，应根据岩土的渗透性、地下水补给条件，分析评价降水或隔水措施的可行性及其对基坑稳定和邻近工程的影响。

2）勘察阶段划分与工作内容及要求

（1）阶段划分。

水文地质勘察与岩土工程勘察的勘察阶段划分基本相对应，但因行业不同，阶段划分和名称定义上稍有差异。如《公路工程地质勘察规范》（JTG C20—2011）[6]将工程地质勘察阶段分为"可行性研究阶段勘察（含预可勘察和工可勘察）""初步勘察""详细勘察"3 个阶段；《铁路工程地质勘察规范》（TB 10012—2019）[7]将工程地质勘察划分为"踏勘""初测""定测""补充定测"4 个阶段；《岩土工程勘察规范》（GB 50021—2001）（2009 年版）[8]将房屋建筑工程勘察划分为"初勘""详勘""施工勘察"3 个阶段；《民用机场勘测规范》（MHT 5025—2011）[9]、《民用机场高填方技术规范》（MH/T 50035—2017）[10]将工程地质勘察阶段主要划分为"选址勘察""初步勘察""详细勘察"3 个阶段，同时根据场地特征、复杂程度和工程的重要性，又划分了"施工勘察"和"专项勘察"2 个阶段。

考虑水文地质勘察工作的特征，根据《岩土工程勘察规范》（GB 50021—2001）（2009 年版）、《民用机场勘测规范》（MHT 5025—2011）等相关规范，工程水文地质勘察一般可划分为："选址阶段水文地质勘察""初勘阶段水文地质勘察""详勘阶段水文地质勘察""专项水文地质勘察"4 个阶段，对于水文地质条件简单的工程场地，水文地质勘察阶段可进行简化或合并。

（2）各阶段工作内容及要求。

①选址阶段水文地质勘察。

充分搜集和利用水文地质工程地质普查资料，辅以适当的水文地质调查、调绘工作，基本查明场地的水文地质条件，主要是地下水类型、埋深条件和补给、径流、排泄关系等，为选址提供初步的水文地质资料。

②初勘阶段水文地质勘察。

查明场地的水文地质条件，包括含水层和隔水层的埋藏条件，地下水类型、流向、水位及其动态变化，必要时设置水位长期观测孔；根据工程经验或现场试验、室内试验，获取土层的渗透系数等水文地质参数；根据工程经验或采样进行腐蚀性分析，评价地下水对水泥混凝土、金属材料等的腐蚀性；初步评价地下水位变化对地基产生的影响，并提出初步的防治措施建议，为初步设计提供水文地质基础依据。

③详勘阶段水文地质勘察。

在前一阶段勘察的基础上，详细查明场地的水文地质条件，包括地下水类型、埋藏深度、赋存条件、地下水位及动态变化规律、含水层分布规律、渗流状态及地下水和地表水的水力联系和补排关系；查明各层土的水文地质参数；查明场地附近范围内有无对地下水的污染源，取样分析地下水的水质情况，评价地下水对建筑材料的腐蚀性；分析评价地下水对地基、边坡稳定性及施工等的影响，并提出适宜的防治措施建议，为施工图设计提供水文地质依据。

④专项水文地质勘察。

在前期水文地质勘察的基础上，进一步查明场地的水文地质条件，特别是复杂地段、重要工程部位的水文地质条件，获取准确的水文地质参数，分析地下水的不良作用，提出针对性的防治措施建议，为设计、施工、灾害及病害防治、工程后期维护等提供水文地质依据。

各阶段水文地质勘察的工作内容、要求汇总见表2.1-2。

工程水文地质勘察各阶段工作内容及要求 　　　　　　　表2.1-2

工作内容	各阶段要求			
	选址阶段	初勘阶段	详勘阶段	专项勘察阶段
水文地质条件分析	调查了解场地地下水类型、含水层特征,地下水补给、径流、排泄条件等	初步查明场地地下水类型、含水层特征,地下水补给、径流、排泄条件和动态变化等	详细查明场地地下水类型、含水层特征,地下水补给、径流、排泄条件和动态变化等	进一步查明场地地下水类型、含水层特征,地下水的补给、径流、排泄条件和动态变化等
水文地质参数获取	利用类比资料、经验资料确定	经验资料,并辅以室内试验和现场水文地质试验确定	主要通过室内试验和现场水文地质试验确定	利用已有前期勘察资料,针对性补充室内试验和现场水文地质试验确定
水化学分析评价	以工程经验数据为主,初步分析评价	以工程经验数据为主,辅以室内成果分析评价	以室内试验数据为主,进行详细分析	利用前期资料,补充室内试验,进一步详细分析
地下水作用分析评价	简单分析,为选址、预可行性研究提供依据	初步分析,为可研和初步设计提供依据	详细分析,为施工图设计提供依据	结合场地和工程建设进一步详细分析,为设计、施工、灾害防治、工程后期维护提供依据
防治措施建议	后续勘察及简单的防治措施建议	后续勘察及初步防治措施建议	适宜的防治措施建议	针对性的防治措施建议

2.1.3　大面积填筑地基水文地质勘察工作特征

1）大面积填筑地基水文地质勘察的属性及特点

工程实践证明,大面积挖方和填筑施工会显著影响工程场地的地下水渗流场,导致水文地质条件的变化,进而引起填方地基变形和稳定性问题,例如地基土湿滑、浸泡软化、渗透变形、孔隙水压力、冻融、周边环境的次生灾害、地下水环境等问题。

大面积填筑地基在公路、铁路、航空等工程行业均有涉及,在航空领域尤为典型,因为机场属于"面状"工程,机场建设中涉及大量的挖填方施工。"大面积挖填工程场地水文地质勘察"属于"工程水文地质勘察"的范畴,其勘察的目的、任务、方法、范围等与工程水文地质勘察基本相同,但也存在一定差别。

大面积填筑地基水文地质勘察实施中,需要紧密结合地质勘察资料、设计资料、地基检测资料和施工资料,"大面积填筑地基水文地质勘察"实际上属于"水文地质专项勘察"或"水文地质专项研究",其兼具"勘察"和"科研"的双重属性,工作深度高于一般性工程水文地质勘察,并更具针对性。

2）大面积填筑地基水文地质勘察目的与核心任务

与一般性工程水文地质勘察相比,大面积填筑地基水文地质勘察的核心任务是:

（1）分析和研究大面积挖填施工对工程场地工程地质条件、水文地质条件的改变,如地形地貌、地基条件、含水层、隔水层、水文地质参数、地下水渗流场等。

（2）分析和研究地下水工程效应，如地下水对地基土物理力学性质的影响，地下水对斜坡、边坡稳定性的影响，地下水对地基稳定性、沉降变形的影响，地下水对地基渗透作用的影响，地下水对地基冻融、湿陷、液化的影响等。

（3）分析预测地下水作用可能引发的病害、灾害及其影响程度，并提出针对性的防治措施建议。

3）勘察阶段划分与工作内容及要求

（1）阶段划分。

大面积填筑地基水文地质勘察可划分为："施工前原地基阶段水文地质勘察""施工阶段水文地质勘察""工后阶段水文地质勘察"3 个主要的勘察阶段。实际上，在实施过程中，由于工程建设进度、工期、场地条件、已有工程资料等的影响，部分水文地质勘察工作在详勘结束后至施工前，或者在试验段施工中至全场区施工前已完成。原则上大面积填筑地基水文地质勘察需要按照上述 3 个勘察阶段实施，但"勘察"属于前置性基础工作，实施中需要设计阶段、施工及场地实际相协调，因此，可根据情况进行适当的归并、调整和优化。

（2）各阶段工作内容及要求

①原地基阶段水文地质勘察。

与工程水文地质勘察的工作内容相同，重点工作内容及要求是：

a. 查明原始场地的水文地质条件，包括地下水类型、埋藏深度、赋存条件、地下水位及动态变化规律、含水层分布规律、渗流状态及地下水和地表水的水力联系和补排关系。

b. 查明原始场地各层土的水文地质参数；查明场地附近范围内有无对地下水的污染源，取样分析地下水的水质情况，评价地下水对建筑材料的腐蚀性。

c. 分析评价地下水对工程建设的影响，并提出防治措施建议。

②地基处理及填筑施工阶段水文地质勘察。

重点工作内容及要求是：

a. 对场区所在水文地质单元内主要泉点、民井、生产井以及盲沟出水点进行观测。

b. 对填筑体内部地下水位、边坡出水点高程、出水量进行观测。

c. 对挖方区段特征、揭露泉点、地层渗透性、降水或施工管道渗漏等进行调查和观测。

d. 分析评价地基处理及填筑施工对水文地质条件的影响，预测水文地质条件变化在建设期可能引起的工程问题。

e. 针对性地提出应对建设期工程问题的处置措施建议。

③工后阶段水文地质勘察。

重点工作内容及要求是：

a. 对填筑体施工阶段的观测点继续进行观测。

b. 对工后新出现的填筑体渗水点、管道渗漏点进行观测。

c. 分析评价地下水环境变化对地基长期稳定和周边环境的影响等。

d. 分析预测地下水环境变化及长期作用可能导致的潜在工程问题。

e. 提出应对潜在工程问题的防治措施建议。

2.2 水文地质勘察分析方法

作者通过多年的总结、探索、实践,形成了一套适用于大面积填筑地基的水文地质专项调查、勘察技术体系方法和分析方法。课题组率先提出"天、地、人"一体化综合勘察技术体系(图2.2-1),并将其运用于工程地质勘察、水文地质勘察。

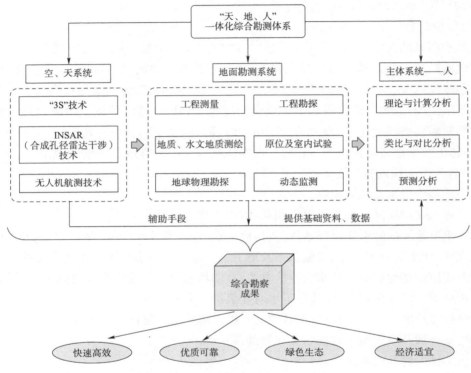

图 2.2-1 "天、地、人"一体化综合勘察技术体系

"天、地、人"一体化综合勘察技术中的"天"指充分运用"3S"技术[遥感(RS)、地理信息(GIS)、卫星导航定位(GPS\BDS)]、INSAR、无人机航测等相关技术手段,获取和掌握的相关资料,辅助进行地质与水文地质调绘、地质勘察和地质分析;"地"指地面勘测系统,采用工程测量、地质调绘、地球物理勘探、地质钻探、坑探、井探、原位测试、室内试验、动态监测技术查明勘察场地的工程地质条件、水文地质条件、不良地质作用、工程病害等;"人"作为勘察工作的主体,所有的勘察工作均要落实到人,技术人员要具有"大系统观",充分利用、整合、分析各类信息和数据,发挥主观能动性,作出深入的分析和精准的判断。运用"天、地、人"一体化综合勘察体系,可快速、高效、精准地完成地形地貌、地质条件、气象环境复杂的工程建设场地的勘测工作,实现缩短勘察工期、节约勘察费用和绿色勘察目标。

2.2.1 水文地质勘察方法

大面积填筑地基水文地质勘察应采用资料搜集整理、地质遥感解译、水文地质与工程地质测绘、工程测量、工程物探、原位测试及室内试验、水文地质试验、地下水动态观测等综合勘察方法。

1）资料搜集与整理

搜集、整理工程区及其附近区域已有的区域地质与水文地质资料、地质灾害风险评估资料、地质灾害治理资料、地震安全性评价资料、洪水安全性评价资料、水文地质调查资料、水资源评估及开发资料、气象水文资料、工程勘察资料、设计文件、检测资料、监测资料、施工资料及附近类似工程资料等。通过系统查阅、整理、分析已有资料，充分认识场地的工程地质和水文地质条件，一方面可以明确水文地质勘察的重点、难点，另一方面也为后续勘察工作的布置、实施奠定基础。

2）地质遥感解译

充分利用卫星影像、航空影像及数据进行解译，并结合野外验证及复核工作，完善解译标志和解译成果，从而解译获取研究区的地层岩性、地质构造、水文地质、不良地质体等重要地质要素的空间展布信息，辅助地质测绘和勘察工作，提高成果质量和工作效率，为水文地质勘察工作提供技术支持。

3）水文地质测绘与工程地质测绘

（1）测绘的精度和工作程序。

水文地质测绘和工程地质测绘是工程地质勘察和水文地质勘察中最直接、最经济和最有效的技术手段之一。勘察中应重视地质测绘工作，认真做好野外记录，确保所拿到的第一手资料的真实性和准确性。水文地质测绘中可充分利用卫星遥感、航测、三维激光扫描、INSAR 等先进手段辅助测绘，提高地质测绘的效率和质量。

水文地质与工程地质测绘中应注意调查精度（比例尺）和工作程序，根据实践经验，区域上宜采用 1∶50000～1∶5000 的测绘比例；场区和近场区宜采用 1∶2000～1∶1000 的测绘比例；重点、复杂区域宜采用 1∶500～1∶200 的测绘比例。

①区域上 1∶50000～1∶5000 水文地质与工程地质测绘：主要目的是查明区域地质与水文地质条件，从宏观上把握和分析水文地质条件，分析区域分水岭、地下水补给、径流和排泄条件，分析和判断场区周边不良地质作用，构造发育情况。

②场区和近场区 1∶2000～1∶1000 水文地质与工程地质测绘：主要目的是查明场区的水文地质条件，分析场区地下水补给、径流和排泄条件，分析和判断场地内存在的滑坡、不稳定斜坡、断层、褶皱的发育、展布情况。

③重点、复杂区域 1∶500～1∶200 水文地质与工程地质测绘：主要目的是对工程地质条件、水文地质条件和地基条件复杂区、高填方边坡区、滑坡、地面塌陷、岩溶、土洞等不良地质作用发育区、不稳定斜坡发育区、工程病害发育区进行加密测绘，进一步查明重点地段、复杂地段的水文地质条件，调查地下水的不良作用等。

通过地质、水文调绘与调查，一方面可查明场地工程地质条件、水文地质条件；另一方面也为布置勘探点、勘探线、物探线、现场试验等提供依据。

（2）测绘内容与工作重点。

①原地基阶段测绘内容与工作重点。

a. 对地形、地貌特征进行调查,划分地貌单元,分析各地貌单元的形成过程及其与地层、构造、不良地质作用的因果关系。

b. 对场地主要地质构造、新构造活动的形迹及其与地震活动的关系进行调查。

c. 对岩土的年代、成因、性质、厚度和分布范围,以及各种特殊性岩土的类别和工程地质特征进行调查。

d. 对岩体结构类型、风化程度、各类结构面(尤其是软弱结构面)的产状和性质,岩、土接触面和软弱夹层的特性进行调查。

e. 对滑坡、崩塌、冲沟、地面沉降、塌陷、断裂、地震震害、地裂缝、场地的地震效应、岸边冲刷等不良地质作用的形成、分布、形态、规模、发育程度及其对工程建设的影响进行调查。

f. 对场地地下水的类型、补给来源、排泄条件、历年最高地下水位,尤其是近 3 ~ 5 年最高地下水位、水位变化幅度和主要影响因素进行调查,并实测地下水位;必要时设置水位长期观测孔。

g. 对场地内及附近的地表水系(江河、沟渠等)的位置、规模、流量(或储量)、流向、流速、水位发生时间进行调查,并分析地表水对场地的影响。

h. 对地下水含水层、隔水层、赋存状态、埋深、出露情况、水质、水温、动态变化进行调查,同时对民井、生产井进行调查。

i. 对场地内和周边农业灌溉情况及其影响进行调查。

②施工阶段测绘内容与工作重点。

a. 重点对填方区施工清表、地基处理揭露的泉点、渗水区、地下水特征进行调查和观测。

b. 重点对挖方区段特征、揭露泉点、地层渗透性、降水或施工管道渗漏等进行调查和观测。

c. 重点对填筑体内部地下水位、边坡出水点高程、出水量、地下水排水结构(如盲沟)的出水量、浑浊度进行调查和观测。

d. 重点对施工降水或施工管道渗流情况进行调查和观测。

e. 重点对挖方施工、填方施工、地基处理情况,施工阶段出现的不良作用、工程病害等进行调查和观测。

③工后阶段测绘内容与工作重点。

a. 重点对已建成的挖方地基、挖方边坡的地下水位、出水情况、病害进行调查和观测。

b. 重点对已建成的填方地基、填方边坡的地下水位、出水情况、病害进行调查和观测。

c. 重点对已建成的地表、地下截排水系统进行调查,重点调查地表截排水系统的完整性、渗漏情况,地下排水系统的出水量、动态变化、浑浊度等进行调查和观测。

d. 重点对建(构)筑物的变形情况、供水、消防管道完整性和渗漏情况进行调查和观测。

e. 重点对地表积水情况及其入渗情况进行调查和观测。

f. 充分利用已有资料和相关的监测资料。

(3)地质观测点布置、密度、定位。

①地质观测点主要布置在地质构造线、地层接触线、岩性分层线、标准层位、地下水出露点、灾害点、病害点等代表性部位。

②地质观测点的密度一般根据地貌、地质条件、成图比例尺和工程要求确定。

③充分利用天然和已有的人工露头、人工水井、泉点、水塘等,在露头、水文点少时,根据现场情况布置一定数量的钻探、探坑(井)或探槽辅助测绘。

④对场地内及附近的地质构造线、地层接触线、岩性分界线、软弱夹层、地下水露头和不良地质作用等特殊地质观测点选用仪器精确定位(如 GPS/BDS-RTK),对外围影响区的地质点、水文地点、地物点、灾害点等采用半仪器定位。

4)工程测量

水文地质勘察涉及的工程测量包括两方面,一方面为控制测量、地形图测量,为勘察工作提供底图和控制点;另一方面进行勘察辅助测量,包括地质点、水文点、灾害点、试验点的定点测量、地质剖面实测,以及勘探点、物探线(点)的放点、放线等。

5)工程物探

利用地球物理勘探手段辅助探查重点区域的地层结构、地质构造、地下水赋存情况、不良地质作用、地质构造的位置及空间分布,为地下水工程效应分析提供依据。

(1)物探方法选用原则:需要根据场地情况、岩土特征、勘察目的、外界干扰情况和物探方法自身的特点进行合理选择,选择适宜的物探方法。

(2)物探工作布置原则:根据勘察目的、场地特征、工程布局等进行布置,并具代表性,如重要工程部位、高填方边坡区、滑坡、潜在不稳定斜坡区、岩溶、土洞发育区、水文地质条件复杂区等。重点布置在需要查明场地水文地质条件(如地下水埋深、赋存、径流通道)、不良地质作用、地质构造、岩土特征的部位,并考虑可实施性和成果验证问题。

(3)物探解译与验证原则:根据现场调查、地质资料、勘探资料,以地质分析为基础,建立初步解译标志→实施物探工作→代表性物探异常验证→建立物探解译标志,进行物探二次解译→二次验证(钻探或探井)→完善解译标志→三次解译→形成正式物探报告。

6)原位测试和室内试验

充分搜集、分析和利用已有工程地质勘察成果,当无前期勘察资料可用或勘察深度较浅时,应针对性补充原位测试和室内试验工作。原位测试和室内试验的目的是了解土层的密实度、塑性状态及其垂向和平面方向变化,并获取岩土体的物理力学指标,为水文地质分析评价提供基础数据。

7)水文地质试验

为获取场区岩土体的水文地质参数(如渗透性系数、涌水量、影响半径、给水系数、毛细水上升高度等)、地下水渗流方向、流速、孔隙水压力等,需进行水文地质试验与测试,主要包括注水试验、抽水试验、浅层渗水试验、注水试验、连通性试验、毛细水上升高度试验、孔隙水压力测试、室内渗透性试验等。

关于试验方法的选择,需要根据场地条件、岩土层透水性、地下水位、施工条件等进行综合选取,具体可参考《岩土工程勘察规范》(GB 50021—2011)(2009 年版)、《水文地质手册》(第二版)等相关的规范、标准和工具书。

8)地下水动态观测

地下水动态监测主要是查明地下水枯、丰水期的动态变化特征,为水文地质条件分析、地下水工程效应分析、截排水设计、抗浮设计、地基处理、边坡防护等提供依据。根据搜集到的已有地下水监测资料的完整性和可用程度,进行监测点和监测方案的布置,当监测点过少或不满足要求时,需新增监测点。一般可利用前期勘察钻孔、井点、地下水出露点作为观测点,观测点需均匀地布置在整个场地,并在重要部位、复杂部位进行适当加密,通常需进行不少于1个水文年的连续观测,观测历时和频率应满足规范要求。

2.2.2　水文地质分析方法

常用的大面积填筑地基水文地质分析方法包括水文地质理论分析、定量计算分析、工程类似分析、物理模型试验分析、数值模拟分析、综合水文地质分析等。

1)水文地质理论分析

以水文地质测绘、勘探、物探、试验和监测结果为基础,进行水文地质相关的地质、岩土、水力学、水化学分析,重点分析内容包括:①场地含水层、隔水层特征;②地下水的类型和赋存状态;③地下水的补给、径流、排泄条件;④地质构造与场地地下水之间的关系;⑤地下水位动态特征;⑥地下水与不良地质作用、工程病害、灾害之间的关系;⑦工程建设对地基土的渗透性、地下水渗流场、地下水环境的影响;⑧地下水对地基变形和稳定性的影响;⑨地下水对基础和金属的腐蚀性影响;⑩人类生产、生活对地下水的影响等。

2)定量计算分析

主要根据具体的数据和工况,采用理论公式进行水文地质相关的定量计算分析,如地基的沉降定量计算、边坡的稳定性定量计算、地基渗透变形定量计算、岩溶与土洞稳定性定量计算,以及液化土、湿陷性土、盐渍土等特殊性岩土的相关特性定量计算等。

3)工程类比分析

全面分析比较拟建工程场地与已建工程场地的相似性(包括工程属性、建设规模、设计方案、自然环境、地质条件、水文地质条件、岩土类型、不良地质作用、存在的工程问题等),借鉴、参考已建工程的经验参数、分析方法、处理方案等,并结合拟建工程场地的特征进行深入分析、研究和应用,解决相关工程问题,服务工程建设。工程类比法和工程经验法在工程地质勘察、水文地质勘察、设计和施工中的运用非常广泛,是一种比成熟和实用的分析方法。

4)物理模型试验分析

物理模型试验分为比例缩小实体模型试验和等比例实体模型试验,可在室内或现场开展。根据工程经验,等比例物理模型试验一般在现场进行,比例缩小的物理模型试验在室内或现场均可开展,室内开展的居多。

(1)等比例现场物理模型试验分析。

在土石方工程和地基处理大面积施工前,很多大型项目通常会选取一处或多处代表性地段进行物理模型试验,俗称"试验段工程"或"物理模型试验研究"。通过等比例现场物理模型试验(图2.2-2),可以检验现有设计方案的可行性和可靠性,同时确定相关处理方案、设计参数、施工工艺、检测、监测方案等,以指导后续设计、施工,同时也为工程建设投资概算、工期控制等提供依据。等比例现场物理模型试验分析可为地下水工程效应的分析提供比较直接、真实、可靠的数据支撑。

a)　　　　　　　　　　　　　　　b)

图 2.2-2　等比例现场物理模型试验

（2）比例缩小室内物理模型试验分析。

比例缩小室内物理模型以工程场地典型区域为原型,选用合适的相似比,在室内搭建物理试验模型,模拟分析地下水渗流过程,研究地下水作用可能引发的病害、灾害、过程及其形成机理和成灾模式,预测工程建设存在的不利因素,如图 2.2-3 所示。

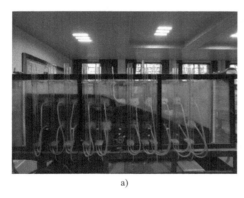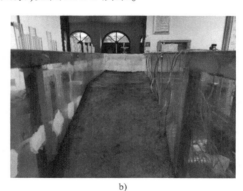

a)　　　　　　　　　　　　　　　b)

图 2.2-3　比例缩小室内物理模型试验

与等比例现场物理模型试验相比,比例缩小室内物理模型试验具有规模小、费用低、周期短、可实施性强的优势,但在模型材料选用、概化分层、模型搭建、工况选择和边界条件控制上需尽量与实际相一致,避免盲目简化而造成模型失真,进而造成模拟结果与实际发生过大偏离。

5）数值模拟分析

选择适宜的数值模拟方法,选取典型区域和工程部位,建立数值分析模型,模型的边界条件尽量与场地实际相一致。数值模拟分析内容包括:①原地基地下水渗流场数值模拟分析;②施工阶段和工后阶段地下水渗流场数值模拟分析;③地表水入渗作用与地基、边坡稳定性数值模拟分析;④地下水渗流变化与地基、边坡变形和稳定性模拟分析等。

6）综合水文地质分析

综合水文地质分析是以水文地质与工程地质测绘、工程物探、勘探、试验、监测成果,数值模拟、物理模型试验等各种调查、测绘、勘察、试验成果为基础,从水文地质角度,全面、深入地综合分析场地的水文地质条件、地下水渗流场特征和地下水工程效应,预测地下水不良作用可能引起的相关工程问题,并提出具体的处置措施建议。

2.2.3 水文地质勘察成果文件编制

1)文字报告部分编制内容及要求

(1)水文地质专项勘察报告内容除了包括工程和勘察工作概况、自然地理概况、工程地质条件、水文地质条件等常规内容外,还应包括水文地质分区评价、地下水工程效应分析、水文地质参数等内容。

(2)自然地理概况应重点阐述降水特征、地表水系、水体特征及流量、流向、流速、常水位、洪水情况等。

(3)工程地质条件应重点阐述下列内容:

①地形地貌;

②地层岩性,重点阐述岩土的水理性质;

③地质构造,重点阐述地质构造与地下水的关系;

④不良地质作用发育情况及与地表(地下)水的关系。

(4)场地水文地质条件应重点阐述下列内容:

①含水层、隔水层的分布规律,地下水类型、赋存状态;

②地下水位及动态变化特征;

③地下水的补给、径流、排泄条件;

④地表水与地下水的补排关系及其对地下水位的影响;

⑤抽取地下水情况及对工程的影响。

(5)应根据下列条件进行场地水文地质分区和评价:

①含水层、隔水层的分布规律;

②地下水类型、赋存状态、地层富水性、地下水补给、径流、排泄条件。

(6)应根据现场和室内渗透性试验成果,并结合工程经验,提出各主要岩土层的水文地质参数。

(7)水文地质分析评价应包括下列内容:

①阐述含水层、隔水层的分布规律,地下水类型、赋存状态、地下水位及动态变化特征;

②分析施工期、运营期地下水的补给、径流、排泄条件;

③分析施工期、运营期地表水与地下水的补排关系及其对地下水位的影响;

④提供相应的水文地质参数。

(8)地下水工程效应分析评价宜包含下列内容:

①地下水引起的岩土强度劣化、渗流潜蚀、孔隙水压力等工程效应分析评价;

②地下水引起的砂土液化、湿陷、冻融、胀缩、腐蚀等不良作用分析评价;

③地下水对地基变形和边坡稳定性的影响分析评价;

④地下水与不良地质、工程病害的相互关系及影响评价;

⑤施工前地下水天然渗流场特征分析,施工期、运营期地下水渗流场的变化及其对机场建设、安全运营的影响预测分析,并提出防治措施建议。

（9）结论与建议应至少包括下列内容：

①水文地质与地下水工程效应分析评价结论；

②地下水控制措施及地下水不良作用措防治措施建议；

③地下水监测等相关建议；

④工程设计、施工和运营中应注意问题。

2）附图、附表、附件部分编制内容及要求

大面积填筑地基水文地质勘察报告应包括工程特点、场地特征、勘察技术要求、相关规范以及工程建设需要提供的水文地质综合平面图、水文地质剖面图、水文地质分区图等重要的附图、表和附件资料，具体如下：

（1）附件材料，如：①工程地质与水文地质测绘报告；②工程地质与水文地质遥感解译报告；③水文地质物探成果报告；④水文地质试验成果报告；⑤室内试验成果报告；⑥物理模拟分析成果报告；⑦数值模拟分析成果资料；⑧参考引用资料；⑨其他相关附件材料等。

（2）附图材料，如：①勘察区现场工作实际材料图；②勘察区水文地质综合平面图；③勘察区地下水水位等值线图；④综合水文地质剖面图；⑤典型地段工程地质与水文地质断面图；⑥工程建设对水文地质条件变化影响预测图；⑦地下水对工程影响程度与危险性分区图；⑧其他相关图件等。

（3）附表材料包括相关的调查统计表、参数统计表、地层统计表等。

本章参考文献

［1］谢春庆.民用机场工程勘察［M］.北京：人民交通出版社股份有限公司,2016.

［2］中国地质调查局.水文地质手册［M］.2 版.北京：地质出版社.2012.

［3］中华人民共和国建设部.供水水文地质勘察标准：GB 50027—2001［S］.北京：中国计划出版社,2001.

［4］中华人民共和国水利部.地下水资源勘察规范：SL 454—2010［S］.北京：中国水利水电出版社,2010.

［5］中国地质调查局地质调查技术标准.岩溶地区 1∶50000 水文地质调查技术要求［R］.中国地质调查局,2008.

［6］中华人民共和国交通运输部.公路工程地质勘察规范：JTG C20—2011［S］.北京：人民交通出版社,2011.

［7］国家铁路局.铁路工程地质勘察规范：TB 10012—2019［S］.北京：中国铁道出版社有限公司,2019.

［8］中华人民共和国住房和城乡建设部.岩土工程勘察规范：GB 50021—2001［S］.北京：中国建筑工业出版社,2009.

［9］中国民用航空局.民用机场勘测规范：MH/T 5025—2011［S］.北京：中国民航出版社,2011.

［10］中国民用航空局.民用机场高填方工测技术规范：MH/T 5035—2017［S］.北京：中国民航出版社,2017.

第3章　大面积填筑地基地下水数值模拟分析方法

大面积挖方和填筑施工会显著影响工程场地的地下水渗流场,导致水文地质条件的变化,进而引起地基变形和稳定性问题。因此,采用合适的方法进行地下水渗流场可视化分析,是大面积填筑地基地下水工程效应研究的重要内容之一。

地下水渗流场是一个虚拟概念,无法直观勘察,只能通过水文地质勘探、水文地质试验、地下水动态监测等方法来揭示其赋存特征和运动规律。常规的方法并不能实现地下水渗流场的可视化,从而使得人们对地下水渗流场的认识并不清晰,甚至存在较大差异。近年来,随着地下水科学和计算机科学的发展,数值模拟仿真技术使地下水渗流场可视化问题逐步得以解决。常见的地下水数值模拟方法包括有限差分法、有限元法、边界元法等,地下水数值模拟软件也非常多,如 Groundwater Modeling System(GMS)、FEFLOW、Visual Modflow、Visual Groundwater 等[1-2]。

Visual Modflow 软件目前国际上最流行且被各国一致认可的三维地下水流和溶质运移模拟评价的标准可视化专业软件系统。Visual Modflow 由加拿大 Waterloo 水文地质公司在美国地质勘探局原 MODFLOW 软件的基础上应用现代可视化技术开发研制。Visual Modflow 软件于 1994 年在国际上公开发行,自问世以来,由于其程序结构的模块化、离散方法的简单化和求解方法的多样化等优点,已被广泛用来模拟井流、河流、排泄、蒸发和补给对非均质和复杂边界条件的水流系统的影响[3-5]。

Visual Modflow 软件包括地下水渗流模拟的 PODFLOW 模块、流线失踪分析 MODPAHT 模块、溶质迁移分析 MT3D 模块、水量均衡分析 Zone Budget 模块、水文地质参数评估与优化 PEST 模块和三维可视化系统 6 个模块。

针对 Visual Modflow 中的 MODFLOW 模块在建设工程中的运用,前人已做了很多有意义的探索和运用,但大多都是针对 MODFLOW 在地下水渗流场变化模拟基坑降水、隧道涌水、水库蓄水预测分析等[6]。目前 MODFLOW 模块在大面积填筑地基地下水渗流场分析中的运用已有先例[7],但案例还比较少,关于如何根据大面积填筑地基的特征,分阶段、分工况建模的相关研究和指导性资料则更加鲜见。

本章主要介绍 Visual Modflow 软件 MODFLOW 模块在大面积填筑地基地下水渗流场分析和地下水工程效应研究中的运用,并结合工程案例重点介绍其建模、分析流程、计算方案和模拟效果。

3.1　地下水渗流场数值模拟建模流程

地下水渗流场数值模拟建模流程包括:

(1)水文地质概念模型构建。

（2）三维渗流数值模型建立。

3.1.1　水文地质概念模型构建

水文地质概念模型的构建包括：①模型范围的确定；②含水层概化；③水力特征概化；④边界条件概化；⑤模型源汇项分析，如图3.1-1所示。

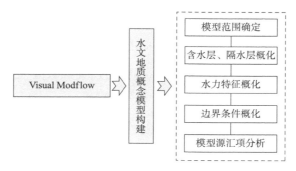

图3.1-1　水文地质概念模型构建流程

1）模型范围确定

地下水渗流场数值模型范围一般应以研究核心区为中心，综合考虑水文地质条件、工程地质条件、模拟分析的内容和目标，向场地周边进行适当扩展选定。原则上，模型范围应充分覆盖水文地质（子）单元的重要边界，尽量保证水文地质单元的完整性，以提升模型的模拟精度。水文地质（子）单元的重要边界一般指地表分水岭、地下分水岭、大型断层、褶皱构造、水系等。

2）含水层、隔水层概化

当模拟的场地岩土层类型较多、分布连续性较差时（如冲洪积、泥石流堆积场地等岩土类型多、地层连续性和均匀性较差的场地），需要以工程勘察和相关试验成果为基础，以岩土层渗透性指标为划分依据，对模型范围内的含水层、隔水层进行适当的概化，从而合理地降低建模复杂程度和减小计算工作量，并保持与现场实际基本一致。

3）水力特征概化

水力特征概化主要体现在三个方面：①确定渗流是否符合达西流；②确定水流呈三维运动；③确定是否为非稳定流。

4）边界条件概化

保持模型的边界条件与现场实际基本一致，是确保地下水数值模拟结果准确、可靠的关键问题之一。边界就是将模拟区域和外部环境区分开来的界限，模拟区就是通过该界限发生内外物质、能量的交换，在数值模型中的边界条件即是指模拟区边界的地下水的补径排条件。在建立模型的过程中，边界通常可以分为侧向边界和垂向边界两种。

（1）垂向边界：主要考虑场地纵向上各类岩土的透水性、岩土层与大气降水和农耕灌溉入渗、地表水与地下水之间水力联系的紧密程度等，进行透水边界和隔水边界的概化。

（2）侧向边界：侧向边界一般为模拟区所在的水文地质单元或子单元的边界，在进行实际模拟的过程中，模型侧向边界的概化分为定水头单元、无效单元、变水头单元，其中定水头单元是水头已知的单元，无效单元是指不在研究范围内的单元，变水头单元则是指随着降雨和时间的变化而可能改变的单元。

5)模型源汇项分析

源汇项即模拟区地下水的补给、径流、排泄的方式和途径,明确地下水的补径排方式和途径是建立模拟的重要准备工作。一般地下水补给途径考虑大气降水、农业灌溉水、地表水入渗补给和地下水的侧向径流补给等。地下水排泄途径考虑地下径流排泄、沟谷排泄、蒸发排泄,下降泉排泄和人工开采等。

3.1.2 三维渗流数值模型建立

三维渗流数值模型的建立包括空间离散、参数的设置与赋值、边界条件的设置、时间步长设置、初始计算、模型的校验,流程如图3.1-2所示。

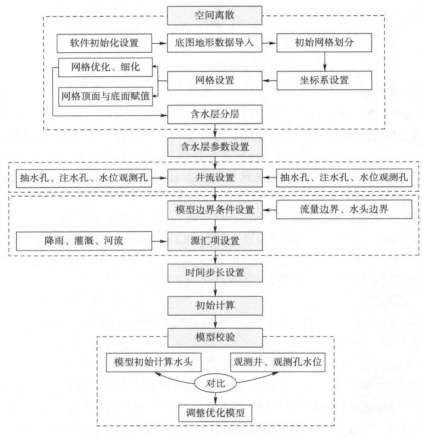

图3.1-2 三维渗流数值模型的建立流程

1)空间离散

模型的空间离散是地形数据的导入、空间模型的建立、模型的地质分层和网格划分的过程。

2)含水层参数设置

根据水文地质试验、经验数据进行综合取值,确定模型各层岩土的水文地质参数,主要包括渗透系数、弹性释水系数(重力给水度)、孔隙度,并在模型中赋予各含水层对应的水文地质参数。

3)井流与模型边界条件设置

在软件中设置流量边界和水头边界,设置中需要注意边界条件的设置需要与现场实际保持一致。

4)源汇项设置

源汇项包括井、地表水体、河流、沟渠、降水、蒸发等。

5)时间步长设置与初始计算

时间步长的设置,实际上也可以称作时间的离散,主要是根据气象资料获取模拟区大气降水量的时间分布特征,根据分析的需要,可按月进行时间离散,或将完整的水文周期划分为丰水期和枯水期两个时期进行时间离散。时间的离散一般可以根据模拟的目标和模拟区的气象特征,采用"平均降水量"乘以"降水入渗系数"作为模拟区的降水入渗量,使用稳定流模型计算出的天然工况下稳定渗流场与地下水水头,用作模型校验与进一步预测计算的可信初始水头。

6)模型效验

将模型初步计算获得的水头与观测孔、观测井水位进行对比,获取计算水头与观测孔、井真实水位之间的置信区间值,并根据置信区间值进行模型的优化。

3.1.3　建模效果案例展示

以某新建高原河谷机场为例,通过上述建模流程完成的地下水渗流场数值模型,如图 3.1-3 ~ 图 3.1-6 所示。

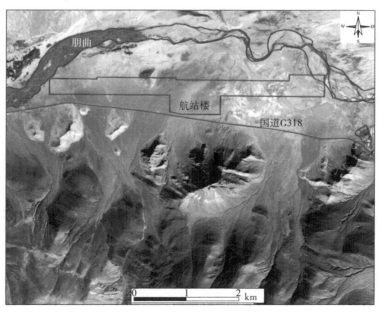

图 3.1-3　模型范围示意图

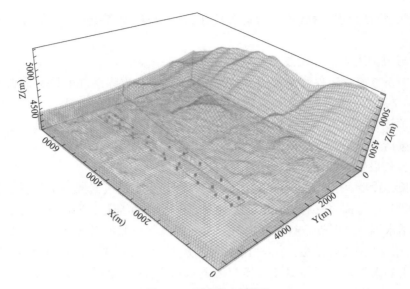

图 3.1-4　网格化空间模型

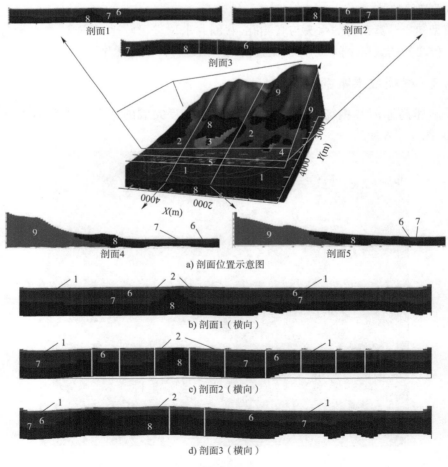

a) 剖面位置示意图

b) 剖面1（横向）

c) 剖面2（横向）

d) 剖面3（横向）

图　3.1-5

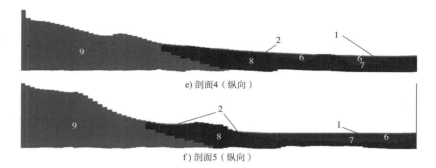

e) 剖面4（纵向）

f) 剖面5（纵向）

图 3.1-5 空间概化模型

1-冲洪积粉土、砂砾石土;2-泥石流碎石土夹砂、粉土;3-坡洪积碎石土;4-洪积卵、碎石土、砂;5-崩坡积碎石土;6-湖相粉质黏土;7-冲洪积砂卵石;8-砂岩;9-泥岩

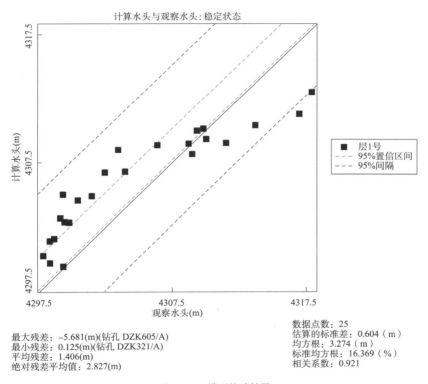

最大残差：-5.681(m)(钻孔 DZK605/A)
最小残差：0.125(m)(钻孔 DZK321/A)
平均残差：1.406(m)
绝对残差平均值：2.827(m)

数据点数：25
估算的标准差：0.604（m）
均方根：3.274（m）
标准均方根：16.369（%）
相关系数：0.921

图 3.1-6 模型校验结果

3.2 地下水渗流场数值模拟分析方案

3.2.1 模拟工况、方案的选择则

　　地下水渗流场模拟分析过程中需要根据研究目的,考虑工程特征、场地特征、水文地质特征、设计方案、施工方案等要素,综合确定地下水渗流场分析方案。

　　以机场工程为例,需要重点考虑以下几种工况或方案:

（1）原始场地地下水渗流场分析。

（2）挖填方施工期地下水渗流场变化预测分析。

（3）设置排水结构工况地下水渗流场变化预测分析。

（4）铺设道面（混凝土、沥青）工况地下水渗流场变化预测分析。

（5）强降水工况地下水渗流场变化预测分析。

（6）100年一遇洪水工况地下水渗流场预测分析（主要针对临河、临江等受季节性洪水影响的场地）。

（7）运营期地下水渗流场变化特征预测分析（如运营1年、2年、5年、10年，甚至更长时间）。地下水渗流场模拟工况及方案介绍，见表3.2-1。

地下水渗流场模拟工况及方案　　　　　　　　　　　　表3.2-1

模型类型		模拟工况	计算目的
稳定流模型	天然条件	自然状况	获取天然渗流场、初始水头、模型校验
非稳定流模型	施工期	挖方过程	挖方区、填方区地下水渗流场变化预测
		填方过程	挖填方施工完成场地整平后地下水渗流场变化预测
		场地硬化	场地顶面铺设道面（混凝土、沥青道面）后地下水渗流场变化预测
	工程排水	设置排水结构	工程截排水措施对场地渗流场影响分析及截排水结构效果的预测评价
	极端条件	强降雨工况	工程区遇强降雨时地下水渗流场变化预测
		洪水工况	工程区遇100年一遇洪水时地下水渗流场变化预测
	运营期	运营1年、2年、5年、10年	建成后运营1～10年地下水渗流场变化趋势预测

3.2.2　模拟效果案例展示

以上述河谷高原机场为例，考虑上表模拟工况、方案的情况下，各工况地下水渗流场可视化效果。

拟建机场挖方区、填方区位置分布及地形特征如图3.2-1所示。

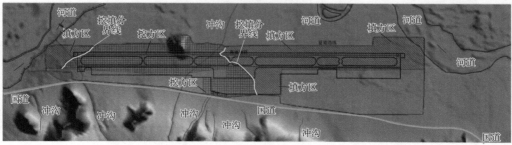

图3.2-1　拟建机场挖方区、填方区位置分布及地形特征

1）天然工况——原始场地地下水渗流场特征

模拟结果显示，研究区的天然地形分水岭位于机场南部的高山上，研究区地下水由南部高山区的地下分水岭通过地势较低的山前冲洪积扇，向北流经场区之后最终排泄进入北部河流。

2）挖方施工条件下地下水渗流场特征

模拟分析得出，西侧场区在挖方施工后，挖方区内部地下水渗流场发生了明显改变，位于挖填界线周围的地下水水位线出现内凹，在跑道轴线位置区域出现了水位低值，说明场址区内的挖方区域地下水水位较天然条件下的地下水位低。挖方区南侧的区域地下水位并没有明显变化，反映出该区挖方深度较小，对外围地下水位的影响不明显；受挖方的影响，地下水的流向在局部地方有细微变化，但并不明显，宏观上地下水渗流方向仍是从地下分水岭位置流向北侧的山前冲洪积扇，流经机场之后最终排泄进入机场北部的河流。

根据上述分析，挖方后边坡区地下水位降深不大，在 0～2m 范围内。在挖方边坡坡脚整平设计高程为 4311.50～4315m 的区域内，该区域的现场实际观测水位为 4315m 左右。模拟结果预测，挖方区坡脚部位将出现渗水现象。根据施工阶段边坡开挖反馈，该区坡脚部位的确出现了渗水现象，现场情况与模拟结果基本一致，说明模拟结果可靠。

挖方边坡坡脚部位渗水特征如图 3.2-2 所示。

a)

b)　　　　　　　　　　c)

图 3.2-2　挖方边坡坡脚部位渗水特征

3）填方施工条件下地下水渗流场特征

模拟分析结果得出，填方整平后的地下水渗流场发生了较大改变。场区填方区内地下水位相较于天然工况下均有所抬升,地下水水位揭示颜色为浅蓝色,与天然渗流场相比之下,挖方区的地下水位普遍低于天然条件下水位,而填方区的地下水位则普遍高于天然条件下地下水水位。地下水流向仍是从地下分水岭位置流向北侧的山前冲洪积扇,流经机场之后最终排泄进入机场北部的河流。

通过将填方区地下水位与天然条件对比发现,机场在填方整平之后,机场东端填方区水位上升幅度在0.5~2.5m之间,西端填方区地下水位上升幅度在0~0.5m之间,在此工况下,机场东端地下水位受到的影响相对较大,西端地下水位受到的影响相对较小。填方区的填方高度普遍在0~12m之间,通过现场实测地下水位和模型计算水位对比分析,整个填方区域在整平之后地下水位均在机场设计高程以下,随着填方厚度加大,地下水位上升高度也逐渐增大。根据土石方施工阶段地下水位监测结果,填方施工后地下水位有上升的现象,现场监测结果与数值模拟结果较吻合,填方区特征见图3.2-3。

图3.2-3　机场东段填方区特征

4)设置排水结构工况下渗流场特征

为加强填方区内部排水,避免填筑体内部排水不畅造成水位升高而引起填方地基过大沉降,模拟中在机场东端原地基上铺设水平排水层和盲沟,模拟碎石排水层和盲沟的排水效果,为排水设计提供参考。

模拟计算结果得出:设置水平碎石排水层和盲沟后,机场东端填方区地下水位有一定程度的下降。将该工况下的地下水位与天然条件下的地下水位对比得出,机场东端填方区在水平排水层的作用下,工后水位抬升幅度减小,说明碎石排水层和盲沟对填筑体内部排水有效。

5)强降水极端工况地下水渗流场特征

根据气象数据,选择极端降水数据输入模型,分析强降水极端工况对场地下水渗流场的影响。模拟计算得出:强降水条件下,工程区内地下水位普遍抬升,地下水位上升幅度的趋势为从西南至东北方向逐渐增大。挖方区地下水位上升幅度小,在0.6~0.9m之间,局部水位高于机场设计高程;填方区地下水位上升幅度较大,在0.95~1.45m之间,地下水位高程低于机场设计高程。

6)100年一遇洪水极端工况下地下水渗流场特征

通过查阅洪水安全性评价报告,获取到100年一遇洪水位数据,模拟分析洪水极端工况对场地地下水渗流场的影响。模拟计算得出:无论是挖方区还是填方区,百年一遇洪水工况下,场地地下水位都有升高的现象,场区西侧地下水位普遍高于洪水位,受洪水影响较小;场区东侧地下水位在整个渗流场中显示并不突出,填方区东北部分区域的地下水位低于洪水位,该部分区域的地下水将受到洪水补给。

根据模拟结果,机场西侧与中部区域地下水位受洪水影响较小,水位上升幅度在 0~1m 之间;机场东侧部分填方区域地下水位低于洪水位,受到洪水的补给,水位上升幅度相对较大,在 1~3m 之间。

7)铺设道面工况地下水渗流场变化特征

通过对机场范围内需要硬化处理的区域(跑道、滑行道、联络道及航站区)赋不同的渗透系数,使之渗透能力较硬化前减弱,来模拟机场硬化条件下的渗流场变化趋势。

模拟计算得出:场地道面硬化后的地下水渗流场较填方整平未发生明显改变。场区内道面硬化区域的地下水位虽然有所下降,但其发生的水位变化是局部的,相对微小(图 3.2-4)。

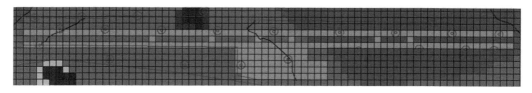

图 3.2-4　道面硬化范围(浅绿色部位)

8)运营期地下水渗流场变化特征

通过设置时间步长,对运营期地下水渗流场变化进行模拟预测分析。模拟计算得出:场区硬化条件下的渗流场变化不明显,硬化后 1 年,机场跑道轴线、滑行跑道以及航站区没有明显的、呈规律性的水位降低,场区内的水位处于小幅波动状态;大部分硬化区域水位有微小的降低,水位降低范围均在 0.2m 之内。硬化后 2、5、10 年,硬化区域水位波动幅度变得更小,地下水位基本稳定,水位波动范围在 -0.005~0.005m 之间。说明从长期来看,道面硬化对场区地下水位的影响比较小。

本章参考文献

[1]　沈媛媛,蒋云钟,雷晓辉,等.地下水数值模型在中国的应用现状及发展趋势[J].中国水利水电科学研究院学报,2009,7(1):57-61.

[2]　卢丹美.地下水数值模型和软件的特点及在我国的应用现状[J].中国水运(下半月),2013,13(01):107-109.

[3]　冯洁.可视化地下水数值模拟软件(VISUAL MODFLOW)在国内的应用[J].地下水,2013,35(04):34-36.

[4]　王庆永,贾忠华,刘晓峰,等.Visual MODFLOW 及其在地下水模拟中的应用[J].水资源与水工程学报,2007,18(5):90-92.

［5］蔚东升,刘洁,冯兆东. Visual MODFLOW 在国内的应用[J].能源与节能,2014(06):96-97 + 126.

［6］梁军平,杜鹏飞,李云桢.基于 Visual Modflow 的地下水流场变化预测研究[J].环境工程,2014,32(S1):267-270 + 304.

［7］周奇,岑国平,冀鹏,等.采用 Visual Modflow 研究机场场区地下水渗流场[J].中国给水排水,2011,27(11):51-54.

第4章 大面积填筑地基地下水物理模型分析方法

模型试验是实验应力分析的重要组成部分。模型试验具有其独特的作用,尤其是对一些复杂的、其中各相关物理量之间的数学模型尚未建立的结构,通过模型试验往往可以取得较好的结果。国内外很多大型工程项目,在进行理论分析计算、计算机数值模型仿真计算分析的同时,通常也要进行模型试验研究。物理模型法也称作物理模拟法,是基于相似理论而构建的静力学模型。物理模拟方法时一种发展较早、应用广泛、能形象直观地反映地质体作用过程的分析方法[1-4]。近年来,物理模型试验方法在地震、滑坡、泥石流、崩塌、地面塌陷、地裂缝、地基稳定性等相关不良地质作用机理及工程病害方面的研究较多,得出了许多有意义的理论成果和工程实践成功案例[5-13]。物理模型具有能形象直观地反映地下水与地质体作用过程的优势,因此可将物理模拟运用于地下水工程效应的研究,探讨与地下水相关的工程问题,但目前,采用物理模型开展大面积填筑地基地下水工程效应研究的成功案例很少。

本章主要依托以工程案例,介绍采用室内物理模型开展大面积填筑地基地下水工程效应研究的方法、流程和实际效果。

4.1 物理模型试验区概况

4.1.1 工程建设概况

某新建机场规划建设跑道长 3200m,宽 45m,平行滑行道长 3200m,宽 18m,建设 4 个 (1B3C) 机位的站坪,并配套建设航站楼、空管、供电、供油等相关配套设施。拟建场地位于西北黄土高原地区,属典型的山区高填方机场,建设中需要进行大面积的挖填施工,机场最高填方边坡高差超过 160m,垂直填方厚度超过 70m,为当前世界机场土质高填方边坡最高纪录。选择的室内物理模型试验研究区位于机场北侧高填方边坡区,即该工程试验段 I 区的位置,如图 4.1-1 所示。

4.1.2 物模区地质概况

1)地形地貌特征

拟建场地属于典型的黄土梁、峁沟壑山地地貌,场地两侧受冲沟强烈的切割作用,地形变化大,沟壑纵横。物模研究区处于沟谷斜坡部位,区内发育一条 SE—NW 向的常年有水天然冲沟,流量 0.102~0.38L/s,上游汇水面积约 0.35km²,沟长约 880m,为典型"V"形冲沟,冲沟形成的沟谷宽度 30~90m,冲沟整体坡度为 12°~15°。根据设计资料,该区填方地基顶面设计高程为 1623m,填方边坡采用综合坡度 1:2.5 分层填筑,边坡高度约 92m,最大垂直填方厚度约 40m。相关特征见图 4.1-2~图 4.1-4。

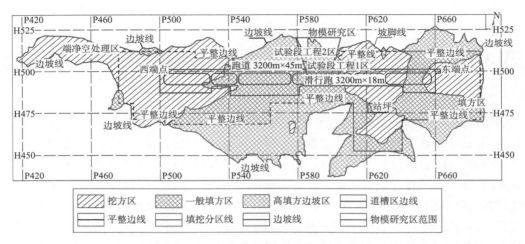

图 4.1-1　拟建机场布局及土石方挖填分区示意图

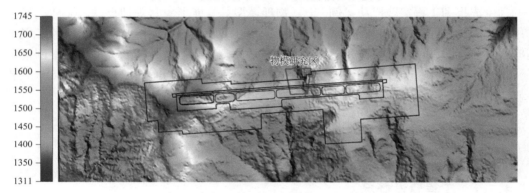

图 4.1-2　拟建场地全场区地形地貌特征

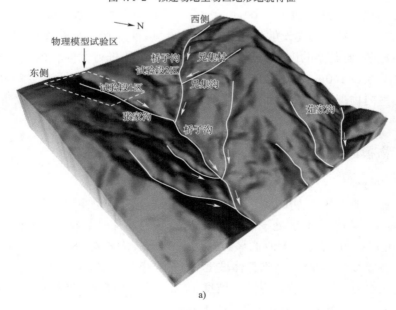

a)

图　4.1-3

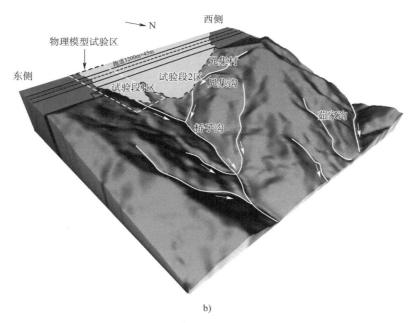

b)

图 4.1-3　物模研究区原始地形地貌特征和填方完成后地形地貌特征

图 4.1-4　物模研究区现场航拍照片

2）地层岩性特征

拟建工程场地原地基地层由第四系覆盖层（$Q_{1\sim4}$）、新近系（N）泥岩组成，覆盖层类型主要有植物土层（Q_4^{pd}）、马兰黄土（Q_3^{eol}）、离石黄土（Q_2^{eol}）、滑坡堆积层（Q_4^{del}）和洪积物（Q_4^{pl}）等。物模研究区纵向上地层岩性依次分布植物土、湿陷性粉质黏土、粉质黏土，下伏为新近系泥岩，该区断面图见图 4.1-5。

3）水文地质特征

模拟区地下水类型为第四系松散岩类孔隙裂隙水、第四系松散岩类孔隙水和碎屑岩类孔隙裂隙水，主要以第四系松散岩类孔隙裂隙水和孔隙水为主。地下水主要受大气降水和灌溉水补给，场地内无断层远程补给。研究区地下水一方面在重力的作用下沿孔隙、裂隙向南北两侧斜坡下部渗流排泄，补给地势低洼部位的地下水；另一方面在陡坎、冲沟等地形切割合适的部位以下降泉的形式排泄。地下水补给、径流、排泄关系见图 4.1-6。

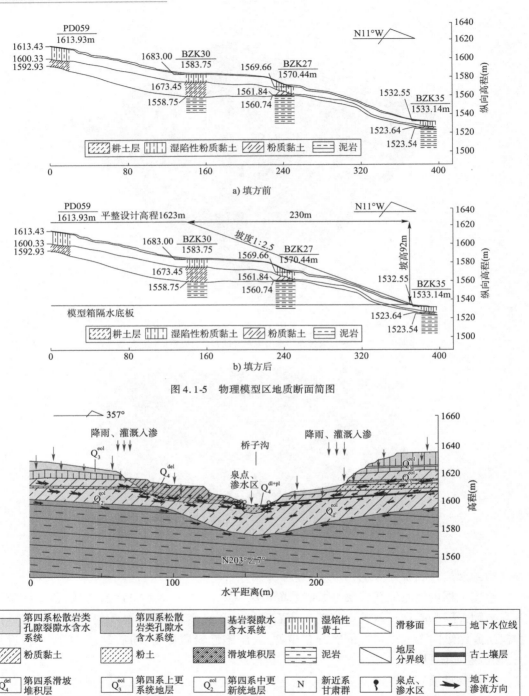

图 4.1-5 物理模型区地质断面简图

图 4.1-6 地下水补给、径流、排泄关系示意

4）物理模型试验的目的

研究区水文地质条件和工程地质条件复杂，滑坡等不良地质作用发育，且广泛分布大厚度湿陷性黄土，地下水问题和高填方地基稳定性问题突出。

通过物理模拟，预测分析填方边坡因地下水位抬升作用而引起的土体渗透变形及变形失稳等潜在工程问题。模拟分析不同水力梯度作用下坡体内地下水的运移、孔隙水压力变化和地下水对边坡的作用引起的边坡变形失稳特征及过程，从而较为全面、真实地反映地下水工程效应对机场建设的影响，为机场的土石方设计、施工、截排水设计、灾害防治等提供参考。

4.2　物理模型试验流程及结果分析

4.2.1　试验装置

本次物理模型试验槽装置采用地质灾害与地质环境保护国家重点实验室（成都理工大学）研发的专门用于模拟地下水渗水过程的大型物理模拟试验系统。该系统主要由模型箱、储水箱、测压管、水泵、给水排水溢流箱等部分组成，如图4.2-1所示。

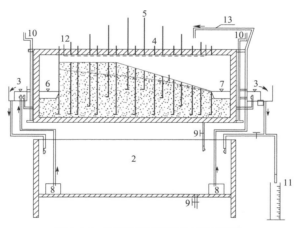

图 4.2-1　物理模型实验装置结构示意图

1-填方边坡；2-储水箱（循环供水）；3-稳定流供、排水系统；4-测压管；5-示踪剂注入管；6、7-河流（可升降）；8-水泵；9-排水口；10-升降装置；11-量筒；12-降雨模拟箱；13-降雨供水

模型箱尺寸：长×宽×高＝200cm×45cm×80cm。模型箱主要由厚3cm的有机玻璃组成，外围由高强度不锈钢支架支撑。模型箱采用有机玻璃材料使得模型箱兼顾稳固与美观特点，同时，采用有机玻璃材料保证了能从外部实时监控模型箱内部试验过程的功能。模型箱两侧为可上下移动的给水排水溢流箱，可根据试验需求不同调节两侧水头。测压管分布于模型箱侧面，共有11个测面。模型箱中轴对称，除第5个测面只有一个测压管外，其余测面均有3个测压管，共计31个测压管，同一测面上的3个测压管按上中下分布。模型箱下部为储水箱，内部安装水泵，与上部给水排水溢流箱一同构成循环供水系统。本次采用的物理模型实验装置实物见图4.2-2。

4.2.2　数据监测采集系统

本次物理模型试验的试验信息监测采集系统由微型孔隙水压力传感器和数据采集系统构成。

图 4.2-2　物理模型实验装置实物

1）微型孔隙水压力传感器

本次采用 HC-25 微型孔隙水压力传感器与变送器（16 套），见图 4.2-3。该产品陶瓷过滤，不锈钢结构，采用微加工硅膜片为核心元件，高精度集成压阻力敏元件，该传感器体积小、结构紧凑、质量轻、坚固耐用，且具有优良的动静态特性，其主要特点如下：

（1）量程范围广，从 −100kPa ~ 60MPa 间任意量程均可测量。

（2）精度高，最高可达到 0.1% FS。

（3）体积小，直径 5mm，长度为 10mm。

（4）温度范围宽，从低温 −40℃ 到高温 120℃（特殊可到 175℃）。

（5）长期稳定性好，耐各种恶劣环境。

图 4.2-3　HC-25 微型孔隙水压力传感器与变送器

2）数据采集系统

本次物理模型试验信息监测采集系统采用 HCSC-32 压力采集系统，支持 32 通道压力传感器采集（图 4.2-4），通过 USB（Universal Serial Bus，通用串行总线）接口实时将数据传输至计算机存储为支持 Excel 表格的文件，支持自定义量程，可对任意曲线进行统计分析。该系统采用 C＋＋ 计算机语言编写，具有动态监控、数据输出处理、绘制图像等功能。

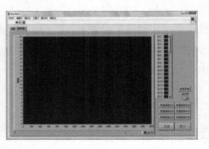

图 4.2-4　信息监测采集系统（HCSC-32 通道）

通过对模型箱中各个位置上水压变化的监控及数据采集,实现地下水对于坡体稳定性破坏的监测。本次物理模型试验系统装置构成见表4.2-1。

物理模拟试验系统装置构成　　　　　　　　表4.2-1

器材	数量	型号或尺寸
模型箱	2个	长2m,宽45cm,高80cm
测压管	62个	长1m
储水箱	2个	长2m,宽45cm,高35cm
水泵	2个	小型(2m扬程)
压力传感器	16个	HC-25
数据采集器	1个	HCSC-32通道
高清摄像仪	4个	帝防360高清
液晶计算机	1台	联想

4.2.3　模型材料

本次模拟试验使用的材料为工程区场地现场采取的土料,主要由粉质黏土、湿陷性粉质黏土和黏土组成,现场采样,见图4.2-5。

图4.2-5　模型材料现场采样

通过现场的水文地质试验及室内试验,获取地基土的渗透性参数,见表4.2-2。

地基土渗透性系统计表　　　　　　　　表4.2-2

岩土类型	渗透系数(cm/s)	岩土类型	渗透系数(cm/s)
湿陷性粉质黏土	$1.0 \times 10^{-5} \sim 6.0 \times 10^{-5}$	黏土	$1.5 \times 10^{-7} \sim 8.0 \times 10^{-7}$
粉质黏土	$2 \times 10^{-6} \sim 8.0 \times 10^{-6}$	压实填土	$8.0 \times 10^{-7} \sim 6.0 \times 10^{-5}$

4.2.4　模型试验方案与技术路线

根据模型箱尺寸,本次采用1:200的相似比对场地实际模型进行等比例缩放,缩放后模型坡高为0.46m,顶面平整区宽度为0.7m,边坡长度为1.15m;模型材料渗透性相似比为1:1。

　　模拟区原始地下水补给方式主要为大气降水补给、农耕灌溉补给和侧向补给,施工后农耕灌溉被消除,主要接受大气降水和侧向补给。根据研究区水文地质分析,填方施工后该区地下水位会抬升,本次物理模拟使用边界水头的抬升高度模拟地下水位的抬升,边界水头的高度为水文地质分析预测的最高水位,同时边界条件最大限度保持与现场相一致。本次物理模拟中不考虑盲沟的排水作用,地下水主要顺地形坡降,自然渗流排出。

　　模型搭建完成后,预先将边界水头 H 控制为初始地下水位,通过已有气象数据来模拟降雨入渗对地下水位抬升的影响。当水位抬升后,通过预先埋在土体里的孔隙水压力传感器和测压管观测土体孔隙水压力的变化,尤其是在原有地形凹陷区汇水区,试验中同步采用高清摄像仪观察、监测、记录边坡前缘渗水、变形情况。本次物理模拟技术路线如图 4.2-6 所示。

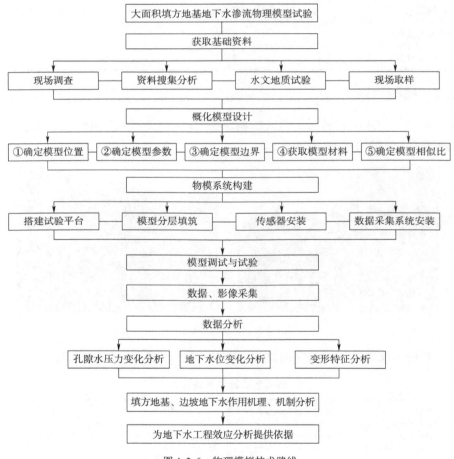

图 4.2-6　物理模拟技术路线

4.2.5　模型搭建流程

　　根据上述预设的方案进行模型搭建,搭建的基本过程如下:

　　(1)用水清洗试验模型箱,检查模型箱的封闭性,清洗完成后使其自然风干(图 4.2-7)。

图 4.2-7　模型箱清洗与封闭性检测

（2）准备渗透性较差的黏土作为模型箱的隔水底板（泥岩隔水层），厚度约 8cm，进行饱水处理，并在黏土上覆盖一层保鲜膜进行隔水处理（图 4.2-8）。

图 4.2-8　准备黏土和隔水底板铺设

（3）在装填模型箱前对各种土样进行土柱渗透性试验，根据夯击次数控制渗透系数，在装填过程中依据渗透系数相似比安排与土柱渗流试验相同的夯击压密次数，根据现场填方区的渗透系数相似比依次在原有地形表面填上粉质黏土和粉土，模型搭建的地形起伏尽量与现场实际原始地形相一致，见图 4.2-9。

图 4.2-9　分层土柱渗透性试验和原始地形搭建

（4）在模型箱的填装过程中，将孔隙水压力传感器按照预先标记的位置铺设在各层土中，根据地形凹陷情况，对分析后易产生渗透变形的部位加密布设，保证一个纵断面有 2～3 个孔隙水压力传感器，以便后期进行孔隙水压力变化的对比分析。孔隙水压力传感器 CH1～CH10 在各层黄土中的位置见图 4.2-10。

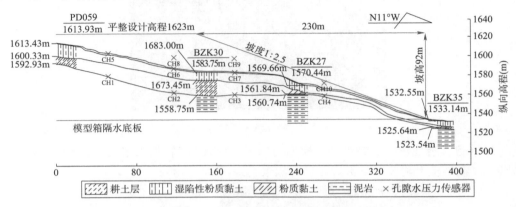

图 4.2-10　孔隙水压力传感器布设示意图

图 4.2-11 为孔隙水压力传感器布设现场工作照（注：根据模型的相似比，传感器纵向排列在模型箱内的间隔分别为 10cm 和 5cm，如 CH2 与 CH6 间距 10cm，CH6 与 CH8 间距 5cm）。

图 4.2-11　孔隙水压力传感器布设现场照片

（5）土样装填完毕后，安装测压管，各测压管间距为 15cm，并且都附有毫米（mm）级刻度尺，测压管分别有上、中、下三个进水口，在每个进水口处贴上纱布，防止土颗粒堵塞管口（测压管布设位置见图 4.2-12 和图 4.2-13）。

由于模型底部为不透水层，所以不考虑模型箱底部进水口进水，只考虑中间和上部两个进水口进水。在进行饱水调试时，预先排除测压管内的气泡，消除试验误差。

（6）调试完成后，连接数据采集设备，开始试验。

（7）控制边界水头至初始地下水位高度。

（8）调节边界水头至填方后地下水位抬升后的水位高度。

（9）记录传感器数据，监测、记录边坡渗水、变形情况。

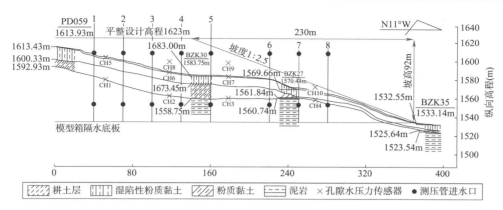

图 4.2-12　测压管布设示断面意图

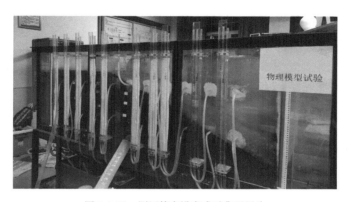

图 4.2-13　测压管布设完成后典型照片

4.2.6　试验过程及数据采集

根据数值模拟分析得出的填方后地下水位高程,将边界水位控制在模型箱内边坡顶面以下 5cm,通过坡体内各部位埋设的孔隙水压力传感器和模型箱侧面的测压管,获得了不同位置孔隙水压力及水位随时间变化的过程曲线。根据获得的各项数据,结合观测坡体的影像信息,分别对孔隙水压力变化特征及地下水位变化特征进行分析,得出模拟区地下水运移特征,孔隙水压力变化及边坡的变形滑移特征、过程和模式。

通过 20d(共 480h)的持续观察记录,共获得了 10 个孔隙水压力传感器、8 组测压管的试验数据和相关影像数据。

试验中,孔隙水压力数据采集时间间隔为 30s,测压管水位变化数据的采集时间间隔为 2h,晚上则由高清摄像仪持续记录测压管的水位变化和边坡的渗水和变形情况。考虑到试验持续时间较长,试验中按时间间隔(以 96h 为一个周期),将整个试验时间划分为 5 个研究周期。每个实验周期结束后对其内孔隙水压力变化特征及水位变化情况、边坡渗水、变形情况进行分析。

4.2.7　模型试验结果分析

1)孔隙水压力变化特征分析

模型内孔隙水压力传感器 CH1~CH10 的孔隙水压力在 5 个研究周期内随时间变化的

过程曲线见图 4.2-14。

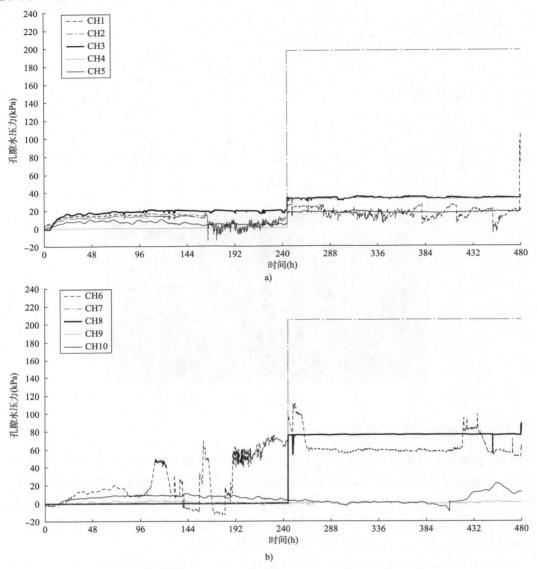

图 4.2-14　CH1～CH10 孔隙水压力变化过程总曲线

　　整个过程中边界水头高度始终保持在平整面以下 5cm 处(实际地形线以下 10m 处)。以铺设 CH1、CH2、CH3、CH4 传感器的泥岩界面为第一渗流通道,以铺设 CH5、CH6、CH7 传感器的粉质黏土界面为第二渗流通道,CH8、CH9、CH10 传感器位于填方体内部。根据获取的数据反映出,模型内孔隙水压力总体呈升高趋势,大部分传感器采集的数据在试验进行到第 245h 的时候发生骤升。

　　(1)第一个研究周期:孔隙水压力变化如图 4.2-15 所示,CH1、CH2、CH3、CH5、CH6、CH10 传感器数据均有明显的变化幅度,CH9 传感器数据变化幅度较小,CH4、CH7、CH8 传感器数据基本无变化。

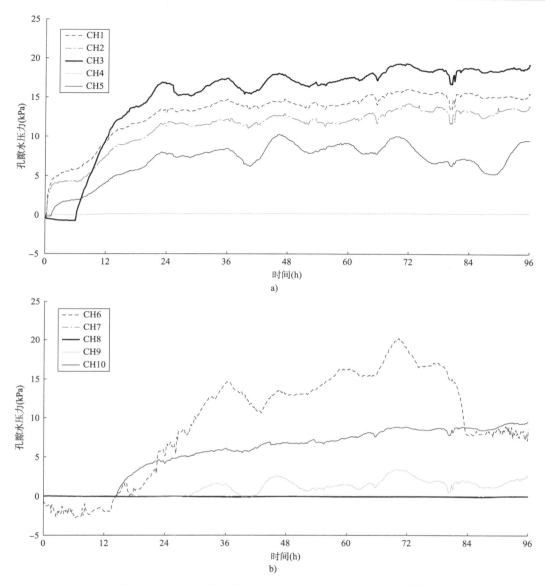

a)

b)

图 4.2-15　第一个研究周期 CH1～CH10 孔隙水压力变化过程曲线

　　分析认为:在试验初期,土体未达到饱和状态,土颗粒之间的水气界面受基质吸力的影响会形成内凹的弯液面,从而导致部分传感器采集的孔隙水压力值为负值。随着时间的推移,饱和带逐渐扩展,靠近给水边界的 CH1、CH2、CH3、CH5、CH6 传感器数据首先开始上升,其间传感器数据呈现出轻微波动,说明距离给水端较近的地方细颗粒一直在流失,而沿渗流方向再往前的一段渗流路径区域发生了细颗粒的堆积,颗粒流失与颗粒堆积的复合效应,导致孔隙水压力先缓慢升高后又缓慢下降。远离给水边界的 CH4、CH7、CH8、CH9 传感器数据暂无明显变化,原因是土体还处于排气阶段尚未进水或传感器被损坏导致无法正常读取数据,因此继续等待观察进行验证。

　　从以上分析可知,地下水位的抬升和渗流作用将使坡体内孔隙水压力升高,饱和带扩展,孔隙水压力的增加的幅度,主要取决于坡体内部渗流作用的强弱,坡体内部渗流作用强,孔隙水压力增加幅度大,反之则增加幅度小或不发生明显变化。

（2）第二个研究周期:孔隙水压力变化如图4.2-16所示,CH6 传感器在该研究周期内,数据曲线开始出现波峰波谷特征,CH1、CH2 传感器数据在 165h 后也相继出现波峰波谷特征,CH3、CH5、CH9、CH10 传感器数据波动幅度不大,较稳定,CH4、CH7、CH8 传感器数据仍无明显变化。

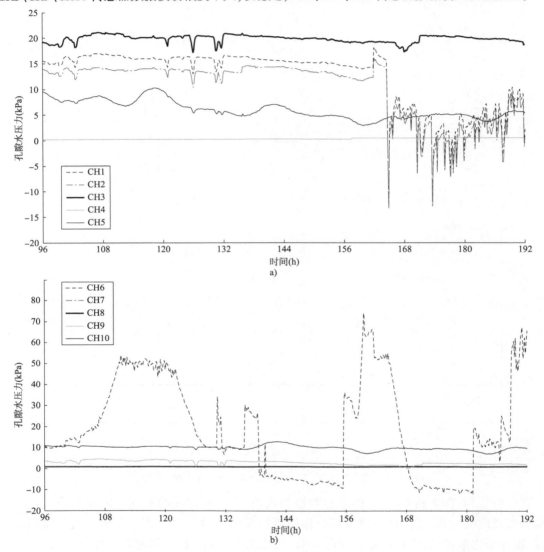

图4.2-16　第二个研究周期 CH1～CH10 孔隙水压力变化过程曲线

分析认为:此时坡体内可能发生了挤压变形、颗粒错动或发生流沙管涌现象,坡体内部孔隙水由于错动、位移挤压而产生超孔隙水压力。超孔隙水压力的大小主要受坡体变形位移量和变形速率的影响。当坡体变形位移量、颗粒错动量小、速度慢时,超孔隙水压力小,当坡体变形位移量大、颗粒错动剧烈、变形速度快,产生贯通性裂缝时,超孔隙水压力将剧增,在孔隙水压力曲线上通常以"尖峰"状态出现。CH1、CH2 传感器数据 165h 后骤降后也出现了相似的波峰波谷特征,原因是 CH1、CH2 位于第一渗流通道上,两个传感器连通的区域局部出现了土颗粒错动、变形位移或拉裂,导致孔隙水压力传感器监测的数据呈现出波峰波谷变化的形态特征。CH3、CH5、CH9、CH10 传感器由于距离给水边界较远或该传感器位置的土体仍未达到饱和状态,因此数据比较稳定,也说明了该处坡体内部尚未出现土颗粒错动、位移或拉裂现象。由于传感器损坏或土体还处于排气阶段尚未进水等原因,该研究周期内 CH4、CH7、CH8 传感器数据仍无明显变化。

(3)第三个研究周期:孔隙水压力变化如图 4.2-17 所示,CH2～CH5、CH7、CH8 传感器均在第 245h 左右出现骤升,并且孔隙水压力值一直稳定在骤升后的孔压值保持不变。CH6 传感器数据在第 245h 后出现了骤升骤降波动变化后也基本保持稳定,CH1 传感器数据仍以波峰波谷的曲线形态变化,CH9、CH10 传感器数据变化幅度较小。

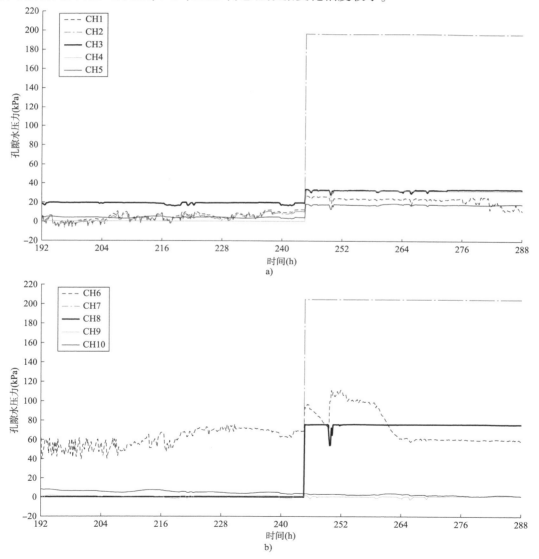

图 4.2-17　第三个研究周期 CH1～CH10 孔隙水压力变化过程曲线

分析认为:在试验进行到第 245h 左右,随着渗流作用的持续,土体基质吸力逐步减小,强度劣化程度逐步加深和孔隙水压力的累计作用,使边坡的前缘开始出现蠕滑变形,并牵引后缘形成弧形拉裂缝。随着前缘蠕滑变形量的增大,后缘拉裂缝并逐步向深部扩展,当前缘发生滑移破坏后,后缘拉裂缝贯通造成崩塌错落变形滑移(图 4.2-18)。

a) 坡脚地下水富集-渗水　　b) 坡脚及中下部蠕滑变形　　c) 后缘拉裂形成弧形裂缝

图 4.2-18　第三个研究周期内边坡出现渗水、蠕滑拉裂变形特征

从孔隙水压力变化特征来看,位于第一渗流通道的 CH2～CH4 传感器连接的土体和第二渗流通道的 CH5～CH7 传感器连接的土体,其内孔隙水压力和坡体内的应力逐步累积,并在应力累积至突破其锁固段抗剪强度后形成了贯穿的裂隙,应力得以释放,坡体内部形成了新的水流通道,并在较短的时间内完成应力调整而逐步趋于一个新的应力平衡状态,监测点水头值反映出,在边坡出现滑移破坏一段时间后水头保持稳定。CH9、CH10 传感器的埋设位置高于水位线以上,采集的孔压数据仍无明显变化。

(4)第四个研究周期:孔隙水压力变化如图 4.2-19 所示,除 CH1 传感器数据有明显波动外,其余传感器数据处于比较稳定的阶段。

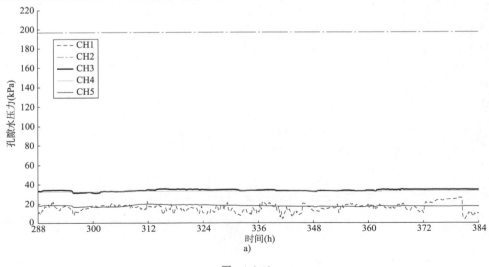

图　4.2-19

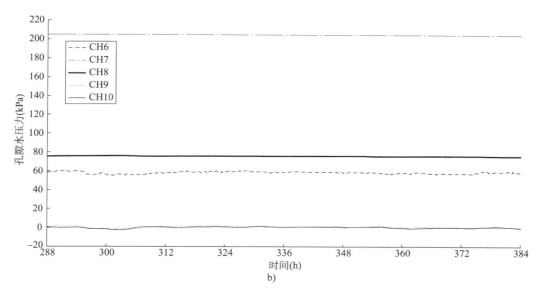

b)

图 4.2-19　第四个研究周期 CH1～CH10 孔隙水压力变化过程曲线

分析认为:坡体在第 245h 边坡出现了垮塌,应力得以释放后,边坡在短时间内完成了应力调整而趋于新的应力平衡状态。由于边坡内部贯穿裂缝形成了稳定的渗流通道,在边界水头稳定补给的情况下,监测点的孔隙水压力基本保持稳定。CH1 传感器数据存在波动现象,可能的原因是 CH1 传感器附近的土颗粒存在地下水渗流过程中发生了流失-堆积的交替作用过程,从而导致灵敏度较高的传感器测得的孔隙水压力值出现上下波动的情况。

(5)第五个研究周期:孔隙水压力变化如图 4.2-20 所示,CH1、CH6、CH10 传感器数据有波峰波谷出现,其余传感器数据无明显变化。

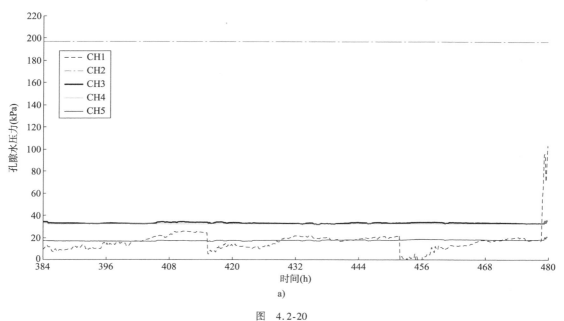

a)

图　4.2-20

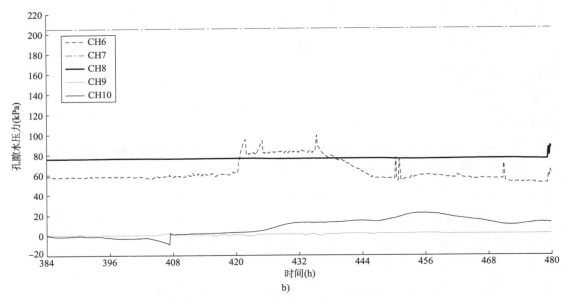

b)

图 4.2-20　第五个研究周期 CH1～CH10 孔隙水压力变化过程曲线

分析认为:在第五个研究周期内,模型土体已处于饱和状态,靠近给水边界的土体处于过饱和状态,土体内部已经形成稳定的高水位,此时的孔隙水压力等同于静水压力;处于第一渗流通道的 CH1 和处于第二渗流通道的 CH6 之间的土体受地下水持续的渗透作用而逐渐形成了贯通的渗流通道,导致监测的孔隙水压力值出现波动;CH9 传感器从试验开始至结束时的数据变化都是很小的,原因是该传感器埋设位置较高,且距离给水边界的渗流路径较远,潜水面未到达 CH9 的位置,其主要受毛细水上升作用的影响,因此孔隙水压力变化较小。

综上分析,可得出整个试验过程中孔隙水压力变化呈现出以下规律:

(1)物理模型试验进行到第 245h 左右,边坡的后缘出现垮塌现象,导致坡体内裂隙贯通,形成了稳定的水流通道,边坡发生了瞬间的应力释放与短时间的应力调整后而趋于新的应力平衡,此时位于渗流通道上的传感器监测的数据骤升后孔隙水压力趋于稳定。

(2)孔隙水压力骤升是由边坡变形,土颗粒错位、位移产生的超孔隙水压力所致。当坡体内发生挤压变形、位移、错动变形时,坡体内部孔隙水压力会快速升高而产生超孔隙水压力。超孔隙水压力的大小主要受坡体变形位移量和变形速率的影响。当坡体变形位移量、颗粒错动量小、速度慢时,超孔隙水压力小;当坡体变形位移量大、颗粒错动剧烈、变形速度快,产生贯通性裂缝时,超孔隙水压力将剧增,在孔隙水压力曲线上通常以"尖峰"状态出现。

(3)孔隙水压力呈缓慢增大的现象是由渗流通道内细颗粒的堆积,堵塞渗流通道造成水位壅高,孔隙水压力累积所致,而随着水流持续裹挟和潜蚀作用,堆积的颗粒逐渐散开,累计孔隙水压力又将逐渐消散减小。当渗流通道贯通后,孔隙水压力将趋于稳定。此过程也说明,地下水渗流过程伴随着细颗粒的流失,即地下水的渗流潜蚀作用将造成坡体内盐分损失和固体颗粒的流失,最终贯通形成径流通道而发生渗透变形。

图 4.2-21 ~ 图 4.2-23 为泥岩层、原地基土层、填方地基土层的孔隙水压力变化曲线,直观反映了物理模拟试验过程中每一含水层的孔隙水压力变化规律。

图 4.2-21 所示为泥岩层 CH1 ~ CH4 传感器的孔隙水压力变化曲线,在第 245h 左右,边坡前缘出现蠕滑变形滑移,各传感器数据均出现骤升,其中 CH2 传感器数据骤升的幅度最大,在孔隙水压力骤升后该点高孔隙水压力并趋于稳定,CH3、CH4 传感器数据骤升后维持相对稳定,但孔隙水压力明显低于 CH1 处孔隙水压力。

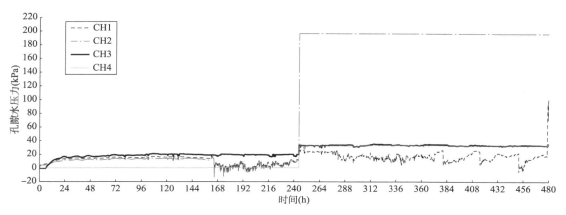

图 4.2-21　泥岩层顶面孔隙水压力传变化曲线

分析认为:在边界水头给水渗流一段时间后,坡体开始从坡顶向坡脚方向和从泥岩交界面向上逐渐饱和,随着时间的推移,孔隙水压力累积增大,坡体内出现了变形和贯通的渗流通道,而后边坡逐步滑移变形,并伴随孔隙水压力的强烈变化,当裂隙贯通、边坡滑移而发生应力释放后,随后在较短的时间内发生应力调整而达到新的应力平衡,此时孔隙水压力呈现稳定的变化趋势。CH2 处孔隙水压力变化强烈且压力值较高的原因为:该区处于原始地形相对凹陷部位,水流较集中,易于汇水形成较高的水头,当边坡形成贯通的渗流通道后,该点的孔隙水压力值基本等同于静水压力值,受地形的影响,该点的水头高于 CH1、CH3、CH4 的水头,因此表现出孔隙水压力值较高的特征。

图 4.2-22 所示为 CH5 ~ CH7 传感器所在原地面附近层位的孔隙水压力变化曲线图,在第 245h 左右边坡前缘出现蠕滑变形,各传感器数据均出现骤升,其变化特征与上述 CH1 ~ CH4 特征相似。

其中,CH6、CH7 传感器数据骤升的幅度较大,说明该传感器监测的区域处于富水区,水流较集中,水头较高。同时 CH6 曲线在孔隙水压力升高后20h 内出现下降,并在后续达到相对的稳定,在 400 ~ 450h 又出现了多次的波峰波谷的振动变化,主要是由于边坡变形和滑移拉裂过程中伴随着应力的累积→孔隙水压力升高→应力释放→颗粒的流失→孔隙水压力降低→细颗粒堆积堵塞→孔隙水压力升高→渗流通道疏通→颗粒流失→孔隙水压力降低的往复变化过程,也说明了地下水渗流过程中伴随着潜蚀作用,土体物质不断地被潜蚀带走,形成贯通的潜蚀通道,发生了渗透变形。

图 4.2-23 为在填筑地基土内 CH8 ~ CH10 孔隙水压力变化曲线图,在第 245h 左右边坡发生滑移垮塌,CH8 传感器数据出现骤升,说明该传感器监测的区域处于富水区,其变化特

征与上述 CH6 相似。

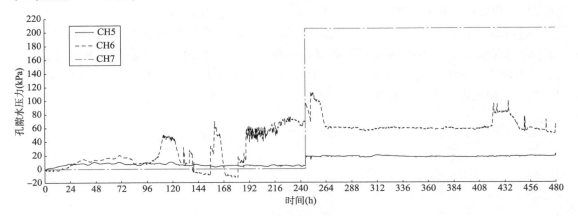

图 4.2-22　原地基粉质黏土层孔隙水压力变化曲线

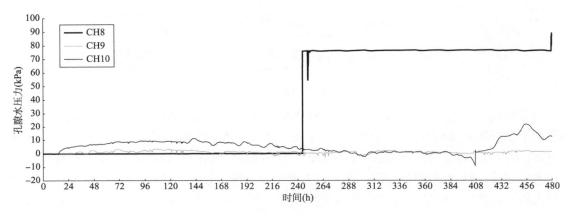

图 4.2-23　填筑体内孔隙水压力变化曲线

CH9、CH10 所处层位较高,CH10 处于边坡坡面附近,由于原始地形和埋设位置的影响,CH9、CH10 传感器附近的区域并没有出现水流汇聚的条件,土体长期处于非饱和状态,孔隙水压力主要受毛细水上升作用的影响,CH10 后期孔隙水压力出现波动主要是由于边坡滑塌后传感器的位置发生移动,滑塌体受水流浸泡而饱水,因此孔隙水压力出现上升的变化特征。

根据上述分析可知,填方边坡区地下水的运移路径、运移过程和孔隙水压力的变化特征,表明受原始地形的影响,地形凹陷区域容易汇水形成高的压力水头(图 4.2-24);同时还反映出,受地下水的浸润和孔隙水压力的作用,边坡会发生纵向的湿陷、湿化沉降和向临空方向的变形,边坡变形过程中伴随着超孔隙水压力的产生。

填方边坡区工后地下水位壅高,一方面会造成地基土的强度劣化和地基的湿陷、湿化沉降变形,另一方面受高孔隙水压力的作用和渗透变形的影响,边坡的稳定性将急剧下降,在长期累积作用下,易在边坡坡脚等位置较低的富水区出现蠕滑变形,牵引边坡后缘发生滑移拉裂,并发生渐进式破坏而发生较大规模的边坡滑移。

2)测压管水位变化特征分析

本次模型试验共安装了 11 排测压管,分别用于观测模型不同阶段的水位埋深变化情况。整个试验共历时 480h，在实际试验过程中用到了第 1～8 排的测压管数据，由于过程时间较长，水位变化较慢，所以间隔 4h 观测一次水位数据。

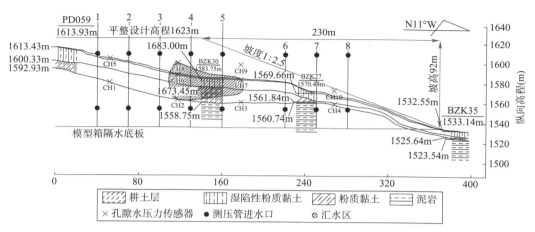

图 4.2-24　物理模型坡体内原始地形低洼汇水区分布位置示意图

（1）第一个研究周期测压管水位变化：图 4.2-25 为边界水头保持在 1613m 时，第一个研究周期（经过 96h 渗流）后的水位变化情况。第一个研究周期内，以 2 号测压管为例，观测的水位数据为 1591.36m，靠近给水边界的土体尚未饱和，水流主要向下渗流，到达第一渗流通道后，并沿着渗流通道顺地形向下扩展，该过程暂未形成稳定的地下水位。

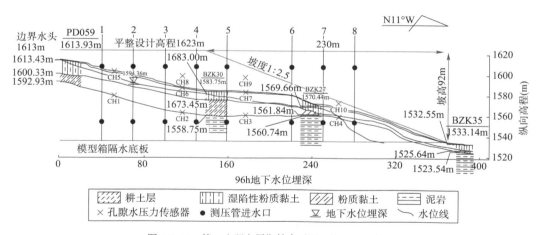

图 4.2-25　第一个研究周期结束时测压管水位示意图

由于边界水头较高和毛细水的上升作用，坡顶平整面微微湿润，坡脚处开始少量出水，同时从观察玻璃箱侧面的刻度标记和泥痕显示，填筑体地下水的浸润作用使填筑体发生了少量的湿陷和湿化沉降（图 4.2-26）。

（2）第二个研究周期测压管水位变化：经过 192h 的渗流作用，以 2 号测压管为例，水头上升至 1595.6m，该过程中模型下部土体逐渐饱和，水位线大致沿原始地形线变化（图 4.2-27、图 4.2-28）。此时，斜坡面较湿润，坡脚处开始积水，坡脚土体受积水长时间浸泡软化开始出现溜滑，顶部平整面出现沉降拉张裂缝。

图 4.2-26　第一个研究周期结束时模型坡面及侧特征展示

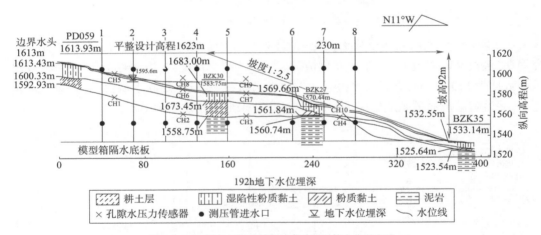

图 4.2-27　第二个研究周期结束时测压管水位示意图

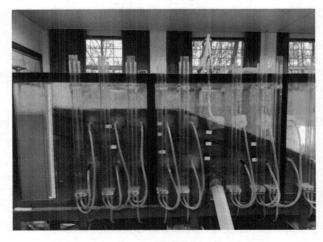

图 4.2-28　第二个研究周期测压管水位展示

分析认为:第二个研究周期整体地下水水位明显高于第一个研究周期的地下水水位,由于填土初始为非饱和土,在地下水浸润作用下逐步吸水,含水率增大,水位逐渐升高。此时,地下水长期浸润、浸泡和毛细水的上升作用造成地基土强度劣化,并伴随产生了地基土的湿陷和湿化沉降,由于原始地形、填方厚度、初始干密度、含水率、填料性质、压实情况的差异,而产生了明显的差异沉降,造成顶面的拉裂。坡脚部位由于积水的浸泡呈软塑状,并在孔隙水压力和自重作用下向临空方向蠕滑变形,并逐步向后缘扩展(图4.2-29)。

图4.2-29　第二个研究周期坡顶、坡脚变形特征展示

(3)第三个研究周期测压管水位变化:经过288h的渗流作用,以2号测压管为例,观测到的水头高度为1595.9m,通过观测的数据显示,水位线与原始地形线基本一致,在填方区和原始地形之间已经形成了一个渗流通道(图4.2-30)。此过程中坡面的下半段出现较大范围的滑移垮塌,导致从第6号测压管开始地下水水位出现了骤降,坡脚积水严重,坡脚土体受地下水长期浸泡呈软塑流塑状。

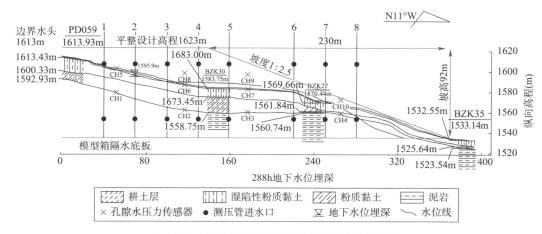

图4.2-30　第三个研究周期结束时测压管水位示意图

分析认为：第二个研究周期结束时，坡脚处沿泥岩界面发生小规模的蠕滑变形，在第三个研究周期期间，受地下水的持续作用，变形规模、范围进一步扩大，并向后缘扩展，后缘拉裂缝逐步加深、加宽，并逐渐贯通，出现局部崩滑，边坡的滑移特征表现出典型的"渐进后退-牵引式滑移"的特征(图 4.2-31)。

图 4.2-31　第三个研究周期边坡变形特征展示

(4)第四个研究周期测压管水位变化：模型经过 384h 的渗流作用，以 2 号测压管为例，观测到的水头高度为 1595.2m，相比第三个研究周期而言，水位略有下降，坡脚处积水严重，从第 6 号测压管开始液面高度出现骤降(图 4.2-32、图 4.2-33)。

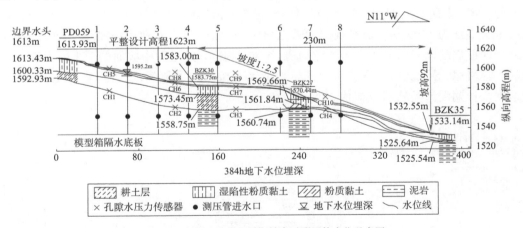

图 4.2-32　第四个研究周期结束时测压管水位示意图

分析认为：第四个研究周期边坡滑移范围进一步向后缘扩展，形成多级滑移陡坎(图 4.2-34)，水流在土体内部形成了新的渗流和径流通道，渗水量发生较大的改变，导致坡体水位下降，但很快又恢复了稳定，到达一个相对稳定的均衡状态。

(5)第五个研究周期测压管水位变化：模型经历 480h 的渗流作用，以 2 号测压管为例，观测到的水头高度为 1596.5m，此时地下水水位处于填筑土体内，水位以下填筑体处于饱水状态，地下水水位变化基本与原地基地形起伏形态相似(图 4.2-35)。

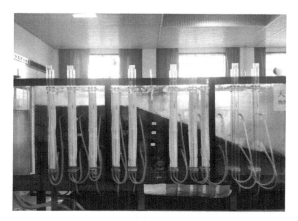

图 4.2-33　第四个研究周期测压管水位展示

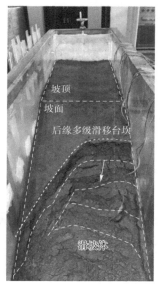

图 4.2-34　第四个研究周期边坡变形特征展示

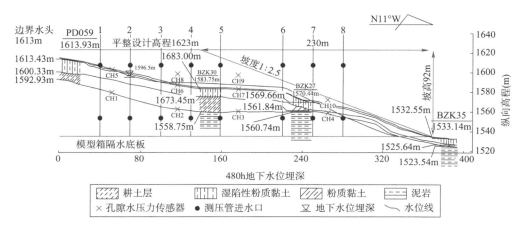

图 4.2-35　第五个研究周期结束时测压管水位示意图

此阶段，由于坡脚渗水严重，在坡脚处依旧难以形成稳定的水头；坡面滑移垮塌区的范围在该阶段未见明显扩大，处于应力调整后的相对稳定期，但变边坡顶面由于前几期累计湿陷、湿化变形的影响，沉降拉张裂缝有加深、加宽的趋势（图4.2-36），对工程实际而言，填方边坡顶面产生拉裂缝，将会加速地表水入渗和浸润软化速率，对填方地基的整体稳定性造成不利影响。

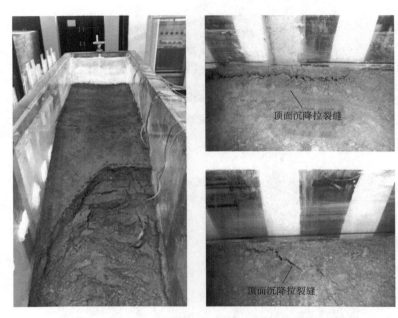

图4.2-36　第五个研究周期结束时边坡及顶面变形特征

综上所述，在历时五个研究周期的观察后，可得出整个试验过程中水位变化规律及模型坡体稳定性分析结论：

（1）试验前期，土体未达到饱和状态，水位埋深较低，随着时间的推移，模型下部原地基土逐渐饱水，水位向上抬升至填筑土体内，最终形成与原始地形起伏变化相似的地下水水位。

（2）试验过程中，地下水共经历了两次富集，第一次富集是在泥岩面与渗透性较差的粉质黏土面之间，第二次富集是在原地面与填筑体之间。根据孔隙水压力传感器采集的数据得知，受填方前原始地形起伏的影响，地形凹陷平缓段处填方土体较厚，地形易于汇水，地下水流动受阻，易形成积水区，使地下水位抬升高度较大。随着时间的累积，地下水不断浸润、浸泡地基土，使其强度劣化，加之毛细水上升作用而使地基发生湿陷和湿化沉降，易造成地基不均匀沉降变形而拉裂。

（3）地下水对填方地基、填方边坡的动水压力、静水压力和渗透作用，将使边坡的稳定性急剧下降，在长期累积作用下，易在边坡坡脚等富水区产生蠕滑变形，并牵引边坡后缘发生滑移拉裂，并发生渐进式破坏而发生较大规模的边坡滑移。

（4）地下水位抬升后的渗流作用会造成部分土体颗粒的损失，潜蚀形成贯通的地下水径流通道，从而发生管涌、流土等渗透变形破坏，影响填方地基和填方边坡的稳定性。

通过物理模拟,得出填方边坡受地下水影响产生变形滑移模式为"渐进后退-牵引式滑移",其演化过程如图4.2-37所示。

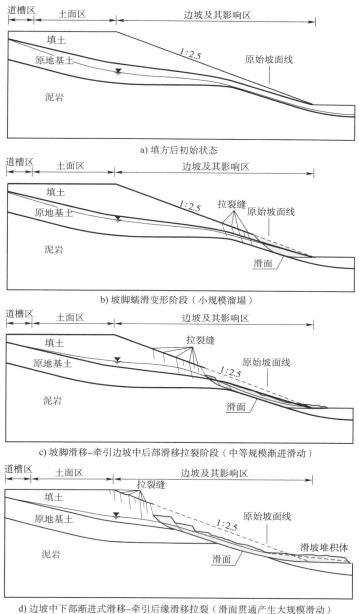

a) 填方后初始状态

b) 坡脚蠕滑变形阶段（小规模溜塌）

c) 坡脚滑移-牵引边坡中后部滑移拉裂阶段（中等规模渐进滑动）

d) 边坡中下部渐进式滑移-牵引后缘滑移拉裂（滑面贯通产生大规模滑动）

图 4.2-37 地下水作用下边坡变形滑移破坏演化过程

本章参考文献

[1] 袁文忠. 相似理论与静力学模型试验[M]. 成都:西南交通大学出版社,1998.

［2］詹俊峰,高海涛.浅谈相似理论与静力学模型试验[J].文摘版:工程技术,2015,0(49):77-78.

［3］毕芬芬,赵星宇.地质工程中物理模拟方法综述[J].长春工程学院学报(自然科学版),2012,13(3):78-82.

［4］罗先启.滑坡模型试验理论及其应用[D].上海:上海交通大学,2008.

［5］姜小兰,孙绍文,张小伟.物理模拟技术在大型水电工程地下厂房洞室群开挖中的应用[C]∥中国水利学会2007学术年会物理模拟技术在岩土工程中的应用分会场论文集.[出版社不详].2007:225-231

［6］任伟中,陈浩.滑坡变形破坏机理和整治工程的模型试验研究[J].岩石力学与工程学报,2005(12):2136-2141.

［7］许强,陈建君,冯文凯,等.斜坡地震响应的物理模拟试验研究[J].四川大学学报(工程科学版),2009,41(03):266-272.

［8］彭建兵,陈立伟,黄强兵,等.地裂缝破裂扩展的大型物理模拟试验研究[J].地球物理学报,2008,51(6):1826-1834.

［9］倪化勇,唐川.中国泥石流起动物理模拟试验研究进展[J].水科学进展,2014,25(04):606-613.

［10］杨乐,杨根兰,王中美,等.危岩崩塌影响范围边坡坡面物理模拟试验相似材料研究[J].中国水运(下半月),2016,16(01):293-296+298.

［11］中国地质科学院岩溶地质研究所.一种可控制土洞形成过程的物理模拟实验装置及方法:CN201911224186.8[P].2020-03-17.

［12］李海亮.降雨诱发堆积土滑坡的物理模拟及其流——固耦合数值分析[D].成都:成都理工大学,2013.

［13］刘宏,张倬元,韩文喜.高填方地基土工离心模型试验技术研究[J].地质科技情报,2005(01):103-106.

第5章 红层场地大面积填筑地基地下水工程效应

我国红层广泛分布,约占陆地面积的8%。红层主要为侏罗系、白垩系及古近系地层,其岩性多为砾岩、砂砾岩、砂岩、粉砂岩、砂质页岩、泥页岩、泥岩等,具有原岩和填筑体较高的地基承载力、变形模量和良好的抗剪性能,但均存在遇水后软化、崩解,物理力学性能急剧降低的特性[1-6],在工程上造成了不少事故。众多学者进行了红层特性、事故分析研究[7-11],但对大面积红层填筑地基病害鲜见文献报道。本章依托我国西南红层丘陵山区某高填方机场工程,研究了大面积红层砂岩填筑地基地下水工程效应。

5.1 工程概况

YB新机场飞行区等级4C,飞行区占地面积约4800余亩❶,规划建设一条跑道、平行滑行道、垂直联络道,停机坪,设计跑道长2500m,宽45m,工程填挖面积各占约50%,土石方总量约1200万 m³,填高大于20m的高填方边坡15处,边坡最大填高约45m(场地特征见图5.1-1)。2017年5月,在土石方工程完成后遭遇了连续强降水天气,在飞行区顶面形成了大量地表积水,形成4个面积大于15000m² 以上的沉陷区、160余处不同规模的地表空洞或塌陷,10余处高填方边坡滑塌等病害,对机场的顺利建设产生了一定影响。

图5.1-1　YB新机场场地特征(场地平整后)

---

❶ 1 亩 ≈ 666.67m²。

5.2　气象水文特征

研究区属于亚热带湿润季风气候,低丘、河谷兼有南亚热带的气候特征。年平均气温18℃左右,多年平均降水量1169.6mm,5—10月为雨季,降水量占全年的81.7%,主汛期为7—9月,降雨量更加集中,占全年总降雨量的51%,见表5.2-1。

研究区多年平均月累计降水量统计表　　　　　　　表5.2-1

月份(月)	1	2	3	4	5	6
平均降雨量(mm)	19.5	26.3	32.7	60.2	110.5	161.7
降水天数(日)	11.2	12.5	13.2	14.1	16.3	17.1
月份(月)	7	8	9	10	11	12
平均降雨量(mm)	228.7	188.4	119.5	64.4	33.3	17.8
降水天数(日)	14.7	13.4	16.3	16.6	12.0	10.5

研究区位于丘陵地带的小区域分水岭部位,场区以北为黄沙河,以南为岷江,跑道近东西走向,位于一台丘高地之上,平均高程为420m,与岷江江面高差约160m,不受岷江洪水的威胁。区内地层较平缓,场区沟谷坡降小,且沟谷内多为水田区,枯水季节场区排水多以地面蒸发为主。

5.3　工程地质特征

5.3.1　地形地貌特征

研究区属丘陵地貌,跑道东南端地形开阔,略有起伏,以浅丘地貌为主,道中及北西端一带地形起伏较大,以中丘为主,场区高程范围为385～445m;后期进行大面积的挖填方施工,场地原始地貌发生较大变化,见图5.3-1、图5.3-2。

a) 地形地貌特征现场照片

图　5.3-1

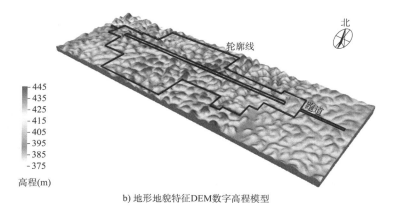

b) 地形地貌特征DEM数字高程模型

图 5.3-1　研究区原始地形地貌特征

a) 地形地貌特征现场照片

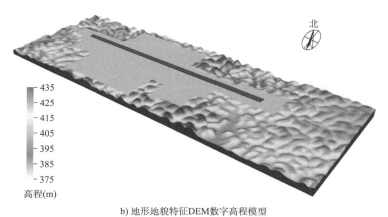

b) 地形地貌特征DEM数字高程模型

图 5.3-2　研究区挖填整平后地形地貌特征

5.3.2　地层岩性特征

研究区地层主要为白垩系下统窝头山组（K_1w）及第四系松散堆积物（Q_4）。其中第四系（Q_4）为素填土、细砂、粉质黏土等，以素填土为主。

1) 粉质黏土（Q_4^{dl+pl}、Q_4^{dl+el}）

粉质黏土分布于未经填方的沟谷底部、土面区填方原地基沟谷底部（Q_4^{dl+pl}）、丘陵坡顶、斜坡（Q_4^{dl+el}），沟谷部位粉质黏土呈软塑~可塑状，斜坡、丘顶粉质黏土呈硬塑~坚硬状，粉质黏土厚度0.2~5.0m，该类土特征见图5.3-3、图5.3-4。

图5.3-3　斜坡、丘顶部分粉质黏土　　　　图5.3-4　沟谷底部粉质黏土层

2) 素填土（Q_4^{ml}）

素填土分布机场土石方挖填施工的全区，为机场土石方施工中挖方和填方形成。素填土呈杂色，稍湿，稍密~中密，主要由全风化、强风化砂岩及部分中风化砂岩碎块、角砾组成，块径1~30cm，粒径2~10mm。厚度一般为0.5~20m，在进行地基处理填筑的深切沟谷高填方部位，填土较厚，达30~40m，素填土特征见图5.3-5。

图5.3-5　素填土特征

3) 白垩系下统窝头山组（K_1w）

白垩系下统窝头山组岩性为砂岩，呈砖红色、棕红色、浅黄色，中~细粒不等粒砂状碎屑结构，以偏细粒为主，块状构造，整体呈巨厚层状~厚层状，结构疏松，全风化~中风化，工程影响深度内以全风化和强风化层为主，用手可捏碎，呈砂状，局部夹泥岩，基岩特征见图5.3-6。

图5.3-6　白垩系下统窝头山组砂岩特征

4)填方地基土颗粒组成特征

颗分试验表明,填筑料总体上颗粒级配不连续,填料级配不良,空隙大,在经过碾压、强夯等压实作用后,填土的粒径发生变化,密度增大,孔隙度减小;但仍有部分区域由于填料粒径、成分、级配的问题,而残留大量的孔隙、空隙,从而有利于地表水入渗和地下水运移。主要填筑地基颗粒分析结果见表5.3-1。

填方地基土颗粒分析试验结果汇总表 表 5.3-1

功能区	不均匀系数 C_u		曲率系数 C_c	
	区间值	均值	区间值	均值
土面区	2.8~44.6	3.9	0.1~2.0	1.3
道槽区	2.6~65.6	25.6	0.2~2.5	1.4
边坡区	3.1~34.7	14.3	0.5~2.7	1.7

5.4 水文地质特征

5.4.1 地下水类型与补径排关系

1)地下水类型

场地地下水类型主要为第四系松散孔隙潜水、基岩裂隙潜水,局部赋存基岩裂隙承压水。

2)含水层与隔水层

(1)含水层:主要为第四系松散岩类孔隙水含水层和碎屑岩类孔隙裂隙水含水层。

①第四系松散岩类孔隙水含水层:

a.细砂、粉砂和含砂、碎石、角砾较多的粉质黏土;

b.孔隙度、透水性较好的填土。

②碎屑岩类孔隙裂隙水含水层:主要为全~中风化砂岩,以砂岩的孔隙、裂隙为赋存和运移空间。

(2)隔水层:主要为粉质黏土、黏土、细颗粒含量较高的填土和泥岩夹层。

3)地下水补给、径流、排泄特征

(1)挖填施工前补给、径流、排泄关系。

施工前原场地第四系松散层孔隙水主要接受大气降水、坡面流水、高处碎屑岩孔隙裂隙水、地表水体入渗补给,向沟谷下游和地基深部渗流排泄。碎屑岩类孔隙裂隙水主要受大气降水、地表水体和上伏第四系松散层孔隙水的补给。由于场区地层较平缓,丘陵被切割形成了大小不等的、近乎孤立的块状或条状含水岩体,彼此一般不相连接,丘体浅部缺少水力联系,浅表的碎屑岩类孔隙裂隙水具有就近补给、就近排泄特点,在坡脚处以点状、面状下降泉形式排泄,此外场区地面蒸发也是排泄途径之一。挖填施工前场地典型地段地下水的补给、经流、排泄关系,见水文地质断面图图5.4-1～图5.4-3。W01-W01'为道槽区典型地段施工前地下水补径排关系,W02-W02'为道槽区、土面区典型地段施工前地下水补径排关系。

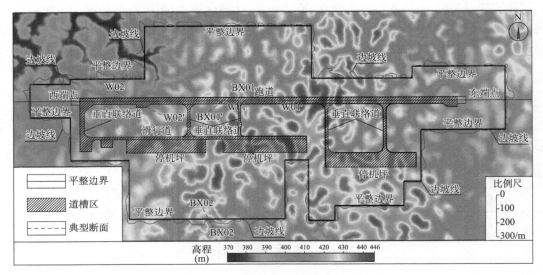

图5.4-1　研究区典型水文地质断面位置分布图

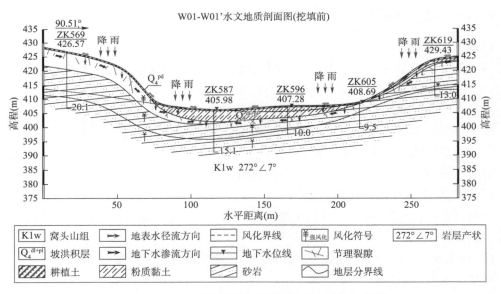

图5.4-2　W01-W01'所在部位原地基地下水补径排关系(道槽区)

(2)挖填施工后补给、径流、排泄关系。

挖填施工后,场地地形地貌、岩土类型、地下水的渗流路径等都发生了较大的变化。填挖后第四系松散层孔隙水主要受大气降水、丘陵挖方区、填方区沟谷两侧碎屑岩类孔隙水裂水补给,顺水力坡降向沟谷底部径流,最终进入盲沟中向场外排泄。挖方区基岩受施工爆破、强夯的震动,产生了大量的次生裂隙,且裂隙宽大、连通性好,是优良的导水通道,大气降水通过挖方区裂隙通道可以很好地补给填筑体内地下水。由于原地基地形起伏,加之填料不均匀,使得填方区工后无统一的地下水位。飞行区地下水补给、径流、排泄关系,见图 5.4-4、图 5.4-5。

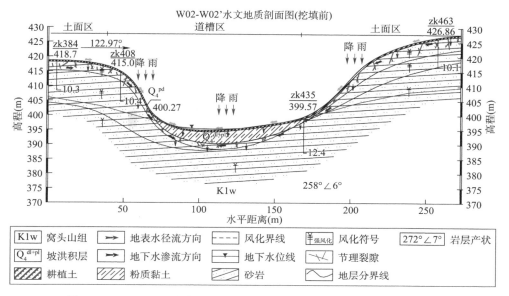

图 5.4-3 W02-W02'所在部位原地基地下水补给、径流、排泄关系(道槽、土面区)

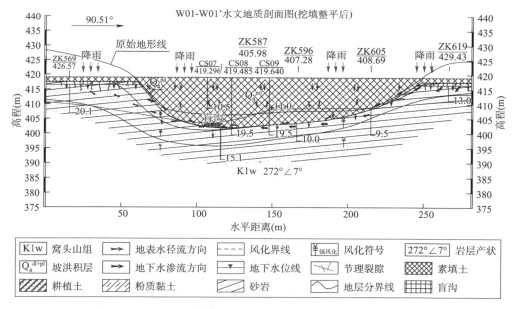

图 5.4-4 W01-W01'挖填施工后地下水补给、径流、排泄关系(道槽区)

5.4.2 地下水位与动态变化特征

原场地填方区地下水位埋深 0.5～10m,挖方区地下水位普遍大于 8m,沟谷中第四系松散层孔隙水水位在枯丰水期变幅在 0～2m 之间,水量变化大,枯季部分泉水干枯;碎屑岩类孔隙、裂隙水受沟谷切割,浅层水力联系差,各台丘中地下水位高程差别较大,一般在400～420m之间,枯丰水期地下水位变化大,变幅在2～10m之间。干旱年份,部分高程较高泉水干枯。

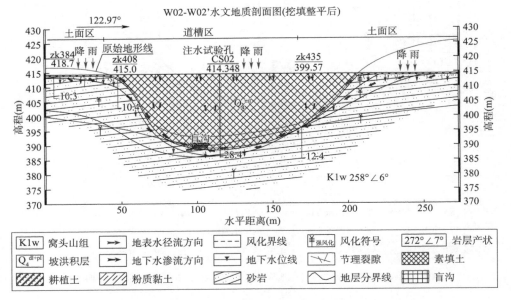

图5.4-5　W01-W01'挖填施工后地下水补给、径流、排泄关系(道槽区—土面区)

挖填平整后,挖方区地下水位0～8.0m,填方区地下水位0～28m;根据19个盲沟出水口1个水文年流量监测数据,雨季盲沟流量2.59～302.4m³/d,部分流量较大的盲沟雨后水质稍浑浊,后逐步变清,枯水期盲沟流量0.86～124.4m³/d,盲沟排水系统位置分布见图5.4-6,盲沟流量监测数据见表5.4-1。

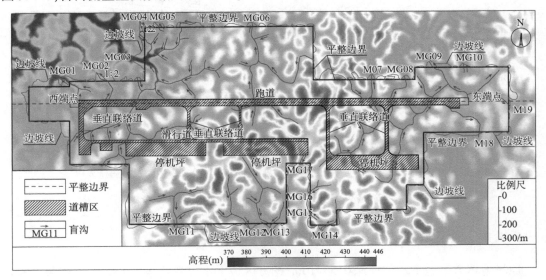

图5.4-6　研究区盲沟排水系统分布图

盲沟流量统表　　　　　　　　　　　表5.4-1

编号	丰水期平均流量（L/s）	枯水期平均流量（L/s）	编号	丰水期平均流量（L/s）	枯水期平均流量（L/s）
MG01	0.30	0.020	MG11	0.04	0.012
MG02	0.06	0.021	MG12	3.20	1.180
MG03	3.50	1.440	MG13	0.33	0.029
MG04	0.04	0.001	MG14	0.79	0.130
MG05	0.03	0.022	MG15	0.04	0.01
MG06	1.25	0.580	MG16	0.06	0.036
MG07	0.61	0.210	MG17	0.054	0.029
MG08	0.06	0.030	MG18	0.81	0.52
MG09	1.82	0.025	MG19	0.03	0.012
MG10	0.06	0.020	—	—	—

5.4.3　水文地质单元分区

　　根据土石方和地基处理施工后场地地下水类型、地下水赋存介质、补径排关系、地基结构等可将场地进行大致的水文地质单元划分，主要分为2个区，S1区：挖方区碎屑岩类孔隙裂隙水分布区；S2区：填方区松散层孔隙水分布区。研究区水文地质分区见图5.4-7。

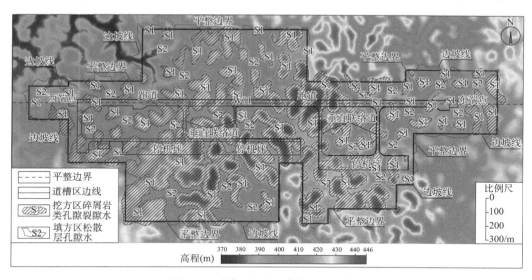

图5.4-7　研究区水文地质分区平面示意图

　　S1区：主要分布于场区的挖方地段，挖方后大部分砂岩出露，该区一般富水中等，而局部风化裂隙、爆破、强夯次生裂隙发育，地表地下水补给充足的部位，则富水性较好。该区为填方地段地下水的重要补给区之一，主要接收受大气降水补给，向深部及冲沟等地势较低处渗流排泄，碎屑岩孔隙裂隙水的水位、渗流量受降雨的影响较大。

　　S2区：主要分布于场区的填方地段，填方原地基包括季节性的水田、常年饱水的水田、水塘及沟谷两侧的斜坡等部位,地基处理后,软弱地基土基本被清除。场区填方地段垂直填方厚度一般为 1~35m,道槽区高填方边坡区采用砂岩块碎石料填筑,土面区和一般边坡区采用土石混合料填筑。该区地下水类型主要为第四系松散层孔隙潜水,主要接受大气降水补给及侧向基岩裂隙水补给,填方区地下水大部分通过盲沟向场外排泄;部分区域纵坡较小,地势低洼,填土渗透性差,地下水则长期残留于填筑体底部,形成地下积水体。

5.4.4　地基土渗透性特征

通过道槽区、土面区和边坡区(包括挖方区、填方区)渗水试验、抽水试验、注水试验、连通试验,并结合室内渗透性试验、颗粒分析试验,研究区主要地基土渗透性指标,见表 5.4-2。渗透性指标反映出,尽管道槽区填筑体、土面区填筑体、挖方区回填层单层渗透系数变化较大,反映了填料或压实不均匀,但各层渗透系数平均值相近,均比较大,表明砂岩填筑体透水性总体较好。强~中风化砂岩裂隙发育,渗透性好,但分布不均匀,渗透性差异大。

主要地基土渗透性指标统计表　　　　　　　　　　　表 5.4-2

项目	设计压实度（%）	渗透系数（cm/s）	
		区间值	平均值
道槽挖方区超挖回填砂岩层	96	$1.4 \times 10^{-3} \sim 7.0 \times 10^{-4}$	4.6×10^{-3}
道槽填方区填筑体	96	$1.5 \times 10^{-4} \sim 8.7 \times 10^{-3}$	2.5×10^{-3}
土面区挖方区超挖回填砂岩层	90	$5.6 \times 10^{-4} \sim 1.2 \times 10^{-2}$	8.8×10^{-3}
土面区填方区砂岩填筑体	90	$8 \times 10^{-4} \sim 1.4 \times 10^{-2}$	6.9×10^{-3}
填方边坡稳定影响区砂岩填筑体	93	$2 \times 10^{-4} \sim 2.5 \times 10^{-3}$	1.2×10^{-3}
积水区表层细粒层	90~96	$1.9 \times 10^{-6} \sim 7.5 \times 10^{-5}$	3.9×10^{-5}
强~中风化砂岩	—	$3.5 \times 10^{-3} \sim 11.7$	—

5.5　工程病害特征分析

研究区存在的病害类型主要为边坡垮塌、地面沉陷、潜蚀空洞、塌陷。

5.5.1　地面积水与沉降

工程区病害发生在填方区填筑完成,并进行精平后。填筑体不均匀沉降后,地势较低部位如果表层细粒物质多,渗透性较差,在连续降雨或强降雨条件下便会出现积水。飞行区共有 16 处面积大于 1000m² 的积水,最大积水面积近 15000m²,积水深度达 60cm,最大沉陷深度 65cm,积水区特征见表 5.5-1,典型积水、沉陷区域见图 5.5-1~图 5.5-11。积水区分布在填方区域,其中土面区最为严重,边坡区顶部次之,道槽区沉陷最小。

各积水区特征调查统计   表 5.5-1

编号	部位	面积（m²）	编号	部位	面积（m²）
JS01	土面区	4671.0	JS09	边坡区	1528.3
JS02		1619.5	JS10		2069.9
JS03		2492.3	JS11		1578.3
JS04		14464.5	JS12		1163.9
JS05		11678.9	JS13		2927.0
JS06		3751.62	JS14		2659.3
JS07		5152.4	JS15		5823.6
JS08		4131.7	JS16	道槽区	744.4

图 5.5-1　土面区及联络道局部积水特征

图 5.5-2　联络道积水特征

图 5.5-3　道槽区边侧积水

图 5.5-4　联络道积水

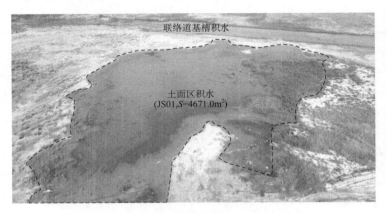

图 5.5-5　垂直联络道及跑道东侧土面区大量积水

图 5.5-6　站坪顶面积水情况

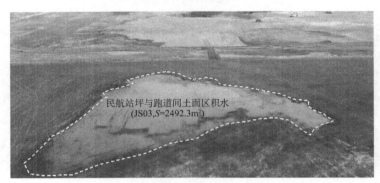

图 5.5-7　站坪前土面区顶面积水特征

图 5.5-8　边坡顶面积水入渗区　　　　图 5.5-9　边坡顶面积水沉陷区

图 5.5-10 边坡顶面积水入渗区　　　　图 5.5-11 边坡顶面积水沉陷区

5.5.2 潜蚀空洞与塌陷

飞行区发育 160 多个塌陷形成的空洞,在挖方区以及填方区与挖方区的搭接部位附近最为发育:道槽区分布 2 处集中发育区 TX01 和 TX02 区,面积 1800m²,空洞 75 个;土面区分布 3 处集中发育区 TX03、TX04、TX05 区,面积 2400m²,空洞 82 个;航站区分布 1 处集中发育区 TX06,面积 150m²,空洞 6 个。

土面区、道槽区发生地面潜蚀变形部位填筑体厚度一般较薄,多在 5m 以内。填方厚度大于 5m 的区域,未见塌陷,仅见局部沉陷。塌陷呈现填方越薄,塌陷越发育规律。挖方回填区以潜蚀塌陷形成空洞破坏为典型特征,挖填交接部位则以潜蚀沉降形成地面凹陷为典型特征。地面凹陷是潜蚀塌陷的先期雏形,后期逐步发展也会形成塌陷空洞或大面积的沉陷凹坑。塌陷洞径在 10 ~ 120cm 之间不等,挖方区塌陷深度一般与超挖深度相当,一般为 0.3 ~ 1.5m。

塌陷区填料以强 ~ 中风化砂岩块碎石为主,颗粒分析试验表明,填料粗颗粒间填充的主要为砂(砂岩风化、崩解形成)和粉粒,黏粒含量较少。

1)道槽区(跑道)潜蚀塌陷特征

道槽区(跑道)潜蚀塌陷特征见图 5.5-12、图 5.5-13。

2)土面区潜蚀塌陷特征

土面区潜蚀塌陷特征见图 5.5-14。

3)航站区潜蚀空洞特征

航站区潜蚀空洞特征见图 5.5-15。

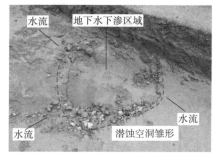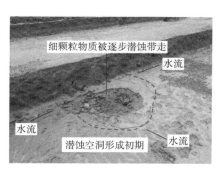

图 5.5-12

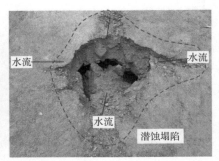

图 5.5-12　渗流潜蚀空洞、地面塌陷

图 5.5-13　潜蚀空洞密集发育带

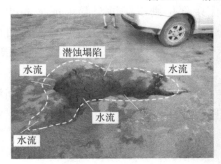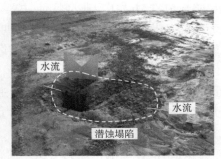

图 5.5-14　土面区潜蚀塌陷

图 5.5-15　航站区潜蚀塌陷

5.5.3　边坡渗透变形、垮塌破坏

研究区十余处填方边坡存在不同程度和规模的渗透变形、垮塌破坏,病害主要集中发育

在边坡的中下部至坡脚部位。

根据调查,坡顶地势低洼、大量积区和水未进行边坡支护,以及坡脚冲刷,水土流失严重的区域,边坡病害尤为发育,见图 5.5-16 ~ 图 5.5-20。

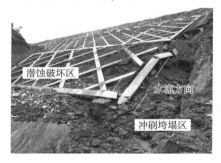

图 5.5-16　坡脚受水流冲刷潜蚀而垮塌

图 5.5-17　坡脚受地下水侵蚀破坏

图 5.5-18　坡脚潜蚀冒水

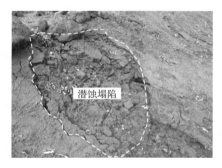

图 5.5-19　边坡坡面冲刷、潜蚀塌陷

图 5.5-20   边坡滑塌特征

5.5.4   病害发育位置及程度分区

根据现场结果,按病害类型、发育程度,将研究区存在的病害进行分区,分别是:①地面沉降、沉陷、塌陷病害集中发育区;②边坡变形、垮塌病害集中发育区;③病害零星发育区。研究区病害发育特征分区平面示意图见图 5.5-21。

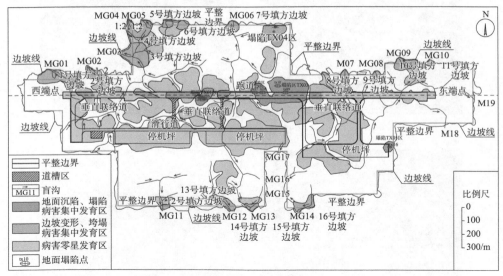

图 5.5-21   研究区病害发育特征分区平面示意图

5.6   地面塌陷破坏机制与影响因素分析

5.6.1   变形破坏影响因素

1)场地条件因素

(1)地形条件:场地地表地势低洼,有利于地表水的壅积,为降雨入渗提供水源条件。

(2)岩性特征:原地面地基岩性以砂岩为主,风化和构造裂隙发育,有利于地下水的径流,为潜蚀提供通道条件。

(3)水文条件:地表水、地下水丰富,补给充足的部位,一方面在地表水入渗、地下水径流的过程中长期浸泡软化、崩解填筑体中砂岩、泥岩块碎石等物质,使填土颗粒变细,地下水运移过程中具有可搬运的丰富细粒物质;另一方面地下水径流大、搬运的细粒物质多,产生空洞时间短,形成空洞规模大。

2)气象条件因素

降雨是地面塌陷形成的必要条件,且降雨的强度及降雨历时与地面塌陷的形成时间、规模及未来发展紧密联系,据现场调查、监测、试验数据,降雨量越大,降雨历时越长,则潜蚀沉陷、塌陷形成越快,数量越多,规模越大。

3)填料特性因素

填料特性因素指场地填料的组成成分、粒径、颗粒密度、级配、黏粒含量等因素。地面塌陷易在以砂岩填料为主,颗粒较粗,颗粒级配不良,填土密实度较差,黏粒含量少的区域形成。道槽挖方回填区以砂岩碎块石填料为主填筑,颗粒较粗,缺少细颗粒或中间颗粒,级配不良,孔(空)隙度较大,密实度差,渗透性较好,在地表水入渗侵蚀作用下,填筑体容易形成空洞进而发生垮塌。

4)施工因素

施工因素主要是指爆破、强夯施工及土方填筑等。挖方区爆破作业和道槽区低填方区强夯施工使下部岩体产生了大量裂隙,为地表水的入渗创造了良好的通道条件。同时,土方填筑施工中填料的搭配,粒径、压实质量的控制,顶面平整度的控制等,都将影响地表水入渗、填筑体中地下水运移速度、潜蚀速度等,进而影响地面塌陷时间和规模。

5)截水排水措施因素

飞行区场内和场外截水排水结构的完善程度影响地表水入渗速度、入渗时间和入渗量,影响地下水潜蚀作用时间和强度,进而影响地面塌陷时间和规模。若在土方施工工程阶段,及时修筑完善场内与场外的截排水结构,及时排出场内降雨积水,避免大面积降雨入渗和地表水流动冲刷,对减少飞行区地面塌陷、减少或减缓填方边坡冲刷潜蚀垮塌都有十分重要的意义。

5.6.2　变形破坏机制分析

(1)为了道槽区协调变形和土面区绿化,挖方区进行了超挖和回填,超挖和回填深度0.3~1.5m。超挖区回填料主要为强~中风化砂岩块碎石料,颗粒相对较粗,级配不良,孔隙度大,透水性好,利于地表水入渗。

(2)部分挖方区开挖至中风化砂岩,进行爆破作业;为了减小地基差异沉降,在挖填搭接部位进行了高能强夯补强处理。受爆破振动和强夯的影响,砂岩不仅产生大量次生裂隙,还使原有节理裂隙扩展,宽度增大,连通性增强,为地表水的入渗创造了良好的通道条件。道槽塌陷区抽水试验,钻孔水位降深6m后,水位恢复至初始水位只需要约10min,丰富的地下水和良好的裂隙通道为细粒物质运移创造了良好条件,加速了地面塌陷的发生。

(3)填挖交界带附近塌陷形成机制与挖方区有所差别:砂岩填筑体渗透性较好,为相对的透水层,原地面地基多为残留粉质黏土、强风化砂岩,渗透性一般小于砂岩填筑体,为相对的隔水层。由于渗透性差异,入渗的地下水在原地面地基处富集,并在重力的作用下向沟谷等低洼部位径流,砂砾、粉粒等细颗粒逐步被地下水运移至盲沟或沟谷内。填筑地基与原地面地基接触部位因细粒物质被搬运而逐步产生空洞,并逐步扩大,同时伴随填筑体软化,在地表发生沉陷,当顶板强度小于其重力时,发生塌陷。

(4)进入雨季前,场区内外部排水系统还未完成,导致雨后在预留铺设道面结构层的基槽内大量积水、地表水大量入渗,浸泡软化填筑体、运移细粒物质,促进了地表沉陷、塌陷形成和发展。

(5)挖方回填区和挖填交接部位填方厚度较小,多以强风化和中风化砂岩填筑,孔(空)隙度大,细粒物质相对较少,渗透性好,填筑体中地下水渗透路径短,渗透速度快,细粒物质搬运速度快,潜蚀强度高,在同等降水和汇水条件下,空洞形成的时间短,发生沉陷和塌陷的时间短,因此,挖方回填区和挖填交接带是地表水入渗潜蚀沉陷、塌陷最先形成的区域。

(6)填方厚度较大的区域,潜蚀形成空洞、发生塌陷相对较弱,其原因在是:①机场所在区域刚进入雨季不久,降水持续时间还不长,地表水入渗量有限,填筑体中细粒物质搬运量有限,地下水的潜蚀作用有限,还不足以形成规模较大空洞。②填方区填方厚度较大,地下水下渗过程中径流路径长而曲折;填筑体中填料性质相对复杂,填料包括全风化~中风化砂岩和泥岩,甚至包括部分黏性土层,渗透系数变化大,渗透性总体较低。地下水搬运细粒物质路径长、时间长、速度慢,潜蚀破坏需要一个相对较长过程,短暂的渗流潜蚀不足以使填筑体中形成空洞而发生塌陷,只是在部分入渗强烈区由于细颗粒物质的损失和地下水的浸泡软化作用,使地基产生局部的沉降凹陷。

(7)降雨密集的5—9月是场区地面沉降、沉陷、塌陷发展破坏最集中的时间段,可见,地面潜蚀塌陷与降雨量、降雨强度、降雨历时关系密切,且呈正相关关系。

5.6.3 变形破坏过程分析

1)病害形成及发展过程

工程区地面沉降变形、塌陷破坏经历了发生、发展和破坏过程,即地面潜蚀塌陷初期阶段、扩展阶段和塌陷阶段,病害形成过程见图 5.6-1 ~ 图 5.6-4。

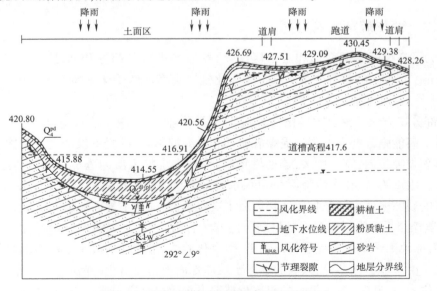

图 5.6-1　沉陷、塌陷区原始地基断面图(单位:m)

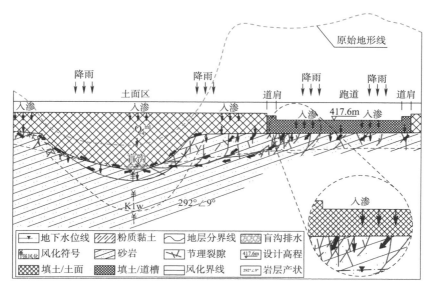

图 5.6-2 沉陷、塌陷病害形成——初期阶段

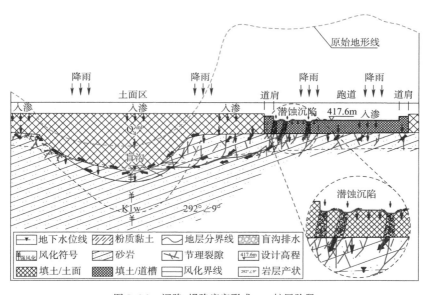

图 5.6-3 沉陷、塌陷病害形成——扩展阶段

2)病害发展过程应力及变形特征分析

为定量分析飞行区、航站区地面塌陷形成机理及形成过程,以及预测填方区在不采取应急处理措施条件下未来塌陷的发展趋势,研究分析中,选择场地内典型地段地面塌陷,进行适当的概化,建立数值分析模型进行计算分析,计算研究降雨入渗潜蚀作用过程中,地基应力及变形破坏特征。

(1)概化模型的建立。

选取填方区塌陷原型作为建模依据,见图 5.6-5,模型尺寸 10m × 10m(长 × 高),填方厚度定位 5m,填料采用中风化和强风化砂岩填筑,下伏基岩为中风化网状裂隙砂岩,岩层倾角

8°(视倾角约20°),填筑体压实度按90%控制,概化模型,见图5.6-6。

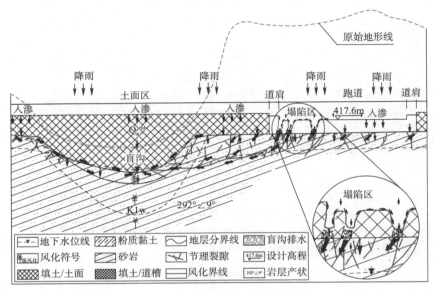

图5.6-4 沉陷、塌陷病害形成——塌陷阶段

图5.6-5 填筑体地面塌陷模拟原型

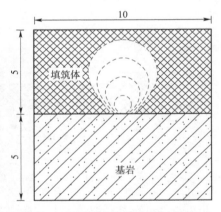

图5.6-6 地面塌陷概化模型(尺寸单位:m)

(2)边界条件及参数设置。

根据水文地质调查研究中,室内试验、原位试验成果并结合工程经验值,模型岩土体物理力学参数及水文地质参数,见表5.6-1。

模型岩土体物理力学参数及水文地质参数　　　　　　　　　　表5.6-1

指标	天然工况			暴雨工况			饱和渗透系数 K_v
岩土类型	重度 γ (kN/m³)	压缩模量 E_s (MPa)	泊松比 v	重度 γ (kN/m³)	压缩模量 E_s (MPa)	泊松比 v	(cm/s)
填土	20	30	0.29	21	25	0.31	$0.4 \times 10^{-3} \sim 0.18 \times 10^{-2}$
基岩	24	105	0.24	24.5	60	0.26	$0.35 \times 10^{-5} \sim 0.21 \times 10^{-4}$

根据降雨监测资料,降雨强度采用雨强120mm/d模拟暴雨工况。降雨历时按照固定雨强,降雨历时1h、6h、12h、24h进行计算,模型两侧固定 X 向位移,模型底部固定 X、Y 向位移,模型顶面为自由边界。

(3)模拟结果分析。

随着降雨形成,在地表水持续入渗潜蚀的作用下,土洞在填筑体与下伏基岩交界面附近逐步发展,空洞的规模逐步扩大,顶板厚度逐步变薄,顶部应力集中程度不断增大,最后逐步出现沉陷,并最后垮塌,形成地面塌陷坑后,由于降雨入渗和地表水冲刷的作用,塌陷坑的坑径有逐步向四周扩大的趋势。

各个降雨历时及发展阶段特征如下。

①初始阶段(降雨历时1h)。

降雨1h后填筑体孔隙水压力及渗流矢量特征,见图5.6-7、图5.6-8。

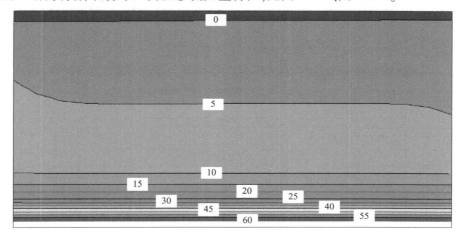

图5.6-7　初始阶段孔隙水压力分布特征

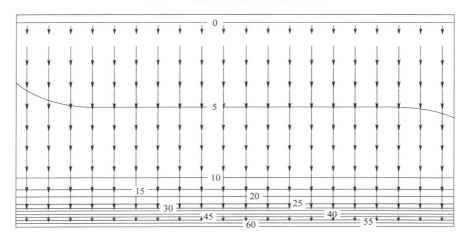

图5.6-8　初始阶段渗流矢量分布特征

②第二阶段(降雨历时6h)。

降雨历时6h,降雨逐步渗入填筑体,并通过下伏基岩裂隙向深部及沟谷等低洼部位渗流,由于地下水的潜蚀作用及强风化砂岩遇水崩解软化作用,细颗粒物质被地下水带走,在填筑体内逐步形成空洞的先期雏形,此时洞径为顶板厚度的 $1/8 \sim 1/7$。降雨 6h 后填筑体孔隙水压力及渗流矢量特征见图 5.6-9、图 5.6-10。

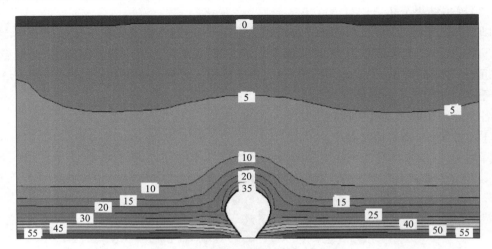

图 5.6-9　第二阶段孔隙水压力分布特征

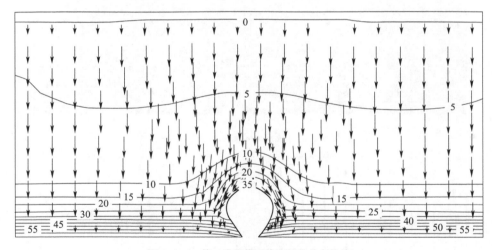

图 5.6-10　第二阶段模型渗流矢量分布特征

　　从模拟结果来看,洞顶出现了一定的应力集中现象,洞顶部位位移量最大,最大值为 65mm,并呈扇状向上扩散,地面沉降量最大 $20 \sim 25$mm,沉降影响范围为 $1.5 \sim 2.0$ 倍洞径。

　　洞顶两侧还出现了一定的剪应力集中现象,见图 5.6-11 ~ 图 5.6-14。由于是先期雏形,因此,应力应变集中程度还不高。根据模型网格塑性变形特征可以看出,在空洞周围及洞顶上部范围内,模型网格有一定的塑性变形特征,顶部有局部的沉陷变形,但程度还较低。因此,当空洞洞径为顶板的 $1/8 \sim 1/7$ 情况下,地基基本稳定,地面未出现明显的沉陷或塌陷现象。

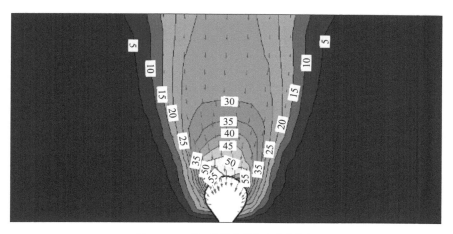

图 5.6-11　第二阶段地基位移分布特征

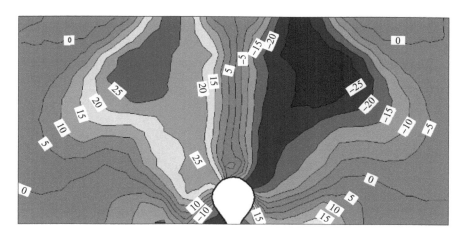

图 5.6-12　第二阶段地基剪应变特征

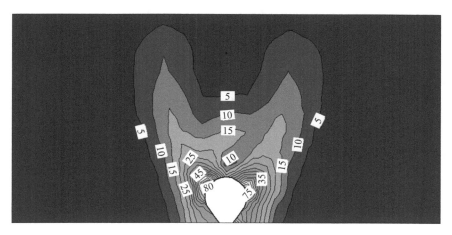

图 5.6-13　第二阶段地基最大应变分布特征

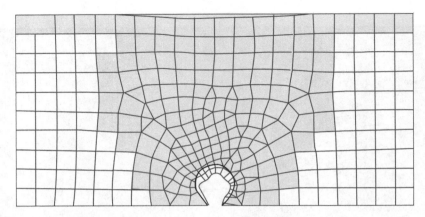

图 5.6-14　第二阶段地基塑性变形特征

③第三阶段(降雨历时 12h)。

降雨入渗的持续作用下,潜蚀空洞逐步扩大,洞径达到 $1.0 \sim 1.5$m,此时洞顶的孔隙水压力增加到 45kPa,与上个阶段相比增大了 10kPa,洞顶岩土体积含水率逐步接近饱和状态,见图 5.6-15、图 5.6-16。此时洞径为顶板厚度的 $5/1 \sim 1/4$。

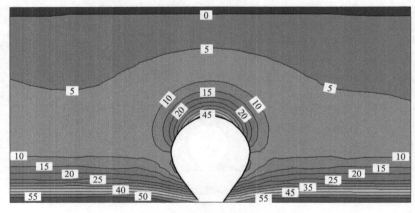

图 5.6-15　第三阶段孔隙水压力分布特征

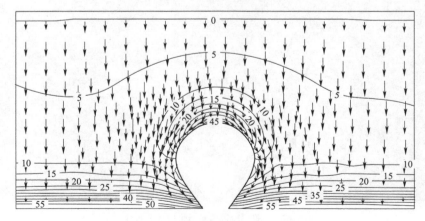

图 5.6-16　第三阶段模型渗流矢量分布特征

　　经变形及应力应变计算得出,空洞顶板沉降量明显增大达到了 340mm,洞顶对应地面沉降量达到了 260mm,地面出现了较为明显的沉陷迹象。沉降及应力应变特征见图 5.6-17 ~ 图 5.6-20。

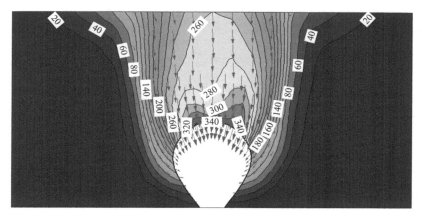

图 5.6-17　第三阶段地基位移分布特征

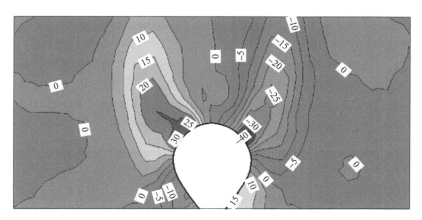

图 5.6-18　第三阶段地基剪应变特征

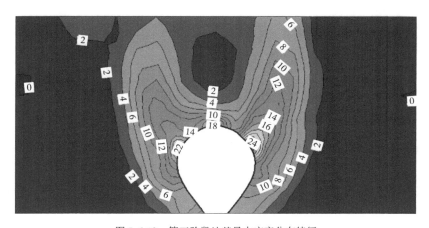

图 5.6-19　第三阶段地基最大应变分布特征

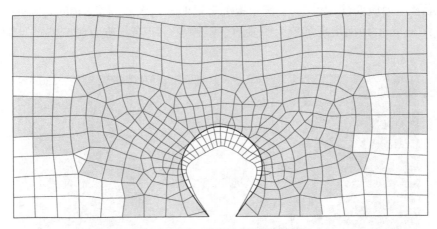

图 5.6-20　第三阶段地基塑性变形特征

洞顶剪应力及剪应变集中程度相比上一阶段也明显增加,从模型单元塑性屈服特征来看,塑性屈服网格的范围有明显增加,特别是洞顶到地面位置的网格塑性变形程度增大最为明显,局部甚至出现了塑性破坏现象。但此时只是出现了地面的沉陷,尚未形成地面塌陷。此时地面沉陷影响范围为 1.0~1.5 倍洞径,即 1.0~2.0m。

④第四阶段(降雨历时 24h)。

由于持续的入渗潜蚀作用,此阶段地基内部已经形成了贯通的渗流通管道,洞顶出现垮塌,并且伴随着地表雨水的冲刷作用,洞顶周围填土逐步向四周垮塌,形成地面塌陷坑,地表水不断地灌入塌陷坑内,塌陷坑底部的强风化砂岩块体逐步崩解为细颗粒的砂,并被流水带走,此阶段及塌陷形成初始阶段入渗特征,见图 5.6-21、图 5.6-22。

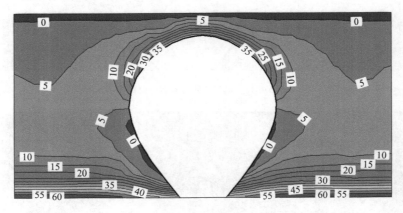

图 5.6-21　第三阶段孔隙水压力分布特征

降雨历时 24h 工况下,此时空洞洞径达到 3.5~4.0m,洞顶内侧变形量达到约 1.0m,地面沉降达到 750~850mm,此时地面变形量将超过填筑地基的极限变形量,且变形计算不收敛,说明此时洞顶已经产生了垮塌,塌陷形成。模型应力、应变及塑性屈服状态特征与位移特征基本类似,见图 5.6-23、图 5.6-24。上述分析也说明了,在累计降雨持续 20~24h 之间,塌陷已经形成。

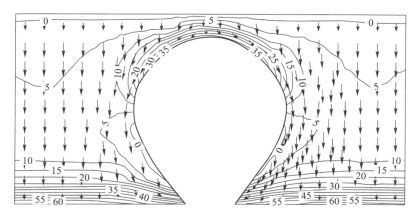

图 5.6-22 第三阶段模型渗流矢量分布特征

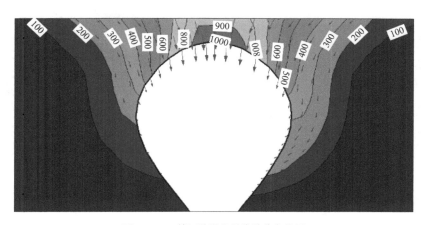

图 5.6-23 第四阶段地基位移分布特征

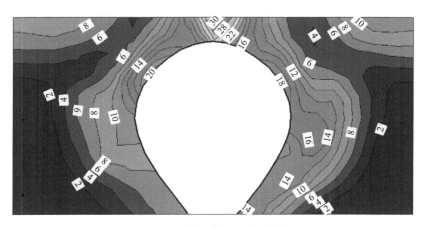

图 5.6-24 第四阶段地基应变特征

实际上,持续大暴雨历时 24h 在现实情况下是很难遇到的,但是需要说明的是,研究区雨季降雨量十分充沛,且常出现连续一周甚至一个月的阴雨天气,短暂性的暴雨不会造成塌陷的形成,但是多期降雨的反复入渗潜蚀作用,会诱发空洞的形成,在多期降雨的累进性作用下,地面塌陷就会逐步形成、发展,并最终造成大规模的地面塌陷,这将是我们所指的"地下水作用的长期效应"。

⑤第五阶段(地面塌陷坑发展扩大阶段)。

地面塌陷形成后,在降雨入渗的渗流潜蚀、地表水冲刷、填筑体受雨水浸泡湿化、软化、自重增大、力学性能降低以及崩解作用等的联合作用下,塌陷的坑洞规模将向四周逐步扩大,四周填筑体将会沉降、开裂、错台,形成圈椅状的多级塌陷坑。地面塌陷坑洞逐步扩大阶段,在降雨入渗作用下,岩土体的变形及剪应力、应变及模型单元网格塑性屈服状态特征见图 5.6-25 ~ 图 5.6-28。

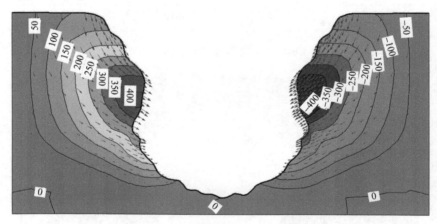

图 5.6-25　塌陷坑扩大阶段——变形特征

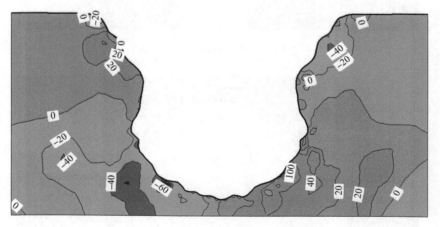

图 5.6-26　塌陷坑扩大阶段——剪应力特征

5.6.4　变形破坏发展趋势预测

目前飞行区地面塌陷主要分布于挖方回填区及挖填交接部位,填方厚度较大区域目前尚未发现明显的地面塌陷迹象,但呈现随着降雨和潜蚀作用的发展,地面塌陷有逐步向填方区发展的趋势,一旦发生,地面沉陷或塌陷的规模、塌陷深度、数量将大于挖方回填区。地面塌陷具有明显的时间效应和连锁效应。在地下水的潜蚀作用发展到一定阶段后,塌陷将爆发式发展,塌陷数量、规模急剧增加,同时伴随一系列其他次生灾害,如围场路变形、道面板断裂、错台等。

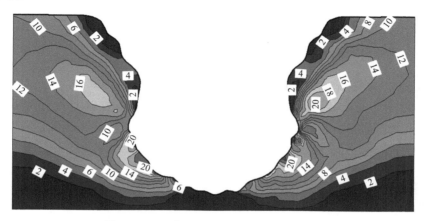

图 5.6-27 塌陷坑扩大阶段——最大应变特征

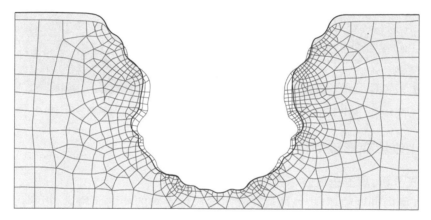

图 5.6-28 塌陷坑扩大阶段——塑性变形特征

根据工程区地面塌陷调查数据、场地条件、降雨条件及其他机场工程经验,得出场区地面沉陷、塌陷与填筑体厚度、时间发展趋势线,见图 5.6-29。

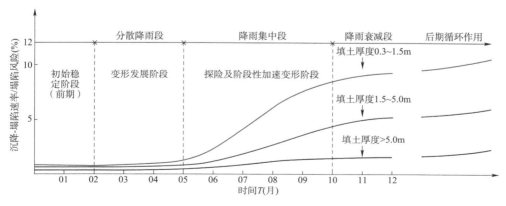

图 5.6-29 地面塌陷速率(或塌陷风险概率)与填土厚度时间趋势线

5.7 边坡变形破坏机制与影响因素分析

5.7.1 填方边坡破坏规模与分布

在跑道北侧、端头、跑道南侧等部位共有 15 处高填方边坡不同程度发生了开裂、边坡中部和坡脚被掏空、滑塌和冲刷破坏等，见图 5.7-1、图 5.7-2。掏空区面积 15～345m²，空洞直径 15～75cm；滑塌体积 120～3500m³。发生边坡灾害区域坡顶附近多是沉陷低洼区，多积水。

图 5.7-1　格构被冲刷潜蚀架空　　　　图 5.7-2　坡面冲刷与潜蚀

5.7.2 边坡变形破坏模式

通过调查分析，填方边坡破坏模式主要有：

（1）边坡侧向冲刷破坏：边坡两侧受降雨形成地表水的冲刷而垮塌，很多边坡侧缘格构被架空、冲毁，浅层填土被冲刷，土工布及底部基岩暴露。

（2）坡面冲刷 + 潜蚀破坏：顶部及上部坡面入渗的地表水从坡面下部涌出，冲刷、潜蚀填筑体，造成格构架空，坡面空洞，坡面和格构开裂和垮塌。

（3）冲刷 + 潜蚀 + 孔隙水压力破坏：道槽区、土面区、坡顶的地表水入渗形成地下水径流到边坡稳定影响区时，将对边坡产生浸泡软化、重力加载、孔隙水压力、潜蚀作用，加之地表水冲刷作用，边坡将发生中下部向外鼓胀、潜蚀空洞、坡面冲刷破坏、垮塌等。

5.7.3 填方边坡破坏机制与过程

以 13 号边坡为例，分析填方边坡破坏机制与过程，填方边坡变形破坏发展过程，见图 5.7-3～图 5.7-6。

图 5.7-3 反映边坡填筑前原地基特征；图 5.7-4 反映挖填整平后，降雨条件下边坡的地表、地下水补给、径流、排泄关系及地下水在填筑体内的渗流路径，该阶段边坡处于稳定状态，无明显的变形破坏迹象。

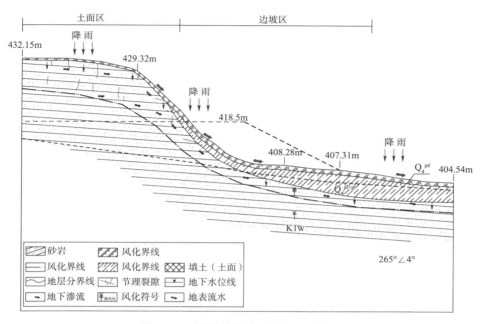

图 5.7-3 边坡挖填前原地基特征地质断面

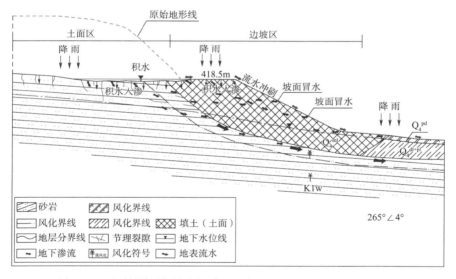

图 5.7-4 边坡挖填后初始阶段(降雨入渗与地下水补给、径流、排泄特征)

图 5.7-5 反映了边坡受入渗地下水的潜蚀、冲刷、孔隙水压力作用,开始出现变形,该阶段为变形发展阶段;图 5.7-6 反映了边坡因雨水的入渗潜蚀、冲刷作用,发生滑塌破坏,形成灾害阶段。

5.7.4 边坡成灾数值模拟分析

为定量研究边坡受降雨入渗作用条件下,边坡孔隙水压力、变形及失稳的特征,研究中建立了填方边坡的数值计算模型进行模拟分析。

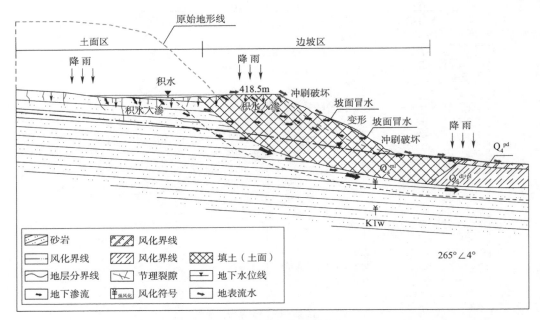

图 5.7-5　边坡挖填后变形阶段

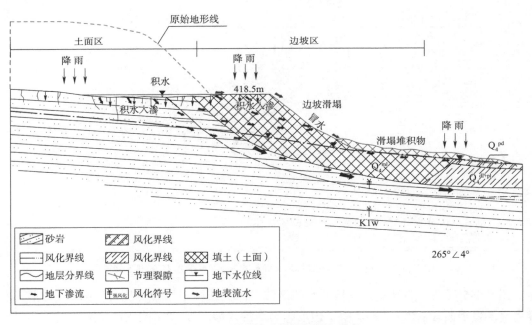

图 5.7-6　边坡挖填后变形滑移破坏阶段

1）边界条件设置

模拟中模型两侧固定 X 向位移，模型底部固定 X、Y 向位移，模型顶面为自由边界。降雨历时采用 1h、6h、12h、24h 三种工况，降雨强度采用雨强 100mm/d 模拟大暴雨工况。模型采用的岩土体物理力学参数主要依据室内试验及原位试验获取，见表 5.7-1。

模型采用的岩土体物理力学及水文参数　　　　　　表 5.7-1

岩土类型	天然工况				
	重度 γ(kN/m³)	压缩模量 E_s(MPa)	泊松比 v	黏聚力 C(kPa)	摩擦角 φ(°)
填土	20	30	0.29	8.0	25.0
可塑粉质黏土(dl + pl)	19.0	4.0	0.36	25.0	7.0
强风化砂岩	23.0	50	0.27	25.0	24.0
中风化砂岩	24	105	0.24	60.0	45.0
岩土类型	暴雨工况				
	重度 γ(kN/m³)	压缩模量 E_s(MPa)	泊松比 v	黏聚力 C(kPa)	摩擦角 φ(°)
填土	21	25	0.31	5.0	23.0
可塑粉质黏土(dl + pl)	19.6	2.0	0.38	20.0	5.0
强风化砂岩	23.2	35	0.29	20.0	19.0
中风化砂岩	24.5	60	0.26	54.0	40.0

2)模拟结果分析

在降雨强度为 100mm/d 工况下,降雨历时 3h 条件下,边坡体积含水率及孔隙水压力变化特征,见图 5.7-7、图 5.7-8。

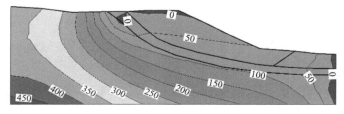

图 5.7-7　降雨强度 100mm/d,历时 3h——孔隙水压力分布特征

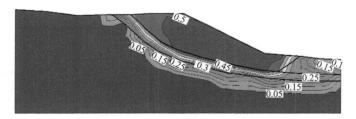

图 5.7-8　降雨强度 100mm/d,历时 3h——体积含水率分布特征

在降雨强度采用 100mm/d 工况下,降雨历时分别为 6h、12h、24h 工况下,边坡的位移、剪应力、应变分布特征见图 5.7-9 ~ 图 5.7-17。

图 5.7-9　降雨历时 6h 工况下位移特征

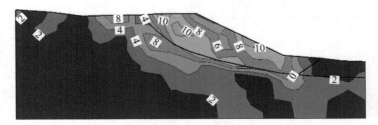

图 5.7-10　降雨历时 6h 工况下剪应力分布特征

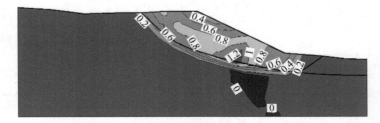

图 5.7-11　降雨历时 6h 工况下剪应变分布特征

图 5.7-12　降雨历时 12h 工况下位移特征

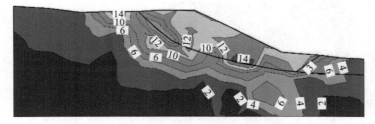

图 5.7-13　降雨历时 12h 工况下剪应力分布特征

图 5.7-14　降雨历时 12h 工况下剪应变分布特征

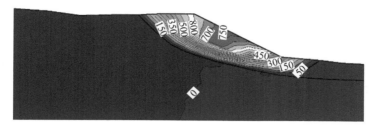

图 5.7-15　降雨历时 24h 工况下位移特征

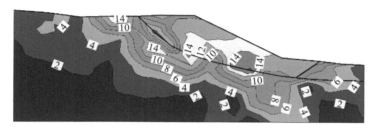

图 5.7-16　降雨历时 24h 工况下剪应力分布特征

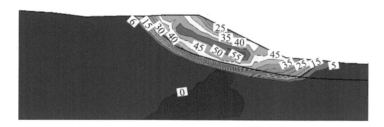

图 5.7-17　降雨历时 24h 工况下剪应变分布特征

通过上述分析得出,在降雨作用下,雨水逐步渗入边坡,一方面湿化填筑体使土体的重度增加,另一方面软化填筑体,使土体的抗剪强度降低,同时在入渗形成的地下水沿填筑体向坡脚渗流的过程中,渗透作用力也将会作用于边坡。

在相同降雨强度条件下,随着降雨历时的加长,边坡应力应变集中程度逐步增大,在边坡内形成了剪应力集中区,并且剪应力集中区逐步贯通形成了一个剪应力集中带,这个集中带就是潜在最危险滑面位置。

根据分析计算,受地表地下水的冲刷、饱和加载作用、浸泡软化、湿化作用、渗流潜蚀作用,当存在截排水措施不当或不完善、护坡措施不到位等不利因素的影响下,暴雨过后边坡易沿浅层滑带滑移。

5.7.5　填方边坡变形破坏趋势

填方边坡在地表水的冲刷、地下水潜蚀和压力作用下,发生坡面冲刷、潜蚀空洞、护坡结构脱空、开裂、垮塌、坡脚鼓胀变形、滑移等病害。地表地下水长期作用将加剧边坡的累进性破坏程度,严重威胁边坡稳定。

5.8 防治措施与效果

根据场地工程地质、水文地质条件,填料特性、填方厚度、挖填情况,功能分区以及地面沉陷、塌陷、边坡变形垮塌等灾害的发育的程度,将场区划分为 4 个区,即 T1、T2、T3、SL 区(图 5.8-1),并分区采取防治措施。

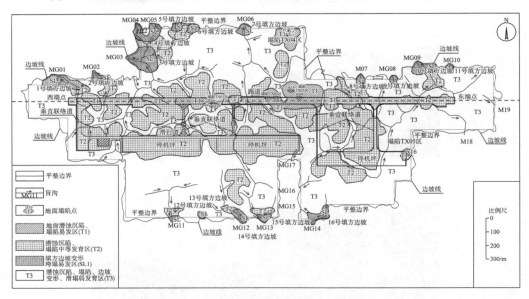

图 5.8-1　研究区病害发育程度分区平面图

1)地面潜蚀沉陷、塌陷易发区(T1)

(1)发生地面塌陷部位及时采用黏性土压实封堵或素混凝土封堵。

(2)对反复出现塌陷坑洞的塌陷区进行注浆(素混凝土)处理。

(3)完善排水措施。

2)潜蚀沉陷、塌陷中等发育区(T2)

(1)完善排水系统。

(2)沉陷部位,铺填整平,避免地表积水。

(3)土面区及时覆土植草。

3)填方边坡变形垮塌易发区(SL)

(1)完善排水系统,消除边坡顶面积水。

(2)采用反滤层、格构、植被等及时修复边坡破坏部位。

(3)疏通盲沟的出入水口。

4)潜蚀沉陷、塌陷、边坡变形、滑塌弱发育区(T3)

整平场地,铺设草皮。

5)治理效果

按分区采取上述措施进行了应急与永久处理措施,病害治理效果总体良好,机场建成通航 3 年,未发现类似灾害继续发生或发展现象,机场运营状态良好,机场建成通航运营阶段特征见图 5.8-2。

图 5.8-2　YB 机场建成通航运营阶段特征照片

本章参考文献

[1] 熊力.红层软岩崩解机理研究及工程应用[D].长沙:湖南大学,2011.

[2] 廖崇高,谢春庆,潘凯,等.西南地区全-强风化红层砂岩工程特性试验研究[J].路基工程,2016(06):117-124.

[3] 王文斌.兰州地区第三系风化红砂岩工程地质特性研究[J].兰州铁道学院学报,1997(01):24-28.

[4] 邹翀,雷胜友,岳喜军,等.富水全、强风化砂岩强度特性试验及本构关系探讨[J].中国工程科学,2011,13(01):74-80.

[5] 范大林,阮怀宁,王强.红山窑强风化砂岩试验特性[J].河海大学学报(自然科学版),2004(02):197-199.

[6] 郭永春,谢强,文江泉.我国红层分布特征及主要工程地质问题[J].水文地质工程地质,2007(06):67-71.

[7] 李保雄,苗天德.红层软岩滑坡运移机制[J].兰州大学学报,2004(03):95-98.

[8] 刘成禹,何赤忠,何满潮.湘西铁路沿线红层边坡工程地质研究[J].中国地质灾害与防治学报,2007(02):58-62.

[9] 余立群.赣东红层泥岩边坡失稳与水-岩机制分析[J].珠江水运,2013(08):78-79.

[10] 雷航,刘天翔,程强.红层地区公路高边坡变形机理及支护措施研究[J].公路,2019,64(12):47-53.

[11] 潘雪峰.滇中红层软岩顺层边坡失稳机理及稳定性方法研究[D].重庆:重庆交通大学,2019.

第6章　岩溶场地大面积填筑地基地下水工程效应

　　岩溶亦称喀斯特(Karst),发育在以碳酸盐类为主的可溶性岩石分布区。碳酸盐岩地层在我国广泛分布,面积约达 130 万 km^2,其中碳酸盐岩裸露地表的面积约 90.70 万 km^2,岩溶在我国是一种相当普遍的不良地质作用。

　　我国的岩溶主要集中于华南和西南地区,这两个地区分别发育了或保留着大面积的热带岩溶,如川东、川南、滇东、贵州、广西和广东的大部分,地表广泛分布碳酸盐岩;其次是长江中下游的我国中部地区,岩溶化程度较弱;再次为华北地区,由于气候的影响,岩溶化程度远不及南方;青藏高原海拔 4000m 以上的残存古热带岩溶岩,已受寒凉作用的改造,为一特殊类型的岩溶[1-2]。

　　在岩溶地层进行房屋建筑、公路、铁路、机场、地下工程等建设中同样会遇到因岩溶而产生的特殊工程地质问题,如裸露和浅埋溶槽、石芽与软弱土问题引起不均匀沉降而造成填方地基的开裂、沉陷和上部结构的倾斜、开裂、倾倒失稳等;地下溶洞因上部建(构)筑物荷载、机械荷载作用造成顶板失稳,形成岩溶塌陷;填塞型岩溶管道受地下水潜蚀贯通,上部土质地基(原生地基和填方地基)发生渗透变形,如管涌或潜蚀作用加速土洞的形成和塌陷,从而造成地面塌陷;再如矿山坑道、隧道等地下工程掘进过程中遇到岩溶管道或暗河造成隧道的突然涌水,增加掘进难度和安全风险。

　　根据碳酸盐岩地层覆盖埋藏的情况,岩溶地基可分为裸露型岩溶、浅覆盖型岩溶、深覆盖型岩溶和埋藏型岩溶等四种类型。

　　1)裸露型岩溶
　　裸露型岩溶指碳酸盐岩直接出露地表,没有或很少被第四系沉积物覆盖,见图 6.0-1。

图 6.0-1　裸露型岩溶特征

2）浅覆盖型岩溶

浅覆盖型岩溶指碳酸盐岩部分被第四系沉积物覆盖,覆盖率一般在30%～70%之间,覆盖厚度一般小于30m,见图6.0-2。

图6.0-2 浅覆盖型岩溶特征

3）深覆盖型岩溶

深覆盖型岩溶指碳酸盐岩大部分被第四系沉积物覆盖,覆盖率一般在70%以上,覆盖厚度层厚度一般大于30m,小于100m,见图6.0-3。

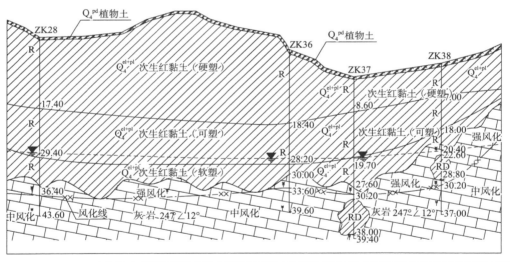

图6.0-3 深覆盖型岩溶典型地质断面

4）埋藏型岩溶

埋藏型岩溶指碳酸盐岩层被非碳酸盐岩岩层(如砂岩、页岩)覆盖,没有岩溶景观显露地表,埋深大于100m,最深可以达1000多米。

在大多数情况下,与岩土工程关系密切的岩溶地基主要是前两类,即裸露型岩溶和浅覆盖型岩溶。岩溶对工程的不良影响主要体现在以下几个方面：

(1)岩溶岩面起伏导致上覆土质地基压缩变形不均。

(2)岩体洞穴顶板变形造成地基失稳。

(3)岩溶水的动态变化给施工、建筑物造成不良影响。

(4)溶洞或土洞塌落形成地表变形、沉陷和塌陷。

岩溶的地表塌陷是岩溶地区常见的地质灾害，根据大量工程案例调查统计结果，岩溶地面塌陷与地下水有密切的关系，地下水的渗流、潜蚀作用加速了岩溶地基土洞的形成、扩展、变形和失稳速率，土洞的变形和失稳造成岩溶发育区土质地基(原地基和填方地基)的地面变形和塌陷。岩溶发育区土洞具有受水影响明显、形成速度快、塌陷面积广、危害性大的特点，工程勘察中应特别重视土洞勘察与防治。

岩溶地面塌陷分为自然塌陷和人为塌陷，人为塌陷与自然塌陷中的各基本类型，从它们产生的根本原因、受力状态来说，没有什么本质的差别，只是人为塌陷产生的速度往往比自然塌陷快，且规模大、危害严重。

目前关于岩溶地面塌陷成因机制已有大量的研究，总结起来包括如下几类：

(1)潜蚀塌陷：是由于地下水流的潜蚀作用造成的塌陷。在覆盖型岩溶地区，由于地下水位的下降，水力坡度增加，产生较大的动水压力以及土体渗透压力。当水力坡度值增加到可以使岩溶充填物或土层中细小颗粒迁移时，潜蚀作用便产生了，我们叫它"管涌潜蚀作用"。管涌潜蚀作用首先在土层中形成一些细小空洞，然后逐渐形成一些土洞，随着土洞由下向上逐渐扩大，最终造成地面塌陷。

(2)重力塌陷：可以产生于各种岩溶地区。在浅覆盖的岩溶区，处于暂时相对稳定状态的土洞，当其土层又一次饱水时，则使土体力学强度降低，土洞形成的减压拱，不能抵抗上覆土层的自重时，土洞将扩大，土层将沿土洞产生自下而上间断性剥落或瞬间陷落而造成地面塌陷。

(3)吸蚀塌陷：是封闭较好的岩溶空间，在负压状态下造成的塌陷。

以机场建设工程为例，近三十年来，我国在岩溶地区新建、改扩建了数十个机场，仅西南地区就达30余个。这些机场建设中对道槽区岩溶进行了重点治理，加上道面硬化层的阻水作用，目前还未发现道槽区地面塌陷情况。但由于对土面区处理不足或处理方式不当，数个机场的土面区发生地面塌陷，如长水机场、龙洞堡机场、毕节机场、泸沽湖机场、黎平机场等，对飞行安全和机场地面工作人员安全造成了较大影响[3-8]。

岩溶地层填方地基地下水工程效应研究包括原场地水文地质工程地质条件研究、填料性质与填筑体渗透特性研究、地下水效应研究等。

本章主要依托3个典型的岩溶地区机场工程大面积填筑工程，从不同角度研究大面积填筑地基地下水工程效应，研究成果对岩溶地区类似工程建设和病害防治具有实际参考意义。

6.1 ZY机场改扩建工程大面积填筑地基地下水工程效应

6.1.1 工程概况

ZY机场于20世纪70年代建成，跑道长2200m，但未通航。2012年8月改扩建后通航，跑道长 2800m。近期进行扩建,增加 1 条滑行道和 3 条联络道,目前已完成了试验段工作。

2018 年底,飞行区出现道面断板、地面沉降、沉陷等病害,且呈现加速发展趋势,对安全飞行的影响越来越大,见图 6.1-1。为查明病害原因,为老道面病害治理、新建工程病害防治提供科学依据,进行了水文地质专项调查和地下水工程效应研究。

图 6.1-1　跑道道肩部位混凝土面板隆起、错台特征

6.1.2　气象水文特征

工程区属中亚热带湿润季风气候区,据 50 多年的气象观测资料,多年平均降水量 1075.1mm,最大降水量为 1452.1mm,最小降水量为 789.8mm。5—8 月为雨季,月平均降水量在 155mm以上。多年平均蒸发量 961.06mm,最大 1172.6mm,最小 701.6mm。

场区属于洛安江流域,处于其一级支流黄池沟上游河段及大岗河中段,研究区内地表水主要为河流、水库、水塘、冷浸田水等。

6.1.3　工程地质特征

1)地形地貌特征

研究区总体上属于丘陵 ~ 低山,西高东低,场地地面高程 810 ~ 885m,高差约 75m。地貌主要类型为岩溶地貌,其次为河流堆积地貌和构造剥蚀地貌。

(1)岩溶地貌。

研究区地表岩溶分为溶蚀丘陵、溶蚀槽谷等微地貌单元。

溶蚀丘陵:研究区溶蚀丘陵主要分布于研究区西侧,沿谢家坝—三家堡一带南北向展布,丘陵坡度较为平缓,丘顶呈浑圆状,丘顶高程 860 ~ 882m,相对高差 10 ~ 30m,地形坡度一般为 10° ~ 20°;丘顶及斜坡地带植被覆盖较多,局部覆盖层较厚地带多被改造为农田,其余地带多为林地,偶见石芽出露,见图 6.1-2、图 6.1-3。

溶蚀槽谷:研究区东侧槽谷整体上沿黄池寺—黄家槽—龙塘堰一线南北向展布,与机场跑道近平行,较为宽缓,长度约 2.8km,宽度 150 ~ 200m,切割深度 2 ~ 5m。槽谷内洼地、漏斗、落水洞不发育,槽谷多被改造为农田,见图 6.1-4。研究区西侧槽谷整体沿机场加油站—朱家沟一线南北向展布,与机场跑道近平行,槽谷形态近"V"字形,长度约 1.4km,宽 20 ~50m,切割深度 10 ~ 15m,槽谷内洼地、漏斗、落水洞不发育,槽谷多被改造为农田或鱼塘,见图 6.1-5。

图 6.1-2　谢家坝溶蚀浅丘

图 6.1-3　黄家槽一带溶蚀浅丘

图 6.1-4　研究区东侧槽谷照片

图 6.1-5　研究区西侧槽谷照片

（2）河流堆积地貌。

研究区内河流堆积地貌主要沿黄池沟沿线和大岗河沿线分布，面积较大，为冲洪积物堆积，岩性多为砂、砂砾、卵砾石和黏性土等，未形成明显的阶地，见图 6.1-6、图 6.1-7。

图 6.1-6　黄池沟沿线地貌

图 6.1-7　大岗河沿线地貌

（3）构造剥蚀地貌。

研究区内构造剥蚀地貌主要分布在非碳酸盐岩分布区，区内出露面积较小。

2）地质构造特征

区域地质构造较为复杂，主要以一系列 NE、NNE 向构造为主，NW 向次之。研究区内地质构造以褶皱为主，断层多发育于研究区外围，见图 6.1-8。

（1）褶皱。

XZ 向斜：该向斜轴线位于研究区中部，图幅内长约 3.5km，其轴线走向近 SN 向，核部为

T_2sh 地层，两翼为 T_2s、T_1m 地层，西翼岩层倾角 55°～60°，东翼岩层倾角 50°～55°，两翼基本对称。

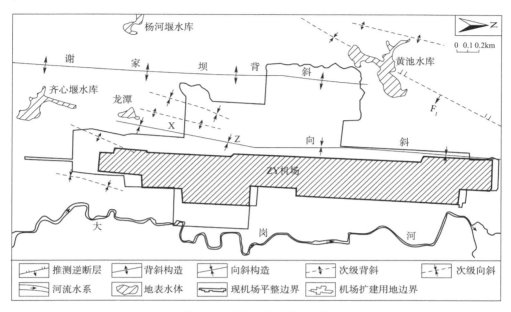

图 6.1-8　研究区地质构造简图

谢家坝背斜：该背斜轴线位于研究区西部，其轴线走向近 SN 向，核部为 T_2s 地层，两翼为 T_2sh 地层，西翼岩层倾角 23°～45°，东翼岩层倾角 14°～50°，两翼基本对称。

其外，研究区内发育多处次级向斜、背斜形迹。

（2）断层。

断层 F_1：该断层仅见于研究区北西角，走向为 NNE 向，南端延伸至黄池水库库区东侧并切割库区，倾向东，倾角约 65°，属压扭性断层。断层带发育于三叠系中统狮子山组（T_1sh），中统松子坎组（T_1s）及下统茅草铺组（T_1m）等地层中，断距一般 200～250m，破碎带宽 3～5m。沿断层沿线发育有泉点，泉水流量小，岩溶弱发育，经调查该断层近期无活动痕迹。该断层与扩建区最小距离约 500m。

断层 F_2：位于研究区东侧，沿 SN 向发育，倾向西，倾角约 70°，两盘分布 T_2s、T_1m 等地层，属张性断层，该断层距离研究区约 1.5km。

3）地层岩性特征

研究区内出露地层由老到新依次为：三叠系中统松子坎组（T_2s）、三叠系中统狮子山组（T_2sh）及第四系（Q_4），研究区基岩地层岩性分布见图 6.1-9。

研究区内地层由老到新分述如下：

（1）三叠系中统松子坎组（T_2s）：出露于研究区西侧黄池水库—谢家坝—三家堡、南西端朱家沟一带和研究区东侧现有机场航站楼—大岗河一带，为一套杂色泥岩、页岩、泥质白云岩、白云岩互层。泥页岩于研究区内呈条带状分布，宽度 40～180m，泥质结构，薄层状构造，层厚 1～5cm，主要由黏土矿物、石英、长石等组成；白云岩、泥质白云岩为细晶～泥晶结构，薄~中层状构造,节理裂隙发育,隙面多粗糙,性脆,主要由白云石组成,局部可见石英、长石、方解石等,见图6.1-10、图6.1-11。

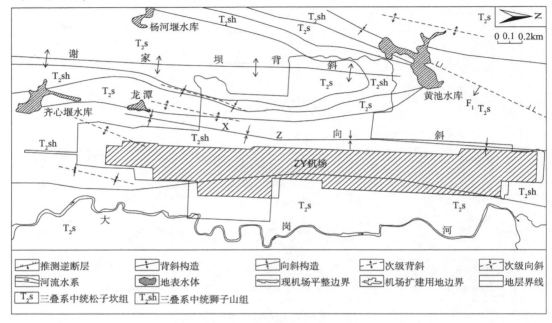

图 6.1-9　研究区地层岩性分布简图

图 6.1-10　泥页岩特征

图 6.1-11　白云岩、泥质白云岩特征

（2）三叠系中统狮子山组（T_2sh）:出露于研究区中部镇政府—现有机场跑道—齐心堰水库一带,经现场地质测绘和前期勘察成果,研究区内该套地层岩性以灰岩为主,有些地区为白云岩、白云质灰岩、泥灰岩,多为泥晶~细晶结构,薄~中厚层状构造,节理裂隙发育,隙面多粗糙,主要由方解石、白云石组成,局部可见石英、长石等,见图6.1-12、图6.1-13。

（3）第四系（Q_4）。

第四系耕植土（Q_4^{pd}）:黑褐色,主要由黏土和碎石组成,稍湿,松散,含有大量植物根系,有机质含量较高,于全场区分布,该层厚度一般为0.3~0.5m。

第四系人工填土（Q_4^{ml}）:杂色,主要由黏性土和碎石组成,稍湿,表层松散中至下层中密~密实,该层主要分布在研究区道路及机场附近,为道路和机场修建建设填筑组成,该层厚度一般为3~5m,最厚处约8m。

图6.1-12　中厚层灰岩、白云质灰岩　　　图6.1-13　钻探揭露灰岩、白云质灰岩

第四系残坡积层（Q_4^{el+dl}）：该层主要分布在溶蚀丘陵丘顶、斜坡地带，以粉质黏土、次生红黏土为主，颜色为黄褐～黄色，多为可塑状，土中包含物主要为全～中风化灰岩、白云岩、泥岩碎块及角砾，多呈棱角状，粒径 2～5cm，含量一般在 15%～20% 之间。该层厚度一般为 1～2m。

第四系坡洪积层（Q_4^{dl+pl}）：该层主要分布在溶蚀槽谷内，以粉质黏土、黏土、次生红黏土为主，颜色为黄褐～黄色，多为可塑状，局部地势低洼处含水率大，呈软塑状，土中包含物主要为全～中风化灰岩、白云岩、泥岩碎块及角砾，多呈棱角状，粒径 1～3cm，含量一般在 5%～10% 之间。该层厚度一般为 3～4m，最厚可达6m。

第四系冲洪积层（Q_4^{al+pl}）：该层主要分布在黄池沟、大岗河两侧，以粉质黏土、黏土、次生红黏土为主，颜色为黄褐～黄色，多为可塑～软塑状，土中包含物主要为全～中风化灰岩、白云岩、泥岩碎块及角砾，多呈棱角状，粒径 1～2cm，含量一般在 5%。该层厚度一般为 5～8m，最厚可达 10 余米。

4）岩溶发育特征

（1）地表岩溶发育特征。

研究区地表发育的岩溶形态主要为溶沟、溶槽、石芽、溶洞等。

①溶沟、溶槽、石芽特征：溶沟、溶槽、石芽广泛分布于研究区内的山坡、耕地边缘及山顶。溶槽与石芽之间的相对高度一般为 0.2～1.0m，溶槽中一般无充填物，或沟底只充填少量黏土，地表植被以灌木丛及杂草为主。

②溶洞：场地内共发现 3 处出水溶洞（K_1～K_3），位于现有机场南端—龙塘一线，溶洞表述如下：

K_1 溶洞：发育于调查区南部东北角，溶洞洞口被淹没，枯水期偶见洞口出露，洞口 1m×1.5m，洞口朝向 SW40°～50°，发育于 T_2sh 灰岩地层中；溶洞常年有 2～5L/s 的稳定地下水流出，分布高程约813m。

K_2 溶洞：发育于调查区南部，位于 K_1 溶洞东北侧约 140m 处，该溶洞出口位于乡村路坎底部，出口紧接农田，洞口被植被包围，大小约 0.3m×0.5m，洞口朝向 SW10°～20°，发育于 T_2sh 灰岩地层；溶洞常年有 2～3L/s 的稳定地下水流出，分布高程约 815m。

K_3 溶洞：位于 K_2 溶洞北侧约 50m，现状已被当地村民改造为一抽水泵站，溶洞洞口相较 K_1、K_2 大，大小约 3m×4m，进深迅速变窄，洞口朝向与 K_2 相同，均为 SW10°～20°，发育于

T_2sh 灰岩地层;常年有水,分布高程约815m。

（2）地下岩溶发育特征。

研究区地下岩溶主要发育有隐伏石芽、溶脊、溶沟、溶蚀破碎带、溶洞、岩溶管道等。

①隐伏石芽、溶脊、溶沟:根据工程物探解译成果,研究区隐伏岩溶较发育,形态表现在碳酸盐岩界面起伏,石芽、溶脊、溶沟发育。溶沟一般深0.3～3m,溶沟往往被黏性土等充填。

②溶蚀破碎带、溶洞:根据对154个工程地质和水文地质钻孔数据的统计,共有36个钻孔揭露溶洞,其中仅1个溶洞发育在 T_2s 地层内,其余溶洞均在 T_2sh 地层内。

③岩溶管道:根据资料搜集、地质调绘和物探成果,研究区内发现两处岩溶通道。

1号岩溶管道——龙塘附近的岩溶管道:该岩溶管道发育于 T_2sh 地层中,岩溶通道影响带高10～12m,顶板埋深6.1～37.8m,发育高程在815m左右,走向为S68°W。该岩溶管道上发育 K1、K2、K3溶洞,水位高程约815m。物探解译成果断面,见图6.1-14。

2号岩溶管道——安置小区附近的岩溶管道:该岩溶管道发育于 T_2sh 地层中,物探解译岩溶通道影响带高15～22m,顶板埋深12～50m,发育高程约为815m,走向为N68°E。

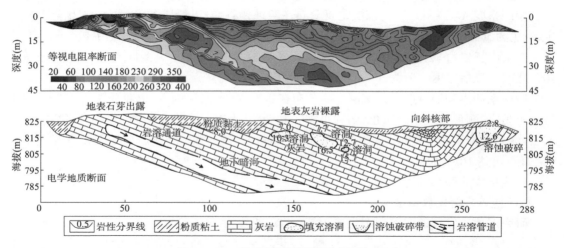

图6.1-14　1号岩溶管道物探解译成果断面图

④地下岩溶发育规律:a.研究区地下岩溶浅层以竖向岩溶发育为主,深部以水平向岩溶发育为主。b.地下岩溶发育受岩性、构造及地形控制明显。c.地下岩溶多发育于三叠系中统狮子山组（T_2sh）灰岩内,偶见于三叠系中统松子坎组（T_2s）白云岩、泥质白云岩内。d.地下岩溶多见于研究区中部溶蚀槽谷内,溶蚀槽谷地段地势低洼,地表地下水易在该段汇集,导致该区域岩溶侵蚀作用较其余区域强烈。e.研究区地质构造以褶皱为主,其中谢家坝背斜两翼由于岩性控制（以白云岩、泥质白云岩为主）,地下岩溶不甚发育,XZ向斜两翼岩性以灰岩为主,且由于褶皱作用,褶皱核部地层岩体较破碎,构造裂隙发育,加之向斜南端核部多处于溶蚀槽谷内,地表水地下水丰富,故导致新舟XZ向斜南端核部区域灰岩地层内溶蚀作用强烈,该特征于龙塘堰附近的岩溶管道及地表溶洞 K_1～K_3区域表现较为明显,因此场地岩溶有追踪构造线发育的特征。f.调查区内灰岩分布区浅层岩溶发育形态多以溶蚀裂隙、溶蚀破碎带发育为主,其次为规模较小的溶洞;竖向溶蚀裂隙、溶蚀带对场地稳定影响较大,现有飞行区内

道面脱空、断板、错台,其中一个重要影响因素就是场地基岩竖向溶蚀裂隙、溶隙较发育。填筑料在飞机振动荷载、地下水水位升降潜蚀综合作用下造成填料损失,而本次改扩建区部分场地与现有飞行区场地类似,因此也存在发生类似的可能性。

5)水文地质特征

(1)含水层与富水性。

①第四系松散堆积层孔隙含水层。

第四系松散堆积层孔隙含水层主要分布于沟谷、槽谷的底部、坡脚地带。

a. 富集碎石、圆砾、砂的黏性土含水层。碎石、砂土层主要分布于大岗河、黄池地地表水系沿线槽谷底部,厚度变化大,多呈不连续的薄层、夹层或透镜体分布,厚度 $1 \sim 5m$,渗透系数一般为 $n \times 10^{-4} \sim n \times 10^{-5} cm/s$,属于中等透水层~弱透水层,富水性弱~中等。

b. 富集碎石、角砾的黏性土层。在山间沟谷中下部和斜坡下部局部地段的黏性土层中某些富含碎石、角砾地段,局部可达 $30\% \sim 50\%$,渗透系数一般为 $n \times 10^{-5} \sim n \times 10^{-6} cm/s$,透水性相对较差,属于弱~微透水层。

②三叠系中统松子坎组(T_2s)白云岩、泥质白云岩含水层。该层岩溶弱发育,但受构造和溶蚀作用,岩层中溶蚀裂隙、构造裂隙较发育,渗透性系数为 $n \times 10^{-4} \sim n \times 10^{-3} cm/s$,富水性中等。

③三叠系中统狮子山组(T_2sh)灰岩含水层。该层岩溶中等发育,局部强发育。浅层以溶蚀裂隙、溶蚀带、溶洞、落水洞、漏斗等竖向岩溶发育为主;深层以岩溶管道、地下暗河等水平向发育为主。裂隙、溶洞、岩溶管道、溶蚀带,为良好的地下水径流、存储空间,渗透系数为 $n \times 10^{-3} \sim n \times 10^{-2} cm/s$,富水性中等~强,以中等为主,局部岩溶强发育区,富水性强。

④隔水层。工程区包含物较少的第四系黏性土层为良好的隔水层,三叠系中统松子坎组(T_2s)泥岩、页岩为相对隔水层,深部岩溶和裂隙不发育的中风化岩体为隔水层。

(2)地下水类型。

①第四系松散层孔隙水:松散层孔隙水赋存于场区溶蚀槽谷松散层堆积区、台地、山丘、斜坡浅表层、河谷区松散堆积物孔隙或空隙中,类型以潜水、上层滞水为主,局部赋存承压水,其富水性主要受松散堆积物颗粒粒径、级配和中粗颗粒含量控制。该层地下水丰水期受降水补给,多在坡脚、陡坎部位,以暂时性第四系下降泉或散流形式排泄,枯水期则干枯。

溶蚀槽谷区松散堆积物主要为坡洪积粉质黏土,局部碎石、角砾等粗颗粒含量高,具有一定的储水能力,但由于碎石含量差异大、分布不均匀,往往形成透镜状上层滞水,无统一地下水水位,水位埋深一般为 $0 \sim 8.0m$。河谷区松散堆积层主要为冲洪积粉质黏土、粉土、砂,该层主要分布在黄池沟、大岗河两侧,多为可塑~软塑或松散状,土中含全~中风化灰岩、白云岩、泥岩碎块、角砾,局部富含角砾或圆砾、砂,赋存孔隙潜水。由于位置低,补给充足,地下水埋藏深度浅,一般为 $0 \sim 2.0m$。该层地下水受碎石、圆砾、砂含量、厚度、分布连续性、含泥量、补给区等影响。

②碎屑岩类基岩裂隙水:场地内分布三叠系中统松子坎组(T_2s),出露于研究区西侧黄池水库—谢家坝—三家堡、南西端朱家沟一带以及大岗河东侧一带,岩性为杂色泥岩、页岩、泥质白云岩、白云岩互层。

含水岩组主要为泥岩、页岩,据地质测绘,场区泥页岩于研究区内呈条带状分布,宽度 40~

180m,泥质结构,薄层状构造,层厚1~5cm,主要由黏土矿物、石英、长石等组成,地下水主要富存于构造裂隙和风化裂隙中,该层透水性弱~微,为相对隔水层。

③碳酸盐岩岩溶裂隙水:研究区内出露三叠系中统松子坎组(T_2s)白云岩、泥质白云岩、泥灰岩,岩溶以弱发育为主。受构造及溶蚀作用,白云岩节理裂隙、溶蚀裂隙发育,为地下水的储存和运移提供良好的空间条件。

岩溶裂隙水以潜水为主,局部具承压性。受地形、地层、裂隙及构造控制,岩溶裂隙水一般没有统一的水位面,但在沟谷、槽谷地下水水位较为统一。地下径流途径短,多在泥岩、泥页岩隔水层交界面附近、地形切割部位以泉的形式排泄,或补给附近碳酸盐岩岩溶水、基岩裂隙水。

④碳酸盐岩裂隙溶洞水:研究区出露三叠系中统狮子山组(T_2sh)灰岩,局部夹白云岩薄层。该层浅层岩溶以中等发育为主,局部强发育。岩溶发育形式:浅层以竖向岩溶发育为主,深部以水平向岩溶发育为主。岩溶水接受补给后,沿溶蚀孔洞、裂隙、岩溶管道、地下暗河等水力联系通道向下游径流,场区碳酸盐岩岩溶水一般难以测定其稳定水位。场区槽谷部位基岩裂隙水和岩溶水有较为明显的弱承压性。

(3)地下水渗流场特征。

受岩性、地貌和构造控制,工程区属于洛安江流域溶蚀槽谷排泄区,地下水总体沿构造线方向从 NNE—SW 方向渗流,场区东侧大岗河、西侧黄池沟为工程区侵蚀基准面,浅层地下水在黄池沟流域、大岗河流域地形合适部位以泉点、渗水区的形式排泄,深层地下水则沿构造线(背斜、向斜、断层)、岩溶通道、岩溶裂隙、基岩裂隙向北西侧洛安江方向渗流,最终以泉、地下水溢出区、暗河的形式排泄汇入洛安江,见图6.1-15。

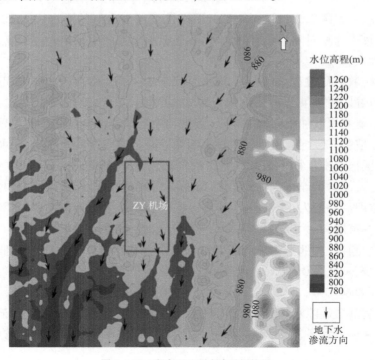

图6.1-15　研究区地下水渗透场特征

6.1.4　扩建工程对水文地质条件的影响分析

1）含水层、隔水层类型的变化分析

扩建工程挖填施工前后场区地下水类型均为第四系松散堆积层孔隙水、碎屑岩类基岩裂隙水、碳酸盐岩岩溶裂隙水和裂隙溶洞水,但由于场地大面积的挖填施工,地基土的分布、类型、性状等均发生了变化,从而引起含水层发生了改变。

（1）含水层的变化。

①第四系松散堆积层含水层。

由于地基处理施工,原有的富含砂土、角砾、圆砾、碎石的粉质黏土含水层等将被清除换填,其余原地基第四系覆盖层将会根据情况采用机械碾压或强夯等不同手段进行密实,土体原始结构被破坏,土体中大部分连通的孔隙、空隙将会被压密消失,土体透水性进一步减弱,形成相对隔水层。因此,机场扩建施工后第四系松散堆积层含水层主要为机场填方地段的素填土。该类土主要组成成分为强～中灰岩、白云岩、泥页岩和少量粉质黏土,由于填料的不均匀性,部分填筑体孔隙度大,连通性好,渗透性较强,为地下水的补给、径流、储存提供良好的通道和空间。

②三叠系中统松子坎组（T_2s）白云岩、泥质白云岩含水层。

多位于挖方区内,受挖方爆破施工,岩体的节理裂隙得到进一步发展,裂隙密度、宽度、延伸度、连通性都得到增强,连通的裂隙为地下水补给、径流和存储提供了良好运移通道和储存空间。

③三叠系中统狮子山组（T_2sh）灰岩含水层。

主要分布于现有机场及溶蚀槽谷内,多处于填方区内,受施工影响较小。

（2）相对隔水层的变化。

①孔隙较少,压密性较好的填土。

②经地基处理后的原地基第四系覆盖层。

③三叠系中统松子坎组（T_2s）泥岩、泥页岩隔水层。

④深部岩溶和裂隙不发育的中风化岩体为相对隔水层。

2）地下水渗流场变的变化分析

扩建工程场地地貌类型总体属于岩溶地貌,溶蚀槽谷与低山丘陵相间分布,机场改扩建施工中将大面积开挖山体,填平沟谷。大面积挖填施工对场地渗流场的影响主要表现在：

（1）挖方施工将剥离挖方区表层黏性土使基岩裸露,爆破开挖使得基岩的裂隙度和连通性增大,入渗性能增强,降雨入渗量增加,增大了槽谷（填方区）地下水补给量,地下水水位抬升。溶蚀槽谷部位地下水普遍存在一定的承压性,挖方区补给量的增加,一定程度上将使得承压水水头上升,地下水压力增大。

挖方清表施工在挖除表层黏性土的同时,可能揭露一部分被黏性土覆盖的泉点,同时若扩建区场坪高程按 828m 考虑,挖方施工可能揭露位置较高的基岩裂隙水,使得工程小区的地下水渗流场发生变化。

（2）槽谷部位地下水主要富存于下部基岩裂隙、溶隙和岩溶通道中，并伏于场地表层黏性土之下，受黏性土阻水作用影响，地下水未大面积出露地表，地下水会系统处于相对稳定状态，而地基处理中若挖除沟槽内黏性土，地下水被揭露，一方面，打破原有地下水的平衡，地下水将上涌，浸泡底部填筑体。对于采用土料或者可软化块碎石料填筑的填方地基，可能出现地基较大的沉降，或由于水压力的作用造成填筑地基发生渗透变形和破坏，影响边坡稳定性。另一方面，场地内地下水受附近区域地下水渗流补给，当槽谷内地下水被揭露而排泄量增加时，将使周边井、泉点的枯竭，造成一定的环境地质或生态问题。

6.1.5　挖填施工前后地下水渗流场数值模拟分析

1）模型建立

采用 Visual Modflow 中的 MODFLOW 模块模拟研究区域地下水渗流场。模型平面尺寸为 3000m（东西向）×4500m（南北向），以机场与扩建场地为核心，包含了周边大岗河、齐心堰水库、杨河堰水库、龙塘、黄池水库等一系列排泄基准面与定水头边界，可形成一个较为独立的地下水系统，见图 6.1-16。经校验，水头差不大于 3m，模型相对误差低。

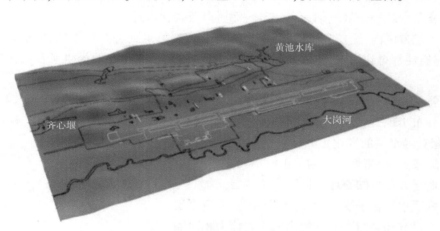

图 6.1-16　渗流场模型范围

模型采用参数以水文地质现场试验、室内试验成果为基础，结合工程经验取值，见表 6.1-1。

渗透系数取值　　　　　　　　　　　　　　　　　　　　表 6.1-1

出露地层	岩性	模型取值（m/d）		
		K_x	K_y	K_z
Q	第四系覆盖物	0.07	0.07	0.07
T_2s	褐黄色泥岩 弱风化	0.012	0.025	0.004
	中等风化	0.04	0.08	0.015
	强风化	0.2	0.3	0.1

续上表

出露地层	岩性		模型取值（m/d）		
			K_x	K_y	K_z
T_2sh	灰岩 白云岩	弱风化	0.02	0.03	0.008
		中等风化	0.08	0.12	0.04
		强风化	0.3	0.6	0.12
硬化地面	—		0.0001	0.0001	0.0001

2）模拟结果分析

（1）施工前天然工况渗流场模拟。

利用调整校验后的模型计算天然状态下的渗流场,结果如图 6.1-17。

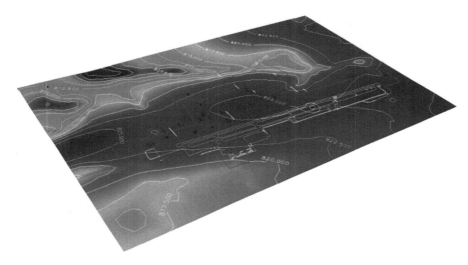

图 6.1-17　天然工况地下水渗流场特征

根据模拟结果,区内地下水水力梯度较小,其补给、径流、排泄特征受到地形与岩性的控制,主要流动方向为近 N—S 方向。地下水埋深总体较浅,特别是在低洼处;海拔相对高处,地下水埋深则会增大,水位趋于低平。

机场西侧白云岩、泥质白云岩分布区域属丘陵地貌,为区内主分水岭。分水岭以东的地下水主要向大岗河排泄,以西的地下水则向黄池沟、杨家堰水库、龙塘堰等水库以及地势低洼处的沟槽内排泄。

施工前天然工况渗流场模拟结果与现场实际调查的渗流场基本一致。

（2）挖填方施工后渗流场模拟。

根据扩建工程设计文件,调整模型,将整平区高程设置为 828.0m。将天然工况下的模拟结果作为初始水头代入调整后模型中,同时将降水补给改为旱季与雨季分开计算,其余参数不变,进行非稳定流模拟计算,得出挖填方施工整平之后地下水渗流场的变化情况。

　　将挖填方施工后半年的地下水渗流场（图 6.1-18）与施工后 5 年的地下水渗流场（图 6.1-19）进行对比,变动微小,可见场地整平完成后,由于施工区内浅表层基岩透水性较强,地下水水位变动迅速,在完工后半年,地下水水位即基本稳定。

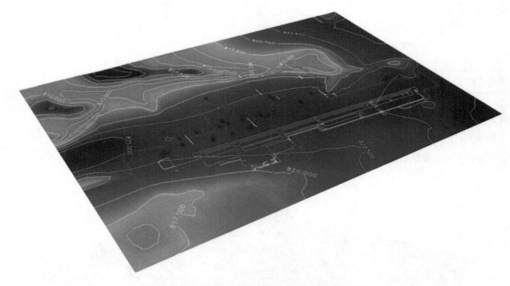

图 6.1-18　场地整平半年后水位图

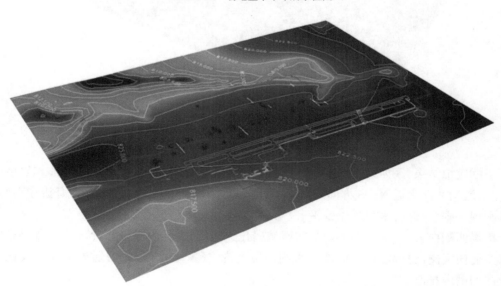

图 6.1-19　场地整平 5 年后水位图

　　将场地整平 5 年后水位与天然水位进行叠加对比,将 5 年后水位减去天然工况水位,得到差值,即场地整平前后,地下水水位动态变动情况,见图 6.1-20。

　　将场地整平前后的地下水水位图进行对比,可见挖方区的地下水水位下降,变化最大处水位下降了 1.4m;工程区南端与北端填方区,特别在拟建的东部停机坪及现有跑道南端填方区域,地下水水位抬升 0.2~0.5m。由于挖方深度大于地下水水位下降的程度,在强降雨期间,挖方区部分区域会出现溢水。考虑工程的安全性及其他不良影响,填方区地下水水位上升宜按 1.5~2.5m 考虑。

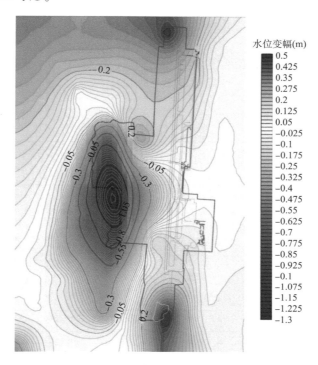

图 6.1-20　施工前后地下水水位变动情况
注:深色代表水位下降,浅色代表水位上升。

6.1.6　地下水工程效应预测分析

1)填料劣化

采集工程区泥页岩填料进行单轴抗压、崩解、软化试验。结果表明,泥页岩、泥质白云岩为软化岩石,其中泥页岩软化系数平均值为 0.22。自然条件下,48h 后,大于 5mm 颗粒的质量损失大于 80%;干湿循环试验条件下,大于 5mm 颗粒的质量百分数在 2 次干湿循环后减少为 0,2~5mm 颗粒的质量百分数在 5 次干湿循环后减少为 0,可见,地下水升降对泥页岩填筑地基影响很大。

2)填筑地基沉降增大

选取工程区典型剖面,采用模型预测水位,计算填筑体沉降。计算剖面位置见图 6.1-21,典型地质剖面见图 6.1-22,剖面基本信息见表 6.1-2。

计算结果表明,采用泥页岩碎石填料时,地下水水位上升造成地基沉降增大 1%~6%,主要原因为泥页岩碎石填料遇水后急剧软化崩解,物理力学性能急剧降低;采用灰岩、白云岩、泥质白云岩填料时,地下水水位上升对地基沉降影响较小。如果填料不均匀、同一填料在平面上分布不均匀、填筑厚度不一致,将形成较大差异沉降,造成道面和水稳层脱空、开裂和断板。

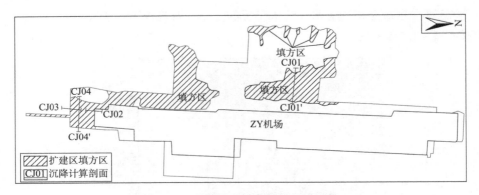

图 6.1-21 填方地基沉降计算剖面位置图

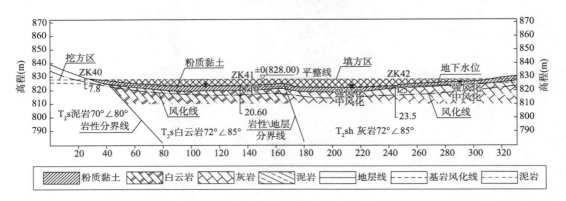

图 6.1-22 代表性计算剖面 CJ01

注:横、纵坐标单位为 m。

计算剖面情况表 表 6.1-2

剖面编号	覆盖层厚度(m)	剖面长度(m)	最大垂直填筑高度(m)	备注
CJ01-CJ01′	3.5	330	7	—
CJ02-CJ02′	7.1	223	13	与现有机场搭接填方
CJ03-CJ03′	4.2	223	9.5	填方边坡
CJ04-CJ04′	5.3	330	11.5	—

3)孔(空)洞与塌陷

降水或地表水入渗,携带细粒物质向下运移,长期作用下,早期会使填筑体松散,发生局部过大变形,中晚期会形成潜蚀孔(空)洞,当洞顶板承载力小于顶板荷载时,地表塌陷。地下水位反复升降,浸泡软化泥页岩,并将软化后细粒物质和灰岩、白云岩、泥质白云岩填料中的细粒物质运移,形成填筑体底部空洞。当空洞发育到一定规模时,发生过大变形,甚至塌陷。

4)降低边坡稳定性

填方边坡区若采用泥页岩填筑,不利于填筑体内部的排水,一方面泥页岩遇水强度劣化,边坡稳定降低;另一方面泥页岩填筑料压实后透水性差,降雨入渗可能引起填筑体内地下水位壅高,孔隙水压力增大,造成边坡出现鼓胀、隆起变形、坡面冒水等破坏。

5)对周边环境不良影响

若设计或施工不当,地下水被大量揭露,从而打破原有地下水的平衡,降低周边地下水位,出现真空吸蚀现象,造成周边地面塌陷(沉陷),同时造成周边井、泉水位降低,甚至枯竭,地表植物枯萎,农田、水塘干枯。

6.1.7　现有跑道病害原因分析

1)病害类型和分布特征

跑道部位混凝土道面板破坏特征主要表现为断裂、沉陷错台;道肩部位混凝土面板主要表现为沉陷、隆起错台,分布特征见图6.1-23。

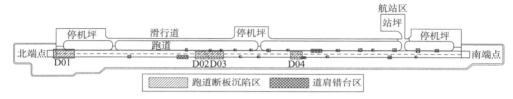

图6.1-23　现有飞行区跑道、道肩道面板断裂、错台位置分布特征

2)道面结构特征

现有跑道道面的结构层形式为:20.2~30.6cm 水泥混凝土加铺面层 + 2cm 砂找平层 + 25cm 原有水泥混凝土面层 + 2cm 石屑找平层 + 20cm 砂砾石基层 + 压实土基,见图6.1-24。

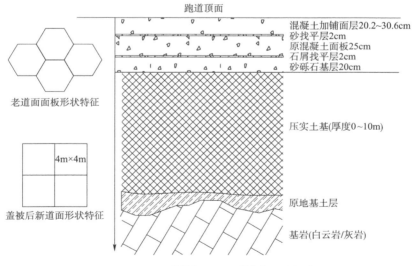

图6.1-24　跑道结构层、地基结构断面示意图

3)病害探查及原因分析

采用地震映像、瞬态面波对病害区域进行无损探测为主,钻探取芯验证为辅方法。结果表明:①病害区填筑地基主要为灰岩、白云岩块碎石夹黏性土填筑,级配差,大部分区域填筑

体与下覆灰岩、白云岩接触,局部区域存在残积的薄层的黏性土层;②出现病害的区域:道面与结构层、结构层与填筑地基之间存在不同程度脱空;道面下部填筑地基存在不同程度和规模的松散区、沉陷区、架空结构和土洞,且这些区域竖向岩溶裂隙、小型溶洞发育,见图6.1-25。

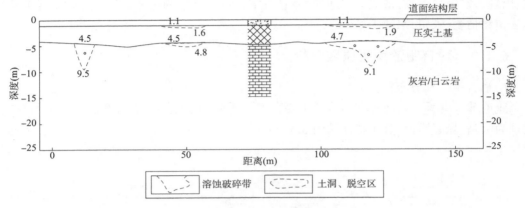

图 6.1-25　经验证的代表性解译成果剖面

综合分析表明,病害原因主要为填筑地基较大差异沉降、飞机静、动荷载作用、地下水潜蚀作用,其中地下水季节性升降引起的潜蚀作用为最主要因素。

经监测,病害区枯丰水期地下水水位动态变化为 $0.5 \sim 4m$。地下水在雨季抬升,下部地势较低部位填筑地基被地下水浸没,一方面填筑地基中土料、全强风化的碎石,在地下水长期浸泡作用下发生湿化、软化和崩解而产生沉降;另一方面,地下水受降雨影响而反复升降,携带细粒物质沿裂隙、溶隙和岩溶管道运移,发生潜蚀破坏而造成填筑体沉陷、塌陷,道面发生脱空。地下水水位季节性升降潜蚀破坏和浸泡软化作用示意图见图6.1-26。

6.1.8　处理措施建议

1)对改扩建区的地基措施建议

(1)对顶板厚度较小的溶洞,若溶洞洞径较大,建议采取清爆后回填级配碎石强夯处理;若溶洞洞径较小,可采取梁板跨越或加强道面板结构等方式处理。

(2)对顶板厚度较大的溶洞,若溶洞洞径较大且为半充填或未充填,建议采用灌注充填与强夯结合处理,灌注材料可根据情况选择水泥砂浆、低强度等级混凝土等;当洞体填充或洞径较小时,可采取梁板跨越或加强道面板结构等方式处理。

(3)建议清除填方区域中道槽及影响区、边坡及影响区的全部耕土、杂填土及淤泥质土后,回填硬质级配碎石并采用中高能量强夯处理,由于局部地势低洼地带地下水位较高,强夯处理效果不一定理想,可在该部分区域采用碎石桩、DDC桩进行处理。

如果上述区域地基处理后,变形验算仍不能满足要求,可清除部分黏性土层,但应注意不可大面积揭露地下水,避免地下水渗出浸泡软化、潜蚀填筑体、降低边坡稳定性,同时对周边生态环境产生影响。

(4)位于地下水排泄区、泉点等部位的填方区域底部宜采用灰岩、白云岩、泥质白云岩碎石填料,并高出原地面1.5～2m,同时和盲沟或道槽区、边坡区底部碎石填筑体相连。

(5)结合地势、现有排水系统,原地貌设置排水系统。泥页岩填料、黏性土填料区的填筑体应设置水平排水层。同时完善填筑体顶面,填筑边坡坡顶、坡面、坡脚等重要部位的截排水系统,防治地表水下渗、潜蚀、冲刷破坏填筑体。

(6)填筑时控制填料级配,做好地基压实度检测,保证填筑体均匀性及压实度满足设计要求;填筑时进行有效排水,避免形成地表积水,加速潜蚀变形速度和空洞形成速度。

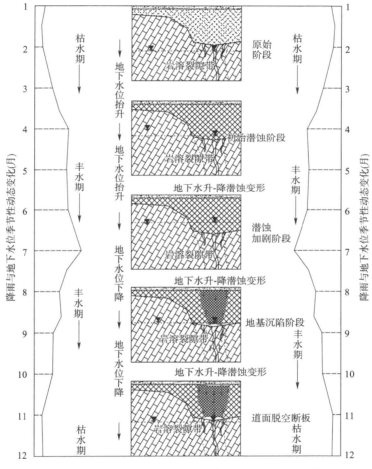

图6.1-26　地下水升降引起的潜蚀破坏和浸泡软化作用示意图

2)对原有跑道病害处理措施建议

(1)对于脱空区,建议进行注浆处理,注浆深度建议结合道面检测和相关勘探结果综合确定。

(2)对于断板区,建议对混凝土道面板进行修补或更换,并加强质检。

(3)进行道面脱空区域处理时,应注意对浅部的松散、架空沉陷区进行处理,以达到道面下基础整体稳定。

(4)加强现有飞行区变形监测和地下水位动态监测。

6.2 YY 机场工程大面积填筑地基地下水工程效应

6.2.1 工程概况

新建 YY 机场跑道长 2.8km,宽 45m,西北端设计高程 1701.9m,东南端设计高程 1685.1m,飞行区指标Ⅱ为 C 级,建设场地地形起伏较大,需要进行大量的挖填方施工,填筑料就地取材,以灰岩、板岩为主,机场最大垂直填方高度约 75m,最大挖方高度约 63.3m,填方边坡最大高度为 153.11m。

2017 年 9 月,受连日强降水的影响,试验段东北侧边坡坡脚位置出现了一直径 2.0 ~ 3.0m、深 2.0 ~ 2.5m 的塌陷坑,以及一个直径 1.5 ~ 2.0m、可见深度约 1.5m 的落水洞,见图 6.2-1。

根据现场调查,2019 年 3 月塌陷区影响区直径达 10 ~ 12m,塌陷区变形范围仍然在进一步扩展;塌陷区填方边坡可见数条从中心向四周扩散的拉裂缝,呈同心圆状,裂缝宽度 2 ~ 10cm;北东靠山侧有一落水洞,可见深度 2.5 ~ 3.0m,岩溶竖向发育特征明显;前期封堵陷坑回填的块碎石料呈架空状态,见图 6.2-2。

图 6.2-1 试验段填方区坡脚塌陷照片　　　　图 6.2-2 塌陷区边坡拉裂缝特征

6.2.2 气象水文特征

研究区属亚热带湿润地区。区内降雨量充沛,年降水量四季分配不均,总降水量 1699.9mm,其中雨季降水量为 1472.7mm,占全年的 86.63%,旱季降水量为 227.2mm,占全年降水量的 13.37%。月最大日降雨量达 78.8mm,多年平均气温 16.27℃,最高气温 23.3℃,最低 4.6℃,年相对湿度 84.92%,多年平均蒸发量 1644.7mm,每年 1—5 月和 10—12 月,蒸发量大于降水量,属中等湿度带。

根据研究区 5 年的气象监测数据,研究区 5 月进入雨季,6—9 月单月累计降雨量 137.4 ~ 491.8mm,见表 6.2-1。

研究区 2014—2018 年降雨量统计表（单位:mm）　　　　表 6.2-1

年份（年）	月份（月）											
	1	2	3	4	5	6	7	8	9	10	11	12
2014	54.3	10.4	27.8	13.8	40.6	245.6	291.1	235.2	248.0	100.0	85.8	2.5
2015	122.8	24.3	48.5	75.7	190.4	192.9	250.7	269.6	170.6	229.9	83.2	60.0
2016	39.9	53.4	13.2	111.8	250.7	355.5	185.9	279.0	137.4	81.6	133.4	8.1
2017	82.7	19.2	31.9	156.3	143.4	234.3	325.3	338.5	274.9	137.0	90.9	33.2
2018	46.7	4.6	63.0	127.1	214.9	491.8	259.7	315.2	191.0	240.2	29.2	80.6

　　研究区属元江水系,处于者那河与藤条江分水岭地段,场地内无大型河流水系穿越。藤条河位于研究区南西部约 4.2km 处,为元江最大支流,在越南境内汇入红河。汇水面积 3411km²,年平均流量 16.3～36.3m³/s,最大(洪水期)流量为 302m³/s,最小(枯水期)流量为 2.60m³/s,相差 116 倍,年总流量为 5.13 亿～11.45 亿 m³。

　　场地北侧发育一条藤条河的次级支流——俣马依播河,河谷呈"V"形,切割深度较大,河底高程 820～1500m,俣马依播河顺地势向西侧流动,最终在波勒村下侧汇入藤条河,俣马依播河为场区北西、北侧地表地下水的主要汇流排泄通道,场地地势高,不受洪水威胁。

6.2.3　工程地质特征

1)地形地貌特征

　　研究区总体属于中山地貌区,区内总体地势中部高,西北及东南低,地形波状起伏。地形坡度一般 20°～30°不等,局部山脊、坡顶较平缓,局部陡坡、陡崖、人工切坡段则形成的陡坡、陡坎等部位坡度较陡,可达 60°～80°。基岩埋深总体较浅,灰岩分布区基岩多以石芽、溶沟、溶槽、陡崖的形式裸露地表,板岩部分出露地表,大部分盖于土层之下,表层岩体风化强烈,多数风化成黏土状。场地内基岩在地形坡度较陡的部位稳定性差,往往形成危岩体,易发崩塌灾害,板岩分布区,特别是顺层缓倾角板岩分布区,易形成滑坡,在地形较陡部位则易形成冲沟(场地地形地貌特征见图 6.2-3)。

图 6.2-3　研究区地形地貌特征

　　根据区内地形起伏情况及岩性差异形成的地貌形态,场区地形地貌可细分为 3 个地貌单元:构造剥蚀低山地貌区,构造侵蚀、溶蚀中山区,溶蚀洼地区。

2)地层岩性特征

工程区堆积层主要由第四系人工填土(Q_4^{ml})、耕植土(Q_4^{pd})、第四系残积层(Q_4^{el+dl})黏土、第四系滑坡堆积层(Q_4^{del})含碎石粉质黏土;下伏基岩为三叠系中统牛上组(T_2n)灰岩、板岩和燕山期岩浆侵入岩,侵入岩以煌斑岩和辉绿(长)岩为主。

3)地质构造特征

受区域两条压扭性断裂控制(牢山逆深大断裂与架七-俄札逆断裂),区内多形成密集型褶皱、断裂等构造形迹,导致区内岩体破碎,断裂构造复杂,场区及周边发现13条次级断裂。断层平面分布见图6.2-4,断层性质及特征见表6.2-2。

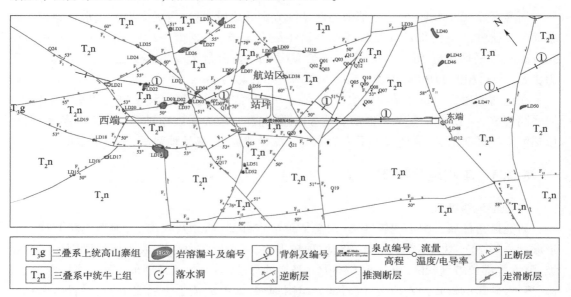

图6.2-4 研究区地质构造简图

场区及近场区断层一览表 表6.2-2

编号	性质	走向	倾向	断层导水性	备注
F_1	逆断层兼具走滑性质	东西	南	导水断层	被断层 F_2、F_4、F_5、F_6、F_7 错断;将断层 F_8 错断
F_2	逆断层兼具走滑性质	南北	东	北西、南东段导水,中部段阻水	被断层 F_6、F_7 错断;将断层 F_1、F_3、F_{12}、F_{14} 错断
F_3	逆断层	东西	南	导水断层	被断层 F_2、F_4、F_5、F_6、F_7、F_8、F_{10}、F_{11}、F_{14} 错段
F_4	逆断层兼具走滑性质	南北	东	北段导水、南东段阻水	被断层 F_6 错断;将断层 F_1、F_3、F_5、F_7、F_{12}、F_{14} 错断
F_5	逆断层兼具走滑性质	南北	东	导水断层	被断层 F_4 错断;将断层 F_1、F_3 错断

续上表

编号	性质	走向	倾向	断层导水性	备注
F_6	逆断层兼具走滑性质	北东-南西	南东	阻水断层	将断层 F_1、F_2、F_3、F_4、F_7、F_8、F_{12}、F_{14} 错断
F_7	逆断层兼具走滑性质	北西;北东	南西南东	阻水断层	被断层 F_4、F_6、F_9、F_{10} 错断;将断层 F_2、F_3 错断
F_8	正断层	近南北	东	北西段导水、南东段阻水	被断层 F_1、F_6 错断;将断层 F_3、F_{10} 错断
F_9	逆断层兼具走滑性质	北东-南西	北西	阻水断层	将断层 F_3、F_7、F_{12}、F_{14} 错断
F_{10}	逆断层兼具走滑性质	北东-南西	南东	阻水断层	被断层 F_8 错断;将断层 F_7 错断
F_{11}	逆断层兼具走滑性质	近南北	西	导水断层	将断层 F_3、F_{12}、F_{14} 错断
F_{12}	逆断层	近东西	南	阻水断层	被断层 F_2、F_4、F_6、F_9、F_{11}、F_{13} 错断
F_{13}	走滑断层(左旋)	北东-南西	南西	导水断层	将断层 F_3、F_{12} 错断
F_{14}	逆断层	北西-南东	南西	导水断层	被断层 F_2、F_4、F_6、F_9、F_{11}、F_{13} 错断

工程区处于"牛尚背斜"之上,背斜轴向与跑道中心线近似平行,背斜北东翼产状为 N20°W∠NE20°~35°,南西翼产状为 N35°W∠SW16°~35°。受断层错动及侵入岩作用,背斜两翼岩层层序被破坏,岩性对称性不明显,仅在核部位置可见岩性呈对称分布。受断层及褶皱作用,场地岩体较破碎,破碎岩体为地下水的渗流提供了通道,同时,由于场地岩性杂乱、不同部位及深度的岩体完整性、透水性存在较大差异,从而使得场地竖向上存在多层含水层,即存在多层地下水,且一般无统一的地下水位。牛尚背斜特征见图 6.2-5。

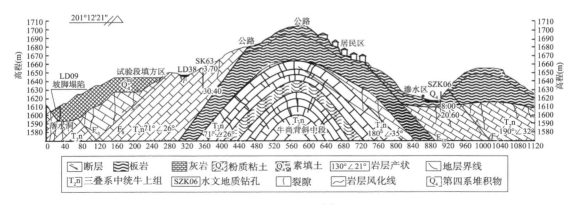

图 6.2-5 牛尚背斜特征地质断面(中段)

4）节理裂隙发育特征

通过对场区岩体结构面的调查统计分析得出,场地发育 NE5°～35°,SW92°～140°,两组计较发育的共轭节理,该节理走向与区域性断裂及场区断裂的走向基本一致,同时节理的走向与场地内宽大、深切沟谷的走向基本一致,灰岩分布区优势节理走向还是岩溶发育带延伸方向,岩溶基本沿优势节理的方向发育,特别是在断层带附近,岩溶表现出沿断层呈线状、带状发育的特征。

与此同时,优势节理发育方向往往构成地下水的径流通道,地下水将沿优势节理裂隙带和顺优势节理发育的岩溶通道径流排泄,对场区地下水具有重要的控制性作用。

5）岩溶发育特征及规律

受区域两条压扭性主控断裂控制(牢山逆深大断裂与架七-俄札逆断裂),场区内形成了密集的褶皱、断裂等构造,导致区内岩体破碎,次级断裂构造复杂,NE、SW 向节理裂隙发育,出露地层以板岩、灰岩为主,雨季丰沛的降雨量及强风化板岩及破碎的中风化板岩含水层渗水的不断补给,为岩溶的发育提供了侵蚀水源;同时场区复杂的构造、地下水、岩性条件,造就了场区复杂的岩溶条件。

场内地表岩溶主要以漏斗、落水洞、溶沟、石芽、溶隙等形式分布,地下岩溶主要为溶孔、溶蚀带、溶蚀裂隙、溶洞(空洞及填充型溶洞)等岩溶形态分布。

场区岩溶强发育的部位主要集中在场地的北西端、航站区试验段区、南东端。岩溶发育主要受构造和岩性控制,表现出沿断层呈串珠状发育的特征;在局部受断层挤压、错动的影响区,漏斗呈片状密集发育;在板岩与灰岩的接触面附近,灰岩层中常集中发育岩溶裂隙带、漏斗、溶洞等。

（1）地表岩溶发育特征及规律。

研究区内及场区外延 500m 范围内共调查岩溶洼地、漏斗 94 个,场地范围内共发育岩溶漏斗 57 个,漏斗形态主要表现为椭圆形、碟状,其次为簸箕状、不规则长条形。

研究区内分布的岩溶漏斗面积一般在 2000～5000m² 之间,最小面积为 1712m²,个别可达 1 万 m² 以上,最大可达 12.1 万 m²;洼地总面积 54.0 万 m²,占调查区面积的 7.6%。洼地均发育于 T_2n 中的灰岩地层中,洼地底部往往被溶蚀残余物质所充填,覆盖层厚度一般为 5～30m,多被改造成农田,部分岩溶洼地中分布漏斗并伴生落水洞。岩溶洼地发育规模为 3.2 个/km²。

场地内灰岩区石芽、溶沟、溶槽、溶隙非常发育。地表岩溶以竖向发育为主,且发育方向与优势节理方向一致,优势节理发育方向受构造作用影响明显。

（2）地下岩溶发育特征及规律。

地下岩溶形态主要表现为溶洞、裂隙型密集发育带。地下岩溶浅表发育强烈,随深度增加发育变弱,未见厅堂式的地下廊道分布;局部区域溶洞呈垂向串珠状发育。充填形式有无充填、半充填、全充填三种,充填物为软～可塑状黏土,局部夹有少量的碎石。前期工程地质勘察、专项水文地质勘察,通过钻探和物探共发现地下溶洞 115 个。

统计分析得出,研究区北西端、东南端及航站区试验段场地内揭露的地下溶洞较多,且以灰岩为主的区域地下岩溶强烈发育。场地内溶洞均为古溶洞,溶洞的分布主要受地层岩性及地质构造影响。

根据调查,在工程试验段挖方区发现 4 个开挖揭露的地下溶洞,溶洞呈竖向发育,揭露洞口宽度为 0.6～2.0m。由于爆破开挖,溶洞有塌陷的迹象,底部岩溶通道被爆破垮塌的碎块石掩埋,可见深度一般为 2.0～5.0m。溶洞部分为半充填溶洞,部分为空洞,主要发育在灰岩层竖向裂隙带、灰岩与黄斑岩、板岩的岩层接触带附近。

(3)岩溶发育程度分区。

根据研究区地层岩性、地质构造、地形地貌、气候及水文条件,结合考虑其出露条件和地表、地下的岩溶发育,对机场工程区及其影响区进行岩溶发育程度等级划分。调查区岩溶发育程度等级划分情况见图 6.2-6。

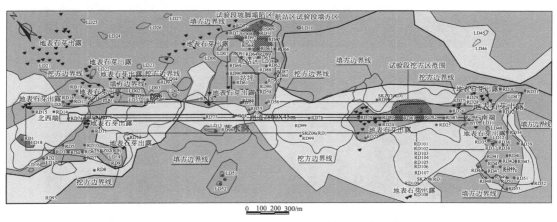

图 6.2-6　研究区岩溶发育程度分区平面示意图

①I区:岩溶强发育区,主要集中分布于场区的北西端及东南端部位,以及场区附近局部区域,地层岩性以灰岩为主,局部为灰岩夹板岩,该区发育大量的岩溶漏斗、落水洞及地下溶洞。

该区地表岩溶发育密度 18.9 个/km²,钻孔见洞率 74%,根据《工程地质手册》(第 5版),综合判定岩溶发育程度为"岩溶强烈发育"。

②Ⅱ区:岩溶中等发育区,主要沿跑道分布于飞行区两侧以及场区东南端外围部分区域,该区岩性主要以灰岩夹板岩及灰岩、板岩互层为主,发育岩溶类型主要以石芽、地下溶洞为主,基本无漏斗及落水洞发育。

该区地表岩溶发育密度为 2.7 个/km²,钻孔见洞率 38.4%,综合判定岩溶发育程度为"岩溶中等发育"。

③Ⅲ区:岩溶弱发育区,该区主要分布于飞行区的东侧和西侧及外围区域的漫江河村、沙拉托乡居民区、牛尚村与界牌小寨、哈卡新寨等交接区域,地层岩性以板岩为主,局部夹灰岩,偶见石芽出露,未见漏洞、落水洞分布。

该区地表岩溶发育密度小于 1 个/km²,除少量石芽外,未见其他明显地表岩溶发育,钻孔见洞率小于 30%,综合判定岩溶发育程度为"岩溶弱发育"。

研究区地表岩溶发育特征见图 6.2-7 ~ 图 6.2-10;地下岩溶发育特征见图 6.2-11。研究区溶蚀碎带发育特征及规律平面图见图 6.2-12;地表及地下岩溶发育特征及规律平面图见图 6.2-13。

图 6.2-7　岩溶漏斗特征　　　　　　　　图 6.2-8　漏斗底部落水洞特征

图 6.2-9　地表石芽发育特征　　　　　　图 6.2-10　宽大竖向溶蚀裂隙特征

a)　　　　　　　　　　　　　　b)

图 6.2-11　开挖揭露地下溶洞特征

6.2.4　水文地质特征

研究区地下水类型主要有第四系松散层孔隙水、基岩裂隙水、碳酸盐岩溶隙裂隙水。板岩为相对隔水层,灰岩为相对透水层。地下水主要接受地表水补给,在裂隙发育区,地下水沿垂向裂隙向深部运移,局部在低洼的坡脚、陡坎等地形合适部位出露。在场区灰岩分布区,受构造、岩溶作用影响,该区溶洞、岩溶管道、溶蚀裂隙发育,为地下水的运移、排泄提供了良好通道。地下水受降雨、岩性、节理、岩溶等因素综合控制,地下水位变化大,水位不连续,且存在分布多层地下水的特征。场区强风化板岩为弱透水层、中风化板岩为弱~中等透水层,灰岩为强透水地层,其余黏质土层为微透水地层。

图 6.2-12　研究区溶蚀碎带发育特征及规律平面图

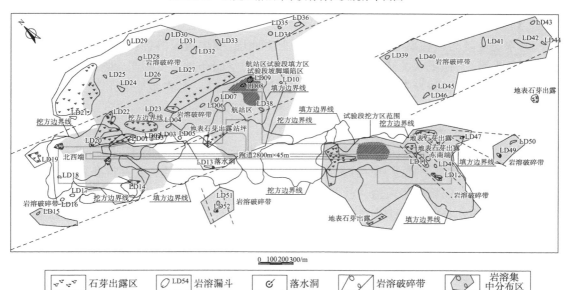

图 6.2-13　研究区地表及地下岩溶发育特征及规律平面图

研究区地下水总体富水性弱,仅北西侧、西侧及南侧灰岩分布区富水性较强,地下水易在岩溶低洼地带富集,并通过岩溶裂隙、管道、暗河向低处冲沟、河道排泄。

1)地下水类型

根据含水层的岩性特征、水理性质、地下水的赋存条件,可将场地地下水划分为四类,即第四系松散堆积层孔隙水、基岩裂隙水、碳酸盐岩岩溶裂隙水和碳酸盐岩裂隙溶洞水。

(1)第四系松散堆积层孔隙水。

含水层主要为第四系各成因类型的松散堆积层,包括填土、黏土、粉质黏土、板岩残积土、崩坡积、滑坡堆积层等地层;该层含水层以孔隙为赋存空间及运移通道,透水性及富水性整体较弱。地下水主要接受大气降水补给,补给源较单一、补给条件差,水体下渗至板岩残积土、强风化板岩、灰岩后,在基岩面相对富集,具上层滞水性质,顺斜坡倾斜方向径流,在地形切割部位以第四系溢出泉的形式排泄。

在松散层孔隙水中,残坡积层由于渗透性差,为相对的隔水层,崩坡积、滑坡堆积、填土及沟谷内粗颗粒、砂含量较高的堆积冲洪积堆积物,由于结构相对松散、孔隙度高、连通性好,因此渗透性相对较好,属于中等透水层。

(2)基岩裂隙水。

裂隙水含水层为三叠系中统牛上组板岩,风化裂隙、节理裂隙、构造裂隙为赋存空间及运移通道。受地形、岩性条件、构造条件控制,富水性弱。主要接受地表水补给,沿层面及裂隙向沟谷或低洼处以泉点、散流方式排泄,部分下渗补给深部岩溶水。

由于牛上组板岩岩性不纯,岩层中常夹灰岩或形成灰板岩互层状结构,又因灰岩为相对透水层,且受构造作用影响,岩体较破碎,节理裂隙发育,使得板岩分布区部分区域透水性相对较好,呈现中等富水性的特征。

(3)碳酸盐岩岩溶裂隙水。

含水层主要为三叠系中统牛上组灰岩夹板岩地层,受构造及溶蚀作用,岩体节理裂隙、溶蚀裂隙发育,为地下水的储存和运移提供了良好的空间条件。受地形、地层、裂隙及构造控制,岩溶裂隙水一般没有统一的水位面。地下径流途径短,多在板岩隔水层交界面附近、地形切割部位以泉的形式排泄,或补给附近碳酸盐岩裂隙溶洞水。

(4)碳酸盐岩裂隙溶洞水。

含水层主要为三叠系中统牛上组的灰岩地层,由于溶洞、溶隙较发育,层间水力联系强,地下水多呈管道式集中排泄,受构造、产状、节理及地貌条件的控制,其补排条件、富水性极不均匀。在山地、斜坡属半覆盖~浅覆盖岩溶,地表洼地、漏斗等岩溶形态多见,浅部垂直岩溶发育,为岩溶水补给-径流区,深部则以水平向岩溶发育为主;岩溶水接受大气降水补给,为网状流及脉状流。富水性差异较大,浅表富水性弱,深部富水性强。

研究区碳酸盐岩溶裂隙水与碳酸盐岩裂隙溶洞水主要分布于机场北西端、航站区试验段及至坡头寨、阿嘎河所在的区域,两者以岩性界线作为分界线(即灰岩与灰岩夹板岩岩性分界)。

2)含水层与隔水层特征

研究区内主要含水层为三叠系中统牛上组(T_2n)板岩、灰岩,其次为碎石、角砾、砂含量较高的滑坡堆积层、人工填筑层、冲洪积层等第四系松散堆积层。基岩裂隙、溶蚀裂隙、孔隙、孔洞、管道等构成了场地地下水的储存空间,裂隙、溶隙发育的基岩为场地内主要含水层。

（1）第四系松散堆积层孔隙含水层。

第四系松散堆积层孔隙含水层分布于沟谷底部、滑坡堆积区、试验段填方区。由于地形起伏大，堆积层出露高程不一，场地第四系松散层孔隙水没有统一地下水位，仅在局部宽缓沟谷底部，地下水水位较为稳定，有相对统一的地下水水位。

①碎石、圆砾、含砂砾的黏性土含水层。

碎石、圆砾、含砂砾的黏性土含水层主要分布于研究区内及附近区域沟谷内，沟谷内覆盖层厚度变化大，多呈不连续的薄层、夹层或透镜体分布，厚度为 $1 \sim 8 m$，渗透系数一般为 $n \times 10^{-4} \sim n \times 10^{-5} cm/s$，属于中等 ~ 弱透水层，富水性弱 ~ 中等；含砂砾较多的土层透水性中等，富水性较好。

②富含碎石、角砾的崩塌堆积区及滑坡堆积物含水层。

富含碎石、角砾的崩塌堆积区及滑坡堆积物含水层主要分布于调查区内滑坡区、崩塌堆积区，岩性以粉质黏土夹碎石及碎石土构成，结构松散，渗透系数一般为 $n \times 10^{-3} \sim n \times 10^{-6} cm/s$，富水性弱 ~ 中等。

③填土含水层。

试验段主体采用中风化板岩、灰岩及少量砂岩、煌斑岩块碎石料填筑，填筑颗粒 $1 \sim 40 cm$，孔隙度高，渗透性强；表层采用全强风化板岩、粉质黏土碾压封面，土层密实，直径渗透性较差。根据现场渗水试验，碎石料填筑区渗透系数为 $n \times 10^{-3} \sim n \times 10^{-5} cm/s$，顶面表层压实素填土渗透系数为 $n \times 10^{-5} \sim n \times 10^{-6} cm/s$。根据试验段区地下水长期观测资料，地下水主要赋存于原地面以上 $0 \sim 2 m$ 范围内的填土内，以潜水为主，有相对稳定的水位面。

（2）三叠系中统（$T_2 n$）牛上组含水层。

牛上组板岩夹灰岩，受构造作用及溶蚀作用，构造裂隙较发育，岩溶裂隙发育，为地下水的运移和存储创造了一定的空间条件，但由于板岩属于弱透水性岩层，特别是全 ~ 强风化板岩，属于弱透水层 ~ 隔水层，因此场地板岩分布区，全 ~ 强风化板岩及较完整的板岩属于相对隔水层，而构造裂隙、风化裂隙、卸荷裂隙发育的板岩和灰岩夹层可赋存一定量的基岩裂隙水，为调查区主要含水层之一，富水性弱 ~ 中等。场地板岩夹灰岩含水层渗透性系数为 $n \times 10^{-3} \sim n \times 10^{-5} cm/s$。

牛上组灰岩夹薄层板岩，受构造作用，构造裂隙、岩溶裂隙发育，灰岩中岩溶中等 ~ 强发育，浅层以竖向发育的溶蚀裂隙、溶蚀带、溶洞、落水洞、漏斗等为主；深层以水平向发育的岩溶管道、地下暗河等为主。裂隙、溶洞、岩溶管道、溶蚀带为良好的地下水存储、运移空间，含水层的渗透系数为 $n \times 10^{-3} \sim n \times 10^{-2} cm/s$，富水性强。

（3）相对隔水层。

调查区相对隔水层主要有：①第四系隔水层，包括残坡积粉质黏土、黏土、粗颗粒、砂砾含量较少的冲洪积、滑坡堆积粉质黏土、粉土；②基岩隔水层，包括全 ~ 强风化板岩、较完整的中风化板岩，以及深部岩溶不发育的中、微风化灰岩。

3）泉点、暗河特征

调查区范围内有 25 处泉水和 4 个暗河出口。暗河出口均在工程区外。泉的类型包括基岩裂隙泉、岩溶泉、第四系溢出泉。基岩裂隙下降泉10处,流量10～50mL/s;岩溶泉2处,流量60～120mL/s;第四系溢出泉13处,流量6～100mL/s。

4)地下水渗流场与水文地质分区

根据地形地貌、地层岩性、含水层、隔水层特征、地下水补给、径流、排泄关系,将场地划分为"坡头寨水文地质小区""漫江河水文地质小区""干界牌水文地质小区""牛尚水文地质小区""哈卡水文地质小区""富新-弥琶水文地质小区""草坪寨水文地质小区"7个水文地质小区。地下水总体流向以地表分水岭为界,向两侧径流,各水文地质小区之间存在相邻补给的关系。研究区水文地质分区及地下水渗流方向特征见图6.2-14。根据地下水动态监测结果和搜集到的相关资料,研究区地下水位地下水动态变化为3～9m。

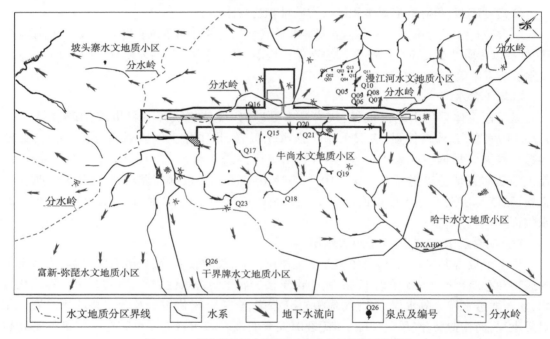

图6.2-14　研究区地下水渗流方向与水文地质分区平面图

6.2.5　不良地质作用发育特征

研究区的不良地质作用主要有崩塌、滑坡、岩溶、地面塌陷,且场地不良地质作用明显受地形地貌、地质构造、地层岩性及工程活动的控制。

1)滑坡、崩塌发育特征

场地内滑坡主要沿沟谷岸坡、山体斜坡及公路切坡、沟谷梯田陡坎处分布。据现场调查,调查期间,场地内及周边共发育30余处滑坡,2处不稳定斜坡,7处崩塌,其中机场工程区及影响区范围内发育16处规模不等的滑坡、2处不稳定斜坡、5处崩塌,见图6.2-15。场区滑坡一般以小到中型为主,主要分布于残坡积层、板岩分布区的全风化、强风化基岩中,以土质滑坡、岩土混合滑坡为主,局部存在深层岩质滑坡。崩塌均为中小型崩塌,多发育在板岩地层。

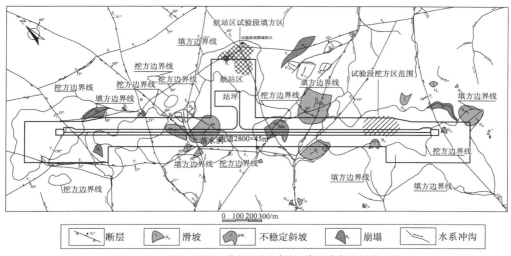

图6.2-15 研究区滑坡、潜在不稳定斜坡、崩塌分布特征平面图

2）地面塌陷发育特征

研究区大面积分布的碳酸盐岩,受构造作用,岩体较破碎,节理、裂隙发育,为岩溶发育创造了有利条件,场地内岩溶发育,对工程的安全有较严重影响。

主要表现在以下几方面:

(1)挖方区:挖方后部分地下溶洞被揭穿,该类溶洞进行处理后对场区影响较小,部分溶洞因开挖顶板变薄,加之爆破和机械开挖的破坏,溶洞顶板趋于破碎,稳定性降低,若不及时查清采取相应的处理措施,后期极有可能造成溶洞塌陷,或者在降雨入渗、地表水、地下水入渗潜蚀的作用下,造成顶面填筑地基的架空、沉降、塌陷。

(2)填方区:场地内有很大部分填方区位于岩溶洼地、岩溶漏斗部位,施工改变了原有场地的岩土层结构(完整性、厚度、渗透性)及地下水环境;而岩溶洼地、漏洞是相对的低洼部位,是地表地下水的汇集区域,原地表及填筑体内下渗的雨水将在漏斗、洼地底部汇集,特别是底部原本被覆盖层充填的漏斗和洼地由于地下水的长时间汇集、浸泡、下渗、潜蚀和冲刷作用,被堵塞的岩溶通道被逐步贯通,并逐渐扩大,细颗粒物质不断流失,上部填筑地基将被架空,形成空洞,空洞不断扩大,拱效应失效后造成地基沉降甚至地面塌陷。航站区试验段填方区坡脚部位出现的填方地基塌陷,就是一个典型的案例。

6.2.6 地面塌陷特征与成因机制分析

1）地面塌陷特征

2017年9月,受连日强降水的影响,试验段东北侧边坡坡脚位置出现了一直径2~3m、深2.0~2.5m的塌陷,以及一个直径1.5~2.0m、可见深度约1.5m的落水洞,塌陷分布位置见图6.2-16。

塌陷区位于漏斗LD09边缘部位,并且该处发育一落水洞,是该区地下水的主要排泄通道。钻探资料显示,该区人工填土厚度4.0~10.1m,漏斗底部第四系覆盖层厚度6.0~22.2m,平均厚度14.9m,基岩为灰岩,岩体较破碎,岩溶发育,试验段工程区地基处理分区与塌陷位置分布平面图见图6.2-17,塌陷区纵断面见图6.2-18。

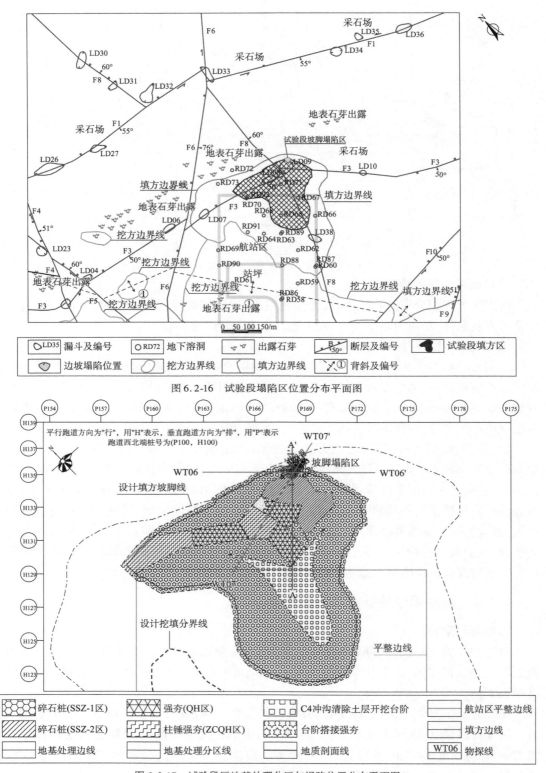

图 6.2-16 试验段塌陷区位置分布平面图

图 6.2-17 试验段区地基处理分区与塌陷位置分布平面图

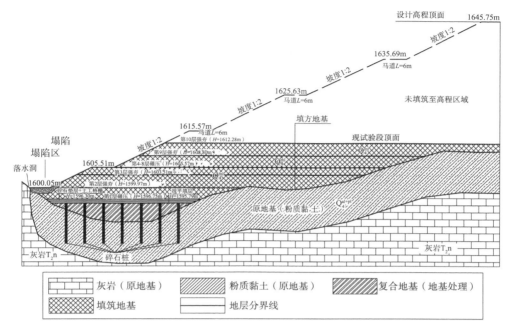

图6.2-18 塌陷区纵断面图（A-A'）

根据现场调查,目前塌陷区影响区直径10~12m,仍然存在进一步变形塌陷的迹象。塌陷区四周可见数条从中心向四周扩散的拉裂缝,呈同心圆状,裂缝宽度2.0~10cm。东北靠山侧有一落水洞,可见深度2.5~3.0m,岩溶竖向发育特征明显,前期回填的块石料呈架空特征,坡脚截排水沟垮塌断裂,塌陷区现状特征,见图6.2-19。

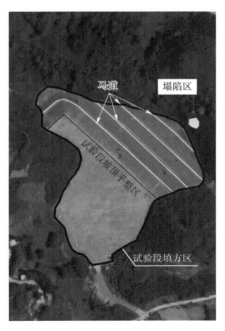

图6.2-19 试验段坡脚部位塌陷及变形特征

根据布置在塌陷区高密度电法物探解译结果（WT06、WT07 测线布置位置，见图 6.2-17），塌陷区下部存在一竖向发育的岩溶通道，通道呈"胃状"，具有上部宽下部窄的特征，通道内充填有土，且富水。物探 WT06 线解译塌陷区特征见图 6.2-20、图 6.2-21。

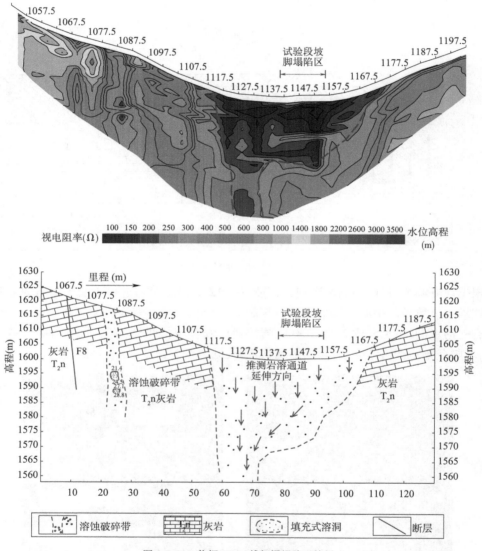

图 6.2-20　物探 WT06 线解译塌陷区特征

2）塌陷成因机制及形成过程分析

塌陷区及附近有 3 条断层穿越，发育 4 个沿断层发育的漏斗，在充分考虑了试验段场地的岩土、构造、岩溶和地下水条件后，建立 FLAC3D 三维地质模型进行塌陷的变形破坏过程及形成机理辅助分析。

建模过程中充分考虑了试验段场地的岩土、构造、岩溶和地下水条件，该区有 3 条断层穿越，并发育 4 个沿断层发育的漏斗。原始地貌及填方至设计高程后的模型见图 6.2-22。

建模采用的物理力学参数见表6.2-3。地下水采用监测孔实测水位。

本计算中主要考虑两种工况,一是天然状态下填方边坡的应力场分析,二是降雨工况下填方边坡的应力场分析。降雨工况一方面分析填方边坡填料湿化条件下的应力应变情况,另外一方面分析原地基漏斗底部潜蚀掏空过程中边坡的变形破坏过程。

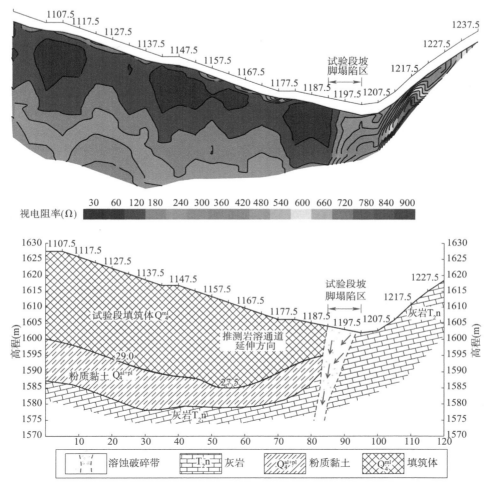

图 6.2-21　物探 WT07 线解译塌陷区特征

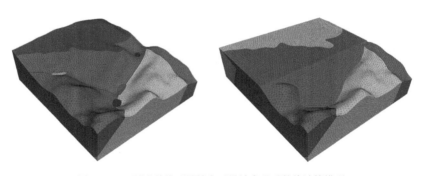

图 6.2-22　原地貌模型及填方至设计高程后数值计算模型

试验段填方区地质建模参数取值表 表6.2-3

岩土类型	重度 γ(kN/m^3)	泊松比	黏聚力 c(kPa)	内摩擦角 φ(°)	杨氏模量(GPa)
基岩	24	0.25	400	40	12
填土	20.5	0.29	15	25	9
断层	19.5	0.28	20	15	7
岩溶通道	18.5	0.31	20	10	5

（1）天然状态下斜坡应力场分析。

天然状态下斜坡应力场分布特征如图6.2-23所示，由图可知，斜坡浅表层分布的最小主应力值为正，表明坡表土体因重力而受到与坡表近于垂直的拉张作用，最大值为0.0433MPa，最大主应力也在浅表层为正，往下为负值，在最大主应力方向上，斜坡岩体主要受压应力作用。天然状态下斜坡变形特征如图6.2-24所示，由图可知，天然状态下，由于填方体的固结沉降尚未完成，且原地基土层厚度差异较大，填方厚度不一，填筑体在斜坡陡缓交界处以及原地基粉质黏土厚度变化较大的部位存在一定的差异沉降，且变形范围分布在坡体中上部位置，在降雨时可能会产生局部的差异沉降变形，但填筑地基和填方边坡总体稳定。

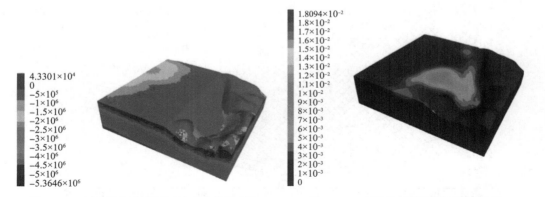

图6.2-23　天然状态下斜坡最小主应力特征云图　　　　图6.2-24　天然状态下斜坡变形特征云图

（2）降雨工况下填方体变形受力分析。

研究区内发育有四个岩溶洼地，填方后，其中两个岩溶洼地分布在填筑体坡脚处，埋深较浅，另外两个岩溶洞穴埋深相对较大。

由于岩溶洼地、漏斗是相对的低洼部位，是地表地下水的汇集区域，在降雨条件下原地表及填筑体内下渗的雨水将在漏斗、洼地底部汇集，特别是底部原本被覆盖层充填的漏斗和洼地，由于地下水的长时间汇集、浸泡、下渗、潜蚀和冲刷作用，被堵塞的岩溶通道被逐步贯通，并逐渐扩大，细颗粒物质不断流失，上部填筑地基将被架空，形成空洞，空洞不断扩大，最后造成上部填筑体变形、塌陷。变形过程如图6.2-25所示。

由图分析可知，位于填筑体坡脚处的岩溶洼地首先出现变形，变形沿填筑体坡面向上扩张。随着变形的扩张，埋深较大的两个岩溶洼地处的变形也逐渐扩张到坡表，变形范围呈逐步扩大的发展趋势。

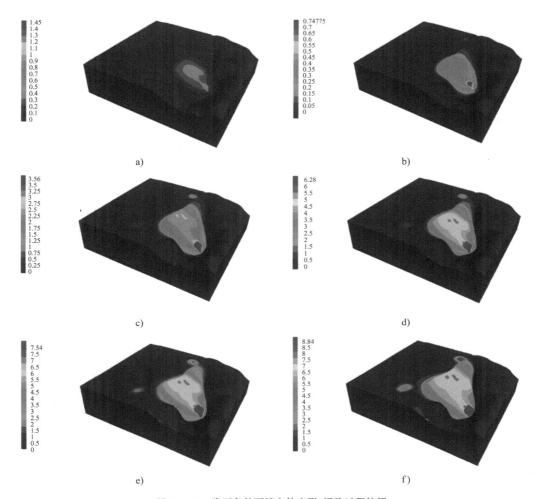

图 6.2-25　降雨条件下填方体变形、塌陷过程特征

（3）地面塌陷成因机制综合分析。

经数值模拟和理论分析，试验段塌陷由地形、岩性、降水、施工等综合因素引起，其控制因素、成因机制如下。

①构造、岩溶因素。

塌陷区位于断层 F_8 与 F_3 的交汇部位，岩体破碎，岩溶强发育，破碎的岩体及岩溶通道为地下水的渗流提供了优良的通道条件。

②岩土因素。

塌陷区基岩为灰岩，属于强透水层。该区底部冲洪积含碎石粉质黏土层较厚，为 6~22.1m，粗颗粒和砂质含量较高，属弱~中等透水层，在地下水长期浸泡、入渗作用下，存在发生潜蚀破坏的可能。

③地形地貌。

塌陷区位于岩溶漏斗部位，地势低洼，为地表、地下水的汇集、入渗区域，为地表地下水汇集创造了条件。

④降雨与地下水因素。

场区雨季降水丰富,填筑体以块碎石为主,渗透性好,降水入渗后快速渗透到漏斗底部,赋存在填筑体中,浸泡、软化、潜蚀底部细粒土,为塌陷的形成创造了水动力条件。

⑤设计、施工因素。

由于塌陷区位于漏斗底部,土层厚达20余米,原地基采用碎石桩进行处理,碎石桩为相对的透水通道,一定程度上缩短了地下水下渗的路径,加速了土体潜蚀破坏进程。

在上述综合因素控制下,漏斗底部岩溶通道在地下水作用下逐渐贯通、扩大,细颗粒物质不断流失,上部填筑体粗颗粒形成架空结构,空洞形成。空洞逐渐扩大,上部填筑体发生变形、塌陷。

(4)治理措施建议。

目前塌陷区在降雨条件下仍存在进一步变形塌陷的可能,并且塌陷变形区呈逐步向边坡内侧扩展的趋势,建议相关单位及时对塌陷区采用"疏、排、引流"为主的治理方式,引排地表水,疏通下部地下水岩溶通道,开挖设置反滤层,并对塌陷影响区填方边坡进行加固。不宜采取以"封堵"为主(如注浆)的方式进行治理。

6.2.7 工程建设对水文条件地质影响

1)对地形的影响

工程建设改变了建设场地地形,地形的变化引起降雨汇水面积、入渗补给量、径流通道等的变化,进而影响地下水的补给、径流和排泄条件。

2)对含水层的影响

含水层变化包括含水层分布范围、厚度、渗透性变化。挖方区将浅层含水层部分或全部挖除,改变了含水层分布、厚度;施工过程中振动、碾压,使黏性土等第四系含水层致密,减小了渗透系数,而对基岩则通常使原裂隙增大,同时产生新的裂隙,增大了渗透系数。填方区原地面清表,挖除部分第四系土层,使含水层变薄,但碾压、强夯处理使渗透性降低;碎石桩等处理区又使原地面渗透性增强。填筑施工,使松散层含水层增厚。当填料以黏性土或全风化的板岩等时,填筑体渗透性较低,但一般来讲,较原生黏性土高。当填料以强~中风化基岩料时,填筑体孔隙度大,渗透性好。

3)对地下水渗流场变化的影响

挖方、填方施工、地基处理、人工排水等改变了场地地下水的地下水补给、径流、排泄条件,而径流、排泄途径的变化,可能引起潜蚀作用,造成土洞塌陷等灾害。地下水补给、径流、排泄条件变化是一个复杂过程,这与场地的基础地质条件、岩土条件及设计、施工、管理密切相关。

为更好地分析机场建设施工对地下水渗流场影响,根据场地水文地质条件和设计文件,采用 Visual Modflow 的 MODFLOW 模块模拟所在区域地下水流场,预测施工整平过后工程区内地下水渗流场的变化。

模型以机场跑道为轴向,平面尺寸为3900m(西北—东南向)×1100m(东北—西南向),并在四周适当扩大范围。数值模型范围见图6.2-26,网格化模型见图6.2-27,地层概化性见图6.2-28。

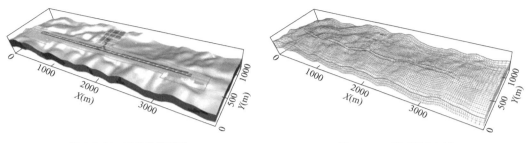

图 6.2-26 三维数值模型　　　　　　　图 6.2-27 模型网格剖分

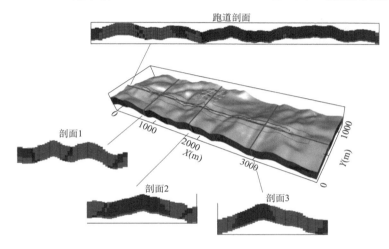

图 6.2-28 地层概化模型

计算得出,天然状态下场地地下水的渗流场见图 6.2-29,与现场实测水位基本一致,误差小于 10%。挖填整平后第 1 年、第 5 年地下水位见图 6.2-30、图 6.2-31。将两图进行对比可以看出,变动微小,可见整平完成后,地下水水位迅速变动,在完工后一年,地下水水位即基本稳定。

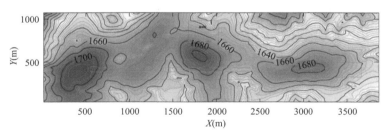

图 6.2-29 天然工况下等水位线图

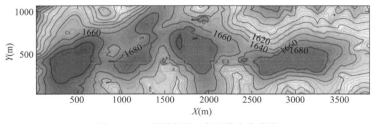

图 6.2-30 挖填整平 1 年后等水位线图

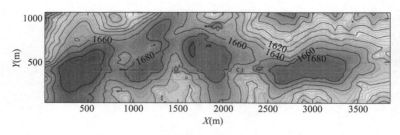

图 6.2-31 挖填整平 5 年后等水位线图

将挖填整平第 5 年水位与天然工况下水位进行叠加对比,将整平后第 5 年后水位叠加减去原始天然工况水位,获得地下水水位变动情况,见图 6.2-32。

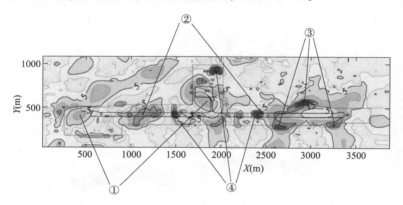

图 6.2-32 挖填整平前后地下水水位变动情况

注:深色代表水位下降,浅色代表水位上升,白色代表水位变动轻微,①~④代表第 1~4 点。

结合场地水文地质条件,从图 6.2-32 中可以看出:

(1)挖方高度较大的区域,地下水水位降低明显,地下水埋深变浅。

(2)填方厚度较大的区域,地下水水位抬升显著,地下水埋深变深。

(3)跑道东南段净空挖方区,机场建成后仍有部分残留山体,这些区域接受降雨补给,模拟结果显示地下水水位上升明显,将在坡脚以溢流、接触泉的形式排泄至地表,在无任何防控措施情况下,将有部分流向飞行区。

(4)场地内断层密布,这些断层及其破碎带是区内地下水径流的优势通道。机场建设,如挖方、碎石桩、强夯施工,使断层或破碎带渗透性增强,径流能力增强。某些部分,如填料为黏性土或全风化板岩部分,由于其上覆盖层渗透性小,阻止了地下水入渗,导致这些部位地下水聚集。

(5)场地灰岩分布区岩溶发育,存在大量的岩溶洼地、漏斗、落水洞,该区域地势较低,是地表地下水的汇集、入渗、排泄区域。机场建设中这些岩溶洼地、漏斗、落水洞将被填埋,地下水补给排条件发生变化。如果原地面地基处理采用碎石桩等,渗透性增强,地下水排泄能力增大。如果原地面黏性土层较厚,采用强夯、碾压等处理,则渗透性会降低,造成局部地下水富集。如果填筑体中包含有渗透性差的薄层或透镜体,在位置比较高的区域,如原山坡、山顶部位可能会出现较高地下水位。

6.2.8 地下水工程效应预测分析

1）填料强度劣化

场区填料主要为中风化灰岩、中风化板岩、强风化板岩和全风化板岩及第四系粉质黏土。中风化板岩（软化系数范围 0.45～0.74）、强风化板岩（软化系数 < 0.4）和全风化板岩属于可软化岩石，在地下水的长期浸泡作用下，力学强度会显著降低，发生沉降与不均匀沉降。

2）诱发地基沉陷、塌陷

岩溶洼地、漏斗、落水洞将被填埋，地下水补给排条件发生变化，会造成局部地下水富集，可造成洼地、漏斗底部、原山坡，甚至山顶充填的竖井、裂隙被富集的地下水浸泡、潜蚀而发生沉陷，甚至塌陷。

断层或破碎带渗透性增强，径流能力增加，携带细粒物质能力增强，可发生潜蚀作用，导致地基沉陷，甚至塌陷。

挖方区，尤其是溶洞、溶蚀破碎带发育区、导水断层发育区，由于第四系覆盖层变薄，渗透性增强，地表水入渗后携带细粒物质能力增强，会发生这些区域地基沉陷，甚至土洞塌陷。

某些部分，如填料为黏性土或全风化板岩部分，由于覆盖层渗透性小，阻止了地下水入渗，导致上覆填筑体被浸泡软化，发生过大沉降、边坡失稳等。

3）影响边坡、斜坡稳定

（1）地势低洼的填方汇水区或填筑体局部富水区，当边坡部位采用易软化石料或土料填筑时，受地下水长期浸泡，物理力学性质劣化，可造成填方边坡区过大变形，甚至失稳。

（2）拟建场地内分布多处泉点，且位置分布较高，机场建设加大地表水入渗程度，增大了泉水的补给量，泉流量增大，同时可能出现新的泉点。泉水在填方边坡坡脚、岩溶洼地底部汇集；对于填方边坡而言，若填方边坡底部排水不畅，填筑体内水位将快速抬升，产生很高的压力水头，可能造成边坡的渗透变形，影响边坡稳定性。

（3）受爆破开挖地表水渗透加强，填筑地基地下水位升高等影响，场地内分布十余处滑坡和不稳定斜坡中地下水位上升，稳定性将进一步降低。

6.3 LP机场地下水工程效应

6.3.1 工程概况

LP 机场飞行区等级为 4C 级，跑道中点设计高程 481m，跑道长 2200m，宽 45m，于 2005 年 11 月 6 日建成通航。2014 年初机场挖方土面区截排水沟沿线开始零星出现地面塌陷，雨季后塌陷数量急剧增加，至今已形成塌陷二十余处。

6.3.2 气象水文特征

1）气象条件

研究区属中亚热带季风湿润气候，年平均气温 16℃ 左右。一月最冷，平均 4.5℃，极端

最低气温 -9.8℃。年平均降水量 1325.9mm,最多年份 1690.4mm,最少年份 1093.1mm,年均蒸发量 1255.9mm。

2)水文条件

研究区有 6 条较大的河流,河流总长 3480km,占地 43km²,其中长江水系较大的河流有孟彦河、八舟河、洪州河,珠江水系有南江河、双江河、育洞河。

6.3.3　工程地质特征

研究区地处云贵高原东南边缘与湘西丘陵过渡地带,原始地形北东高、南西低,海拔高程在 460~509m 之间,属岩溶低山丘陵地貌。

场地内第四系覆盖层主要为棕黄色、黄褐色红黏土和坡洪积含碎石黏土,平均厚度 11.6m,最大达 35m。下伏基岩主要为二叠系下统栖霞、茅口组灰岩(P_1),二叠系下统梁山组泥灰岩(P_1l),石炭系上统灰岩(C_{2+3}),岩层产状 10°~30°∠5°~10°。地下水类型主要为岩溶水,水位埋深在设计道面高程以下 30 余米,其次为第四系松散层孔隙水和基岩裂隙水,无统一地下水位。

由于构造作用场地基岩垂直节理发育,其中走向 70°~90°和 180°~200°两组节理特别发育。受地层岩性、地质构造及地貌的影响,场地不良物理地质现象以岩溶为主,溶蚀洼地、槽谷、漏斗、落水洞、竖井、溶洞等较多,特别是场地西南段地势相对较低处,受垂直节理影响,多见落水洞、竖井。调查场地地表水通过这些通道与地下高程 450~455m 处地下暗河连通,沿 NNE 向流入场外低处的河流中。据机场勘察资料,遇溶洞、溶隙的钻孔占总钻孔数的 33.8%,岩溶总进尺占基岩总进尺的 16.6%,场地地下岩溶总体中等发育,局部强发育。

6.3.4　地面塌陷特征

1)病害分布特征

现场踏勘发现,目前形成的塌陷主要集中在跑道两侧挖方土面区,并沿排水沟呈带状发育,目前已形成的塌陷 22 处,还有大量正处于进一步发展变形的潜在塌陷,见图 6.3-1。

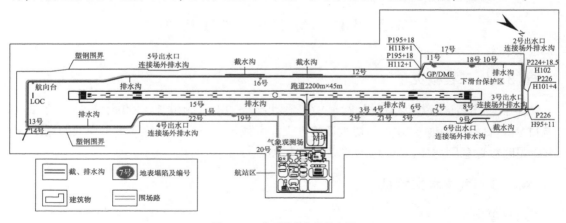

图 6.3-1　地面塌陷位置分布图

2）塌陷形态及规模特征

塌陷形成的陷坑主要有两种类型,第一类塌陷,地下潜蚀通道主要为石芽、溶沟、溶槽间的溶隙、溶蚀带,地面塌陷坑口平面上呈不规则的椭圆状,底部被覆土充填,坑壁呈错落的台阶状,可见石芽出露,整个陷坑呈"碟状",塌陷形成的坑口直径一般为 2～20m,最大可达 30余米,深度 1～5m。该类塌陷占飞行区地面塌陷总数的 60%～70%,本书称这类塌陷为"溶隙型土洞塌陷",后文用字母 A 表示,见图 6.3-2。

图 6.3-2 "A 类"地面塌陷特征

第二类塌陷,地下潜蚀通道主要为竖井、落水洞等宽大的溶蚀通道,地面塌陷坑口平面上多呈不规则圆状或椭圆状,整个陷坑呈"椎台状"或"圆柱状",塌陷坑口直径一般 1～15m,陷坑深 3～15m,坑壁陡立,多基岩出露,该类塌陷占飞行区地面塌陷总数的 30%～40%,本书称为"落水洞、竖井型土洞塌陷",后文用字母 B 表示,见图 6.3-3。

图 6.3-3 "B 类"地面塌陷特征

该类地面塌陷与"溶隙型土洞塌陷"相比,塌陷面积相对较小,但塌陷形成的陷坑深度往往较大,且由于该类塌陷地下渗流通道宽大,连通性较好,土体被潜蚀的速度快,形成地面塌陷的进程较第一类迅速。

6.3.5 地面塌陷成因机制分析

1）地貌与岩性因素

机场场区属岩溶低山丘陵地貌,基岩主要为灰岩,为岩溶的发育、地表地下水的汇集创造了岩性和地势条件,同时受区域 NNE 及 NE 向压扭性断裂的影响,场区岩体节理裂隙发育,且连通性较好,为地下水的径流、固体颗粒物质的运移提供了必要的空间通道条件。

2）岩溶发育程度因素

飞行区处于岩溶垂直发育带,岩溶的发育受竖向节理裂隙控制,多见埋藏型石芽、落水洞、竖井等。

场地地下岩溶属中等发育、局部强发育区,但由于场地位于现代侵蚀基准面之上,因此场地内的岩溶均为古岩溶,不具备进一步发展的条件。建设阶段,场地溶洞在施工平场后部分被清除,对于未清除的溶洞,经稳定性评价不稳定的溶洞,已采用清爆强夯、板梁跨越、灌浆等方法进行了处理。同时在土石方施工阶段,挖方土面区采用了三边轮压路机进行冲击碾压地基处理,且施工作业中经过载重量大于30t的重型货车反复碾压,均未发生溶洞塌陷,说明研究区地面塌陷并非溶洞塌陷引起。

3）覆盖层特征因素

根据前期的设计、施工资料,经建设期间平场及地基处理,挖方土面区覆盖层大部分已被挖除,残余覆盖层较薄,一般厚度0~2.0m,在局部地势低洼,隐伏石芽发育部位,覆盖层较厚,一般为2.0~8.0m。

场地内第四系覆盖层主要有坡洪积黏土混碎石、坡洪积黏土、红黏土,大多呈棕红色、黄褐色,表层土体主要以硬塑和可塑状为主,根据土工试验,各主要土层的物理力学参数,见表6.3-1。

主要土层物理力学参数表 表6.3-1

物理力学指标	岩土类型		
	坡洪积黏土混碎石	坡洪积黏土	红黏土
含水率 ω(%)	30.5	36.0	42.4
重度 γ(kN/m³)	18.3	17.0	17.0
液限 ω_L(%)	55.5	60.0	71.7
孔隙比 e	0.95	0.83	1.20
黏聚力 C(kPa)	36.0	35.0	37.0
内摩擦角 φ(°)	22.0	18.0	19.0
压缩系数 a_{1-2}(MPa⁻¹)	0.25	0.40	0.40
压缩模量 E_s(MPa)	7.6	6.0	6.0
渗透系数 k(cm/s)	6.0×10^{-6}	5.0×10^{-6}	4.5×10^{-6}

通过物理力学参数统计可以看出,三种土层的液限值均较高,且坡洪积含碎石黏土的渗透系数要大于黏土,红黏土的渗透系数最小。据现场调查,塌陷区大都集中在坡洪积碎石黏土和坡洪积黏土分布区,红黏土分布区相对较少,形成这种现象的原因在于坡洪积土体中往往含有大量的块碎石,级配相对较差,粗颗粒成分普遍高于残坡积层,渗透性要好于残坡积层,同时级配差、含粗颗粒的土更容易发生渗透破坏,造成细颗粒的潜蚀流失。

通过对长水机场、威宁机场、沧源机场、澜沧机场、文山机场、铜仁机场、黎平机场、兴义机场、泸沽湖机场、毕节机场等西南地区十余个岩溶机场的统计分析得出，土洞发育和塌陷的规模、密度或频率，在冲洪积成因覆盖层分布区最大，坡洪积成因覆盖层分布区次之，残坡积成因覆盖层分布区最小，这种统计结果与研究区土洞塌陷发育、分布特征一致。

因此，覆盖层的特征对土洞的形成和塌陷的影响显而易见，其主要通过粒组、孔隙度、渗透性控制了地(表)下水的入渗量、渗流速度以及对细颗粒物质的搬运能力等，从而间接控制土洞的形成和塌陷。

4）机场地势及排水设计因素

为利于机场的排水，土面区地势设计有3°～5°的坡度，地势向排水沟一侧倾斜。在降雨过程中，道肩及土面区大部分地表水顺地势流入排水沟，一部分地表水则渗入土体之内，在重力作用和地势影响下产生竖向和横向的渗流。一方面，排水沟沿线区域地势较低，在高处地(表)下水的不断补给情况下，排水沟沿线易形成富水带，为渗流潜蚀创造了水源条件；另一方面，排水沟采用浆砌片石或钢筋混凝土现浇而成，排水沟未设置泄水孔，一定程度上阻断了浅层地下水的运移通道，造成地下水在截排水沟沿线聚集，浸泡软化和渗流潜蚀沿线低洼段浅层地基土，长期作用而造成排水沟沿线土洞塌陷频发。

5）地表地下水因素

场区地下(岩溶水)埋藏深度大于30m，远低于基岩面，土洞基本不受深部稳定地下水位的影响，而是主要受降雨形成的地表水及入渗形成的浅层地下水(上层滞水)的影响。

工程区属于亚热带季风湿润气候，降雨时空分布极不均匀，春夏季湿润多雨，秋冬季干旱少雨，年降雨量8000～13500mm。2014年5月22日、6月2日、7月25日，该机场遭受暴雨天气的影响，3h累计降雨量分别为55.2mm、62.8mm、66.2mm，这是近十年来该机场遭受到的最严重的灾害性强降水天气，降雨造成场内排水沟大量漫水，并损毁部分沟道、围界、护坡，见图6.3-4。

图6.3-4　低洼地段暴雨后壅水特征

地下水的渗流与土洞的形成、塌陷有着非常密切的联系，通常地(表)下水作用主要表现为增湿加载作用、强度劣化作用、渗流潜蚀作用、孔隙水压力作用、真空吸蚀作用和冲刷作用等[9-10]。

(1)增湿加载作用。

降雨入渗一方面增大了土的含水率，使其重度增大；另外一方面低洼地段产生地表积水，将增大土洞顶板的上部荷载，且随着降雨的持续，增湿加载作用将越发明显。

根据极限平衡理论，降雨作用增大土洞的致塌力，促使土洞向不稳定方向发展。

(2)强度劣化作用。

地下水作用，一方面对土体中的大颗粒产生一定的润滑作用，降低颗粒间的摩擦阻力，另一方面使得细小颗粒间的结合水膜变厚,降低土的黏聚力,使土体变软,抗压和抗剪性能急剧降低[11]。同时,地下水与岩土相互作用过程中会发生一系列的物化反映,促使岩土体孔隙度增大、体积胀缩、湿化崩解、颗粒的连接力削弱等。

特别是在干湿循环作用下,土体会膨胀和崩解,内部裂隙得到扩展,破坏其完整性,一方面降低土体的力学性能,另一方面有利于水向深部渗流发展。因此,地下水的强度劣化作用,对土洞的塌陷起到强烈的推动和加速作用。

(3)渗流潜蚀作用。

水在土体中流动时会产生渗流作用力[12]。降雨入渗的地下水在向下渗流的过程中,地下水水位下降,水力坡度增加,产生的动水压力使得土层中的渗透压力也随之增加,当水力坡度值增加到足以使岩溶充填物或土层中的细小颗粒迁移时,潜蚀作用便会发生。地下水渗流主要有垂直渗流和水平渗流两种模式,垂向渗流产生的渗透压力一方面有利于疏通基岩中被堵塞的溶隙、落水洞、竖井等导水通道,另一方面可以使土体产生渗透破坏,缩短地面塌陷的时间。水平渗流易在基覆界面处产生冲刷作用,造成土体颗粒的损失,从而在基覆界面附近形成空洞。渗流潜蚀作用受降雨量、降雨历时、土体渗透系数等因素综合影响[1-2],结合本工程,其还受地势、岩溶通道的填充情况、连通性等因素影响。

综上,研究区地面塌陷主要受地形、岩性、水文地质条件、岩溶发育程度、机场结构布局等因素影响,其是内因、外因综合作用的结果。

6.3.6 地面塌陷机制数值模拟分析

1)塌陷模型的概化

为分析 A、B 两种塌陷模式变形破坏机理,本小节建立数值算模型进行分析。为便于分析,将两种塌陷形式进行适当的几何概化,A 类塌陷下部落水洞、竖井等宽大潜蚀通道可概化为圆柱或锥台,见图 6.3-5、图 6.3-6。B 类塌陷——石芽、溶沟、溶槽间的溶隙等潜蚀通道可概化为椎体或楔形体,见图 6.3-7、图 6.3-8。

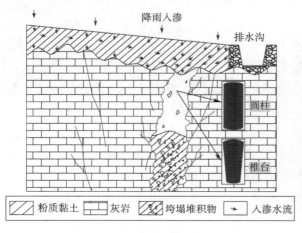

图 6.3-5 "A 类"土洞断面示意图

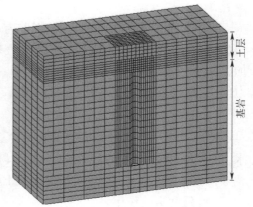

图 6.3-6 "A 类"土洞塌陷几何概化模型

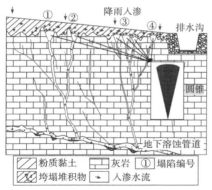
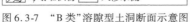

图 6.3-7　"B 类"溶隙型土洞断面示意图

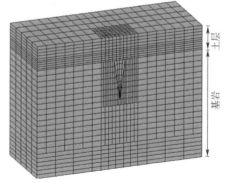

图 6.3-8　"B 类"土洞塌陷几何概化模型

2）模型的建立

建立 A、B 类两种模式的数值分析模型,采用的岩土体物理力学参数,见表 6.3-2。

建模采用的主要岩土体物理力学参数取值表　　　　　　　　　　表 6.3-2

参量	E_s(GPa)	v	γ(kN/m³)	c(kPa)	φ(°)	K(m/s)
土层	2.5	0.30	19.6	34	22	1×10^{-6}
基岩	28.0	0.23	22.0	3.0e3	45	1×10^{-8}

3）条件设定

（1）顶板厚度:3.0m;

（2）洞跨:A 类初始洞径采用竖井口径控制,分别为 0.5m、1.0m、2.0m、3.0m、4.0m、5.0m;B 类土洞,初始洞径采用石芽张开角 θ 控制,石芽垂高为 5m,θ 分别为 10°、20°、30°、40°、50°、60°。

4）计算结果分析

根据数值分析得出,土体的塌落将造成顶板应力重分布,随洞径的扩大土洞顶板应力集中程度越来越高,塑性变形区范围逐步扩大,发展到后期,地面开始变形、开裂,最后垮塌。两种模式土洞顶板塑性变形区及沉降变形特征见图 6.3-9。

0.18×10⁻⁹　0.0005 0.002515　0.00503　0.00754　0.01006　0.01257 0.01509　0.0184

a) A类——塑性变形云图

0　　0.001　　　　0.005　　　0.010　　　　0.015　　　0.020

b) A类——沉降位移云图

图　6.3-9

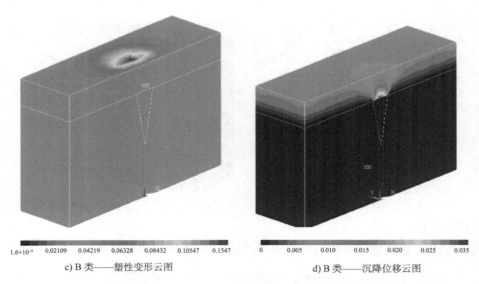

c) B 类——塑性变形云图　　　　　　d) B 类——沉降位移云图

图 6.3-9　"A 类""B 类"土洞顶板沉降及塑性变形特征云图

　　根据模型地表沉降监测点数据,地表沉降随土洞的扩展而增大,中心点位移量最大,向四周延展位移量逐步减小,见图 6.3-10、图 6.3-11。

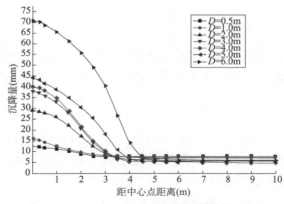

图 6.3-10　"A 类"距中心点距离与沉降量关系曲线

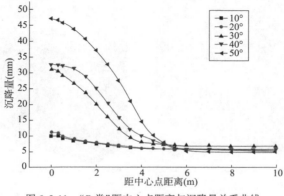

图 6.3-11　"B 类"距中心点距离与沉降量关系曲线

在土洞形成初期,土洞在基覆界面附近缓慢发展,逐步形成拱效应,随潜蚀作用持续,土洞以内部塌陷的形式不断扩大,顶板中心点的位移、影响半径、应力集中程度随土洞洞跨的增大而增大,当顶板厚度突破临界厚度时,拱效应将会失效而塌陷。

变形监测点显示,A 类土洞洞径 5.0m 时顶板中心点位置沉降量达 70.6mm,而洞径 0.5m 时,沉降量仅 12.3mm;B 类土洞石芽张开角为 60°时,土洞顶板中心点位置沉降量达 46.9mm,而张开角为 10°时,沉降量仅 10.1mm。

上述分析反映出,土洞的发展速率、地表沉降量与洞径尺寸呈正相关关系,洞径越大地表沉降变形量越大。土洞形成初期,土洞规模较小,洞顶沉降不明显,土洞未塌陷。当土洞规模发展到一定程度时,变形量将超过临界阈值而塌陷。同时,土洞塌陷的速率与土洞顶板的初始厚度有较为密切的关系,一般顶板越薄塌陷越快,越厚则反之,这主要与地下水渗流潜蚀作用和土洞内部塌陷的历程相关联。

6.3.7 地面塌陷预测分析

1)地面塌陷的时间累积效应

地面塌陷一般是经过多期地表水入渗潜蚀循环作用的结果,具典型的"时间累积效应"或"累进性破坏效应"特征。该机场自 2005 年 11 月 6 日建成通航至今已经过去十余年时间,这段时间里随着干湿季节的交替,潜蚀作用不断进行,土洞逐渐形成并发展。

根据场区工程地质条件和土洞发育的历史进程,可将飞行区地面塌陷的发展历程划分为五个阶段,即:①稳定阶段→②缓慢发育阶段→③加速发育阶段→④初始塌陷阶段→⑤加速塌陷阶段。

稳定阶段至加速发育阶段:属于内部塌陷阶段,特征为覆盖层在渗流的循环作用下逐步被潜蚀,土洞逐渐形成,规模不断扩大,地面开始出现沉降变形。

初始塌陷至加速塌陷阶段:属于顶板沉降变形陷阶段,特征为潜蚀作用突破了洞顶板临界厚度,顶板抗力小于其致塌力而发生地面塌陷,塌陷规模、面积随降雨的冲刷和入渗潜蚀作用而不断扩大。地面塌陷发展趋势见图 6.3-12。

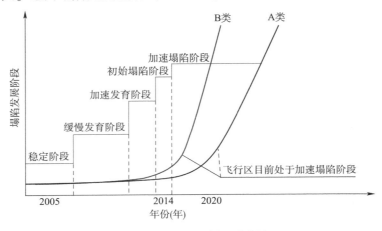

图 6.3-12 地面塌陷发展趋势图

根据上述分析,机场飞行区目前正处于地面塌陷的加速发展阶段,如不及时治理,地面塌陷的速率、数量、规模、面积将进一步扩大,并从土面区向道面区发展,影响机场安全。

2)地面塌陷的半定量预测

地面塌陷受诸多因素的影响,采用物理模拟试验或现场塌陷试验进行研究存在很大的局限性[13]。数值模拟作为岩溶物理勘探的延伸,是地面塌陷空间预测的重要手段,一定程度上可实现地面塌陷的可视化、定量化。

在前人研究基础上[14-15],本书提出,可采用工程物探、工程勘察、现场监测相结合的方法,探明地下岩溶的分布、发育规律、规模、发育程度,再以室内试验、原位试验为基础,运用数值模拟分析地面塌陷的发展、变形、破坏特征及控制因素敏感性,并采用权重分析法进行半定量评价,并考虑时间累积效应,对地面塌陷进行综合预测。预测流程见图6.3-13。

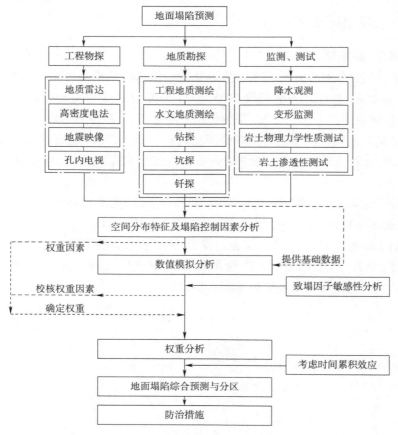

图 6.3-13　地面塌陷预测分析流程图

具体流程为:

(1)通过调查、物探、勘探、测绘、监测等查明飞行区地面塌陷的空间分布特征及基本条件,赋予各基本条件一定的权重。

(2)通过数值模拟等分析各特征条件的影响程度,并赋予权重;综合确定各致塌因素对塌陷形成的影响权,并赋予相应的权重。

(3)考虑时效性因素,对机场工程区地面塌陷水平及风险程度进行综合预测。

因此,进行地面塌陷预测时,应首先根据基础资料、综合地质勘察结果,确定全场区基本条件(F_i),再进一步细化特征条件的影响(Q_i),赋予各致塌因素对应的权重(T_i),将各致塌因素的权重(T_i)相加,得到对应预测区域的潜在塌陷水平(λ),进而对塌陷风险程度进行定级。

对于本工程,当塌陷水平 $\lambda \geq 71\%$ 时,判定为"极易塌陷区";当 $50\% \leq \lambda < 71\%$ 时,判定为"易塌陷区";当 $29\% \leq \lambda < 50\%$ 时,判定为"零星塌陷区";当 $\lambda < 29\%$ 时,判定为基本稳定区。

通过上述分析得出,机场范围内岩溶中等及以上发育的灰岩分布区(覆盖层薄,地势低、排水不畅的土面区)为"极易塌陷区~易塌陷区",见表6.3-3。

地面塌陷预测表   表6.3-3

基本条件的权重(F_i)		特征条件的权重(Q_i)		致塌因素的权重(T_i)
地势 F_1	10%	地势低洼汇水(Q_{1-1})	80%	8%
		地势较高(Q_{1-2})	20%	2%
排水情况 F_2	30%	排水不畅(Q_{2-1})	80%	24%
		排水通畅(Q_{2-2})	20%	6%
覆盖层类型 F_3	20%	黏土混碎石(Q_{3-1})	60%	12%
		红黏土(Q_{3-2})	40%	8%
覆盖层厚度 F_4	10%	层厚 <2m(Q_{4-1})	60%	6%
		层厚 ≥2m(Q_{4-2})	40%	4%
岩溶发育程度 F_5	20%	中等及以上发育	70%	14%
		弱发育	30%	6%
硬化情况 F_6	10%	非硬化	70%	7%
		硬化	30%	3%

注:1. $T_i = Q_i \times F_i$。

2. "硬化"指跑道、滑行道、机坪及围场路等采用混凝土或沥青封面区,其余部位为非硬化区,硬化具有隔断降雨入渗的作用。

飞行区未来地面塌陷风险程度预测结果见图6.3-14。可以看出,土面区塌陷继续发展未来有向跑道、联络道、机坪等扩展的趋势,若不及时采取防治措施,未来可能造成道面脱空,甚至塌陷,威胁飞行和地面工作人员的安全。

根据该机场业主单位2021年6月委托相关单位开展的"地面塌陷病害专项治理工程勘察"阶段性结果反馈,飞行区内地面塌陷数量已达到40多处,专项勘察布设的物探和钻探发现在跑道道肩附近的土面区土层中已出现许多小型空洞,并有继续扩大的趋势,说明地面塌陷正向道槽区附近发展,塌陷的规模和数量正逐年增加,病害治理专项勘察的结果与本书预测的结果基本一致。

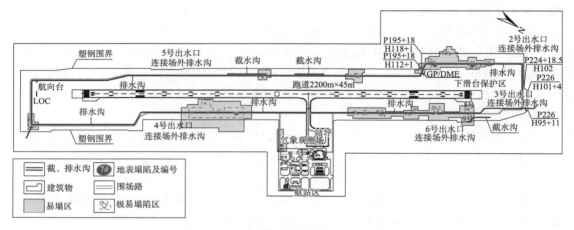

图 6.3-14　飞行区未来地面塌陷风险预测结果

6.3.8　结语

（1）该机场飞行区地面塌陷是由于地处岩溶垂直发育带,降雨产生的地表水入渗侵蚀和潜蚀土体,土颗粒沿潜在的溶蚀缝隙、竖井、漏斗,溶蚀管道等渗流通道流失,从而在覆盖层中形成土洞而形成塌陷。

（2）根据地下岩溶潜蚀通道形态,可将飞行区地面塌陷分为"A 类"竖井、落水洞型土洞塌陷和"B 类"石芽溶隙、溶蚀带型土洞塌陷。

（3）飞行区土洞的塌陷,受地形地貌与岩性因素、岩溶发育程度因素、覆盖层特征因素、机场结构因素、地表(下)水因素控制,并具时间累积效应特征和空间差异性分布特征。

（4）采取工程物探、工程勘察、现场监测相结合的手段,探明地下岩溶的分布、发育规律、规模、发育程度,以室内试验、原位试验为基础,运用数值模拟分析地面塌陷的发展、变形、破坏特征及控制因素敏感性,采用权重分析法进行半定量评价,考虑时间累积效应因素,可对地面塌陷进行综合预测。

（5）对类似工程地面塌陷灾害治理,可采取分区、分类型进行处理:地面塌陷集中发育的重灾区可按"片"进行集中处理,零星塌陷区可按"点"进行分散处理,避免盲目扩大处理,以减少处理费用、提高处理效果。

竖井、落水洞型地面塌陷采用清爆回填强夯,并结合多次注浆处理;溶隙、溶蚀带型地面塌陷采取水泥注浆或水泥掺和细集料多次注浆处理,可达到较好的治理效果。

本章参考文献

[1] 王运生,孙书勤,李永昭.地貌学及第四系地质学[M].成都:四川大学出版社,2007.

[2] 张倬元,王士天,王兰生,等.工程地质分析原理[M].3 版.北京:地质出版社,2009.

[3] 谢春庆.民用机场工程勘察[M].北京:人民交通出版社股份有限公司,2016.

[4] 谢春庆,刘汉超.西南地区机场建设中的主要工程地质问题[J].地质灾害与环境保护,

2001(2):32-35.

[5] 冯立本. 机场工程的环境工程地质问题[J]. 岩土工程技术,1996,(4):39-42+18.

[6] 罗永红. 昆明新机场岩溶塌陷成因机理及其防治对策研究[D]. 成都:成都理工大学,2008.

[7] 薛勇. 贵州毕节机场岩溶塌陷成因分析及稳定性评价[D]. 成都:成都理工大学,2009.

[8] 王晓欣,王运生,谢春庆. 昆明新机场工程土洞分布规律及成因机制分析[J]. 路基工程,2010(04):157-159.

[9] 罗小杰,也论覆盖型岩溶地面塌陷机理[J]. 工程地质学报,2015,23(5):886-895.

[10] 李源,昆明新机场岩溶塌陷机理研究[D]. 昆明:昆明理工大学,2009.

[11] KARLSRUD. Some aspects of design and construction of deep Supported excavations[C]// Proceedings of the Fourteenth Intemational Confereneeon Soil Mechanics and Foundation Engineering, HAMBURG,1997.

[12] 张克恭,刘玉松. 土力学[M].3版. 北京:中国建筑工业出版社,2011.

[13] 刘秀敏,陈从新,沈强,等. 覆盖型岩溶塌陷的空间预测与评价[J]. 岩土力学,2011,32(9):2785-2790.

[14] 陈明晓. 岩溶覆盖层塌陷的原因分析及其半定量预测[J]. 岩石力学与工程学报,2002,21(2):285-289.

[15] 金晓文,陈植华,曾斌,等. 岩溶塌陷机理定量研究的初步思考[J]. 中国岩溶,2013(04):437-446.

第7章 河谷富水场地大面积填筑地基地下水工程效应

河谷宽缓地带,地形较为平坦,机场建设土石方量较小,但地下水丰富,埋藏浅,甚至出露地面或场地整平时揭露地下水。受净空影响,某些机场飞行区的一部分不得不布置在漫滩,甚至河床部位。受大面积分布的高地下水位、山侧地表地下水径流、河水升降等影响,大面积填挖施工河谷场地的机场存在地基土浸泡软化、饱和砂土液化、渗流潜蚀、季节性冻融破坏等不良作用,造成道面沉陷、脱空、臌胀、开裂、边坡垮塌等病害,比较典型的机场有达州机场、邦达机场、阿里机场、贡嘎机场、日喀则机场、定日机场、林芝机场等。

关注和研究河谷地带富水场地的水文地质条件和地下水工程效应,对指导类似工程的灾害、病害防治和工程建设具有重要作用。本章将以两个河谷地带富水场地典型机场工程案例为依托,开展相关研究。

7.1 LS机场大面积填筑地基地下水工程效应

7.1.1 工程概况

LS机场建于1966年,位于河床一级阶地和高漫滩上,拥有一条跑道,两条滑行道,长4000m,飞行区等级4E。LS机场在1990年、2004年、2008年分别进行了三次扩建,2021年开始进行第四次扩建,即新建第二跑道扩建工程(含1条跑道、1条平行滑行道、8条联络道等),新建第二跑道长4000m、宽45m,新建平行滑行道长4000m、宽23m,跑道西端高程为3571.5m,东端高程为3567.5m。

前3次建设飞行区均进行了填方,填方高度0.5~3m,填料以河床堆积砂卵石为主,其次为砂和粉土。

2005年以来该机场连续三年航空业务量增长在10%以上,飞机的起降架次更是以年均30%左右的速度递增。2000年初发现道面脱空,2006年、2009年分别进行了道面检测,发现脱空呈加速发展,断板、角裂现象越来越严重,对道面安全使用造成严重威胁,道面寿命缩短。

7.1.2 气象水文特征

1)气象条件

研究区属高原半干旱季风气候区,平均气温9.5℃,其中6月平均气温最高,为17.7℃,1月平均气温最低,为-0.7℃。日最高气温平均为16℃,日最低气温平均为2℃。极端最高气温30.4℃,极端最低气温-17℃。机场年平均降水量为378.1mm(近几年增幅较大,增幅达100mm以上),年平均降水日数为81.7d,全年降水主要集中在雨季(6—9月),降水多为小雨,研究区多年月平均累计降雨量,见表7.1-1。降雪相对较少,年平均积雪日数为2.5d。

月平均降雨量统计表 表 7.1-1

月份(月)	1	2	3	4	5	6	7	8	9	10	11	12	全年
月平均降雨量(mm)	0.3	0.6	4.4	10.6	25.9	58.1	103.8	109.8	61.5	6.8	1.2	0.3	383.3
降雨天数	1	1	1	4	7	13	20	17	12	3	1	1	81

根据《建筑地基基础设计规范》(GB 50007—2011)附录 F"中国季节性冻土标准冻深线图",研究区性标准冻深为 60cm。

2)水文条件

研究区位于雅鲁藏布江干流中游。本河段自森布日—杰德秀全长约 34km,河宽平均约为 4km,河道平均比降约 0.48‰。研究区下游 93km 处的雅鲁藏布江干流设有羊村水文站,工程河段羊村水文站 1956—2015 年多年平均流量、径流量年内分配情况详见表 7.1-2。从表中可以看出,羊村水文站多年平均流量为 933m³/s,径流量为 294 亿 m³,径流主要集中在 6—10 月,约占全年的 80.1%;8 月平均流量为 3100m³/s,1—4 月平均流量仅为 252 ~ 283m³/s,占 8 月平均流量的 8.1% ~ 9.1%。

羊村水文站多年平均流量和径流量年月分配表 表 7.1-2

项目		月份(月)												
		1	2	3	4	5	6	7	8	9	10	11	12	年
羊村水文站	流量(m³/s)	283	256	252	256	317	737	1820	3100	2340	925	516	353	933
	径流量(亿 m³)	7.58	6.25	6.75	6.64	8.49	19.1	48.6	82.9	60.6	24.8	13.4	9.44	294
	比例(%)	2.6	2.1	2.3	2.3	2.9	6.5	16.5	28.1	20.6	8.4	4.5	3.2	100

7.1.3 工程地质特征

1)地形地貌特征

研究区位于西藏高原地区,属喜马拉雅山脉的边缘地带,平均海拔超过 3500m,整体属高山河谷地貌,研究区地形地貌特征,见图 7.1-1。

图 7.1-1 研究区地形地貌特征

研究区及附近区域微地貌类型可划分为构造侵蚀山地地貌、河流冲洪积堆积和山前洪积堆积地貌三个大的地貌单元,其中河流冲洪积堆积地貌又可划分为河漫滩地貌和阶地地貌(Ⅰ级阶地)。研究区及近场区地貌微地貌类型划分见图7.1-2。

2)地层岩性特征

研究区地层主要由第四系人工填土层(Q_4^{ml})、崩坡积层(Q_4^{col+dl})、冲洪积层(Q_4^{al+pl})、洪冲积层(Q_4^{pl+al})及三叠系上统姐德秀岩组(T_3j)地层组成,地层岩性分布特征见图7.1-2。

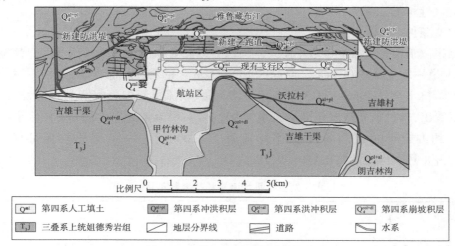

图 7.1-2　研究区地层岩性分布特征

(1)人工填土层(Q_4^{ml})。

人工填土层呈杂色、松散~密实,干~稍湿,厚度3~4m,主要分布于场地内农田、居民区、道路及两侧、老防洪堤、新建防洪堤及堤后盖重区以及现有机场、航站区表层,素填土主要由圆砾、卵石、砂及粉土组成,下伏主要为河床原生卵砾石层。

(2)第四系全新统冲洪积层(Q_4^{al+pl})。

第四系全新统冲洪积层主要由粉土、粉砂、中粗砂、砾砂、圆砾和卵石等构成。

粉土:灰色、灰褐色,稍密~中密,局部密实,稍湿~湿,断面见有虫孔及植物根系,局部含少量圆砾,含量一般为3%~5%,略具摇震反应,主要呈层状分布于场地的Ⅰ级阶地浅表层,并零星分布于河流高漫滩上,分布厚0.5~2.0m;在圆砾和卵石层间夹有少量粉土层,呈透镜分布,分布不连续。

粉砂:灰黄色、灰褐色,松散,稍湿~湿,主要由云母、长石和石英等组成,含少量圆砾,含量3%~10%,主要分布于河漫滩部位的表层,局部呈透镜体状零星分布于卵砾石层间,层厚0.5~2.0m,饱和粉细砂的振动液化效应明显。

中粗砂:灰色,灰褐色,松散,湿~饱和,主要由云母、长石、石英及岩石碎屑等组成,含少量圆砾,含量5%~15%,主要呈透镜体状零星分布于整个场地卵砾石层中,分布极不均匀,层厚1.0~3.0m。

砾砂:灰色、灰褐色,稍密~中密,饱和,主要由云母、长石、石英及岩石碎屑等组成,含大量圆砾,含量20%~30%,主要呈透镜体状零星分布于卵石层顶部或下部,分布极不均匀,层厚0.3~1.0m。

圆砾:灰色,湿~饱和,松散~中密,颗粒级配一般~较好,磨圆度较好,多呈亚圆状,粒径小于2cm,母岩以中~微风化的花岗岩、闪长岩、石英岩、砂岩、板岩为主,含少量卵石,充填细砂、中粗砂,局部充填粉土。主要以层状分布于卵石层顶部,并以透镜状分布于卵石层中,分布厚度变化较大,分布不均匀,分布厚1.0~8.0m。

卵石:灰色,灰黑色,湿~饱和,松散~密实,颗粒级配差~较好,磨圆度较好,多呈亚圆形,母岩以花岗岩、闪长岩、石英岩、砂岩、板岩为主。卵石层中卵石含量为60%~70%,粒径多为4~6cm,充填细砂、中砂及圆砾,局部充填砾砂和粉土。

(3)第四系全新统洪冲积层(Q_4^{pl+al})。

第四系全新统洪冲积层分布于研究区南侧山区的甲竹林沟及朗吉林沟内,以碎石为主。

碎石:灰色、灰黄色,稍密~中密,局部密实,稍湿,颗粒级配差~较好,磨圆度差,多呈次棱角状,局部呈棱角状,母岩以砂岩、板岩为主,碎石含量60%~70%,粒径多为5~8cm,最大可达12cm,充填角砾、细砂、黏性土等,局部呈半胶结状态。

(4)第四系全新统崩塌堆积层(Q_4^{col+dl})。

第四系全新统崩塌堆积层主要分布于山体中下部地势陡缓相交处的山麓地带及冲沟两侧,呈条带状分布,以块碎石为主。灰色,稍密,局部中密,稍湿,基本无磨圆,多呈棱角状,母岩多为砂岩、板岩,呈片状、块状,分选差,大小不一,粒径多为5~50cm,大者可达1m。

(5)三叠系上统姐德秀岩组(T_3j)。

研究区内及附近出露的三叠系上统姐德秀岩组(T_3j)为一套巨厚类复理石沉积建造,总体倾向南或南西,岩性主要为浅灰色薄~中厚层状砂岩、灰黑色板岩互层组合,产状200°~260°∠20°~45°,岩性主要为砂岩,局部夹板岩和千枚岩夹层。

砂岩呈深灰色,具变余砂状结构,钙质胶结,中薄~中厚层构造,单层厚度10~50m不等;板岩,风化面呈灰黑色,新鲜断面,具变余泥质结构,中薄板状~千枚状构造,单层厚度10~20m不等,岩石由碳泥质和黏土质矿物组成。受构造和卸荷作用,浅部岩体节理裂隙发育,较破碎,深部岩体相对完整。在机场工程区范围内,即雅江高漫滩部位,50m深度范围内未揭露到基岩,根据物探解译,下伏基岩埋深为60~120m。

3)地质构造

研究区在大地构造上主要处于雅鲁藏布江结合带,区域东西向逆冲断层甚为发育。距场区最近的断层为南侧约3.0km处的塔布林断层,属非活动性断层。近场区发育断层特征见表7.1-3。

近场区发育断层特征简表 表7.1-3

断层名称	走向	长度（km）	断层产状		断层性质	距场区位置及距离
			倾向	倾角		
塔布林断层	NWW	>101	SSW	40°~45°	逆断层,断裂略弯曲,发育破碎带及牵引褶皱	南侧约3km
边巴断层	NWW	>90	SSW	40°~50°	逆断层,地层重复、发育挤压破碎带、牵引褶皱	南侧约5km
结东断层	NWW	35	SSW	40°~50°	逆断层,地层重复、发育挤压破碎带、牵引褶皱	南侧约10km

断层名称	走向	长度（km）	断层产状		断层性质	距场区位置及距离
			倾向	倾角		
尕雄断层	NWW	49	SSW	30°～40°	逆断层，地层重复，发育牵引褶皱、破碎带	南侧约14km

7.1.4　水文地质特征

1）地下水类型及含水层特征

研究区地下水划分为两类，即第四系松散堆积层孔隙水和浅变质岩类基岩裂隙水。

（1）松散层孔隙水。

该类地下水广泛分布于调查区内，含水层主要为第四系各类成因的松散堆积层，包括卵石、圆砾、碎石、块碎石、粉土、粉细砂、填土等，主要以潜水为主；该层含水层以孔隙为赋存空间及运移通道，其透水性及富水性主要受松散堆积物颗粒粒径、级配和中粗颗粒含量控制。

机场飞行区河漫滩松散层孔隙水，水位埋深一般在0～2m之间，地下水动态变化受季节变化影响，变幅为1.5～3m。

航站区及南侧阶地松散层孔隙水，水位埋深一般在1～4m之间，地下水动态变化受季节变化影响，变幅为2～4m。

南侧山体冲沟沟口部位松散层孔隙水，水位埋深较大，一般大于20m，前缘埋深相对较浅，一般在8～10m之间，地下水动态变化受季节变化影响，变幅为3～5m。

（2）基岩裂隙水。

含水岩组主要为砂岩、板岩，风化裂隙、节理裂隙、构造裂隙为赋存空间及运移通道，受地形、岩性条件、构造条件控制，富水性微～弱。主要接受大气降水、融雪补给，岩层面及裂隙向两侧沟谷或前缘低洼处以散流方式排泄，部分下渗补给深部地下水。基岩裂隙水水位变化明显，变化幅度与裂隙深度有关。

2）地下水补给、径流、排泄关系

（1）丰水期：丰水期由于降雨、冰雪融水的补给，雅鲁藏布江水位快速升高，河面水位高于高漫滩区地下水位，此时雅江河水渗流补给高漫滩区内地下水，同时调查区北侧山体降雨形成的地表水及山内赋存的基岩裂隙水将在重力的作用下顺地势向机场飞行区一侧渗流，侧向补给高漫滩、Ⅰ级阶地、冲沟内地下水；高漫滩、Ⅰ级阶地、冲沟内地下水受雅江和南侧山体补给后，顺地势向机场东侧雅江下游渗流，一部分在低洼部位出露形成地表水后汇入雅江及其支流，一部分则顺地势向雅江下游径流，补给下游地下水。丰水期场地地下水的补给、径流、排泄关系见图7.1-3。

（2）枯水期：枯水期由于降雨量的减少、冰雪消融强度的减弱以及雅鲁藏布江水源补给量的减少，江水位将呈逐步降低趋势，雅鲁藏布江地下水位将在一段时间内低于高漫滩区地下水位，此时场地地下水关系为南侧山体基岩裂隙水补给高漫滩、Ⅰ级阶地、冲沟内第四系松散层潜水，高漫滩内地下水又侧向补给雅江地下水；同时高漫滩、Ⅰ级阶地、冲沟内地下水顺地势向机场东端渗流,补给雅鲁藏布江下游地下水,渗流过程中在下游河岸低洼部位出露形成地表水,汇入雅鲁藏布江及其支流。枯水期场地地下水的补给、径流、排泄关系见图 7.1-4。

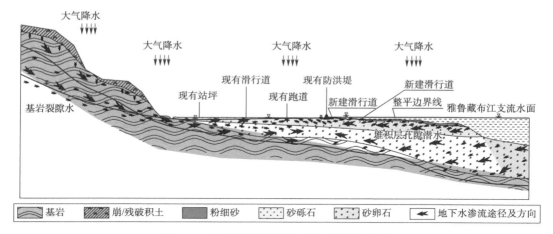

图 7.1-3　丰水期地下水补给、径流、排泄关系特征

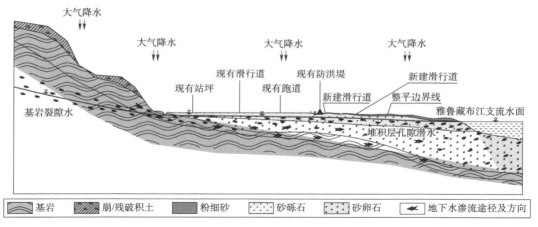

图 7.1-4　枯水期地下水补给、径流、排泄关系特征

3）地下位及动态特征

根据 2020 年 8 月现场实测数据,研究区西部地下水位高程在 3567m 左右,中部地下水位高程 3566.2m 左右,东部地下水位高程 3564.4m 左右。地下水位高程等值线见图 7.1-5。

经过 1 个水文年的地下水长期观测,场区地下水位动态变化幅度在阶地后缘靠近山体部位地下水位变化幅度在 3.0～5.0m 之间,场区河漫滩部位地下水位变化幅度在 1.5～3.0m 之间。

4）地下水水化学特征

水化学分析结果表明:研究区水体呈弱碱性,矿化度在 154.6～236.9mg/L 之间;地下水水化学类型主要为 $HCO_3 \cdot SO_4$-Ca 型,地下水中阳离子以 Ca^{2+} 为主,阴离子以 HCO_3^- 为主。

5）岩土体渗透性特征

根据渗水试验、抽水试验成果,各岩土体渗透性特征见表 7.1-4。

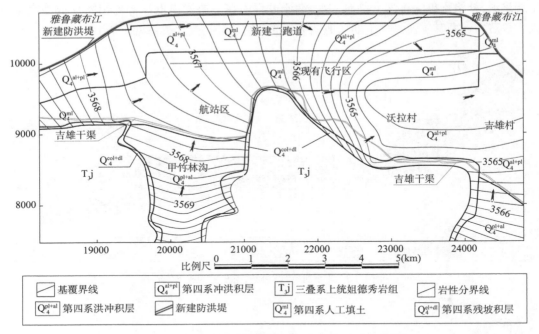

图 7.1-5　研究区地下水位高程等值线图(2020 年 8 月实测)

调查区内各岩土体渗透系数、渗透性等级表　　　　　表 7.1-4

岩土体名称	地层代号	渗透系数(m/d)		渗透性等级
素填土	Q_4^{ml}	6.18 ~ 7.66		中等透水
粉土		2.70 ~ 3.21		中等透水
粉细砂	Q_4^{al+pl}	19.15 ~ 32.26		强透水
卵石		河漫滩	286.99 ~ 369.06	强透水
		I 级阶地	250.24 ~ 263.25	强透水
碎石	Q_4^{pl+al}	87.87 ~ 98.05		强透水
砂岩	T_3j	1.74×10^{-3} ~ 2.54×10^{-1}		弱透水 ~ 中等透水
板岩		1.80×10^{-3} ~ 3.06×10^{-1}		弱透水 ~ 中等透水

7.1.5　现有飞行区地下水工程效应分析

1)道面结构及病害情况

(1)道面结构特征。

现有跑道道面的结构形式为两端各 500m:34cm C50 水泥混凝土道面 + 20cm C8 混凝土 + 28cm 级配砂砾 + 压实土基(K≥0.98);跑道中部:32cm C50 水泥混凝土道面 + 20cm C8 混凝土 + 28cm 级配砂砾 + 压实土基(K≥0.98)。

联络道道面结构形式为,B、E 联络道:24cm C50 水泥混凝土道面 + 20cm C8 混凝土 +

28cm 级配砂砾 + 压实土基($K\geqslant0.98$);C 联络道:32cm C50 水泥混凝土道面 + 20cm C8 混凝土 + 28cm 级配砂砾 + 压实土基($K\geqslant0.98$)。

（2）道面病害特征。

滑行道、三条联络道道面基本不存在脱空情况,跑道垂向脱空位置经钻探、物探测试、渗水等试验,确认位于 C8 混凝土以下,道面区现状特征见图 7.1-6。

图 7.1-6　道面区现状特征

跑道脱空程度通常用脱空系数表示。脱空系数 T 是综合考虑了道面板边、板中弯沉的变化以及接缝传荷能力的参数。其表达式如下:

$$T = b \times t \tag{7.1-1}$$

式中:t——原始脱空系数,$t = D_{02}/D_{01}$;

　　b——约束系数,$b = 0.5 + 0.5 \times E_{\mathrm{ff}}$,$E_{\mathrm{ff}} = D_1/D_2$;

　　D_{02}——板边测点的承载板中心弯沉;

　　D_{01}——板中测点的承载板中心弯沉;

　　E_{ff}——传荷能力系数;

　　D_1——位于非加荷板上距承载板中心 30cm 传感器测出的弯沉;

　　D_2——位于加荷板上距承载板中心 30cm 传感器测出的弯沉。

根据工程经验,一般 $T < 1.5$ 为不脱空;$1.5 < T < 2$ 为轻微脱空;$2 < T < 3$ 为中度脱空;$T > 3$,则认为板脱空较严重。

该机场跑道纵向上脱空系数分布见图 7.1-7。中度脱空占 46%,严重脱空占 44%。东半部分较西半部分严重。脱空主要发生在道面下 1m 深度内。地质雷达探测解译道面脱空异常区特征见图 7.1-8 所示。

2）道面脱空破坏原因分析

滑行道和联络道未发现脱空现象,跑道脱空现象中度~严重,说明道面脱空与飞机的起飞、着落有关。滑行道和联络道上飞机匀速缓慢行驶,可视为静荷载,是道面承受的最大垂向荷载;飞机起降是加速或减速运行,起降荷载是动荷载,道面承受垂向压力较滑行道和联络道小。起降荷载是瞬时荷载,冲击力大,但作用时间短。冲击功对道面产生振动荷载,并向下传播。

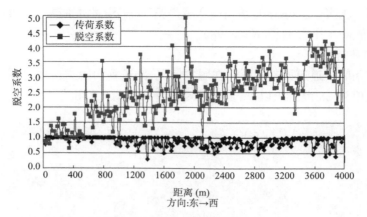

图 7.1-7　机场道面纵向脱空系数分布图

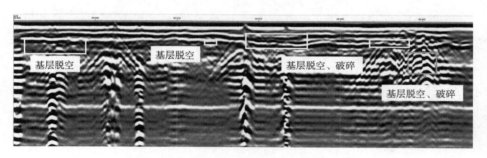

图 7.1-8　地质雷达探测解译道面脱空异常区特征

对比滑行道和联络道无脱空现象,可定性判断跑道脱空是由于饱水的砂砾石层和粉土层在飞机反复的冲击荷载作用下,孔隙水压力频繁增大和减小,地下水位反复升降,渗流作用带走细粒物质导致的。近年来重型飞机的频繁起降,振动荷载作用加剧,使砂土发生液化,潜蚀作用进一步增强,脱空速度加大。

3)定量分析

(1)颗粒分析。

采取大量级配砂砾基层土样和原地基粉土层土样进行颗分试验,图 7.1-9 和图 7.1-10 是两种代表性的颗分曲线。

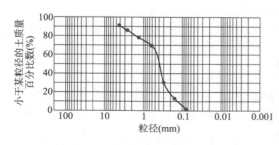

图 7.1-9　级配砂砾基层土样颗分曲线

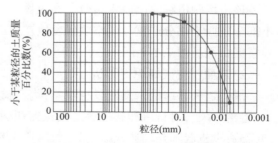

图 7.1-10　原地基粉土层土样颗分曲线

两种曲线不均匀系数小于 5,曲率系数大于 1,表明基层砂砾和粉土总体上级配良好。

（2）渗流分析。

现场采取 7 组原状土样进行室内渗透试验,同时在原状土样采取处采扰动样作重型击实试验,并制备压实度为 0.98 的样品做渗透试验,其结果见表 7.1-5。

渗透试验成果表　　　　　　　　表 7.1-5

试样编号	渗透系数（cm/s）		
	击实前原状样	压实度 0.98 室内样品	压实度 0.98 现场样品
1	2.9×10^{-5}	7.60×10^{-6}	3.5×10^{-5}
2	3.2×10^{-5}	5.00×10^{-6}	4.2×10^{-6}
3	8.7×10^{-4}	4.20×10^{-6}	2.8×10^{-5}
4	2.8×10^{-3}	3.30×10^{-6}	4.9×10^{-5}
5	9.8×10^{-4}	4.5×10^{-6}	5.3×10^{-6}
6	2.9×10^{-5}	5.3×10^{-6}	7.1×10^{-6}
7	2.7×10^{-5}	2.8×10^{-6}	5.4×10^{-5}

从表中可以看出,样品在压实度为 0.98 时,渗透性明显减小,减小量最大可达 1000 倍。

在现场碾压后采取 8 个样品做室内渗透试验,其渗透系数在 $n \times 10^{-5} \sim n \times 10^{-6}$ cm/s 之间。可以说在压实状态下,若没有振动等外界影响因素,土体渗透性很小,细粒物质运移的通道或途径不畅通,细粒物质流失量小,这也从另一个方面很好地解释了在过去的 30 余年间,在航班量很小的条件下,未发现跑道脱空的原因。

（3）液化分析。

对粉土地基碾压前后进行标贯试验,按《建筑抗震设计规范》（GB 50011—2010）（2016年版）[1]计算液化指数,见表 7.1-6。

粉土液化指数计算表　　　　　　　　表 7.1-6

孔号	液化指数	液化程度
碾压前	4.1 ~ 10.1	轻微 ~ 中等
碾压后	2.6 ~ 5.6	轻微

从表 7.1-6 中可以发现,碾压后地基具有轻微液化的可能性。

据最新研究成果（袁晓明,曹振中,等,2009）[2],砂砾土也具有液化的可能性,文中提出的液化判别公式如下:

$$N_{cr-120} = N_{0-120}[0.95 + 0.05(\mathrm{ds} - \mathrm{dw})] + [1 + 0.5(p_5 - 50\%)] \quad (7.1-2)$$

式中:N_{cr-120}——临界动探击数;

N_{0-120}——动探击数基准值,本工程取 9;

ds——砂砾土埋深,本工程取 0.54m;

dw——地下水深度,本工程取 0;

p_5——大于 5mm 的颗粒含量。

当实测击数 N_{120}（每贯入 30cm 击数）小于 N_{cr-120} 时，则砂砾土液化，否则，不液化。

开挖道肩和钻切道面，进行 N_{120} 试验，试验完毕采取道面下砂砾石基层进行颗分试验，计算参数和结果见表 7.1-7。

砂砾石液化计算指标   表 7.1-7

试验点编号	岩土名称	p_5（%）	N_{0-120}（击/30cm）	N_{cr-120}（击/30cm）	N_{120}（击/30cm）
1	中砂	14.2	9	1.1	1.0
2	圆砾	95.0	9	1.5	7.5
3	砾砂	25.0	9	1.1	4.5
4	砾砂	24.5	9	1.1	1.2
5	圆砾	82.0	9	1.4	8.5
6	圆砾	76.4	9	1.4	7.0

从表 7.1-7 中可见，道面砂砾石基层 1 号、4 号检测点在 7 度烈度条件液化或接近液化，其他点不液化。但机场建成后未遭受过 7 度烈度及以上地震，不存在地震作用下的液化的条件。

对比脱空分布区，1 号、4 号检测点脱空严重，在 2000 年初就发现脱空，随后加速发展；3 号点为中度脱空，2 号、5 号、6 号点脱空轻微。存在液化可能性的区域与脱空区基本一致，脱空的严重性与可能液化的严重程度也基本一致。这表明脱空区受到振动荷载后发生了液化，或至少加速了细粒物质运移。

（4）渗透破坏分析。

根据《水利水电工程地质勘察规范》（GB 50487—2008）[3]，进行土的渗透变形采用细粒含量和临界水力梯度法判定。

临界水力梯度：

$$J_{cr} = \begin{cases} (G_s - 1)(1 - n) & \text{流土} \\ 2.2(G_s - 1)(1 - n)^2 d_5/d_{20} & \text{管涌} \end{cases} \quad (7.1\text{-}3)$$

细粒含量：

$$p_c = \begin{cases} \geqslant \dfrac{1}{4(1-n)} \times 100 & \text{流土} \\ < \dfrac{1}{4(1-n)} \times 100 & \text{管涌} \end{cases} \quad (7.1\text{-}4)$$

式中：J_{cr}——临界水力梯度；

G_s——土粒比重；

n——孔隙率；

d_5、d_{20}——颗粒级配曲线中含量为 5% 和 20% 的颗粒粒径；

p_c——土的细颗粒百分含量，以小于粗细粒径的分界值 d_f 判定。

对连续级配的土，$d_f = \sqrt{d_{70}d_{10}}$，式中 d_{10}、d_{70} 分别为颗粒级配曲线中含量为 10% 和 70% 的颗粒粒径。

场区大量室内试验获取的代表性 $G_s = 2.7 \sim 2.8$，$n = 40\% \sim 45\%$。代入公式计算得 $p_c = 41\% \sim 46\%$。结合采样点的常规试验成果和颗分试验成果，计算细粒含量和临界水力梯度 J_{cr}，其结果见表 7.1-8。

渗透变形参数计算表　　　　　　　　　　　　　表 7.1-8

土样编号	土粒粒径（mm）					细粒含量 p_c（%）	临界水力梯度 J_{cr}
	d_5	d_{10}	d_{20}	d_{70}	d_f		
1	0.07	0.14	0.22	0.63	0.30	30	0.42
2	0.095	0.15	0.21	0.45	0.26	25	0.61
3	0.15	0.28	0.46	1.19	0.58	35	0.44
4	0.15	0.23	0.35	1.12	0.51	31	0.58
5	0.09	0.14	0.22	0.60	0.29	45	0.55
6	0.0045	0.005	0.006	0.03	0.012	41	0.97
7	0.0046	0.005	0.007	0.028	0.012	38	0.88
8	0.0042	0.005	0.006	0.03	0.012	40	0.94
9	0.003	0.006	0.012	0.085	0.023	32	0.34
10	0.004	0.005	0.009	0.080	0.023	34	0.59
11	0.0045	0.005	0.006	0.022	0.010	45	0.99
12	0.0045	0.005	0.006	0.025	0.010	42	0.99

根据表 7.1-8 的计算结果，并依据规范判断得出，场区原地基土层和砂砾基层发生流土渗透破坏的概率较小，但存在发生管涌的可能性。经多年观测和计算，场区水力梯度 $J = 0.01 \sim 0.15$，远小于表中计算值，即在天然状态下，场区土体不会发生流土和管涌破坏，但现实中跑道脱空，水土流失客观存在。其原因可能为飞机局部荷载作用下，地下水压力升高，其局部水力梯度可能超过临界水力梯度而发生管涌。由于飞机起降速度快，作用时间短，管涌时间短，故管涌现象应不明显。但在频繁起降条件下，管涌可明显加强，这与 2006 年后道面脱空随航班量与飞机起飞重量增加而加速情况一致。

（5）脱空速度与飞行关系。

将 2006 年与 2009 年检测时道面的脱空情况进行比较，可发现脱空程度明显加重，中度脱空和严重脱空的测点均提高了 40% 以上，见表 7.1-9。其次，脱空的范围明显增大，2006 年检测时，仅在跑道北侧第二幅道面板的东半部分存在较严重的脱空情况，2009 年检测中发现道面中度脱空以上的情况在跑道中心线两侧第一、二幅道面板，几乎全长范围内均有广泛的分布。

道面脱空程度对比表　　　　　　　　　　　　　表 7.1-9

检测年份（年）	位置	中度脱空比例（%）	严重脱空比例（%）
2006	N2	27	22
	S1	12	0

检测年份(年)	位置	中度脱空比例(%)	严重脱空比例(%)
2009	N1	46	26
	S2	46	44

该机场始建于1966年,1990年前每周3~5个航班,1990—1999年平均每天2~3个航班,2000—2005年每天3~8个航班,2005—2006年连续两年航空业务量增长在10%以上,2007—2009年航空业务量增长迅速,飞机的起降架次年平均增长率在20%左右,最多每天近40个航班;2000年后,A330、A340等E类飞机以20%的速度增长。

从上述资料分析可知,脱空速度与飞行频次和飞机起飞重量成正比,随飞机起降次数和起飞重量增大而增大。

(6)综合分析。

近年来,该机场道面脱空一是由于道面基层由砂砾石组成,浅层地基由粉土组成,地下水位高,基层和浅基通常饱水。二是在飞机动荷载作用下,砂砾石和粉土层受到反复挤压,孔隙水压力频繁增大和减小,引起地下水反复升降,加快渗流速度,地下水带走细粒物质而使道面脱空形成。重型飞机的频繁起降,振动荷载作用加剧,可使砂土发生液化,渗流速度加快,潜蚀作用进一步增强,脱空速度加大,表明潜蚀或脱空速度与飞行频次和飞机起飞重量成正比。道面下砂砾石基层、粉土层和地下水是该机场道面脱空的内在因素,飞机起降是该机场道面脱空外在诱因。

4)地基处理

根据该机场道面脱空机制,在道面脱空段代表性地段约4500m²区域,分别分小区进行水灰比0.58、0.60、0.62、0.65、0.68、0.70的灌浆试验。注浆压力0.3~0.7MPa,钻孔深度0.54m、0.65m、0.82m。经相关单位综合分析,认为水灰比0.68,注浆压力0.5~0.7MPa,钻孔深度0.82m时,灌浆效果最佳,此时,水泥浆液浓度1.69t/m³,道面板单位面积注浆量24.86L。

按推荐灌浆参数,对整个跑道进行不停航灌浆(白天飞行,晚上灌浆),灌浆后30d进行道面测试,未发现道面脱空现象,效果良好。

7.1.6 扩建飞行区地下水工程效应分析

鉴于老飞行区地下水不良作用明显,新建第二跑道项目进行了系统的地下水工程效应研究,为设计提供了可靠的依据。

1)扩建区主要工程地质问题

扩建飞行区主要工程地质问题是沉降与差异沉降问题:

(1)新建场地95%区域为河流漫滩和河床地貌,地表水水系发育,广泛分布辫状水系,古河道发育,河道与漫滩间地势变化较大;分布有饱和粉土、粉细砂,密实度低,局部富含有机质,承载力低,变形模量小,在长期上覆荷载作用下会产生缓慢的压缩变形,易发生过大沉降和不均匀沉降。

（2）场地地下水位变化幅度较大，地下水位频繁升降，一是可能对填筑体产生潜蚀破坏作用，二是对板岩、千枚岩、强风化砂岩填料强度劣化，增大填筑体沉降与差异沉降。

（3）卵砾石层渗透系数为200～400m/d，渗透性大，施工过程中临时抽排水措施不当或地下水位急剧变化容易导致渗透变形，沉降过大。

2）现场物理模型试验

现场物理模型试验区位于地下水位较高的飞行区东端，见图7.1-11。

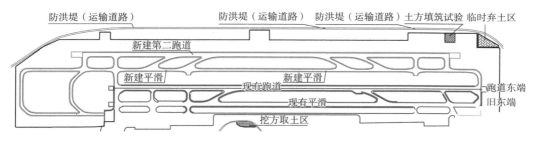

图7.1-11　现场物理模型试验区位置展布图

（1）现场物理模型试验内容。

模型试验包括地基处理试验、土石方填筑试验、降水试验和相关的土工试验、检测、监测。

①地基处理试验：按划分试验小区进行对粉土、卵砾石大功率振动碾压（激振力不小于800kN）和普通功率振动碾压两种地基处理工艺试验，见图7.1-12。

图7.1-12　地基处理施工

②土石方填筑试验：填料主要为挖方区山体基岩开挖料，按照划分的试验小区试验，开展堆填强夯（3000kN·m能级）、普通功率振动碾压、大功率振动碾压填筑三种工艺试验；由于临近雅鲁藏布江支流，地基土含水率较大，大功率振动碾压机采用静碾，见图7.1-13。

③地基降水试验：在土方填筑实施完成后，在场区设置了5个钻孔进行多孔抽水试验（图7.1-14），其中一个作为抽水孔，其余钻孔作为观测孔，抽水井井深10m，井径450mm，过滤管直径300mm，用纱网进行包裹。试验分别进行了多级降深试验，测得地层渗透系数为280～360m/d。

④地基土试验。

a. 对施工前地基的原状土进行含水率、密度、颗粒分析、表观密度等常规物理力学性质试验和最大干密度试验。

b. 对挖方区开挖料取样分别进行颗粒分析试验、毛体积密度试验、天然密度试验、表观密度试验、天然含水率试验、CBR 试验和击实试验。试验如图 7.1-15、图 7.1-16 所示。

图 7.1-13 土石方填筑施工

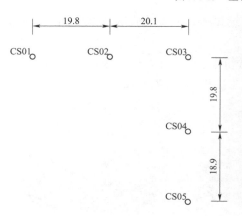

图 7.1-14 地基降水试验(尺寸单位:m)

图 7.1-15 原地基土重型击实试验

图 7.1-16 填料 CBR 试验

⑤现场检测。

对压实填方地基进行颗分试验、CBR 试验、土基反应模量试验、动力触探试验、波速试验、荷载试验、压实度检测等,评价地基的压实效果,见图 7.1-17～图 7.1-20。

图 7.1-17 载荷试验

图 7.1-18 压实度检测

图 7.1-19 地基反应模量测试

图 7.1-20 波速测试

(2)现场物理模型试验成果。

①场内挖方区填料主要为风化板岩,最大干密度为 2.18～2.27g/cm³,最佳含水率为 5.8%～6.6%,填料 CBR 8.8%～10.2%,满足《民用机场岩土工程设计规范》

179

（MH/T 5027—2013）对道床填料要求,填料受地下水影响较小。

②丰水期时场地地下水丰富,原地基土含水率大,施工机械振动碾压时出现陷轮现象,原地面碾压处理较难实施。

③根据普通功率振动碾压结果,考虑施工和检测要求,普通功率碾建议虚铺厚度0.5m,碾压遍数8~12遍。

④根据大功率碾压填筑试验结果,建议大功率振动碾压虚铺厚度0.8m,碾压2~6遍。

⑤填筑强夯试验结果表明:当强夯能级为3000kN·m、单点夯击次数为11~12击时,填筑体的压实度能达到96%的要求;当满夯能级为1000kN·m、单点夯击次数为4~6击时,填筑体的压实度能达到93%的要求。

⑥填筑效果而言,强夯填筑效果最好,大功率碾压填筑次之,普通功率填筑效果最差,但是三种工艺均可满足规范要求。

⑦大功率振动填筑效果较好,填筑速度较快,施工分区灵活,可作为场区主要填筑工艺;漫滩区域堆填后采用强夯填筑,可保证较好的填筑效果。

3）地下水渗流特征分析

在场区水文地质条件调查的基础上,通过数值模拟等手段进行全场区渗流特征模拟,分析场区不同时期地下水水位、地下水变化特征以及其工程效应。

（1）模型建立。

根据前期勘察、水文地质调查资料、设计文件,采用 Visual Modflow 软件建立 LS 机场水文地质模型。模型平面尺寸约为8000m（东西向最长）×6900m（南北向最长）,模拟范围约31km²,根据地质条件,将模型剖分为三层网格,100 行×100 列,每个单元格81.02m（长）×69.17m（宽）,模型范围见图7.1-21。

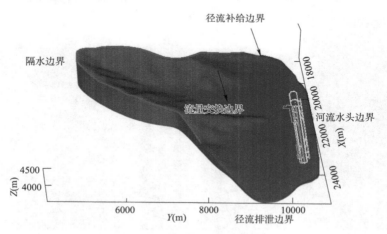

图7.1-21 稳定流模拟范围及边界条件设置

以机场现有跑道以及新建新跑道为核心,包含了机场南侧广大山区,考虑山区形成的汇水冲沟对场区的影响,沿山脊线确定该区域范围,以山脊线为隔水边界;模型北部边界为水头边界;东西端以上述两边界延伸闭合为模型整体范围,西端为包括吉雄干渠在内的径流补给边界,东端为径流排泄边界;模型上部(地面)为包括降雨补给、地面蒸发、抽水井排泄在内的流量交换边界。模型边界条件见图 7.1-21。模型范围已尽可能地保全地下水系统的独立性和整体性建立。

基于降雨补给曲线,将雅鲁藏布江全年水位与其拟合,如图 7.1-22 所示。

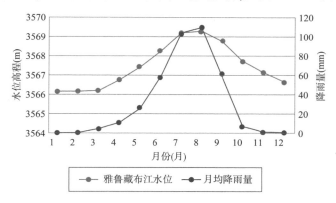

图 7.1-22 雅鲁藏布江水位-降雨拟合曲线图

根据水文地质钻孔水位(钻孔点位如图 7.1-23)及对地表水、地下水的调查的水位数据,获取研究区天然地下水位等值线图如图 7.1-24。

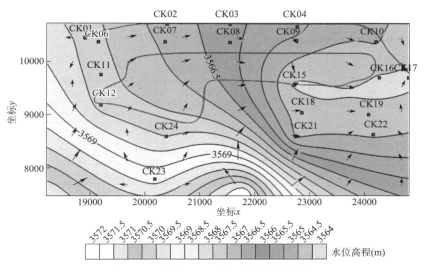

图 7.1-23 模拟区地下水初始水位等直线图

与实测数据比较,模拟数据的最大和最小绝对误差分别为 2.60m 和 0.067m,比较 17 个模拟值与对应点位的实测值,绝对误差小于 0.5m 的点有 15 个,占数据总数的 88%,满足要求。

经实地踏勘场区露头点位,以及现场进行的水文试验(抽水试验与渗水试验),并结合前期勘察资料中地层岩性的划分,考虑人类工程活动对水文地质参数的影响,综合上述几个因素将模型水平向分区、垂直向分层,各水文区参数不尽相同。模型分区如图 7.1-24 所示。

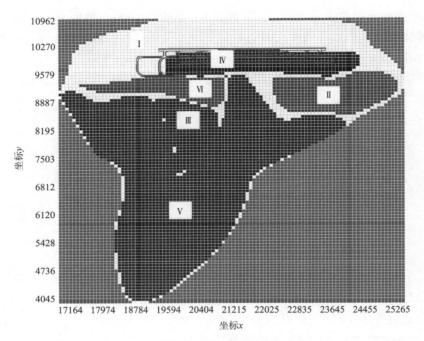

图 7.1-24　模型分区

根据已有资料,将模型进行参数分区取值和赋值,水文地质参数主要根据抽水试验、渗水试验确定,选取模拟参数见表 7.1-10。

模型水文参数取值　　　　　　　　　　　表 7.1-10

分区参数	K_x (m/d)	K_y (m/d)	K_z (m/d)	μ
I-1	0.3	0.3	0.3	0.05
I-2	50	50	50	0.1
I-3	300	300	300	0.25
II-1	0.1	0.1	0.1	0.05
II-2	30	30	30	0.1
II-3	250	250	250	0.25
III-1	80	80	80	0.2
III-2	80	80	80	0.2
III-3	80	80	80	0.2
IV-1	0.1	0.1	0.1	0.05
IV-2	10	10	10	0.15
IV-3	300	300	300	0.25
V-1	0.02	0.02	0.003	0.05
V-2	0.02	0.02	0.003	0.1
V-3	0.02	0.02	0.003	0.25

注:K-渗透系数;μ-给水度。

（2）稳态流模拟分析。

分别模拟枯水期低水位、丰水期高水位、百年一遇设计水位。分别用丰水期高水位、百年一遇设计水位与枯水期低水位相比较分析，可知各区域水位升降变化幅度，特别是新建跑道与现有跑道区域。

①枯水期低水位工况。

枯水期低水位模拟选取一年中 2 月时的现场工况作为模拟条件，此时雅鲁藏布江水位降到一年中的最低点，包括相对应的吉雄干渠水位，作为模型核心水文边界条件赋值，以此得到枯水期时场区计算成果，如图 7.1-25 ~ 图 7.1-27 所示。

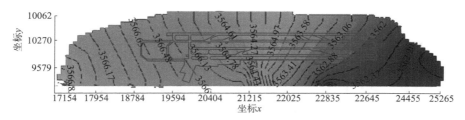

图 7.1-25　枯水期低水位工况水头等值线图

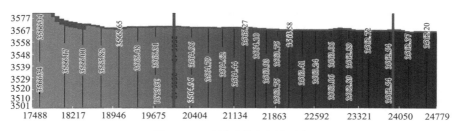

图 7.1-26　现有跑道水头剖面图

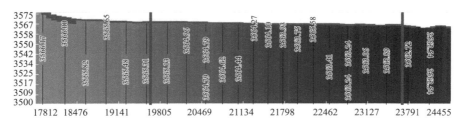

图 7.1-27　拟建跑道水头剖面图

模拟得出场地整体流场流向自西向东，与雅鲁藏布江流向相符。现有跑道西端水位高程在 3565.15m，东端水位高程在 3562.49m，东西端水位高差 2.66m；拟建跑道西端水位高程在 3565.28m，东端水位高程在 3562.76m，东西端水位高差 2.52m，现有跑道区与拟建跑道区存在水文地质参数的差异，前者渗透性比后者较弱，故现有跑道东西端高差大于拟建跑道。

从水头断面图可以看出，现有跑道中部区域等值线较为密集，水力梯度较大，这可能与长期的机场运营下飞机频繁起降对地下水文的潜在影响有关。

②丰水期高水位工况。

研究区 6—9 月为降雨集中月，降雨量较其余月极为丰沛，雅鲁藏布江高水位时期多维持在 7—8 月,以 8 月作为丰水期高水位工况的代表。丰水期高水位工况计算成果,如图 7.1-28 ~ 图 7.1-30 所示。

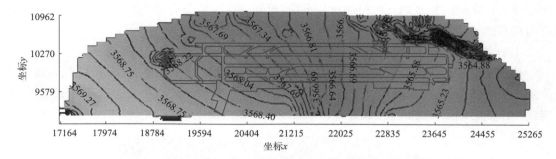

图 7.1-28　丰水期高水位工况水头等值线图

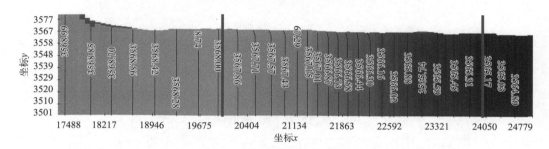

图 7.1-29　现有跑道水头剖面图

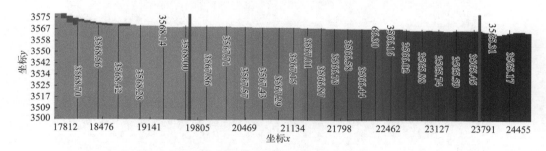

图 7.1-30　拟建跑道水头剖面图

相比枯水期,在局部地区,水头等值线不再均匀,水力梯度增大,特别是跑道东部地区,等值线较紊乱,各区域水头空间分布呈现出不均衡的特点。在东北角防洪堤所截原雅鲁藏布江水系河道处,经与该区域实际高程比较,水塘深 2 ~ 3m。现有跑道西端水位高程为 3568.04m,东端为 3565.19m,东西端高差为 2.85m;拟建跑道西端为 3567.99m,东端为 3565.44m,东西端高差 2.52m。与枯水期相比,丰水期时现有跑道地下水位上升了 2.7 ~ 2.89m,拟建二跑道区域地下水位上升了约 2.69m,其中上游(西端)地下水位上升略大于下游。

③百年一遇洪水工况。

本书末分析场区在极端条件下机场区域的水头渗流状况,以研究区洪水安全性评估资料为依据,进行雅鲁藏布江百年一遇设计洪水位工况下的渗流场分析。模拟成果如图 7.1-31 ~ 图 7.1-33 所示。

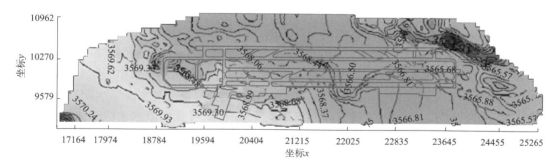

图 7.1-31　百年一遇水位工况水头等值线图

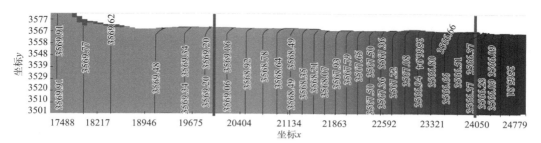

图 7.1-32　现有跑道水头剖面图

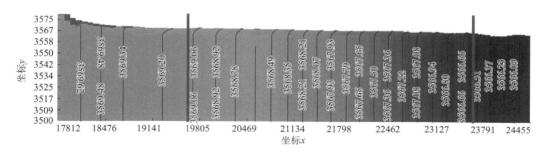

图 7.1-33　拟建跑道水头剖面图

模拟分析得出,现有跑道西端水位高程为 3569.20m,东端为 3566.35m,两者高差 2.85m;拟建跑道水位高程为 3568.21m,东端为 3565.48m,高差 2.73m。

上述模拟得出,丰水期工况与枯水期工况作比较时,现有跑道与拟建跑道水位都有一定程度的上升,上升幅度为 2.7~2.89m。整体来看,现有跑道的水位升降幅度要略大于拟建跑道的升降幅度,差距主要集中在跑道西部与中部区域,约 0.1m,东部区域基本相同。另两者都有一个共同特点,中部降深大于两端,现有跑道最大处有 2.87m,拟建跑道最大处有 2.77m。

将百年一遇工况与枯水期工况作比较,发现无论是拟建跑道还是现有跑道,各跑道水位升幅在 3.8~4.1m 之间,水位升降相较于枯丰两季比较时都有显著的上升,升幅都在 1m 以上,现有跑道最高升幅达到 1.2m 以上,也就是百年一遇洪水工况时相较于丰水期时的大致涨幅。此外,仍然保持上述的特点,中部降深大于两端,两跑道西部与中部升降幅度差距涨至 0.2m 左右。

（3）瞬态流模拟分析。

①一个水文年全过程分析（枯水期→丰水期→枯水期）。

在稳定流基础上，采用瞬态流模拟 1 个水文年 12 个月降雨量及雅鲁藏布江水位的变化情况下，地下水渗流场的变化。对比图 7.1-34 ~ 图 7.1-37（枯水期→丰水期）流场图，地下水等值线图随着时间变化向东部移动，由于地势西高东低，说明随着天气变暖丰水期的到来，场区地下水接受冰雪融水、南侧山体、雅鲁藏布江以及降水补给，导致地下水水位整体升高以及水力梯度变大。在场区东部，随着地下水接受补给，水位升高致使水塘范围逐渐变大。

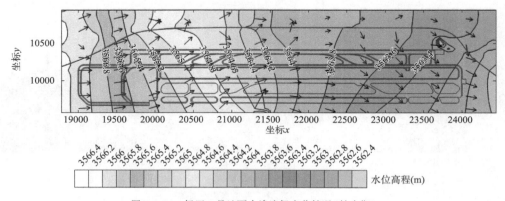

图 7.1-34　场区 2 月地下水渗流场变化情况（枯水期）

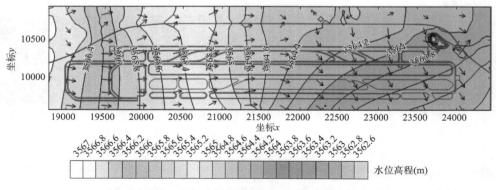

图 7.1-35　场区 4 月地下水渗流场变化情况（枯水期）

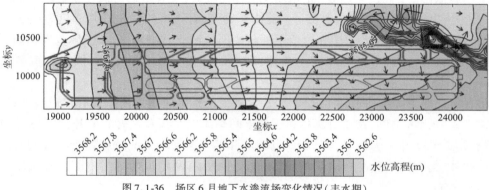

图 7.1-36　场区 6 月地下水渗流场变化情况（丰水期）

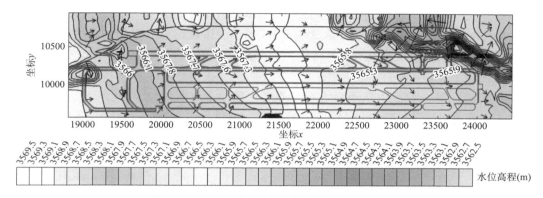

图7.1-37 场区8月地下水渗流场变化情况(丰水期)

对比图7.1-34～图7.1-39(丰水期→枯水期)流场图可知,地下水等值线图随着时间变化向西部移动,随着枯水期到来,地下水接受补给变少同时东部侧向补给雅鲁藏布江,导致地下水水位整体降低以及水力梯度变小。在场区东部,水塘受此影响范围逐渐缩小。

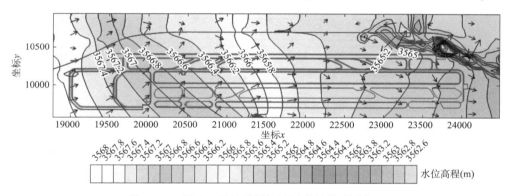

图7.1-38 场区10月地下水渗流场变化情况(枯水期)

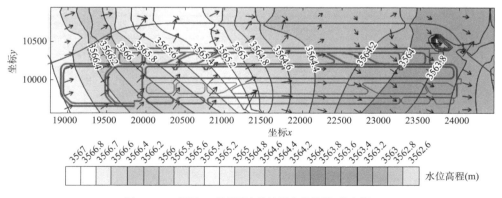

图7.1-39 场区12月地下水渗流场变化情况(枯水期)

模拟得出,现有跑道西端地下水位高程为3565.32～3568.15m,中部地下水位高程为3563.81～3566.59m,东端地下水位高程为3562.97～3565.79m,现有跑道区域地下水水位高程的变化幅度为2.78～2.83m。

拟建跑道西端地下水位高程为 3565.48 ~ 3568.29m,中部地下水位高程为 3564.02 ~ 3566.88m,东端地下水位高程为 3563.31 ~ 3565.52m。拟建跑道区域的地下水水位的变化幅度为 2.21 ~ 2.86m。拟建跑道设计高程为 3568.6 ~ 3570.8m,丰水期地下水位低于跑道设计高程 2.51 ~ 3.08m。

②填筑前百年一遇洪水工况(丰水期→百年一遇→丰水期)。

在丰水期瞬态流模拟基础上,进行填筑前百年一遇洪水工况模拟分析,瞬态流模拟时间为 30d。百年一遇洪水位模拟时间为第 14 ~ 18d,第 16d 为百年一遇的最高洪水位(图 7.1-40)。模拟结果如图 7.1-41 所示。

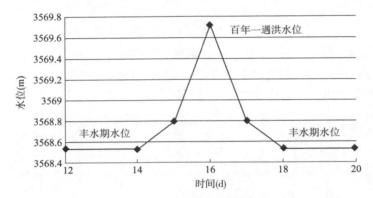

图 7.1-40 场区百年一遇洪水工况的雅江水位变化情况(第 16 天)

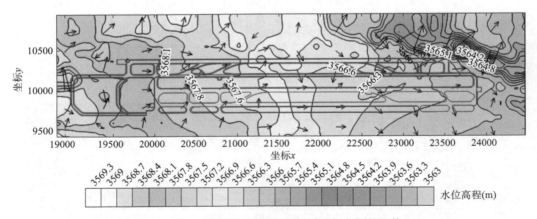

图 7.1-41 场区百年一遇洪水工况地下水渗流场变化情况(第 2d)

总体上,百年一遇洪水工况下场区地下水的渗流特征与丰水工况下的渗流特征大体一致。

通过跑道区域百年一遇洪水位工况下瞬态流模拟得出,现有跑道西端地下水位高程的变化情况为 3568.07m ~ 3568.33m ~ 3568.15m,变化幅度为 0.18 ~ 0.26m;中部区域地下水位高程的变化情况为 3566.58m ~ 3566.91m ~ 3566.68m,变化幅度为 0.23 ~ 0.33m;东端区域地下水位高程的变化情况为 3565.66m ~ 3566.16m ~ 3565.72m,变化幅度为 0.44 ~ 0.50m。

拟建跑道西端地下水位高程的变化情况为3568.14m～3568.77m～3568.24m,变化幅度为0.53～0.63m;中部区域地下水位高程的变化情况为3566.7m～3567.32m～3566.81m,变化幅度为0.51～0.62m;东端区域地下水位高程的变化情况为3565.96m～3566.64m～3566.03m,变化幅度为0.61～0.68m,见图7.1-42。拟建跑道设计高程为3568.6～3570.8m,百年一遇洪水位工况下地下水位低于跑道设计高程2.44～2.80m。

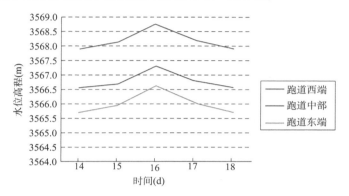

图7.1-42　百年一遇洪水工况下拟建跑道的地下水位变化情况(第14～18d)

③填筑后百年一遇洪水工况(丰水期→百年一遇→丰水期)。

在丰水期瞬态流模拟基础上,改变场地高程和水文地质参数等进行填筑后百年一遇洪水工况模拟分析,瞬态流模拟时间为30d。模拟结果如图7.1-43所示。

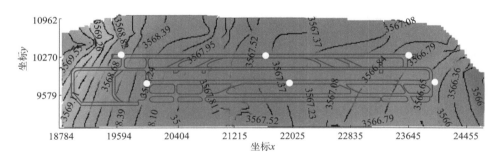

图7.1-43　场区百年一遇洪水工况地下水渗流场变化情况(填筑后第16d)

总体上,填筑后百年一遇洪水工况地下水的渗流特征与填筑前百年一遇洪水工况下的渗流特征基本一致。

跑道区域填筑后百年一遇洪水位工况下,现有跑道西端地下水位高程的变化情况为3567.79m～3568.36m～3567.94m,变化幅度为0.42～0.57m;中部区域地下水位高程的变化情况为3566.75m～3566.75m～3566.61m,变化幅度为0.14～0.25m;东端区域地下水位高程的变化情况为3565.68m～3566.07m～3565.75m,变化幅度为0.32～0.39m。拟建跑道西端地下水位高程的变化情况为3568.05m～3568.82m～3568.11m,变化幅度为0.71～0.77m;中部区域地下水位的高程变化情况为3566.68m～3567.15m～3566.78m,变化幅度为0.37～0.47m;东端区域地下水位高程的变化情况为3565.98m～3566.51m～3566.06m,变化幅度为0.45～0.53m,见图7.1-44。

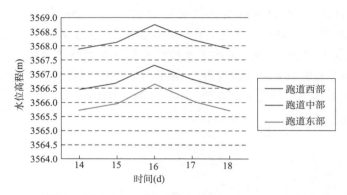

图 7.1-44　百年一遇洪水工况拟建跑道的地下水位变化情况(填筑后第 14~18d)

　　拟建跑道设计高程为 3568.6~3570.8m,百年一遇洪水位工况下地下水位低于跑道初定设计高程 2.44~2.80m。现有跑道设计高程为 3566.56~3569.70m,百年一遇洪水位工况下地下水位西东部低于跑道设计高程 1.34~1.43m,高于中部 0.19m。

　　图 7.1-45 中,A1~A3 分别为拟建跑道西端、中部、东端点位;B1~B3 分别为现有跑道西端、中部、东端点位。丰水期拟建跑道填筑后相较于填筑前水位起伏为 -0.09~0.02m;现有跑道变化为 -0.28~0.02m,其中西端起伏较大为 0.28m。百年一遇拟建跑道填筑后相较于填筑前水位起伏为 -0.17~0.05m;现有跑道起伏为 -0.16~0.03m,整体变化不大。

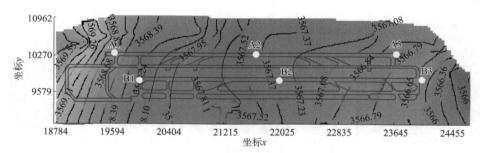

图 7.1-45　机场跑道点位图

　　总的来说,填筑后地下水渗流场有一定变化,但在数值差异上,填筑前后影响不大。分析原因可能与雅鲁藏布江的大流量补给对全场区地下水水位占主导因素有关,并且场区粉土层以下多为强渗透性的砾卵石层,填筑施工的影响有限。

　　4)渗透变形分析

　　(1)场区水力坡度特征。

　　在场区选取 12 个点计算水力坡度$[i=(H_1-H_2)/L]$,位置见图 7.1-46,丰水期和百年一遇下的水位高程见表 7.1-11,其中 C1~C3 分别为防洪堤内侧西端、中部、东端点位,D1~D3 分别为防洪堤外侧西端、中部、东端点位。

　　12 个点丰水期和百年一遇时水力坡度见表 7.1-12。横向上,新建跑道西端至中部(A1~A2)丰水期水力坡度为 0.07%,百年一遇为 0.073%;中部至东端(A2~A3)丰水期水力坡度为0.042%,百年一遇为 0.034%。纵向上,现有跑道至防洪堤内侧方向(B1~D1)丰水期水力坡度为0.062%,百年一遇为0.062%。

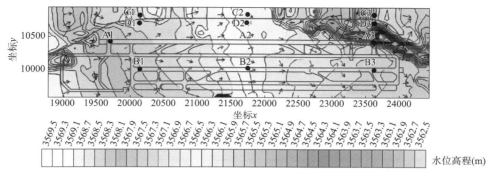

图7.1-46　场区渗透变形分析等位图

场区水位高程统计表(丰水期、百年一遇)　　　　表7.1-11

点位位置 工况	水位高程(m)					
	拟建跑道			现有跑道		
	A1	A2	A3	B1	B2	B3
丰水期	3568.25	3566.85	3566.02	3568.12	3566.65	3565.86
百年一遇	3568.77	3567.31	3566.64	3568.12	3566.76	3565.85
点位位置 工况	防洪堤外侧			防洪堤内侧		
	C1	C2	C3	D1	D2	D3
丰水期	3567.56	3566.58	3566.07	3567.72	3566.62	3566.07
百年一遇	3568.47	3567.35	3567.00	3568.45	3567.29	3566.92

场区水力坡度统计表　　　　表7.1-12

点位位置 工况	水力坡度(%)							
	拟建跑道		现有跑道		防洪堤外侧		防洪堤内侧	
	A1~A2	A2~A3	B1~B2	B2~B3	C1~C2	C2~C3	D1~D2	D2~D3
丰水期	0.07%	0.042%	0.074%	0.048%	0.049%	0.031%	0.055%	0.033%
百年一遇	0.073%	0.034%	0.068%	0.055%	0.056%	0.021%	0.058%	0.022%

点位位置 工况	B1~D1	B2~D2	B3~D3
丰水期	0.062	0.0046	-0.032
百年一遇	0.062	-0.082	-0.17

防洪堤内侧(D1~D3)设置为百年一遇工况,防洪堤外侧(C1~C3)设置为丰水期工况,在纵向上(防洪堤内侧D点位→防洪堤外侧C点位方向)的水力坡度变化,见表7.1-13。根据表格数据,防洪堤西端水力坡度为4.45%,中部为3.55%,东端为4.25%。

防洪堤内侧至外侧水力坡度统计表　　　　表7.1-13

点位位置	防洪堤西端	防洪堤中部	防洪堤东端
	D1~C1	D2~C2	D3~C3
水力坡度(%)	4.45	3.55	4.25

由数值模拟分析结果可知,场区西部(上游)水力坡度较东端(下游)大,拟建第二跑道

和现有跑道区域水力坡度差别较小,百年一遇洪水位条件下,防洪堤内外水力坡度较大。

(2)场区渗透变形评价。

根据数值模拟分析得到的水力坡度,同时结合场区地层筛分结果,依据《水力水电工程地质勘察规范》(GB 50487—2008)、《堤防工程地质勘察规程》(SL188—2005)[4],对场区渗透变形特征进行了分析判断,判别结果见表7.1-14。

渗透变形判断结果　　　　　　　　　　　　　　　　　表7.1-14

序号	堤基土质类别	可能渗透破坏形式	渗透系数(m/d)	建议允许坡降	场区最大水力坡降	是否发生渗透变形
1	粉土	流土	5	0.25	0.00345	否
2	粉细砂	流土	30	0.35	0.00345	否
3	砾石	管涌	260	0.45	0.00345	否
4	卵石	管涌	350	0.35	0.00345	否
5	基岩填料	管涌	90	0.64	0.00074	否

根据数值模拟结果得到拟建第二跑道区域水力坡降为0.048% ~0.074%,防洪堤区域水力坡度稍大,为3.35% ~3.45%,均远小于允许水力坡降,场区地基和填料基本不会发生渗透变形。

5)沉降变形研究

(1)模拟过程和计算参数。

①模拟过程如图7.1-47所示,包括:

a. 初始渗流场:场地填筑前地下水渗流场模拟。

b. 初始应力场模拟:场地填筑前原地基模拟。

c. 填筑模拟:第一步填筑,第二步施加道面荷载模拟,第三步施加道面和飞机荷载模拟。

初始渗流场 ➡ 初始应力场模拟 ➡ 填筑模拟 ➡ 施加道面荷载 ➡ 施加飞行荷载 ➡ 渗流场改场

图7.1-47　模拟过程

②飞机荷载。

机场道面由面层(水泥混凝土)和水泥碎石上基层和下基层构成,面层设计厚度为0.36m,重度为25kN/m³,上基层和下基层厚度分别为0.20m,重度为24kN/m³,因此,道面对原地基产生的荷载大小为18.60kPa。

根据《民用机场飞行区技术标准》(MH 5001—2021)中飞机类型的最大荷载,按单组轮着落在两块尺寸为4.5m×4.5m混凝土道面板,计算下伏地基的最大荷载。飞行区设计指标为4E,按空客A-330-300考虑飞机荷载为28.8kPa,见表7.1-15。

道面板下地基飞机荷载　　　　　　　　　　　　　　　表7.1-15

飞机类型	最大荷载(kN)	道面板下地基飞机最大附加荷载(kPa)	胎压(MPa)
A319	744	9.18	1.38
A320	759	9.37	1.44

续上表

飞机类型	最大荷载（kN）	道面板下地基飞机最大附加荷载（kPa）	胎压（MPa）
A-330-300	2339	28.8	1.42
A380	5514	68.49	1.47
B737	777	9.65	1.47
B747	3905	48.51	1.38

（2）物理力学参数。

新建场地各主要岩土层的物理力学参数建议值见表7.1-16。

地内各主要岩土层综合物理力学参数建议值表　　　　表7.1-16

岩土名称	状态	指标				
		天然重度 γ（kN/m³）	黏聚力 C（kPa）	内摩擦角 φ（°）	弹性模量 E（MPa）	泊松比 μ
混凝土	—	24	—	45	32000	0.2
填筑碎石土（F2）	稍密	20.0	10.0	27.0	25.0	0.30
填筑碎石土（F1）	密实	21.0	11.0	29.0	32.0	0.29
填土	密实	20.0	10.0	20.0	18.0	0.29
粉土	松散	18.0	10.0	8.5	13.0	0.32
中细砂	松散	18.7	4.0	9.0	19.5	0.3
圆砾	松散	20.0	0	24.0	36.0	0.28
	稍密	21.0	0	27.0	46.0	0.26
卵石	松散	21.0	0	27.0	33.0	0.29
	稍密	22.0	0	31.0	54.0	0.28
	中密	23.0	0	37.0	75.0	0.27
含泥圆砾（卵石）	松散	21.0	5.0	25.0	33.0	0.30
	稍密	22.0	5.0	27.0	48.0	0.27

（3）模型结果。

根据地质勘察成果，将地层概化为：①填筑体—碎石土；②原地基—粉土、稍密圆砾、松散含泥圆砾、稍密含泥圆砾、松散卵石、稍密卵石、中密卵石。模型左右两侧为 x 方向零位移约束，模型底边界为 y 方向零位移约束。选取剖面 ZP08 等10条典型剖面进行二维地基沉降数值模拟分析（图7.1-48），模拟结果见表7.1-17。

从表7.1-17可见，数值模拟分析结果表明地下水升降导致地基沉降为 5～15mm，地下水升降对道槽区沉降影响较小。

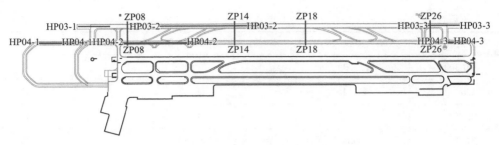

图 7.1-48　剖面平面布置图

地基工后沉降模拟结果　　　　　　　　　　　　　　表 7.1-17

剖面号	工程部位	填筑体顶面沉降（mm）	施加道面荷载沉降	施加飞机荷载沉降	道面施工完成后丰水期→枯水期工况沉降	道面施工完成后百年一遇洪水→枯水期工况沉降
ZP08	道槽区沉降	8 ~ 13	12 ~ 18	22 ~ 25	6 ~ 8	8 ~ 10
ZP14	道槽区沉降	16 ~ 26	22 ~ 32	25 ~ 40	10 ~ 12	14 ~ 16
ZP18	道槽区沉降	40 ~ 45	45 ~ 50	60 ~ 65	12 ~ 15	20 ~ 23
ZP26	道槽区沉降	28 ~ 30	32 ~ 37	45 ~ 50	10 ~ 11	15 ~ 17
HP03-1	道槽区沉降	28 ~ 32	34 ~ 40	45 ~ 50	8 ~ 10	12 ~ 14
HP03-2	道槽区沉降	35 ~ 42	44 ~ 50	55 ~ 65	10 ~ 12	10 ~ 11
HP03-3	道槽区沉降	20 ~ 23	28 ~ 30	38 ~ 41	6 ~ 8	8 ~ 10
HP04-1	道槽区沉降	20 ~ 22	26 ~ 28	35 ~ 38	5 ~ 7	8 ~ 10
HP04-2	道槽区沉降	30 ~ 32	36 ~ 40	46 ~ 50	6 ~ 8	5 ~ 6
HP04-3	道槽区沉降	40 ~ 45	46 ~ 52	60 ~ 64	8 ~ 10	10 ~ 14

7.1.7　结语

1）相关结论

（1）工程建设区域地下水接受大气降水、冰雪融水、河水、管道及沟渠渗透的补给,顺地势沿水力梯度向河流下游排泄,地下水渗流方向主要为东、南东。地下水位动态变化幅度在阶地后缘靠近山体部位地下水位变化幅度在 3.0 ~ 5.0m 之间,场区河漫滩部位地下水位变化幅度在 1.5 ~ 3.0m 之间。

（2）新建第二跑道区域新建跑道模拟丰水期地下水位高程为 3566.02 ~ 3568.25m,百年一遇水位高程为 3566.64 ~ 3568.77 m。道面设计高程与地下水位高差宜为 2 ~ 3m。

（3）新建第二跑道区域模拟计算的水力坡度较小,为 0.048% ~ 0.074%,地基和填筑体不会发生管涌、流土渗透变形。飞行区填筑对地下水位影响很小,河流的大流量补给和强渗透性的砾卵石层对全场区地下水水位影响占主导因素,填筑体施加的影响有限。

（4）分析结果表明地下水升降对道槽区地基工后沉降影响较小,地下水升降导致地基沉降为 5 ~ 15mm。

2）相关建议

（1）研究表明,第二跑道道面高程与地下水位高差为 2 ~ 3m,建议填筑体底部优先采取硬质砂岩等填筑材料,减小地下水浸泡、升降的不利影响。

（2）场区地层渗透性强,施工降水难度大,建议尽量选择枯水期进行地基处理,以减少施工降水工程量和费用。

（3）飞行区东端为场区主要排泄通道,现有排水通道排水效果不佳,建议提前进行该区域的排水泵站设计与施工,以利于施工阶段的排水。

7.2　DR 机场大面积填筑地基地下水工程效应

7.2.1　工程概况

DR 机场飞行区建设规模为 4C,跑道长 4500m,设置全长平行滑行道,在跑道两端及站坪设置 7 条垂直联络道。站坪机位数为 10 个,其中 1 个 E 类机位和 9 个 C 类机位;配套建设航站楼 6000m² 左右,旅客停车场 4000m² 左右,并按功能分区对陆侧区域划块,建设行政办公区、生活区、航管区、货运区、机务维修区、动力区、辅助生产区、通用飞机机库等。工程建设分两期,一期工程不包含场地东端滑行道与国道 G318 之间部分。二期工程时,将这部分填平,用作机坪、房屋建设用地。二期工程计划在一期飞行区工程完成后实施。DR 机场位置、总体布局,拟建场地地形特征见图 7.2-1。

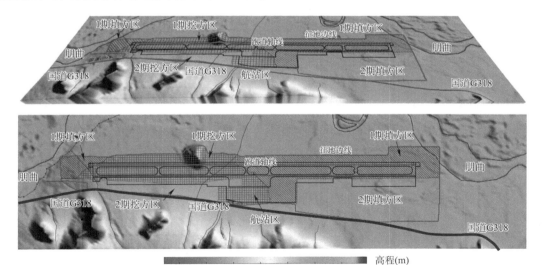

高程(m)
4464 4450 4425 4440 4375 4350 4325 4300 4277

图 7.2-1　DR 机场位置及布局特征

7.2.2　气象水文特征

1）气象条件

研究区地处喜马拉雅山主脉北翼,由于输入水汽少,气候干旱,显示大陆高原温带半干旱季风气候特征,年无霜期 105d 左右,常年平均气温 4.06℃,年日照时数 3326.5h,年平均降水量 21mm;月平均降水量在 0～101.2mm 之间。年平均雨日约为 7d。降水集中在 6—9

月,占年降雨量的97.3%,10月—次年5月降雨量占年降雨量的0.27%,最多月为7月,降雨量为101.2mm,11月、12月无降雨。最大日降雨量为27.8mm。

DR机场临时气象站2017—2018年监测工程区气温、降水情况见表7.2-1。

DR机场气温统计表(单位:℃)　　　　表7.2-1

项目	月份(月)												全年
	1	2	3	4	5	6	7	8	9	10	11	12	
平均最高气温	7.6	6.5	7.9	11.8	16.6	20.6	18.9	18.1	19.6	15.3	9.0	8.7	13.4
平均最低气温	−15.1	−11.6	−9.0	−4.6	0.8	4.9	7.7	8.2	4.2	−3.1	−10.9	−12.3	−3.4
平均气温	−3.4	−2.0	−0.1	3.5	8.9	12.5	12.4	12.2	11.7	6.2	−0.8	−1.9	4.9
绝对最高气温	15.2	11.4	12.4	15.3	22.4	23.8	25.7	21.0	21.0	19.0	12.0	14.0	25.7
绝对最低气温	−21.7	−17.2	−13.9	−11.0	−5.0	−1.2	3.5	5.0	1.6	−9.6	−15.5	−18.2	−21.7

由表7.2-1可以看出,DR机场年平均温度4.9℃。最热月为6月,平均温度12.5℃,平均最高温度20.6℃。最冷月为1月,平均温度−3.4℃,平均最低温度−15.1℃。DR机场2017年5月—2018年7月降水统计表见表7.2-2。

2017年5月—2018年7月DR机场降水统计表　　　　表7.2-2

项目	1月	2月	3月	4月	5月	6月	7月	8月	9月	10月	11月	12月	全年
平均降水量	0.0	0.1	1.8	3.6	12.7	10.7	162.7	83.9	2.3	2.0	0.1	0.0	24.6
日最大降水量	0.0	0.1	1.6	1.5	8.5	4.8	30	23.3	1.2	0.2	0.1	0.0	6.0
日最小降水量	0.0	0.1	0.2	0.2	1.9	0.2	0.2	0.1	0.1	0.1	0.1	0.0	0.3
平均降水日数	0	1	2	4	3	9	25	20	9	16	1	0	7.5

根据相关资料,DR机场所在地区季节性冻土标准冻深为1.2m,极限最大冻深为2.4m。

2)水文条件

(1)河流。

场地位于朋曲河中段,干流曲折,总体近东西向展布,与主要山脉走向大体一致,树枝状水系发育,多呈北西及北东向。其中较大的支流有果裸藏布、洛洛曲、热曲藏布、扎嘎曲。干流水系和支流水系均接受大气降水和融雪(包括冰川融雪)补给,水量充沛,但受季节性变化影响较大。该河河面宽度变化幅度大,宽20~200m,水深2.5~5.0m,流速2.0~3.0m/s不等。

场区被朋曲河及其支流和若干泥石流冲沟环绕,场地东部发育一条常年含水的次级支流,该支流宽度、流量和流速受季节影响较大,河水自机场中北部流入后在机场最东端汇入辫状河发育的朋曲河中。朋曲河径流量见表7.2-3。

朋曲河流径流量统计表　　　　表7.2-3

河名	流域面积 (km²)	年平均径流量 (亿m³/年)	年平均流量 (m³/s)	年平均径流深 (mm)	流域平均径流模数 [L/(s·km²)]
朋曲	25307	49.2	156	194	6.16

（2）冲沟。

根据调查，场区南侧主要发育8条泥石流冲沟，均是季节性冲沟，沟道宽10～50m不等，后缘切割较深，一般切割深度为2～5m，沟道纵坡降60‰～600‰，主要受大气降雨、冰雪融水补给。拟建机场场区南侧泥石流冲沟发育特征及位置分布见图7.2-2。

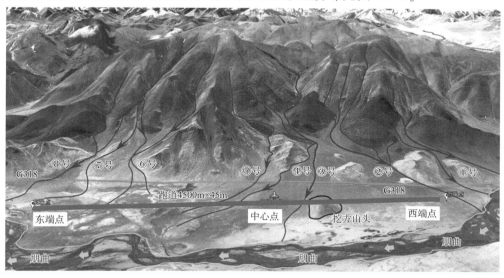

图7.2-2 场区内及附近区域主要冲沟分布位置

枯水期，各冲沟内均为干沟，无地表径流；丰水期（7—9月）①号、③号、⑦号冲沟有少量地表径流，其中①号泥石流冲沟流量6～12L/s，③号泥石流冲沟流量15～20L/s，⑦号泥石流冲沟流量8～10L/s，且沟道内流水的径流量从上游向机场方向逐渐减小，至机场场区后基本未见地表流水，沟内地表水下渗至泥石流堆积层中，以松散层孔隙潜水的形式向朋曲方向渗流。对机场建设影响较大的主要是②号、③号、④号、⑤号、⑥号、⑦号冲沟，①号及⑧号冲沟沟口位置位于拟建场区之外，对机场建设基本无影响。

7.2.3 工程地质特征

1）地形地貌特征

研究区大体处于喜马拉雅山脉中段与冈底斯山—念青唐古拉山中段之间，属于珠穆朗玛峰自然保护区境内，地势上南北高中间低、西高东低，中部为冲洪积河谷地带，地势较低，属于藏南高原和朋曲河流域，地形地貌特征见图7.2-3。

图7.2-3 研究区地形地貌特征

研究区地势高,平均海拔在 4300m 以上,总的地势西高东低,南高北低。微地貌上中部高,东西两侧较低。研究区东西两侧为朋曲河,河漫滩主要分布于研究区东西两端,高程为 4302m 以下,西侧分布较少,东侧分布范围较广;洪积扇和泥石流堆积扇主要分布于研究区中部,南西的泥石流挖方区,高程集中在 4302~4330m 之间;低中山主要分布于研究区南北两侧及中部北侧跑道附近,场区内低中山高程集中在 4320~4364.5m 之间,最大高差约 44.5m,山顶浑圆,四周斜坡坡度 15°~30°。

根据飞行区场地地形地貌特征,微地貌类型可划分为:台丘岭脊地貌低中山地貌单元(代号:A)、河流相冲洪积堆积地貌单元(代号:B)、泥石流、山洪堆积体地貌单元(代号:C)三个微地貌单元。拟建场区及近场区地貌微地貌类型划分见图 7.2-4。

图 7.2-4　机场工程区及附近区域微地貌特征

2)地层岩性特征

研究区场地内地层主要由第四系全新统植物土层(Q_4^{pd})、第四系风积层(Q_4^{eol})、第四系全新统泥石流堆积层(Q_4^{sef})、第四系全新统洪坡积层(Q_4^{dl+pl})、第四系全新统崩坡积层(Q_4^{c+dl})、第四系全新统冲洪积层(Q_4^{al+pl})、第四系全新统湖积层(Q_4^l)、第四系上更新统冲洪积层(Q_3^{al+pl})、白垩系岗嘎群上段($K_{1-3}G^3$)、侏罗系下统普普嘎桥组(J_1p)组成,地层主要为植物土、粉土、粉细砂、粉砂、细砂、中粗砂、砾砂、圆砾、卵石、角砾、碎石、粉质黏土、砂岩及泥页岩等。主要地层描述如下:

(1)第四系全新统泥石流堆积层(Q_4^{sef})。

角砾、碎石:呈稍密~密实,一般填充粉土、粉砂,局部含砂量较高,粗颗粒含量多为 55%~70%,粒径主要为 1.0~5cm,粒径主要为 2~5cm,局部粒径较大,集中在 10~20cm 之间,母岩成分主要以泥页岩为主,局部为砂岩、灰岩,磨圆度较差,棱角状,级配偏差,层厚 0.3~23.2m。

整个泥石流堆积层以碎石及角砾为主,且泥石流堆积物从扇后缘、扇中及扇前缘物质粒径存在由粗变细的堆积特征,扇体前缘角砾及碎石粒径普遍偏小。同时因历史上泥石流、山洪的多期活动,导致堆积扇堆积物成分杂乱、分选性较差,并在泥石流堆积物中夹杂 0.5~6m 厚的洪积粉砂、粉土透镜体或夹层,地层垂向上洪积物和泥石流堆积物也存在相互交替现象,地层岩性结构复杂,见图 7.2-5。

(2)第四系全新统冲洪积层(Q_4^{al+pl})。

第四系全新统冲洪积层主要分布于研究区北侧、东侧地势低洼的河漫滩地带,出露地层以粉土、粉砂、细砂、中粗砂、砾砂、圆砾、卵石、粉质黏土为主。

①粉土:灰色,灰褐色,软塑~可塑状,稍湿~饱和,断面见有虫孔及植物根系,干强度

低,韧性低,部分区域中该层混有细砂或粉质黏土,该层主要以层状形式分布于浅表层,局部地段缺失,或以透镜状分布于下部砂层、圆砾、砾砂、角砾、碎石层间,层厚0.2~11.3m。

图7.2-5　研究区内出露的泥石流堆积层特征

②粉砂:灰黄色~灰色,部分区域呈青灰色,稍湿~饱和,松散,主要由长石、石英等矿物组成,易搓散,有砂粒感,局部含少量圆砾、粉土团块等,成分不均,级配较差,该层呈透镜体状分布,地层间断不连续,层厚0.5~8.4m。

③细砂:灰色,灰黄色,湿~饱和,松散~中密,主要由长石、石英等矿物组成,岩芯多为圆柱状,易搓散,级配较差。零星出露于砾砂层中部或顶部及湖积相粉质黏土层顶部,层厚0.3~7.4m。

④中粗砂:灰白色~灰色,湿~饱和,含少量圆砾,松散~中密,一般圆砾含量为10%~20%,主要由长石、石英等矿物组成,常见石英颗粒,部分区域可见细砂夹层,成分不均,级配较差。该层呈层状分布,分布范围广,局部地段缺失,层厚0.2~9.6m。

⑤砾砂:灰黄色~灰白色,松散~中密,局部密实,一般填充粉土、粉砂,局部含圆砾较高,圆砾含量多为25%~35%,粒径主要为1.0~1.5cm,卵石含量5%~10%,粒径主要为2~5cm,母岩成分主要为灰岩、砂岩、岩浆岩,磨圆度一般,级配偏差。该层呈层状分布,分布范围广,局部地段缺失。

⑥圆砾:灰白色~灰色,松散~密实,饱和,一般填充细砂、中砂,局部含砂量较高,圆砾含量50%~70%,粒径主要为0.2~3cm,卵石含量5%~10%,粒径主要为3~5cm,母岩成分主要为中风化砂岩、灰岩、岩浆岩,磨圆度较好,级配一般,局部良好,差异较大。该层呈层

状或透镜状分布,分布范围广,在场地东端河漫滩部位广泛分布,同时还分布于泥石流堆积层的下部,局部地段缺失,层厚0.3~13m。

⑦卵石:灰色,灰白色,湿~饱和,稍密~密实,颗粒级配差~良好,差异大,磨圆度较好,多呈亚圆形,母岩以中~微风化砂岩、灰岩为主,充填少量圆砾、细砂等,局部充填粉土。该层分布在冲洪积砂砾石层中,局部分布有粉质黏土、粉土和粉细砂透镜体。

⑧粉质黏土:灰黄色,可塑为主,局部硬塑,切面光滑,干强度中等,韧性中等,含大量圆砾,含量10%~15%,偶夹少量卵石。以透镜体形式分布于砂砾层下部,层厚为0.4~19.6m,该层普遍分布于湖相粉质黏土的顶面,特征见图7.2-6。

图7.2-6 冲洪积粉质黏土特征

(3)第四系全新统湖积层(Q_4^1)。

粉质黏土:灰色、青灰色,可塑~软塑状,总体特征为顶部偏硬塑,中下部偏软塑,切面光滑,干强度中等,韧性中等,部分区域黏粒含量较高,具黏性土特征,该层总体有机质含量较高,局部区域具淤泥质黏性土的特征,土层呈黑褐色、黑色,具腥臭味。土层均位于地下水位以下,其含水率较大,孔隙比大,沉降相对稳定。部分区域粉质黏土层间夹粉细砂层,该类粉细砂往往赋存承压水。研究区内湖相层粉质黏土在研究区东端、西端河漫滩填方区普遍埋深12~18m,研究区中部埋深15~20m,西侧泥石流堆积区普遍埋深18~35m,局部泥石流堆积较厚部位埋深大于35m,湖积层厚度一般为40~60m。湖相粉质黏土及层间粉细砂夹层特征见图7.2-7。

图7.2-7 湖相粉质黏土及层间粉细砂夹层特征

(4)白垩系岗嘎群上段(K_{1-3}G^3)。

主要出露于研究区南侧山体及研究区中部山头挖方区,出露地层以砂岩、泥页岩为主,在泥岩与砂岩的分界线附近具交互沉积的特征,呈互层状,研究区中部山头挖方区岩层产状20°~40°∠55°~65°。

①砂岩:该区砂岩为薄层~中厚层状构造,受构造作用影响,岩体较破碎,网状裂隙发育,浅部岩体呈碎裂状~碎块状,深部相对完整,但总体较破碎,中风化砂岩呈青灰色,强风

化砂岩呈黄褐色,强风化层厚度 0~8m 左右,见图 7.2-8、图 7.2-9。

图 7.2-8　中风化砂岩断面特征　　　　　图 7.2-9　强风化砂岩断面特征

②泥页岩:泥页岩呈片状特征,出露地表的强风化泥页岩基本呈土状、砂状,中风化泥页岩钻探岩芯呈砂状、碎块状及饼状,偶见短柱状岩芯,且岩心暴露空气中经干湿循环和昼夜温差作用,很快崩解呈碎块状、角砾状,完整性和力学性质衰减较为严重,见图 7.2-10、图 7.2-11。

图 7.2-10　泥页岩断面特征　　　　　图 7.2-11　泥页岩崩解特征

3)地质构造特征

场区内无区域性断裂、次生小断裂及活动断裂通过。

7.2.4　水文地质特征

1)地下水类型与补径排关系

根据地下水赋存介质类型,场地地下水可分为两类,即第四系松散层孔隙水和基岩裂隙。根据场地主要含水层的岩性特征、水理性质、地下水的赋存条件,可将场地地下水综合划分为以下六类,即:①第四系全新统松散堆积物上层滞水;②第四系全新统泥石流堆积层孔隙潜水;③第四系全新统冲洪积堆积层孔隙潜水;④第四系全新统冲洪积堆积层承压水;⑤第四系晚更新统冲洪积层孔隙承压水;⑥碎屑岩基岩裂隙水。

(1)第四系全新统松散堆积物上层滞水。

①含水层及地下水特征:该类地下水主要分布于洪冲积堆积区、泥石流堆积区及部分位置较高的冲洪积堆积区,含水层主要为洪冲积堆积、泥石流堆积碎石、角砾层及冲洪积砂层、圆砾和卵石,无稳定的水位面,赋存于地下水潜水面以上。

②补给、径流、排泄关系:该类地下水主要接受大气降雨补给,地下水的分布范围及深度受大气降水的影响很大,在温度高、气候干燥的时段该类地下水仅蒸发作用逐步排泄消失,

在降雨丰富时段该类地下水浸润深度逐步加大,最后到达潜水面与潜水连为一体。

（2）第四系全新统泥石流堆积层孔隙潜水。

①含水层及地下水特征:该类地下水分布于泥石流堆积区,主要含水层为泥石流堆积形成的碎石和角砾层,由于泥石流堆积区物质非常复杂,土层类型多,同时不同区域、不同深度的碎石土细颗粒含量(黏粒、粉粒)差异较大,因此,碎石土的富水性和渗透性差异大(渗透性较好的碎石、角砾层中夹冲洪粉质黏土、粉土及泥质含量较高的透镜体,为弱透水层和隔水层),进而使该区地下水位埋深差异较大,部分地段地下水位面呈波浪状起伏,30m范围内水位差可达0.5～3m。

②补给、径流、排泄关系:该类地下水浅层主要接受南侧泥石流冲沟地表地下水补给、南侧山体基岩裂隙水和大气降雨补给,深部地下水同时还接受朋曲河水的远程补给,其中泥石流冲沟地表地下水、山体基岩裂隙水为主要补给源。该类地下水接受补给后主要通过第四系松散孔隙顺地势向地势较低处排泄,沿途补给冲洪积松散堆积层潜水和朋曲河,并最终向朋曲河下游排泄;由于泥石流堆积层底部为湖相粉质黏土层隔水层,因此,可以认为上部泥石流堆积层潜水与粉质黏土下部晚更新统冲洪积层地下水没有水力联系。

（3）第四系全新统冲洪积堆积层孔隙潜水。

①含水层及地下水特征:该类地下水主要分布于场区冲洪积堆积区,主要含水层为冲洪积形成的卵石、圆砾、砂层及粉土层,集中分布于研究区东端、中东部区域。同时在泥石流堆积扇的前缘较深部位也分布该类地下水,该区主要特征为泥石流堆积层覆盖于冲洪积堆积层之上。地下水分两类,上部为泥石流松散层潜水,下部为冲洪积松散层潜水,两类地下水有直接的水力联系。

②补给、径流、排泄关系:该类地下水主要接受朋曲河、泥石流堆积层潜水、大气降水直接补给,同时还接受基岩裂隙水间接补给;地下水接受补给后主要顺地势沿松散层孔隙向地势较低处渗流,最终向朋曲河下游排泄。由于下部冲洪积粉质黏土和湖相粉质黏土的阻隔作用,全新统松散层冲洪积堆积层孔隙潜水与湖相层下部的晚更新统冲洪积层承压水无水力联系。

研究区地下水补给、径流、排泄关系见图7.2-12、图7.2-13。

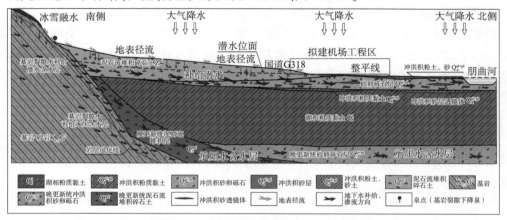

图7.2-12　研究区地下水补给、径流、排泄关系图(垂直于跑道方向)

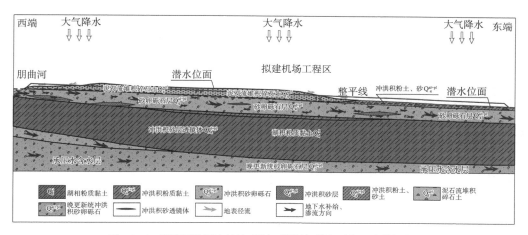

图 7.2-13 研究区地下水补给、径流、排泄关系图（平行于跑道方向）

（4）第四系全新统冲洪积堆积层承压水。

含水层及地下水特征：该类地下水仅在研究区内局部分布，主要分布于在研究区西端头朋曲河边及拟建航站区东侧区域。

该层地下水主要分布于冲洪积粉质黏土和湖相层粉质黏土之间的粉细砂、细砂层中，含水层厚度较薄，研究区西端头朋曲河边区域含水层顶面埋深5.2～16.0m，含水层厚度0.4～4.8m，总体承压水头高度6.0～11.0m；航站区东侧区域承压含水层顶板埋深7.0～13.2m，含水层厚度1.9～6.1m，承压水头高度7.0～15.1m。

补给、径流、排泄关系：该层地下水含水层夹于上部冲洪积粉质黏土及下部湖相粉质黏土之间，根据含水层埋深高程关系及周边水文地质条件分析认为：西端头朋曲河附近承压含水层地下水主要接受朋曲河上游高水头地下水补给以及南侧山体及泥石流堆积层高位地下水补给，向北东侧朋曲河及东侧飞行区地势较低处渗流排泄；航站区东侧承压含水层主要接受南侧山体基岩裂隙水和泥石流堆积层潜水补给，向北侧及东侧朋曲河方向渗流排泄。承压水补给、径流、排泄关系见示意图7.2-14、图7.2-15。

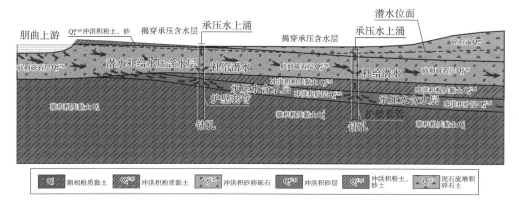

图 7.2-14 第四系全新统冲洪积堆积层承压水补给、径流、排泄关系图
（西端头朋曲河边区域，受朋曲河上游远程补给）

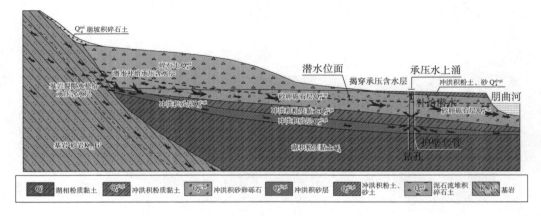

图 7.2-15　第四系全新统冲洪积堆积层承压水补给、径流、排泄关系图

（航站区东侧区域,受南侧山体基岩裂隙水及泥石流堆积层潜水补给）

（5）第四系晚更新统冲洪积层孔隙承压水。

含水层及地下水特征:该类地下水含水层为湖相粉质黏土下部的冲洪积砂卵砾石层,这类含水层埋深一般大于 60m,属于深层地下水,对拟建工程的影响较小。

补给、径流、排泄关系:该层地下水埋深较大,在飞行区内由于受湖相粉质黏土的阻隔作用,因此不受上部全新统泥石流堆积层潜水和冲洪积层潜水补给。该层地下水主要受朋曲河上游远程地下补给以及机场南侧山体深层基岩裂隙水、泥石流冲沟深部晚更新统堆积层地下水补给;该层地下水接受补给后,主要顺地势向朋曲河下游渗流,补给下游深层地下水。该层地下水由于补给源水头较高,因此具有典型的承压水特性。

（6）基岩裂隙水。

含水层及地下水特征:研究区及场地周边附近区域出露的基岩主要为白垩系岗嘎群上段（$K_{1-3}G_3$）、侏罗系下统普普嘎桥组（J_1p）,岩性主要以砂岩、泥页岩为主,地质构造发育,裂隙发育,特别是砂岩层,为相对的透水层,受构造作用的进一步影响,渗透性较好,赋存基岩裂隙水。砂岩含水层为裂隙发育的强风化、中风化岩体;研究区内泥页岩为相对隔水层,透水性及储水性能相对较差。

补给、径流、排泄关系:基岩裂隙水主要接受大气降雨、降雪（冰雪消融季节）补给,通过基岩裂隙向下渗流补给深部基岩裂隙水,侧向渗流补给第四系松散层孔隙水,并在地形合适部位以基岩裂隙泉的形式排泄。

2）地下水位、流向及动态变化特征

（1）地下水水位。

研究区南侧泥石流堆积区地下水位一般为 10～22m,研究区西侧水位一般为 1～12m,研究区东侧水位一般为 0.5～1.5m。研究区工程勘察期间（7—9 月）为丰水期,根据钻孔及全场区下水监测孔水位监测数据得出,拟建场区丰水期地水埋深具有如下特征:场区东段填方区地下水位一般 0～1.0m,中部地段地下水埋深 2.0～11.0m,泥石流挖方区水位埋深 12.0～25.0m,西端填方区水位 0.5～11.0m。

（2）地下水渗流方向。

根据地下水监测数据,垂直于跑道方向地下水自南向北渗流,平行于跑道方向地下水自西向东流动,地下水总体渗流方向为自南、西向北、东向渗流,最终渗流方向为东(即朋曲河下游方向)。地下水渗流方向见图7.2-16。

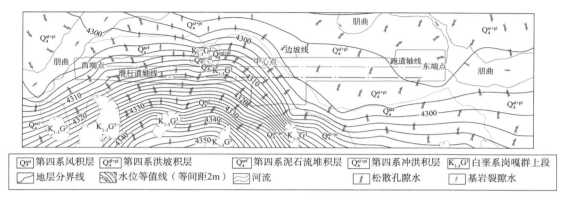

图7.2-16　研究区地下水渗流场——地下水流向示意图

（3）地下水动态变化。

根据1个水文年地下水长期监测,研究区东部河漫滩填方区枯丰水期地下水变幅为0.38～0.82m,泥石流与河漫滩交界过渡区枯丰水期地下水变幅为0.79～1.39m,泥石流堆积区枯丰水期地下水变幅为1.54～3.24m。根据监测数据得出,东端河漫滩部位地下水降幅较小,地下水位主要受河水位影响;泥石流堆积区与河漫滩堆积区的过渡带水位变幅次之,泥石流堆积区水位降幅最明显,场区地下水位变化受降水、气温(冰雪融水)、河水位的综合影响。

3）地下水水化学特征

根据水质检测结果表明:场区水体呈弱碱性,矿化度在111.4～694.6mg/L之间;场区水体水化学类型主要为 HCO_3-Ca 型,场区及近场区地表、地下水中阳离子以 Ca^{2+} 为主,局部 K^+、Na^+ 含量较高,阴离子以 HCO_3^- 为主,局部 SO_4^{2-} 含量较高。

4）地基土渗透性特征

根据现场渗水试验、注水试验、抽水试验、室内渗透试验成果及类似工程经验,得出场地各岩土层渗透性系数,见表7.2-4。

研究区各主要岩土层渗透性系数取值建议及渗透性分级表　　　　表7.2-4

岩土体名称	渗透系数 K(cm/s)	总体渗透性等级	备注
碎石(sef)	$4.3 \times 10^{-2} \sim 8.0 \times 10^{-2}$	中等透水～强透水	局部弱透水
角砾土(sef)	$3.0 \times 10^{-3} \sim 2.0 \times 10^{-2}$	中等透水～强透水	局部弱透水
圆砾(al+pl)	$1.2 \times 10^{-1} \sim 2.1 \times 10^{-1}$	强透水	—
卵石(al+pl)*	$3.0 \times 10^{-1} \sim 4.1 \times 10^{-1}$	强透水	—
砾砂(al+pl)	$1.8 \times 10^{-2} \sim 3.5 \times 10^{-2}$	强透水	强透水为主

岩土体名称	渗透系数 K(cm/s)	总体渗透性等级	备注
中粗砂(al+pl)	$1.2 \times 10^{-2} \sim 2.5 \times 10^{-2}$	中等透水~强透水	中等透水为主
粉砂(al+pl)	$4.0 \times 10^{-3} \sim 1.0 \times 10^{-2}$	中等透水	—
粉土(al+pl)	$3.0 \times 10^{-5} \sim 7.0 \times 10^{-5}$	弱透水	—
湖相粉质黏土(1)	$1.1 \times 10^{-6} \sim 7.0 \times 10^{-7}$	极弱透水	隔水层
冲洪积粉质黏土(al+pl)	$2.0 \times 10^{-6} \sim 8.0 \times 10^{-7}$	极弱透水	隔水层
中风化砂岩(岩体)*	$2.1 \times 10^{-4} \sim 8.0 \times 10^{-4}$	中等透水	—
强风化砂岩(岩体)*	$5.5 \times 10^{-4} \sim 1.8 \times 10^{-3}$	中等透水	—
泥页岩*	$1.7 \times 10^{-6} \sim 7.0 \times 10^{-5}$	极弱透水	隔水层

注:*代表工程经验值。

7.2.5 地下水渗流场分析

数值模拟计算采用 Visual Modflow 中的 MODFLOW 模块模拟所在区域地下水流场。机场工程区位于南侧山脊分水岭和北侧朋曲河之间,为一个较为完整的水文地质单元,故以朋曲河为模型东部、北部和西部边界,南侧的山脊分水岭为模型南部边界,建立三维渗流场数值模型,平面尺寸为7000m(东西向)×5740m(南北向),面积为40.18km²。关于模型的建立过程及相关成果图。本书第3章中已作详细介绍和分析,此处不再赘述。

模拟计算中渗透系数采用现场试验值,见表7.2-5。

渗透系数取值　　　　　　　　　表7.2-5

地层代号	地层岩性	岩土渗透系数 K(cm/s)	模型渗透系数 K(cm/s)		
		—	K_x	K_y	K_z
第四系冲洪积堆积层(Q_4^{al+pl})	粉细砂、中粗砂、砂卵石	$4.0 \times 10^{-3} \sim 4.1 \times 10^{-1}$	8×10^{-2}	8×10^{-2}	7×10^{-2}
第四系泥石流堆积层(Q_4^{sef})	碎石、砂卵石	$3.0 \times 10^{-3} \sim 8.0 \times 10^{-2}$	4.3×10^{-3}	4.3×10^{-3}	3.8×10^{-3}
第四系坡洪积堆积层(Q_4^{dl+pl})	砂卵砾石	$1.8 \times 10^{-2} \sim 4.1 \times 10^{-1}$	4.2×10^{-2}	4.2×10^{-2}	3.5×10^{-2}
第四系洪积堆积层(Q_4^{pl})	砂土、碎石	$1.8 \times 10^{-2} \sim 8.0 \times 10^{-2}$	3.6×10^{-2}	3.6×10^{-2}	3×10^{-2}
第四系崩坡积堆积层(Q_4^{col+dl})	碎石土夹砂岩	$1.8 \times 10^{-3} \sim 4.3 \times 10^{-2}$	4×10^{-3}	4×10^{-3}	3.5×10^{-3}
第四系湖积堆积层(Q_4^l)	粉质黏土	$2.0 \times 10^{-6} \sim 8.0 \times 10^{-7}$	3.2×10^{-7}	3.2×10^{-7}	2.5×10^{-7}
白垩系岗嘎群上段($K_{1-3}^3 G$)	砂岩	$2.1 \times 10^{-4} \sim 8.0 \times 10^{-4}$	5×10^{-4}	5×10^{-4}	4×10^{-4}
侏罗系下统(J_1)	泥岩	$1.7 \times 10^{-6} \sim 7.0 \times 10^{-5}$	5×10^{-6}	5×10^{-6}	4×10^{-6}
硬化地面	—	—	1.16×10^{-6}	1.16×10^{-6}	1.16×10^{-7}

模拟结果分析如下。

1)天然状态下渗流场特征

模拟分析结果与详细勘察、水文地质专项调查水文地质资料相似度大于90%:地下水由南部高山区的地下分水岭通过地势较低的山前冲洪积扇,向北流经场区之后最终排泄进入北部的朋曲。

2）挖方条件下渗流场特征

场区西侧在挖方后，地下水渗流场发生了明显改变，位于挖填界线周围的地下水水位线出现内凹，说明挖方区域地下水水位较天然条件下的地下水位低，下降幅度为 0～4m。但挖方坡脚部位地下水下降后仍然高于设计高程，将有地下水渗出。

3）填方条件下渗流场特征（一期工程）

一期工程填方后渗流场与天然渗流场相比，填方区的地下水位普遍高于天然条件下地下水水位：东端填方区上升幅度在 0.5～2.5m 之间，西端填方区上升幅度在 0～0.5m 之间。地下水流向仍是从地下分水岭位置流向北侧的山前冲洪积扇，流经机场之后最终排泄进入机场北部的朋曲河。

4）填方条件下渗流场特征（一期 + 二期工程）

同时考虑一、二期工程时，填方后，由于新增的填方区域将原来的填方区与靠山一侧的地层连接起来，造成整个填方区的水位较天然工况上升 0～4.5m，较仅考虑一期工程填方条件下地下水位上升 2m 左右，但仍在机场的设计高程以下。

5）铺设水平排水层条件下的渗流场特征

为减小地下水对工程不良作用，拟在东部填方区原地面铺设一层 2m 后碎石排水层后再进行填方，在水平排水层的作用下，机场东端填方区（二期部分）水位抬升幅度减小到 0.9～2.6m，二期部分填方区水位抬升幅度减小到 0.4～1.4m。受山侧地下水的侧向补给影响，二期填方区地下水位下降幅度小于一期填方区。

6）极端降雨条件下的渗流场预测

场地降水主要集中在 5—8 月，占年降雨量的 97.3%，日最大降雨量可达 30mm。将降雨强度调整至 30mm 并输入模型，时间步长设为 7d。模拟得出，工程区内地下水位普遍抬升，挖方区地下水位上升 0.6～0.9m，填方区地下水位上升 0.95～1.45m，呈现从西南至东北方向逐渐增大的特征。虽然整个机场范围的地下水位均高于 4300m，但填方区地下水位仍低于机场设计高程。

7）道面硬化、长期运营条件下渗流场预测

跑道、滑行道、联络道、机坪等区域铺设混凝土道面硬化后，渗透能力减弱，将场区硬化后 1 年、2 年、5 年、10 年的渗流场与之相对应时期渗流场对比，硬化条件下的渗流场变化不明显。硬化后 1 年，机场跑道轴线、滑行道、跑道以及机坪没有明显的、呈规律性的水位降低，场区内的水位处于小幅波动状态，水位降低范围均小于 0.2m。硬化后 2 年、5 年、10 年，水位波动范围在 -0.005～0.005m 之间，说明道面硬化对场区地下水位的影响极其微弱。

7.2.6　地下水工程效应分析

工程区南侧挖方区最大挖方高度达 20 余米，根据勘察、调查和数值模拟预测分析，平整区和边坡区地下水存在渗出的可能。为分析挖方整平区、边坡区地下水渗水情况，选取 7 条典型剖面（其中 4 号剖面位于跑道轴线，6 号剖面位于滑行道轴线）对挖方前后地下水位进行对比，剖面线布置情况见图 7.2-17。

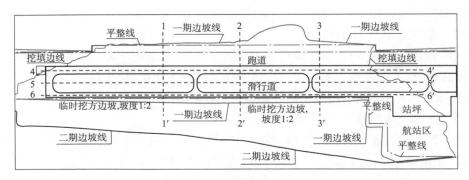

图 7.2-17　地下水渗水问题分析剖面布置图

1）挖方边坡区渗水问题

通过本次天然渗流场、挖方条件下渗流场进行对比,结合前期勘察资料及土石方图综合分析:

挖方边坡西段天然条件下地下水高程多在 4310 ~ 4314m 之间,在挖方施工后,该段地下水水位下降,降幅在 0.5 ~ 1m 之间,该段挖方边坡坡脚及整平区设计高程在 4314 ~ 4316m 之间,高于地下水水位,则该段挖方边坡出现地下水渗水情况可能性较小,见图 7.2-18。

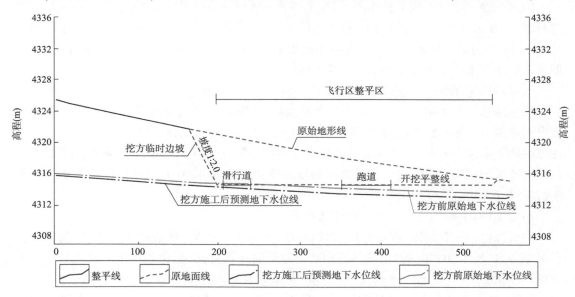

图 7.2-18　机场西段挖方边坡工后地下水位预测

挖方边坡中段天然条件下地下水埋深多在 4314 ~ 4317m 之间,挖方施工后,该段地下水水位下降,幅度在 0.5 ~ 1.5m 之间,高程为 4312.5 ~ 4315.8m,而该段边坡坡脚及整平区设计高程在 4312 ~ 4313m 之间,整体低于挖方后地下水水位 1 ~ 2m,局部可达 2.5m,故该段挖方区边坡、滑行道局部易出现地下水渗水情况,需要进行相应的处理,见图 7.2-19。

挖方边坡东段天然条件下地下水高程多在 4312 ~ 4316m 之间,挖方施工后,该段地下水水位下降,幅度在 0.5 ~ 2m 之间,高程为 4311.7 ~ 4314.8m,而该段边坡坡脚及整平区设计高程在 4312 ~ 4313m 之间,整体低于挖方后地下水水位 0.5 ~ 1m,局部为 1.5m,故该段挖方边坡易出现地下水渗水情况,需要进行处理,见图7.2-20。

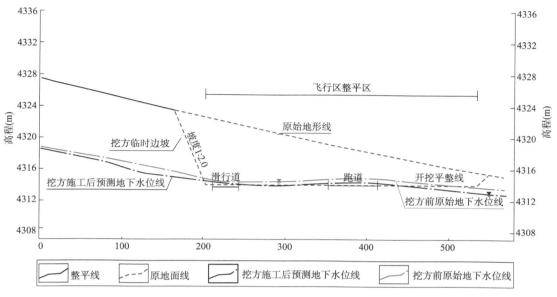

图7.2-19 机场中段挖方边坡工后地下水位预测

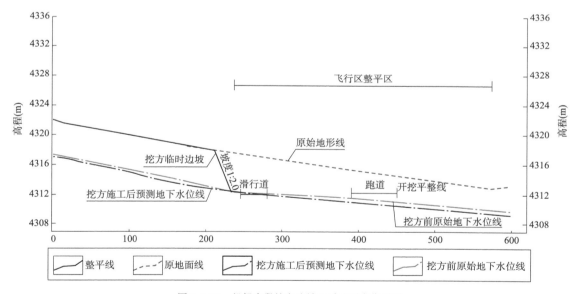

图7.2-20 机场东段挖方边坡工后地下水位预测

根据土石方工程施工阶段现场开挖情况反馈,在机场中部靠南侧挖方边坡开挖至设计高程附近揭露地下水,边坡坡脚部位出水现象明显,地下水主要沿碎石土、砂、粉土与粉质黏土的交界面附近呈线状出露,出露高程4313.50~4313.0m,出水流量1.2~1.5L/s,平整后该段滑行道地下水位埋深0~1.0m,岩土层基本处于饱水状态,与上述预测基本一致。挖方边坡及滑行道渗水特征见图7.2-21、图7.2-22。

图 7.2-21　机场中部滑行道及挖方边坡大量渗水区位置

图 7.2-22　机场中部挖方边坡大量渗水特征

该区挖方边坡高度较大,且地基土富水,坡脚和滑行道分布粉土、粉砂和粉质黏土层,临时边坡稳定性问题、季节性冻融问题、砂土液化问题、软弱土问题和地基不均匀问题突出,需重点加强地基处理和截排水措施,确保滑行道、联络道的稳定、安全。

2)挖方整平区渗水问题

挖方整平区挖方前后地下水位变化见图 7.2-23 ～ 图 7.2-25。从图中可以看出,道槽区距离跑道西端点 760 ～ 1100m 区域内、土面区内距离跑道西端点 1030 ～ 1420m 的区域内,在不考虑挖方施工对渗流场影响的情况下,地下水水位在整平高程线以上或附近;考虑挖方施工对渗流场影响的情况下,这些区域地下水水位埋深多在 2m 以上。

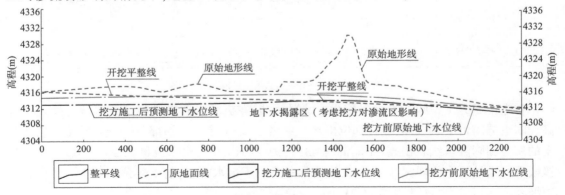

图 7.2-23　跑道轴线挖方平整工后地下水位预测

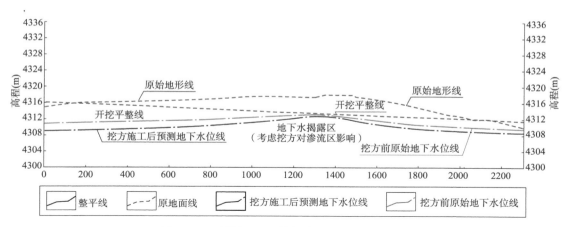

图 7.2-24　跑滑间土面区挖方平整工后地下水位预测

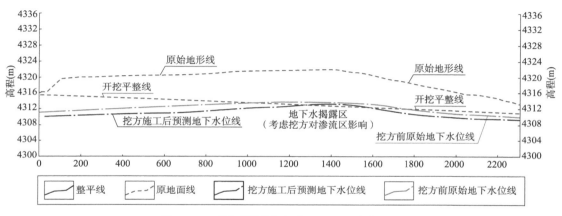

图 7.2-25　滑行道轴线挖方平整工后地下水位预测

道槽区距离跑道西端点 1100～1720m 的区域内和山头挖方区附近,在不考虑挖方施工对渗流场影响的情况下,地下水水位在整平高程线以上;考虑挖方施工对渗流场影响的情况下,地下水水位埋深多在 2m 以上,最小约 0.5m。其余区域地下水水位埋深均在 2m 以上。由于施工是逐步进行的,不可能一次性将机场整平,水文地质条件改变是逐步的,挖方区地下水下降需要一个过程,故将道槽区距离跑道西端点 760～1100m 区域内、土面区内距离西端点 1030～1420m 区域内和山头挖方区附近土面区划分为潜在地下水渗水区,将道槽区上距离跑道西端点 1100～1720m 的区域划分为地下水渗水区,这些区域均需要进行相应处治。

根据土石方工程施工阶段现场开挖情况反馈,在机场中部滑行道开挖高程附近揭露地下水,水量较大,且推测丰水期出水量将大幅增多。

同时在滑行道出现渗水区域对应跑道位置,开挖至设计高程虽未见地下水出露,但经开挖探坑验证,在道面设计高程以下约 1.9m 位置揭露地下水,见图 7.2-26。现场开挖情况与预测结果较为接近,该区属于地下水的浅埋区,推测在丰水期地下水位将进一步抬升,对道槽造成一定影响。

揭露地下水（埋深1.94m）　　　揭露地下水（埋深1.91m）

图 7.2-26　机场中部跑道挖方区位揭露地下水特征

3）季节性冻胀

机场工程区挖填整平后，在冻深范围内岩土以素填土（碎石土、爆破块石土）、碎石、角砾为主，部分区域为粉土、粉砂和粉质黏土。跑道、滑行道、站坪结构按道面板＋水稳层厚度＝1m 考虑。季节性冻土标准冻深为 1.2m，极限最大冻深为 2.4m。在冻深范围内岩土毛细水上升高度、冻胀等级及冻胀类别见表 7.2-6。

研究区内各类岩土毛细水上升高度、冻胀等级及冻胀类别统计表　　　表 7.2-6

岩土名称	毛细水上升高度（m）	冻胀等级	冻胀类别
素填土（碎石土、块石土）	—	I	不冻胀
碎石土、角砾	—	I	不冻胀
卵石、圆砾	—	I	不冻胀
砾砂	0.25	I	整体为不冻胀，局部含泥量较大的砾砂为弱冻胀
中粗砂	0.3	I	整体为不冻胀，局部含泥量较大的中粗砂为弱冻胀
粉细砂	1.5	II	弱冻胀
粉土	2.0	III ~ IV	冻胀 ~ 强冻胀
冲洪积、湖积粉质黏土	3.0	IV	强冻胀

结合机场整平后岩土性质、地下水位高程、毛细水上升高度、冻结深度综合判断，在滑行道西端、跑道、滑行道中西部、机坪等部位分布季节性冻土，冻胀等级为弱 ~ 强冻胀，以弱冻胀为主。

4）地基土的渗透变形

依据《堤防工程地质勘察规程》（SL 188—2005）[4]、《水力水电工程地质勘察规范》（GB 50487—2008）等对整平后场地进行渗透变形判别。

根据筛分试验成果计算，碎石土、角砾、圆砾、砂类土、填筑体土体均存在发生管涌渗透变形可能，填方区存在发生接触冲刷的可能。允许水力比降计算值为 0.65 ~ 1.80。

根据预测地下水位、场地地面设计高程计算，挖填整平后，建设范围内南北向水力比降整体为 0.0006 ~ 0.078，西东向水力比降整体为 0.0003 ~ 0.016，远小于允许水力比降，场地内发生渗透变形的可能性小。但挖填施工时,由于水文地质、工程地质条件的急剧变化,可能引发地下水渗流场的急剧变化,造成水力比降的增加,通过计算在西端填方区填方边坡部位水力比降为 0.37 ~ 0.50,东端填方区填方边坡部位水力比降为 0.14 ~ 0.44,挖方区挖方边坡部位允许水力比降为 0.41 ~ 0.94,这些区域水力比降中总体上低于允许水力比降,但局部区域内水力比降与允许水力比降值相近,在极端工况下(如暴雨、洪水等)存在出现超过允许水力比降而发生渗透变形的可能。

5)地震液化影响评价

根据整平后岩土性质、地面高程、预测的地下水位,采用详勘、试验段地基处理期间获得的标贯、静探数据进行地震液化判别,结果表明:

填方条件下液化等级:粉土为轻微液化;粉砂、粉细砂以轻微液化为主,局部强 ~ 中等液化;细砂层为轻微液化,局部中等液化;中粗砂为不液化;砾砂层为不液化。填方后饱和砂土的液化情况已得到较大的改善,饱和液化土的范围有所减小,但仍有局部存在液化的可能性,特别是在液化层较厚的低矮填方区及填方边坡部位。

挖方条件下液化等级:松散 ~ 稍密粉土为轻微液化,中密以上粉土为轻微液化 ~ 不液化;松散 ~ 稍密粉砂、粉细砂、细砂为轻微液化 ~ 中等液化,局部强液化;中密以上粉砂、粉细砂、细砂为轻微液化;松散 ~ 稍密中粗砂液化等级为轻微液化,中密以上中粗砂液化等级为不液化。挖方对地基液化具有一定的加剧作用,开挖后部分区域将揭露饱和砂土或减小饱和砂土上部非液化层的厚度,使原本不液化的区域趋于液化,同时还加剧了液化的程度,液化区域预测见图 7.2-27。

7.2.7　针对性处置方案

1)挖方区针对性处理方案

(1)道槽区处理方案。

本工程道槽挖方区均位于泥石流堆积或基岩出露,根据开挖至设计高程后的地质条件分别采取如下处理措施:

①基岩出露区:基岩出露部分超挖 1m 并设置褥垫层。褥垫层采用挖方区开挖的硬质基岩爆破料或碎石角砾,最大粒径不大于 20cm,级配良好,含泥量不大于 10%。褥垫层不得采用黏土、粉土、膨胀土、冻胀类土、盐渍土、有机质土等填料,不得采用页岩、泥岩等遇水崩解填料。

②冻胀、液化类土出露区:若开挖至设计高程后,基底 2m 范围内存在冻胀类土(粉土、粉砂、粉质黏土、细砂等),应采用基岩爆破料或碎石角砾换填 2m 并碾压密实方案。换填料要求采用挖方区开挖的硬质基岩爆破料或碎石角砾,含泥量不大于 10%,最大粒径不大于虚铺厚度的 2/3;顶层 1m 范围的要求同褥垫层。换填开挖后回填前,应采用大功率碾压进行压实。换填区与其他处理区域搭接位置需开挖抗滑台阶,台阶宽 2m,高 1m。典型施工照片见图 7.2-28。

③中粗颗粒土出露区:若开挖至设计高程后地基土为粗颗粒土(碎石、角砾、砾砂等),对原地基直接采用大功率碾压进行密实。

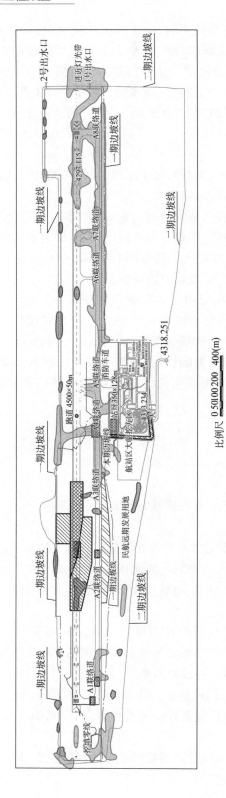

比例尺 0 50 100 200   400(m)

图 7.2-27　研究区潜在病害预测

图7.2-28　道槽区挖方区冻胀、液化、富水区地基置换处理施工

（2）边坡区处理方案。

①航站区挖方边坡：航站区挖方边坡坡度为1:2.5；边坡上部主要为泥石流堆积形成的碎石、角砾，性质良好；下部为湖积粉质黏土，属于冻胀类土，性质很差；边坡处于南侧山体及泥石流堆积体地下水排泄区，地下水丰富。为确保边坡稳定，避免强烈冻融作用影响边坡稳定性，在边坡下部设置仰斜排水孔降低地下水位。

仰斜排水孔布置在坡脚附近冻胀类土出露及渗水的区域，应至少布置两排。仰斜排水孔长度应穿透冻胀类土且长度不小于5m，排水孔排距2m，水平间距2m，仰角不小于6°，呈梅花形布置，并根据现场实际情况适当调整。设计断面图与典型施工照片见图7.2-29、图7.2-30。

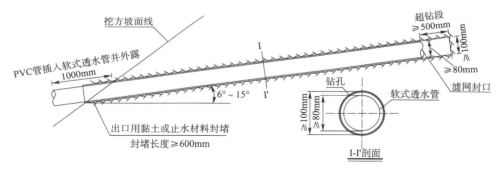

图7.2-29　仰斜排水管设计断面

图7.2-30　航站区挖方边坡下部仰斜排水孔施工照片

由于挖方边坡坡脚附近地下水丰富，坡脚极易受强烈冻胀影响，因此坡脚采用钢筋石笼防护，确保透水性及抗冻胀性能。典型施工照片见图7.2-31。

②飞行区永久性挖方边坡处理：飞行区挖方边坡坡度很缓，边坡稳定性良好，因此仅作

边坡坡面防护。

③临时挖方边坡：本工程按军民同步建设考虑，在平行滑行道南侧的临时挖方边坡坡脚开挖截水沟，进行地下水的截排处理。

图7.2-31　航站区挖方边坡坡脚钢筋石笼防护施工照片

2）填方区针对性设计与处理方案

（1）地基处理方案。

河流漫滩是以砂土、粉土、黏性土为主的地基区，道槽区采用原地面强夯置换进行处理，达到消除液化及提高承载力的目的。典型施工照片见图7.2-32。

图7.2-32　填方区软基强夯置换地基处理施工照片

河流漫滩相地基区地下水埋深浅，边坡受朋曲河洪水威胁，地基土表层性质差，根据边坡稳定性计算，若不对地基进行处理，则不能满足边坡设计安全系数要求。施工阶段采用碎石桩和强夯置换进行处理。典型施工照片见图7.2-33。

图7.2-33　填方区富水段碎石桩地基处理施工照片

西端临河的填方边坡区域位于河漫滩相、河漫滩与泥石流相交接区域，地基条件复杂，边坡稳定性较差，采用置换方案对上述软弱土进行换填，同时配合坡脚反压等措施方可满足稳定性要求。置换料采用挖方区开挖的硬质基岩爆破料,最大粒径不大于虚铺厚度的2/3,级配良好,应置换至粗砂、砾砂、圆砾等中粗颗粒土,并确保不存在软弱夹层。

填方区域地基呈现分布非常不均匀、不成层的特点,性质差异巨大,空间分布杂乱;下部湖积层厚度巨大、性质很差,局部湖积层呈流塑状态,沉降及不均匀沉降问题非常突出,采用加筋土工材料对填筑体进行加筋,以有效地减小不均匀沉降,本次在道槽区沉降与不均匀沉降问题突出的填筑体底部采用两层土工格栅＋一层加筋土工布进行加筋和隔离。典型施工照片见图7.2-34。

图7.2-34　道槽区填方段加筋土工布、土工格栅施工照片

(2)地下水处置方案。

在填方区域设置盲沟,沿冲沟将地下水疏排至填筑体外,施工中根据现场实际情况,在满足排水坡度前提下对盲沟平面位置进行动态调整,根据水流量调整盲沟尺寸,盲沟用土工布反包。典型施工照片见图7.2-35。

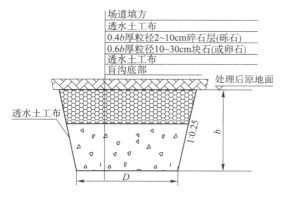 

图7.2-35　填方区地下水处置——盲沟施工照片

由于本工程填方区主要位于朋曲河河漫滩,丰水期水位高;南侧泥石流堆积区汇水面积巨大,地表地下水丰富且从场内通过,土石方填筑后会阻断原有径流通道。因此,在填筑体下部设置2m厚度透水层,透水层采用粗颗粒土,尽量采用挖方区砂岩料等硬质基岩料或泥石流堆积区的碎石角砾,确保地下水排泄顺畅。

7.2.8　取得的实际效果

结合地下水工程效应专项研究,采取针对性的设计和施工处理措施后取得如下实际效果:

（1）施工后，挖方边坡、填方边坡现状总体稳定。

（2）施工后，道槽区富水段挖方区、填方区变形监测数据未见异常，地基沉降与不均匀沉降满足规范要求，道基总体稳定，状态良好。

（3）施工后，经过冬季冻结期的检验，道槽区等关键部位，未见冻胀变形现象，总体状态良好。

（4）施工后，场地内截排水系统工作正常、排水顺畅，监测数据稳定，未见堵水、积水和水位壅高现象。

土石方工程顺利结束后特征及状态见图 7.2-36。

图 7.2-36　机场土石方工程竣工后特征

机场道面施工结束至通航试运行阶段状态良好，相关特征见图 7.2-37。

图 7.2-37　机场道面施工结束至通航试运营阶段特征照片

工程实践证明，在采取针对性的设计和施工处理措施后，填挖方边坡总体稳定，道槽区地基不均匀沉降满足规范要求，场地内截排水系统工作正常、排水顺畅，未见堵水、积水和水位壅高现象，且经过冬季冻结期，道槽区等关键部位未见冻胀变形现象，总体状态良好。可以说，针对地下水工程问题的复杂工况，先进行专项地下水工程效应研究，再进行针对性设计，是保证项目施工胜利开展和竣工通航的重要前提。

本章参考文献

[1] 中华人民共和国住房和城乡建设部. 建筑抗震设计规范:GB 50011—2010(2016 年版) [S]. 北京:中国建筑工业出版社,2016.

[2] 袁晓铭,曹振中,孙锐,等. 汶川 8.0 级地震液化特征初步研究[J]. 岩石力学与工程学报,2009,28(06):1288-1296.

[3] 中华人民共和国住房和城乡建设部. 水利水电工程地质勘察规范:GB 50487—2008[S]. 北京:中国计划出版社,2009.

[4] 中华人民共和国水利部. 堤防工程地质勘察规程:SL 188—2005[S]. 北京:中国水利水电出版社,2005.

第8章　黄土场地大面积填筑地基地下水工程效应

关于黄土结构、湿陷性、水敏性特征、非饱和黄土的特性、黄土地基处理技术、黄土灾害防治等，前人已做了大量的研究，取得了很多具有重要意义的研究成果[1-8]。

在大面积黄土填筑地基地下水相关的研究方面，部分学者对西北山区挖填方地基的地下水水位动态变化、渗流场特征及水岩作用引起的滑坡、地基不均匀沉降和坍塌等有一定程度的研究。李源[9]以室内土工试验结合数值模拟的方法，探索湿陷性黄土地区沟壑高填方地基的沉降规律，并对其部分沉降影响因素进行了探讨分析；介玉新、魏英杰等[10]以山西吕梁机场为例，采用数值模拟的方法，研究了湿陷性黄土地区高填方机场沉降特征；陈陆望、曾文[11]以延安东区一期岩土工程为例，利用软件开展不同岩土工程工况下的三维地下水数值模拟，从地下水水位响应的空间和时间特征来分析挖填作用、硬化措施和导水盲沟对地下水系统的影响；朱才辉、李宁[12]探讨了黄土高填方地基中暗穴扩展对机场道面变形的影响，从塌陷平衡理论和破裂拱理论出发，将暗穴扩展模式分为"受黄土垂直裂隙发育影响的竖向抬升模式"和"受黄土水敏性影响的径向扩容模式"，并基于上述理论建立暗穴扩展过程的动态量化计算方法；张硕、裴向军等[13]在对研究区黄土高填方边坡进行原位渗流实验和对裂缝存在条件下暂态非饱和渗流以及饱和黄土力学特性进行分析的基础上，对降雨诱发黄土高填方支挡边坡失稳机理进行了研究；宋焱勋、彭建兵等[14]通过工程地质条件及变形破坏分析，采用数值模拟方法研究了西北某油田基底黄土填方高陡边坡变形破坏机制。

在黄土地基处理、施工技术方面，于丰武等[15]较多的学者进行了现场物理模型试验、室内试验及数值模拟等相关研究。

王念秦、柴卓（2010）等[16]总结提出：黄土的特殊性质，加上机场建设过程中的深挖高填，使得多种环境地质灾害伴生，同时造成机场建设费用大幅增加。近年来，我国西南山区机场建设飞速发展，积累了一些成功经验，而西部黄土山区机场建设才刚刚起步，不仅要学习已有成功经验，还必须结合具体实际，考虑与黄土地形地貌及其本身特性有关的种种地质灾害；并以吕梁机场建设工程为例，阐述了机场建设中已存在及可能诱发的各类地质灾害及特征，提出了黄土丘陵区机场建设应遵循"预防优先、防治结合、综合治理、考虑环境美化"的防治原则，并针对各类地质灾害，探讨了相应的防治途径。

前人对黄土地区大面积挖填工程已有一定程度的研究，但将大面积黄土填筑地基地下水工程效应与工程建设实际相结合，以解决具体的工程问题的案例和研究成果还较少。因此，从工程实际出发，开展进一步的深入研究，对解决未来类似工程建设所面临的关键性技术难题，具有非常重要的理论和实用价值。

本章以西北地区某重点工程项目为研究对象，采用水文地质与工程地质调绘、水文地质遥感技术、无人机航测技术、水文地质钻探、原位试验、室内试验、大型物理模拟试验、数值模拟、地下水动态监测等技术手段,从水文地质角度,较为深入地研究了大面积填筑黄土地基地下水作用引起的"强度劣化效应""增湿加重效应""渗流潜蚀效应""孔隙水压力效应""冻结层滞水效应""锅盖效应"等工程效应,并分析了地下水工程效应造成的地基过大沉降与不均匀沉降变形、季节性冻胀破坏、填方边坡变形失稳等一系列工程问题,有针对性地提出了防治措施建议。

8.1　工程概况

T机场建设场址位于西北地区某地,属典型的高填方机场,最高填方边坡高差约160m,为当前世界上机场土质填方最高边坡。

本期规划建设跑道长3200m、宽45m,平行滑行道长3200m、宽18m;拟规划建设1座7000m^{2}的航站楼,1座800m^{2}的航管楼,以及4个(1B3C)机位的站坪;除此之外配套建设空管、供电、供油、给排水、暖通、通信、污水处理、生产辅助等相关配套设施,见图8.1-1。

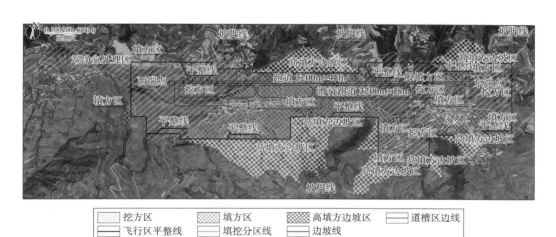

图8.1-1　T机场平面布局图

试验段工程已于2020年9月开工。试验段共分为两个区域(试验段Ⅰ区、试验段Ⅱ区),占地约1km^2。场地内水文地质复杂,发育7处滑坡群,单个滑坡多属中型～大型滑坡,对机场建设影响重大。

8.2　气象水文特征

8.2.1　气象特征

拟建场地所在地区属温带季风气候,多年平均气温为11℃。最热月为7月,平均气温为

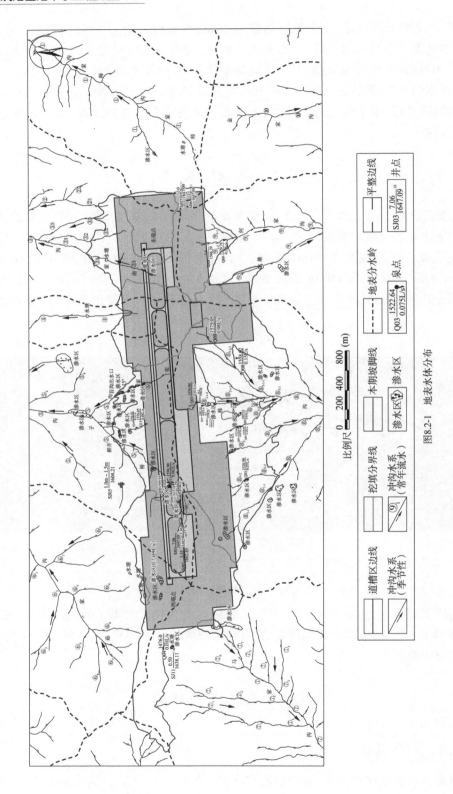

图8.2-1 地表水体分布

22.8℃;最冷月为 1 月,平均气温为 −2.0℃。极端最高气温为 38.2℃,极端最低气温为 −17.4℃。多年平均降水量为 580.0mm,主要集中在 7—9 月,约占全年降水量的 65%。场区一次连续最大降水量为 286.6mm,一日最大降水量为 113mm,1h 最大降水量为 57.3mm,见表 8.2-1。年平均蒸发量为 1290.5mm。

拟建场地降水量统计表(2015—2019 年)(单位:mm)　　表 8.2-1

年份（年）	月份（月）												全年
	1	2	3	4	5	6	7	8	9	10	11	12	
2015	—	—	89.8	76.6	78.7	37.9	27.6	77.7	37.6	22.4	11.2		—
2016	4.4	11.5	11.9	47.9	80.4	70.3	72.1	16.1	84.7	53.9	6.4	4.6	464.2
2017	4.1	16.4	60.5	59.3	80.6	60.8	39.4	96.9	54.7	81.7	7.3	0.0	561.7
2018	21.6	9.9	26.5	90.0	73.2	124.2	202.9	29.4	120.0	10.0	39.6	7.2	754.5
2019	2.0	7.0	12.9	57.8	67.5	39.9	52.9	156.3	149.6	42.8	13.0	1.8	603.5
平均	8.0	11.2	28.0	63.8	75.4	73.8	91.8	74.7	102.3	47.1	16.6	3.4	596.0

拟建场地属于季节性冰冻地区,季节性冻土标准冻深为 61cm,最大积雪厚度为 15cm。

8.2.2 水文特征

拟建工程区位于粗河及其支流罗峪沟之间的山梁上,以山脊为地表分水岭,北侧流入罗峪沟,南侧流入粗河。场地南北两侧分布有 10 条较大的冲沟,长度短则几百米,长则几千米,沟谷多呈"V"形深切冲沟,冲沟底部多切割至基岩。另外还有 7 处人工水塘,多处泉点和渗水点,见图 8.2-1。

8.3　工程地质特征

8.3.1 地形地貌特征

机场位于何家湾—上韩家湾—马家湾一带,根据地貌的成因类型和形态特征,属剥蚀残留的黄土梁、峁状丘陵地貌(图 8.3-1)。

黄土丘陵以梁、峁为主要特征,斜坡、冲沟并存,陡崖、切沟与落水洞、台地等微地貌发育,其伸展方向基本与粗河谷地相平行,梁顶相对粗河河谷高差 400～450m,山坡平均坡度为 5°～15°。梁南北两侧冲沟发育,切割深度一般为 10～50m,部分冲沟切割到泥岩。场区沟谷多呈"V"形,将山梁侵蚀分割成条带状,沟梁相间,冲沟处和梁边缘坡度较大,达 20%～

30%,局部形成直立的陡崖。该区多被开垦为耕地,水土流失较严重,滑坡、错落、崩塌、不稳定斜坡较为发育。从山梁顶部冲沟后缘向前缘(粗河、罗峪沟方向),滑坡、错落、崩塌、不稳定性斜坡的发育程度和规模逐步加大,并逐步由单个滑坡向滑坡群发展。机场将进行大面积的挖方和填方施工,场地西端、中东部、东端为挖方区,中部及两侧沟谷部位为填方区。西端平整高程大致为1639.72m,东端平整高程大致为1618.32m,中心点部位平整高程大致为1626.52m,东西端高差约21.4m,坡度约6.7‰。

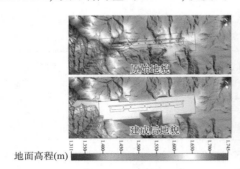

图8.3-1 研究区地形地貌特征

8.3.2 地层岩性特征

场地内岩土层由第四系覆盖层(Q_{1-4})、新近系(N)泥岩组成,主要地层见表8.3-1。典型地质剖面见图8.3-2、图8.3-3。

地层岩性一览   表8.3-1

界	系	统	地层符号	地层描述
新生界	第四系	全新统（Q_4）	Q_4^{pd}	植物土:以粉土为主,含大量植物根,广泛分布,厚0.5~1.0m,局部土层厚度可达1.5m
			Q_4^{ml}	人工填土:分布于道路沿线、村庄、试验段填方区,杂色,松散~密实,稍湿,成分较杂。主要分为两大类:第一类为细粒土素填土,主要为粉土与粉质黏土混合形成,夹少量泥岩及碎块石;第二类为碎石土与细粒土混合填土,一般填土易挖动,压实填土锹挖困难
			Q_4^{del}	滑坡堆积层:主要分布于滑坡区及部分沟道内,呈褐黄色、灰黄色、微红色,可塑,该层主要为历史滑坡堆积物,岩土混合型(或切岩滑坡)可见土层中包裹大量的泥岩碎块包裹体,土质滑坡堆积体则土质成分相对单一
			Q_4^{al}	冲洪积层:主要为黄土状粉土、粉质黏土,黄褐色,稍湿—湿,可塑状,孔隙发育,干强度较低,韧性较低,无光泽反应,摇振反应中等,具有中~高压缩性。偶见泉出露区域,岩性为淤泥质粉质黏土,软塑状态,饱和,有臭味

续上表

界	系	统	地层符号	地层描述
新生界	第四系	更新统（Q₂₋₃）	上更新统 Q_3^{eol}	马兰黄土:主要为黄土状粉土、黄土状粉质黏土,黄褐色,稍湿～湿,可塑～硬塑,干强度、韧性中等,光泽反应中等,无摇振反应,切面光滑,土质较均匀,垂直裂隙发育,具有湿陷性
			中更新统 Q_2^{eol}	离石黄土:黄褐色～棕黄色,稍湿,硬塑～坚硬状,土质较均匀,有光泽反应,干强度高,无湿陷性,中等压缩性。含多层古土壤层,岩性结构稍密,大孔隙少,透水性差
	新近系	上新统	甘肃群 N	基岩:红色、棕红色泥岩、泥页岩、粉砂质泥岩与灰绿色、灰白色泥岩互层,顶部以灰绿色泥岩为主,泥质结构,层状构造,遇水易软化,失水易崩解,属于极软岩

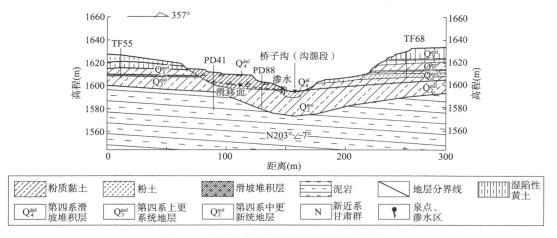

图 8.3-2　研究区典型地质剖面(平行于跑道方向)

8.3.3　地质构造特征

拟建场地位于区域向斜近核部,两翼基本对称,场地内岩层倾角为3°～15°。场地内无区域性断层穿过,仅发育6条小断层,均为非全新世活动断层,对工程影响不大。区域附近地质纲要图见图8.3-4。

8.3.4　不良地质作用

拟建工程场地存在的不良地质作用主要包括崩塌、滑坡、潜在不稳定斜坡和地面塌陷,其中滑坡和地面塌陷对机场安全建设影响更大。

1)滑坡

场地内发育规模不等的滑坡及潜在不稳定斜坡数十处,可划分为7个滑坡群(编号:滑坡群01号～07号),见图8.3-5。滑坡多沿冲沟发育,形成一系列的滑坡群,并表现出明显的"后退式"滑坡特征。

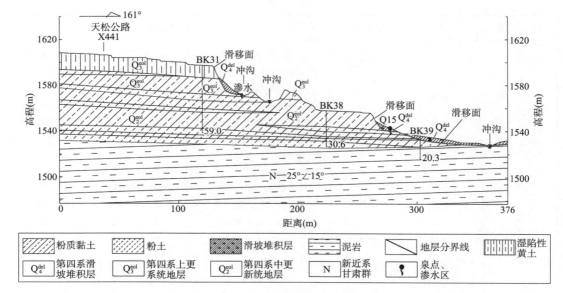

图 8.3-3　研究区典型地质剖面(垂直于跑道方向)

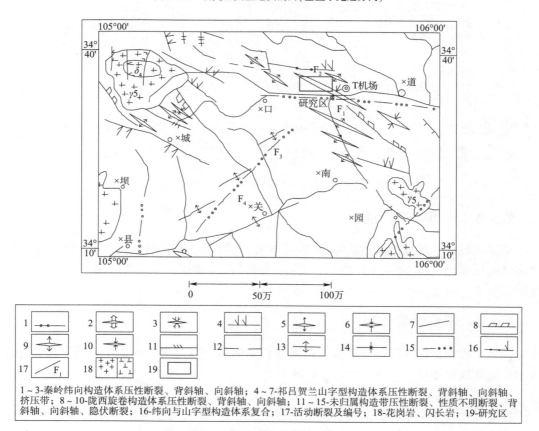

1～3-秦岭纬向构造体系压性断裂、背斜轴、向斜轴；4～7-祁吕贺兰山字型构造体系压性断裂、背斜轴、向斜轴、挤压带；8～10-陇西旋卷构造体系压性断裂、背斜轴、向斜轴；11～15-未归属构造带压性断裂、性质不明断裂、背斜轴、向斜轴、隐伏断裂；16-纬向与山字型构造体系复合；17-活动断裂及编号；18-花岗岩、闪长岩；19-研究区

图 8.3-4　研究区附近地质构造纲要图

226

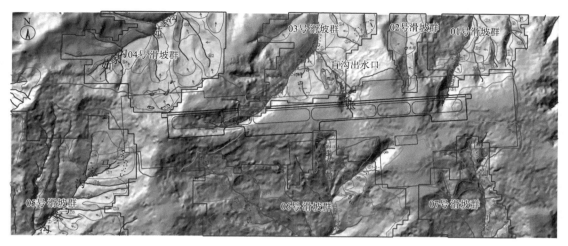

图 8.3-5　滑坡群分布平面示意

（1）01 号滑坡群。

01 号滑坡群分布于机场东端北侧③号冲沟填方边坡区,用地红线内及其影响区范围内共发育 9 处规模不等的滑坡、滑塌和潜在不稳定斜坡。该区滑坡顺冲沟呈条带状发育,并在冲沟交汇部位连成片呈裙状发育。受沟谷切割、地形及地下水的影响,滑坡主要向沟中心和斜坡下侧滑移。滑坡横向宽度为 45～400m,纵向长度为 30～290m,滑坡体厚度为 1～15m,单体滑坡体方量为（0.5～40）×$10^4$$m^3$,属于以浅层为主的小型～中型滑坡。

（2）02 号滑坡群。

02 号滑坡群分布于机场东端北侧④号冲沟挖方区。用地红线内及其影响区范围内发育 2 个滑坡。滑坡横向宽度为 360～390m,纵向长度为 40～75m,滑坡体厚度为 1～6m,单体滑坡体方量为（5.0～7.0）×$10^4$$m^3$,属于浅层小型滑坡。

（3）03 号滑坡群。

03 号滑坡群分布于试验段工程区及其影响区内（⑤号沟,⑤$_1$桥子沟、⑤$_2$张家沟沿线及两沟之间的斜坡部位）,共发育 5 处规模较大的滑坡。

1 号滑坡:位于试验段Ⅰ区,平面上位于张家沟西侧。该滑坡纵向长度约 230m,平均宽度约 100m,滑体平均厚度为 6.5m,体积约 12.0×$10^4$$m^3$,属浅层中型滑坡。该滑坡主滑方向约 345°,受张家沟冲沟影响,滑坡方向局部发生偏转。该滑坡为黄土-泥岩接触面滑坡。

2 号滑坡:位于试验段Ⅱ区填方段,该滑坡主滑方向 345°,纵向长度约 340m,平均宽度约 200m,滑体平均厚度为 10.0m,体积约 70.0×$10^4$$m^3$,属中层中型、黄土-泥岩接触面滑坡。

3 号滑坡:位于试验段Ⅱ区填方段,位于兄集村对面。主滑方向 330°,纵向长度约 80m,平均宽度约 100m,滑体平均厚度为 2.8m,体积约 2.2×$10^4$$m^3$,属浅层小型、黄土-泥岩接触面滑坡。

4 号滑坡:位于试验段Ⅱ区填方段坡脚段,位于兄集村下部位置。主滑方向110°,纵向长度为80~150m,横向宽度为200m,滑体平均厚度为5.0m,体积约16.5×10⁴m³,属浅层中型、黄土-泥岩接触面滑坡。

5 号滑坡:位于试验段Ⅰ区填方段对面,即张家沟右侧。主滑方向278°,纵向长度为120~200m,横向宽度为100~150m,滑体平均厚度为10.0m,体积约17.0×10⁴m³,属中型、黄土-泥岩接触面滑坡。

(4)04 号滑坡群。

04 号滑坡群分布于机场飞行区西端北侧(⑥号沟、⑥₂号、⑥₂号支沟所在位置)。用地红线内及其影响区共发育4处规模较大的滑坡。滑体厚度为3~15m,横向长度为170~460m,纵向长度为130~650m,滑坡体方量为(20~140)×10⁴m³,属于中型~大型滑坡。滑带主要位于泥岩接触面附近,属于蠕滑拉裂-后退式土质滑坡。

(5)05 号滑坡群。

05 号滑坡群分布于机场飞行区西端南侧(⑦号沟,⑦₆号、⑦₇号支沟所在位置)。用地红线内及其影响区共发育3处规模较大的滑坡。滑坡横向宽度为200~300m,纵向宽度为120~405m,滑坡体厚度为3~20m,单体方量为(20~90)×10⁴m³,属于中型、蠕滑拉裂-后退式滑坡。

(6)06 号滑坡群。

06 号滑坡群分布于机场飞行区南侧填方区(上韩家湾、航站区西南侧所在的⑧号沟,⑧₁号、⑧₂号、⑧₃支沟及其次级支沟所在区域)。用地红线内及其影响区共发育10余处规模不等的滑坡。滑体厚度为3~15m,单体滑坡方量为(2~200)×10⁴m³,属于小型~大型、崩塌-滑移拉裂后退式或蠕滑拉裂-后退式滑坡。

(7)07 号滑坡群。

07 号滑坡群分布于机场飞行区东端南侧填方区(何家湾所在的⑨号沟,⑨₁号、⑨₂号支沟及其次级支沟所在区域)。用地红线内及其影响区共发育7处规模不等的滑坡。滑坡横向宽度为20~350m,纵向长度为20~200m,滑坡体厚度为3~20m,滑坡方量为(3~50)×10⁴m³,属于小型~中型、崩塌-滑移拉裂后退式或滑移拉裂-后退式滑坡。

2)地面塌陷

场地部分区域发育黄土陷穴、洞(暗)穴,洞穴直径一般为1~4m,最大为5m,深度为2~5m。黄土洞穴断面形态以圆形、狭缝状、三角形、圆拱形为主,兼有其他一些不规则形状呈串珠状分布。场地区域内的塌陷主要发育于晚更新统马兰黄土地层中,沿着冲沟两侧呈蜂窝状或条带状分布。

8.4 水文地质特征

研究区以黄土梁分水岭为界,北侧属于罗峪沟水文地质系统,南侧属于耤河水文地质系统。工程影响深度范围内地下水类型包括第四系松散岩类孔隙裂隙水、第四系松散岩类孔隙水和碎屑岩类孔隙裂隙水。受地形、岩土结构、岩土类型、渗透性的影响,区内地下水分布、埋深差异大,具有"普遍性分布,水位埋深变化大,不同地貌单元上含水层厚度差异大"的特点。

8.4.1　地下水类型与分布特征

1)第四系松散岩类孔隙裂隙水

这类地下水主要赋存于场地内黄土梁、峁及部分斜坡地带堆积的 Q_2、Q_3 黄土孔隙、裂隙中。马兰黄土(Q_3)浅层结构疏松,具大孔隙结构特征,同时发育大量的黄土裂隙,是包气带的主要组成部分; Q_3 黄土下部和 Q_2 黄土较坚实致密,渗透性较弱。 Q_2、Q_3 黄土分布广、厚度大,具有相对较大的储水空间。

该层含水层以孔隙、裂隙为赋存空间及运移通道,透水性及富水性整体较弱。地下水主要接受大气降水和农耕灌溉补给,径流途径短。水体下渗至相对致密、裂隙不发育的古土壤层时将难以继续下渗,形成局部相对富水区;下渗至泥岩隔水界面时,地下水将顺斜坡倾斜方向渗流,在地形切割部位从隔水界面附近以下降泉形式排泄。

2)第四系松散岩类孔隙水

这类地下水主要分布于场地沟槽底部、沟道两侧滑坡堆积区的坡洪积、冲洪积层(Q_4^{dl+pl} 、 Q_4^{al+pl})及重力堆积层(Q_4^{del})中,主要接受降水、农耕灌溉(生产、生活废水)、地表径流、黄土梁、峁及斜坡部位黄土孔隙裂隙水渗流和下降泉排泄补给,其次是高处的基岩裂隙水排泄补给。

在沟槽、斜坡坡脚地带多堆积坡洪积、冲洪积和受重力作用影响的松散层。由于地势较低,堆积历史较新,其结构松散,孔隙率高,因此透水性和富水性较好,主要赋存松散层孔隙潜水,具有相对连续的地下水位面,但局部也存在受地形、冲沟切割和泥岩起伏界面的影响,间断不连续、片状分布。

3)碎屑岩类孔隙裂隙水

新近系(N)碎屑岩类孔隙裂隙水,主要赋存于第四系之下的新近系泥岩风化裂隙、构造裂隙中,主要接受大气降水、顶部孔隙水裂隙水的补给。该类地下水的径流、排泄及富水性受构造裂隙、风化裂隙控制,总体含水率少,富水性弱。风化程度较高的泥岩及深部较新鲜的泥岩,属于相对隔水层。

场地内断层发育规模较小,断层破碎带宽度小,且多处于闭合～微张状态,加之风化和淋滤作用,裂隙往往充填泥质胶结物,因此导水性总体较差。场地内未发现上升泉,无构造裂隙水远程补给的特征。

8.4.2　含水层、隔水层与富水性

场地内梁、峁、斜坡部位含水层为 Q_3 (马兰黄土)黄褐色、黄灰色的黄土层(粉土、黄土状粉土和孔隙、裂隙发育,结核含量较高的粉质黏土);斜坡下侧缓坡、沟槽、冲沟交汇区域含水层主要为次生黄土、重力作用(滑坡、崩塌)堆积层、坡洪积和冲洪积堆积的粉土、含砾粉质黏土层。

隔水层主要为黏性高、致密的粉质黏土、黏土、古土壤层,全强风化泥岩层、裂隙不发育

的中风化泥岩层。

场地内浅部黄土总体属于弱透水层,其中部分孔隙、裂隙发育的黄土,属于中等透水层,富水性中等;深层致密黄土总体属于弱透水~微透水层,富水性弱,其中分布的古土壤层及下伏泥岩属于隔水层,富水性极弱。

8.4.3 地下水补径排特征

场地位于东西走向的黄土梁上,无规模较大的断层穿越,且基岩为泥岩,可判断无断层远程补给。黄土梁位置高,两侧地形切割强烈,沟壑纵横,几乎无侧向补给。地下水主要接受大气降水、农耕和果木灌溉水及灌溉渠线状渗流补给,其次是当地居民的生产、生活废水补给。黄土固有的大孔隙、垂直裂隙及潜蚀孔洞为地表水入渗提供了快速通道。地下水在重力的作用下沿孔隙、裂隙向地势低洼处渗流,在陡坎、冲沟、滑坡等地形切割合适部位,沿黄土-泥岩界面、古土壤层顶面(包括致密的粉质黏土、黏土隔水层顶面)以下降泉的形式排泄,单泉流量为 0.01~0.70L/s,见图 8.4-1、图 8.4-2。部分区域因滑坡作用使土体结构松动,土层渗透性得到改善,在降雨、地表积水作用下形成富水区,土体处于湿润~饱水状态。当地农耕和果木灌溉多采用人工引水和水车运输分散灌溉方式,灌溉水沿黄土裂缝或垂直裂隙快速入渗,一般于灌溉后 1~2d 排泄,对场地地下水动力场有一定的影响,是场地内滑坡重要的促滑因素之一。机场建设后,农耕和果木灌溉补给消除,地下水的补给量减小,但机场绿化灌溉对地下水补给仍然较大,减少绿化用水是控制机场运营期地下水位的重要手段。

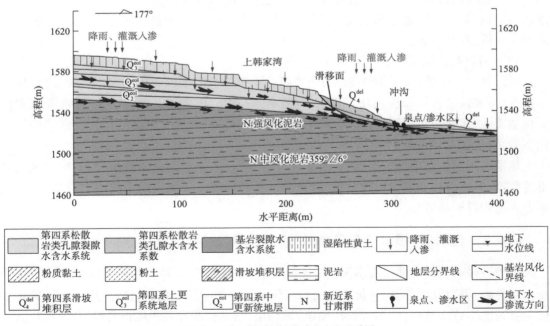

图 8.4-1 黄土梁、斜坡、滑坡区水文地质图

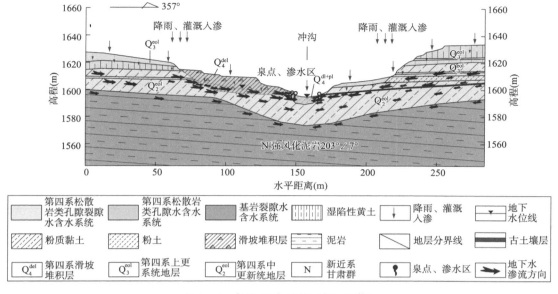

图 8.4-2　斜坡、滑坡、沟槽区水文地质图

8.4.4　地下水动态特征

在场地内设置 33 个地下水位长观孔。通过对比水位观测点 2020 年 12 月—2021 年 12 月地下水观测数据得出,研究区枯、丰水期地下水动态变幅为 0.8 ~ 4.4m,地下水位的变化主要受季节性降水(夏秋季降雨、春季融雪)和农业灌溉作用影响,其次受施工扰动的影响。

综合分析得出,场地黄土梁、峁、斜坡部位地下水位枯水期与丰水期动态变化为 2 ~ 10m;沟槽、缓坡、滑坡部位地下水位枯水期与丰水期动态变化为 0 ~ 5m。

8.4.5　地下水化学特征

根据全场区地下水水质分析结果,地下水类型主要为 HCO_3 + Cl-Ca + Mg + Na、HCO_3 + Cl + SO_4-Na + Ca + Mg 和 HCO_3 + Cl-Ca + Na + Mg。地下水大部分 pH 值在 7.0 ~ 8.0 之间,属于中性水,但有部分受居民生产、生活废水污染的地下水和试验段盲沟流出的水 pH 值较高,甚至达到"强碱性水"。

8.4.6　含水层渗透特性

在现场进行了浅层渗水试验、注水试验、抽水试验和室内渗透试验,试验成果见表 8.4-1。

水文地质试验成果统计表　　　　　　　　　　　　　　　　　　　　　表 8.4-1

地层岩性	导水系数 T(m^2/d)		渗透系数 K(m/d)	
	区间值	平均值	区间值	平均值
粉土、粉质黏土(Q_4^{al})	0.26 ~ 12.50	8.52	0.17 ~ 8.33	5.68
滑坡堆积体(Q_4^{del})	4.5 ~ 20.5	12.30	0.90 ~ 4.10	2.46

地层岩性	导水系数 $T(\mathrm{m}^2/\mathrm{d})$		渗透系数 $K(\mathrm{m}/\mathrm{d})$	
	区间值	平均值	区间值	平均值
压实人工填土(Q_4^{ml})	0.04 ~ 0.40	0.20	0.01 ~ 0.10	0.05
粉土(Q_3^{eol})	3.18 ~ 188.7	59.70	0.53 ~ 31.45	9.95
粉质黏土(Q_3^{eol})	0.72 ~ 18.80	7.20	0.09 ~ 2.35	0.90
粉土(Q_2^{eol})	1.08 ~ 28.62	12.24	0.12 ~ 3.18	1.36
粉质黏土(Q_2^{eol})	0.42 ~ 5.34	2.16	0.07 ~ 0.89	0.36
泥岩(N)	0.01 ~ 0.31	0.08	0.002 ~ 0.061	0.016

机场区域地下水天然渗流场矢量图见图 8.4-3。

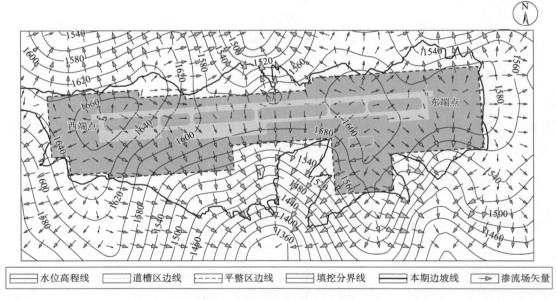

图例：□水位高程线 □道槽区边线 ----平整区边线 □填挖分界线 ■本期边坡线 →渗流场矢量

图 8.4-3 地下水天然渗流场矢量图

8.4.7 地基土及填料含水率特征

根据现场含水率测试得出：

(1)挖方区浅层 20m 深度范围内,西端土层含水率为 13.5% ~ 35.4%,平均含水率为 20.81%。其中位于公路旁陡坎、上韩家湾、龙凤村黄土梁顶部边缘等部位,因地下水埋深较大,地形陡立,表层受蒸发作用较强烈,含水率 w 小于 15%。

(2)试验段填方区陡坎、平台部位土体含水率为 16.02% ~ 30.15%,平均含水率为 21.8%;试验段滑坡区及富水区土体含水率为 28.0% ~ 43.66%,平均含水率大于 30%。

研究区地基土总体含水率偏高,远高于填料(黄土)的最优含水率(14%～15%),填料的压实问题突出,需进行填料的改良处理。

8.4.8　毛细水上升高度

毛细水上升高度现场调查和试验结果如下:

(1)粉质黏土(马兰黄土,Q_3):长期浸水条件下毛细水上升高度为 2.6～4.3m,间断浸水条件下毛细水上升高度为 1.7～2.5m。

(2)粉土(马兰黄土,Q_3)长期浸水条件下毛细水上升高度为 2.0～3.4m,间断浸水条件下毛细水上升高度为 1.4～2.3m。

(3)粉质黏土(离石黄土,Q_2):长期浸水条件下毛细水上升高度为 1.6～2.0m,间断浸水条件下毛细水上升高度为 1.1～1.7m。

(4)试验段填方区压实素填土毛细水上升高度为 0.5～1.4m。

工程区毛细水上升高度总体较大,受土层结构和临水条件的影响,毛细水上升高度存在差异:长期浸水区域土体的毛细水上升高度大于间断浸水区毛细水上升高度;粉质黏土毛细水上升速率较粉土慢,但毛细水上升高度大于粉土。

根据室内试验测试结果,93%压实度条件下毛细水上升高度为 23.5～91.3cm,96%压实度条件下毛细水上升高度 16.3～77.0cm,平均值为 39.8cm。

8.5　地下水渗流场预测分析

T机场属典型的高填方机场,挖填方量约 $1.3×10^8m^3$。挖填方、道面、房屋、排水系统等建设,改变了场地水文地质条件,如含水层、隔水层分布与厚度,岩土的渗透性,地下水补给、径流和排泄条件。水文地质条件变化后,地下水渗流场将发生相应变化。渗流场的改变可能对地基沉降、边坡稳定性等造成不良影响,研究场地条件改变后地下水渗流场具有重要意义。

以水文地质工程地质勘察成果为基础,根据设计文件,采用 Visual Modflow 中的 MODFLOW 模块,建立场地地下水渗流场三维模型,对场地施工前后的渗流场进行分析和预测。

模型北至罗峪沟,南至耤河,东至上金村东山脊线,西至徐家山村和杨家山村的大沟,为一个完整的水文地质单元。模型东西长 9700m,南北宽 8100m,高程 1100～1800m,见图 8.5-1。

模型参数根据室内试验、现场水文地质试验并结合搜集到的资料和规范经验数据进行综合取值获取,见表 8.5-1。

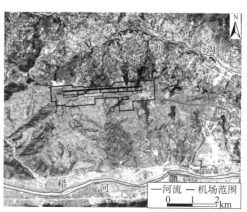

图 8.5-1　模型模拟范围示意图

模型水文地质参数 表 8.5-1

地层划分	模型取值(m/d)			土工试验渗透系数 K 参考值(m/d)
	K_x(m/d)	K_y(m/d)	K_z(m/d)	
耕土	1.8	1.8	1.8	0.9~2.3
湿陷性黄土	0.075	0.075	0.2	0.02~0.3
上层粉质黏土	0.07	0.07	0.2	0.01~0.71
粉土	0.08	0.08	0.2	
下层粉质黏土	0.06	0.06	0.2	
强风化泥岩	0.03	0.03	0.03	0.001~0.007
中风化泥岩	0.01	0.01	0.01	
微风化泥岩	0.005	0.005	0.005	
填土层	0.06	0.06	0.06	0.01~0.71

年均降水量为 514.8mm，多集中在 4—9 月，年平均蒸发约为 1200mm。只考虑降水入渗时，入渗系数取值为 $\alpha=0.08$；同时考虑降水入渗、农业灌溉的补给时，入渗系数 $\alpha=0.12$。

本次数值模拟工况分四类：天然渗流场、挖方工况下的渗流场、土石方工程完工整平后工况影响下的渗流场，以及机场道面硬化并运营了 1 年、3 年、5 年、10 年、20 年的渗流场，见表 8.5-2。

模型方案 表 8.5-2

模型类型		模拟时间段	模拟目的
稳定流模型	天然渗流场	天然条件	获得可信的初始水头、模型校验
非稳定流模型	土石方工程施工整平	挖方后	挖方施工后地下水渗流场变化分析、预测
		填方后	场地完全整平施工后地下水渗流场变化分析、预测
	机场建成	运营1年、3年、5年、10年、20年	道面硬化，机场建成运营阶段地下水渗流场变化分析、预测

8.5.1 施工前渗流场特征

将已经掌握的地下水动态资料作为本次预测的地下水水位的初始水位，并对模拟区进行非稳定流模拟计算，模拟得出场地天然条件下地下水渗流场特征，见图 8.5-2。

从图上可以看出，施工前研究区天然地下水渗流场总体特征如下：

（1）工程区天然渗流场与地形的走势相同。

（2）工程区处于黄土梁地下水分水岭的位置。

（3）平行于跑道方向：黄土梁部位的地下水渗流场，总体是由西向东顺地形走势和向斜核部的倾斜方向渗流，即西端挖方区→龙凤村→何家湾、南家湾、金家湾，向地势较低处渗流排泄。

（4）垂直于跑道方向：在南北方向上，地下水渗流场表现出从黄土梁、峁等地势较高处，向两侧冲沟和斜坡等地势低洼处渗流排泄的特征。场区北侧的张家沟、桥子沟、茹家沟、南家沟以及南侧的马家沟、韩家沟及何家沟等是场区地下水排泄的重要途径和通道。

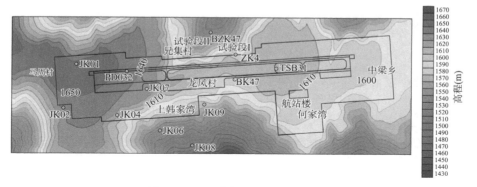

图 8.5-2　天然条件下渗流场局部放大

8.5.2　施工后地下水渗流场特征

1）挖方施工后地下水渗流场特征

模拟得出，挖方过程中地下水渗流场发生了改变，机场西部的挖方区地下水位呈下降趋势。挖方后（未填方）地下水渗流场特征见图 8.5-3。

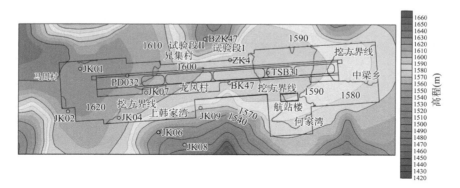

图 8.5-3　挖方后地下水渗流场局部放大

将天然条件下输出的地下水等水位值与挖方后输出的地下水等水位值进行比较得出，在机场西部的马周村的挖方区，地下水水位下降的幅度最大，最大可达 32m，在整个西部的挖方区，地下水位平均降幅约为 20m；在机场中部的挖方区，即何家湾航站楼区域，地下水位的降幅为 13～16m；在机场东部的挖方区，地下水位的降幅约 16m；其余位置，地下水位的降幅均在 10m 以下，其中试验段Ⅰ、Ⅱ位置、上韩家湾挖方区，地下水位降幅在 8m 左右。挖方后地下水位变化特征见图 8.5-4。

从挖方施工完成后地下水渗流场的变化趋势来看，挖方施工改变了挖方区的地层结构，由于岩土具有渗透性、富水性，加之农耕灌溉作用被消除，地下水的补给量大幅减少，从而使该区的地下水位下降。从小区域内来看，挖方施工将一定程度上改变模拟区地下水渗流的方向和通道；但从整个场地宏观上看，由于工程影响深度有限，挖方施工并不会强烈改变场地总体的地下水渗流、排泄的途径和通道。但需注意的是,在机场西部挖方区,开挖后揭露底部基岩区域,施工后地下水位存在大幅下降的趋势,地下水渗流场的变化较为强烈。

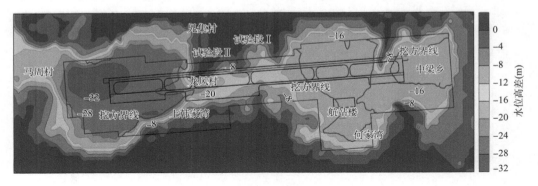

图 8.5-4　挖方后地下水位与天然地下水位对比

2)填方整平后地下水渗流场特征

模拟得出,填方施工过程地下水渗流场发生了明显改变,地下水水位总体呈升高趋势,局部小幅度下降。填方整平后地下水渗流场特征见图 8.5-5。

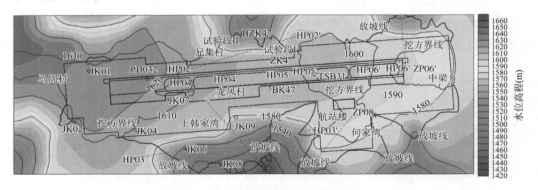

图 8.5-5　挖填整平后地下水渗流局部场放大

将天然条件下输出的地下水等水位值与填方后输出的地下水等水位值进行比较得出,在场地的西部 JK01、JK02 所在的填方区,填方后地下水位与天然渗流场相比水位呈下降趋势,主要是后缘挖方、填方施工作用以及农耕灌溉作用被消除,减少了地下水的补给量所致。

在龙凤村和上韩家湾村这两处高填方区的顶部,JK04 所在区域水位与天然流场水位相比呈下降趋势,究其原因,一是该区处于挖方与填方过渡带,北侧高处将大面积挖方,含水层变薄,地下水位降低,补给量减少,储水量下降;二是农耕灌溉消除,地下水的补给量大幅减少。

在上韩家湾高填方边坡区,填方后地下水渗流场与天然渗流场相比,地下水位呈抬升趋势。JK05、JK06、JK08、JK09 所在区域填方后,地下水位抬升一般在 0.2～21.7m 之间,局部区域可超过 30m,在上韩家湾南部深沟部位的高填方区最大抬升高达 35m。

机场中部龙凤村黄土梁填方区,与天然渗流场相比呈下降趋势。BK47 所在区域填方后,水位降幅在 1~2m 之间;其他区域,地下水位局部有抬升的趋势,抬升幅度为 3~5m。

在试验段 Ⅰ、Ⅱ区,填方区工后地下水位,上升幅度差异较大。试验段 Ⅱ区在桥子沟后缘段(即兄集村南西侧冲沟)抬升高度一般在 2~10m 之间,最大可达 20m。

在机场的东部何家湾、南家湾填方区,边坡部位地下水位大体随地形的变化而变化。在何家湾沟、南家湾沟所在的高填方边坡区及其影响区,由于原始地形低洼,属于地下水的相对汇水区,填方后地下水升高 1~9m。

总的来说,挖填整平后,填方区域地下水渗流场具有如下特征:

(1)在挖填交界的过渡区域的原始地下水排泄区和富水区,由于挖方区含水层被部分挖除,农耕灌溉补给被消除,使得挖填交界区的填方区域地下水补给量大幅减小,原始富水区及地下出露区的地下水的排泄量将减小甚至枯竭,挖填整平后地下水位呈下降的趋势。

(2)填方高度较大的平整区,受原始倾斜地形的控制,降雨入渗的地下水向低洼处汇集。当遇土体渗透性较差且未设置有效排水结构时,水位呈上升趋势。受地形、岩土体的渗透性差异影响,水位的上升幅度存在较大差异。

(3)高填方边坡区,特别是在冲沟部位及部分泉点发育的斜坡、滑坡区,工后地下水位呈较明显的上升趋势,如试验段工程填方边坡区及其影响区、上韩家湾村高填方边坡区及其影响区,以及航站区南侧填方边坡区、何家湾、南家湾高填方边坡区。试验段工程区桥子沟的上段、上韩家湾 ⑧$_{1-1}$、⑧$_{1-2}$、⑧$_{1-3}$、⑧$_{3-1-3}$ 号沟所在的高填方边坡区,工后地下水位抬升 2~10m,最高可达 20m,极端工况下水位抬升最高可达 35m。高填方边坡稳定影响区往往是滑坡的密集发育区、地下水的主要排泄区,地下水抬升对工程不良影响明显,诱发高填方边坡发生变形失稳的风险极高,应高度重视。

高填方边坡区地下水位抬升主要原因是:①边坡区含水层变厚,地下水补给范围变广、变高;②地基处理和填方施工改变了地下水原有的天然渗流、排泄通道和排泄途径(如冲沟、渗水区、泉点等),降低了岩土体的渗透性能,造成地下水渗流过程中发生堵水和壅水的情况而使地下水位升高。

3)建成后长期运营阶段地下水渗流场

机场土石方工程结束后,跑道、滑行道、垂直联络道、站坪、航站区、工作区等将进行混凝土硬化,混凝土的阻水作用将会使地下水接受大气降水入渗补给量减少,见图 8.5-6。

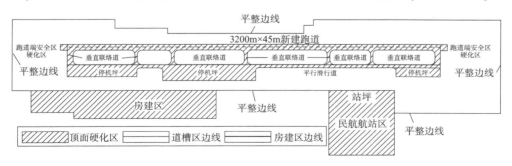

图 8.5-6 机场硬化范围

道面硬化后,在截排水系统正常运行的情况下,在运行期间的第1~10年,地下水位呈下降的趋势;在第10年之后,随着降雨入渗通道的逐步扩展,地基内部排水系统的慢慢淤堵,地下水位呈缓慢上升趋势。最明显的区域位于飞行区的东部,地下水位变化幅度为4~23m。从东部挖方区向西延伸,水位的降幅为1~8m;跑道中心点以西的南侧水位变幅为1~12m;在航站区位置,地下水位变幅为4~16m。

8.5.3 沟谷地下水排泄量预测

沟谷是地下水天然排泄通道,工程建设中需要沿沟谷设置排水结构,如盲沟、排水箱涵等。沟谷中地下水流量是排水结构设计的主要参数,本次数值模拟中,预测了场地平整后沟谷出水量,预测成果见表8.5-3。

冲沟中地下水排泄量预测成果表

表8.5-3

位置	区域1	区域2	区域3	区域4	区域5	区域6	区域7	区域8	区域9	区域10	区域11	总计
最大排泄水量(m^3/d)	73.44	79.49	52.70	85.54	59.62	85.54	139.10	57.89	35.42	52.70	54.43	775.87
最大排泄水量换算(L/s)	0.85	0.92	0.61	0.99	0.69	0.99	1.61	0.67	0.41	0.61	0.63	8.98

8.6 地下水工程效应分析

8.6.1 岩土强度的劣化效应

1)地下水对原地基土物理性质的劣化

现场含水率测试和室内试验含水率测试结果。

(1)挖方区,黄土天然含水率$w=16.5\%~35.4\%$,饱和度$S_r=43.5\%~99.7\%$,干密度$\rho_d=1.25~1.71g/cm^3$,孔隙率$n=36.8\%~56.7\%$。

(2)填方区,黄土天然含水率$w=12.4\%~30.6\%$,饱和度$S_r=34.4\%~99.0\%$,干密度$\rho_d=1.23~1.65g/cm^3$,孔隙率$n=39.4\%~54.6\%$。

试验段斜坡部位滑坡发育,地下水富集,土体呈可塑~软塑态。Q_3可塑状粉质黏土(非湿陷性黄土)天然含水率$w=20.8\%~38.8\%$,平均值为29.1%;饱和度$S_r=92.4\%~100.0\%$,平均值为98.8%;干密度$\rho_d=1.43~1.74g/cm^3$,平均值为1.63g/cm^3;孔隙率$n=35.8\%~47.6\%$,平均值为39.9%。Q_2可塑状粉质黏土(非湿陷性黄土)天然含水率$w=20.6\%~28.6\%$,平均值24.8%;饱和度$S_r=97.2\%~100.0\%$,平均值为99.6%;干密度$\rho_d=1.58~1.76g/cm^3$,平均值为1.65g/cm^3;孔隙率$n=35.4\%~41.8\%$,平均值为39.4%。

通过对比一般区域和富水区岩土体物理性质指标,可以得出:

（1）填方区工后地下水位升高，在饱和带厚度增大和非饱和土增湿作用下，地基土的含水率、饱和度将明显升高，孔隙率将呈降低的趋势，干密度呈增大的趋势。

（2）挖方区工后地下水位下降，土体的物理性质受气象条件影响明显，物理性质受降雨、降雪、气温等影响，随季节性变化而波动，特别是浅层包气带水，其活跃的物理、化学作用将影响挖方区浅层土体的物理性质发生变化。总体来说，挖方区地下水位下降后工程影响深度内地基土的含水率、饱和度、孔隙率将呈下降趋势，天然密度、干密度呈增大趋势。

2）地下水对原地基土力学性质的劣化

场地内黄土具有大孔隙结构、柱状垂向节理发育、干燥时强度大、自稳性和壁立性好的特性，但同时也具有较明显的水敏性，以及遇水湿陷、湿化、强度锐减等特点。

场地内黄土多属非饱和土，基质吸力是影响其强度最重要的指标。根据前人研究成果[17]，在低基质吸力范围内，以含水率等于19%和30.8%为临界点，黄土的水土特征曲线分为三段：当含水率处于大于30.8%的近饱和区间时，曲线较为平缓，说明基质吸力对含水率的变化较为敏感，轻微的含水率改变就会引起基质吸力的突变；当含水率小于30.8%而大于19%时，曲线变陡，含水率变化对基质吸力的影响减弱；当含水率小于19%而大于11.9%时，曲线又变平缓（图8.6-1）。

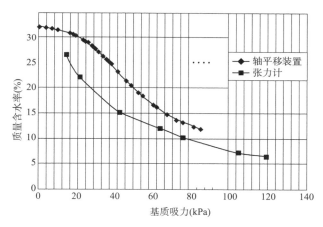

图8.6-1　黄土基质吸力与含水率关系曲线（水土特征曲线）（张茂省，朱立峰，胡炜，等，2017）

当地下水位上升时，地基中饱和区域增大，非饱和区基质吸力降低，且斜坡内部基质吸力的降低与地下水位呈线性关系。

根据试验成果，对于非饱和黄土，当含水比增大时，黄土的压缩模量与其呈负相关趋势，压缩系数呈上升趋势；含水率的变化与压缩模量、压缩系数所呈现的特征与含水比变化特征相类似；土体的饱和度与其压缩模量、压缩系数没有表现出明显的相关性特征。

这一特征表现出黄土的变形不仅受含水率的影响，还受黄土结构（孔隙、裂隙的发育程度及连通性）的影响，同时也反映出非饱和黄土力学性质的复杂性，见图8.6-2～图8.6-7。

随着天然黄土含水率、含水比的增加，土体的黏聚力 c 呈幂函数曲线递减，内摩擦角 φ 呈指数函数曲线递减，见图8.6-8～图8.6-11。

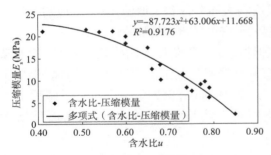

图 8.6-2 黄土含水比 u 与压缩模量 E_s 的关系曲线

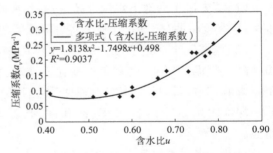

图 8.6-3 黄土含水比 u 与压缩系数 a_v 的关系曲线

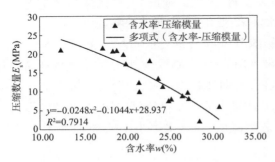

图 8.6-4 黄土含水率 w 与压缩模量 E_s 的关系曲线

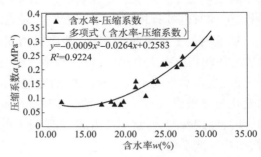

图 8.6-5 黄土含水率 w 与压缩系数 a_v 的关系曲线

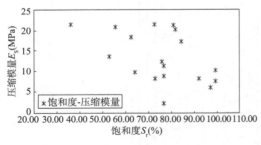

图 8.6-6 黄土饱和度 S_r 与压缩模量 E_s 的关系曲线

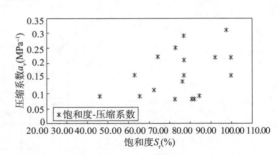

图 8.6-7 黄土饱和度 S_r 与压缩系数 a_v 的关系曲线

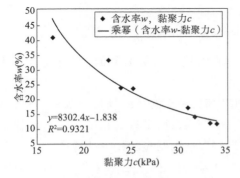
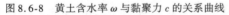

图 8.6-8 黄土含水率 ω 与黏聚力 c 的关系曲线

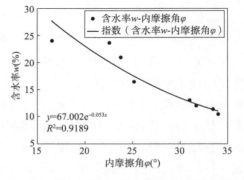

图 8.6-9 黄土含水率 ω 与内摩擦角 φ 的关系曲线

　　天然非饱和黄土受地下水上升浸泡达到饱和后抗剪强度指标（c、φ）、压缩性指标（e、E_s、a_v）都表现出明显的衰减特征，见图 8.6-12 ~ 图 8.6-15。

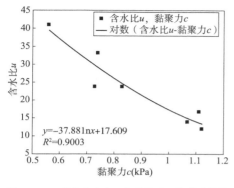

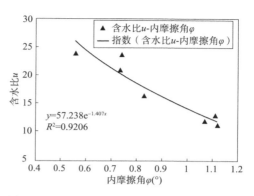

图 8.6-10　黄土含水比 u 与黏聚力 c 的关系曲线　　图 8.6-11　黄土含水比 u 与内摩擦角 φ 的关系曲线

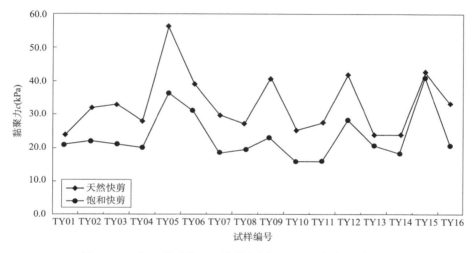

图 8.6-12　黄土(粉质黏土)天然黏聚力与饱和黏聚力关系特征曲线

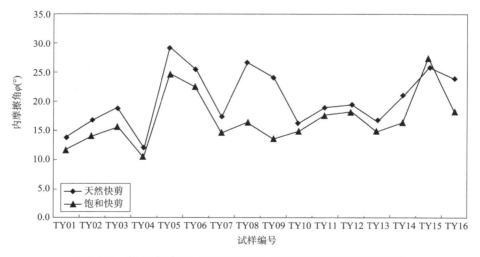

图 8.6-13　黄土(粉质黏土)天然内摩擦角与饱和内摩擦角关系特征曲线

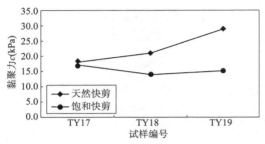

图 8.6-14　黄土(粉土)天然黏聚力与饱和黏聚力
关系特征曲线

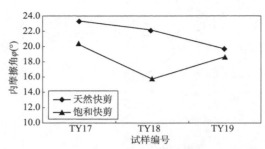

图 8.6-15　黄土(粉土)天然内摩擦角与饱和内摩擦角
关系特征曲线

通过分析可以得出,T 机场大面积挖方和填方施工后,地下水位上升区域,原地基和填筑地基饱和区增大,非饱和区增湿、土体基质吸力降低,出现水岩作用,引起"强度劣化效应",地基土的力学强度降低。

3)地下水对泥岩力学性质的劣化

场地内普遍存在新近系泥岩,在现场调查时发现斜坡、滑床、冲沟底部表层多风化、崩解成碎块状、土状,具有较强的水敏性和热敏性特征。

(1)泥岩矿物成分特征与膨胀性。

按颜色,场地内泥岩可分为红褐色、棕红色泥岩和青灰色、灰白色泥岩两类。根据泥岩矿物成分分析成果,泥岩矿物成分见表 8.6-1。

泥岩矿物成分统计

表 8.6-1

岩石类别	矿物成分(%)						
	黏土	石英	钾长石	斜长石	方解石	白云石	备注
红褐色、棕红色泥岩	37	25	2	12	24	0	黏土主要是伊利石、高岭石、绿泥石
青灰色、灰白色泥岩	27	10	0	8	0	57	黏土主要是伊利石、高岭石、绿泥石

从表 8.6-1 中可以看出:红褐色、棕红色泥岩中碎屑矿物(石英、钾长石、方解石、白云石)含量为 63%,黏土矿物含量达到了 37%;青灰色、灰白色泥岩碎屑矿物(石英、钾长石、方解石、白云石)含量为 73%,黏土矿物含量 27%。矿物分析结果说明了场地内分布的泥岩具有一定的膨胀性,但由于黏土矿物中主要为伊利石、高岭石、绿泥石,没有蒙脱石,故膨胀性不强。

该工程影响深度内,泥岩主要为全风化和强风化,中风化泥岩很少见,故采取强风化泥岩进行膨胀性试验。结果表明,场地青灰色、灰白色的强风化泥岩自由膨胀率 F_S 在区间 16% ～20% 内,平均为 17.7%,为非膨胀岩石;红褐色、棕红色强风化泥岩自由膨胀率 F_S 在区间 28% ～38% 内,平均为 31.6%,属弱膨胀岩石,即红褐色、棕红色强风化泥岩遇水弱膨胀。

(2)耐崩解性特征。

采取样品进行崩解试验,结果如下:

①棕红色、褐红色泥岩:浸水后 1 ～2h 岩石开始逐步崩解,3 ～5h 后岩体崩解散开,岩体

结构完整性基本被破坏,形成粒径 0.5~1cm 的碎块。

②青灰色、灰白色泥岩:浸水后 2~5h 岩石开始逐步崩解,30~40h 后岩体崩解呈碎块状,块径 3~5cm。该类岩石浸水一段时间后岩体逐步出现裂痕,经过较长时间浸泡后裂痕加密,后逐步崩解散开呈碎块,部分岩块完整性仍保留。

③场地内分布泥岩具有遇水崩解软化的特征,且棕红色、褐红色泥岩的崩解软化速度快于青灰色、灰白色泥岩。

（3）泥岩遇水软化特征。

采取样品进行泥岩抗压和剪切试验,结果见表 8.6-2。

强风化泥岩抗剪强度参数　　　　　　　　　　　　表 8.6-2

岩土类别	统计指标	天然含水率 $w_0(\%)$	天然密度 $\rho_0(g/cm^3)$	直剪试验(天然)		直剪试验(饱和)	
				黏聚力 $c(MPa)$	内摩擦角 $\varphi(°)$	黏聚力 $c(MPa)$	内摩擦角 $\varphi(°)$
强风化泥岩(N)	平均值	22.01	2.16	65.9	23.6	42.6	13.4
	最大值	31.60	2.33	82.4	26.9	53.2	15.0
	最小值	17.40	1.98	36.7	19.9	30.6	11.8
中风化泥岩(N)	平均值	21.78	2.21	93.0	32.9	51.2	24.3
	最大值	27.00	2.41	151.2	41.8	54.6	39.1
	最小值	19.50	1.96	62.5	27.2	36.2	16.5

①天然状态下,强风化泥岩抗压强度 $R = 0.20~1.10MPa$;干燥状态下,强风化泥岩抗压强度 $R_b = 0.40~2.20MPa$,岩石软化系数 $= 0.40~0.60$,属于易软化岩石。

②天然工况下,强风化泥岩黏聚力 $c = 36.7~82.4kPa$,平均值 65.94kPa;内摩擦角 $\varphi = 19.9°~26.9°$,平均值 23.6°。饱水工况下,强风化泥岩黏聚力 $c = 30.6~53.2kPa$,平均值 42.6kPa;内摩擦角 $\varphi = 11.8°~15.0°$,平均值 13.4°。

③天然工况下,中风化泥岩黏聚力 $c = 62.5~151.2kPa$,平均值 93.0kPa;内摩擦角 $\varphi = 27.2°~41.8°$,平均值 32.9°。饱水工况下,中风化泥岩黏聚力 $c = 36.2~54.6kPa$,平均值 51.2kPa;内摩擦角 $\varphi = 16.5°~39.1°$,平均值 24.3°。

④对强风化泥岩:天然工况与饱水工况相比,浸水后黏聚力 c 平均值下降 23.3kPa,降幅 35.4%;内摩擦角平均值下降 10.2°,降幅 43.2%。对中风化泥岩:天然工况与饱水工况相比,浸水后黏聚力 c 平均值下降 41.8kPa,降幅 44.9%;内摩擦角平均值下降 10.2°,降幅 26.1%。

综上,大面积挖方和填方后,场地地下水位抬升,泥岩受到地下水浸泡作用后易崩解、软化,抗压强度、抗剪强度将显著降低。

4）地下水对填筑地基土物理力学性质的劣化

（1）地下水对填筑地基土性质的影响。

土体的湿化是指非饱和土体浸水后在自重作用下土颗粒重新调整其相互之间的位置、改变原来结构,由此使土体发生强度损失、产生变形的过程。

根据室内原生黄土室内湿化试验,浅层 0~15m 深度范围内结构相对松散、孔隙发育的湿陷性黄土(粉质黏土、粉土),在浸水后 30～60min 时间内土体基本崩解,结构破坏成糊状,且表现出湿陷性粉土的崩解速率快于粉质黏土,埋深浅的土体崩解速度大于埋深较深的土体。

深度在 15～20m 范围内的非湿陷性黄土的(粉土、粉质黏土),在浸水后 120～240min 时间内土体基本崩解,其中钙质结核少部分崩解、溶解,大部分仍然残留,与浅层湿陷性黄土相比,非湿陷性黄土的崩解速率较慢。

对于深度在 15～50m 范围内致密的棕红色粉质黏土层(含古土壤层),土体湿化崩解速率较前两类土明显变慢。根据试验结果,该层致密粉质黏土,在浸水后 720min 内仍然未完全崩解,部分试样在浸水后 1080min 内只崩解了 30%～40%,在持续浸水 14400min(10d)后土体才基本崩解。

由此可见,深层致密的粉质黏土层湿化崩解速率最慢,反映了土体的湿化性与土体的密度、孔隙率、黏粒含量有关:密度越大、孔隙率越低、黏粒含量越高,则湿化性越差,湿化崩解速率越慢。浸水湿化崩解量与浸水时间(崩解速率)关系曲线见图 8.6-16～图 8.6-18。

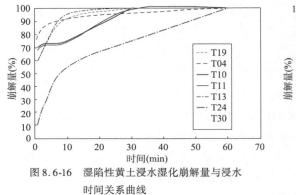

图 8.6-16 湿陷性黄土浸水湿化崩解量与浸水
时间关系曲线

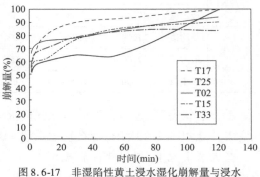

图 8.6-17 非湿陷性黄土浸水湿化崩解量与浸水
时间关系曲线

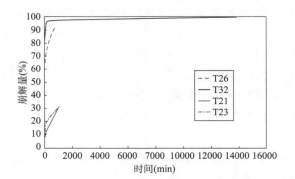

图 8.6-18 致密粉质黏土浸水湿化崩解量与浸水时间关系曲线

李广信[17]、保华富[18]、傅旭东[19]等人关于土体湿化的相关研究表明,初始干密度对湿化变形的影响很大,干重度是影响湿化变形的重要因素,尤其对轴向变形影响较大,对土体应变的影响也随压力的增大而增大。李广信等通过研究发现,土料的密度对土的湿化变形影响很大,密度越大,湿化变形越小;傅旭东等通过研究指出密实度高的黏土湿化变形量较小。细料含量不但对强度影响很大,对湿化变形的影响也非常明显。细料组成主要是粉土,浸水润滑后极易滑动,因而变形较大,细料含量越多,湿化变形也就越大。保华富、屈智炯等[19]通过试验发现,采用相同的缩制方法,小试样的湿化变形要比大试样大很多,这也说明了小试样由于细料含量明显增加,导致遇水后湿化变形明显增大。

傅旭东、邱晓红等通过巫山县污水处理厂高填筑地基湿化变形试验研究得出,湿化浸水水头越高,湿化的变形量越大。

T 机场主要的填料为挖方区的黄土和泥岩料,其中黄土占比较大。黄土为典型的非饱和土,具有明显的湿化性,在后期水位抬升的情况下,原地基和填筑地基土都将会面临湿化的问题,造成地基土强度的降低,发生湿化沉降和不均匀沉降,同时在上部填方荷载的超压作用下进一步压缩变形,产生更大的沉降变形量。

(2)地下水对填筑地基土强度的影响。

为了更好地反映地下水对填筑地基土强度的影响,利用试验段工程成果进行分析。试验段工程填筑地基处理方式为振动碾压、冲击碾压、强夯,编号为 A、B、C。经检测:

①A 区雨后承载力平均值与天然工况相比降低了 21.2 ~46.6kPa,降幅 20.5% ~36.3%;B区雨后承载力平均值与天然工况相比降低了 22.1 ~45.3kPa,降幅 20.3% ~34.3%;C 区雨后承载力平均值与天然工况相比降低了 20.9 ~53.0kPa,降幅 19.0% ~37.2%。

②C 区填筑体顶面做现场直剪试验,天然工况下,黏聚力 $c=20.7$kPa,内摩擦角 $\varphi=19.7°$;浸水工况条件下黏聚力 $c=14.2$kPa,内摩擦角 $\varphi=16.7°$。浸水后压实填土的黏聚力下降了 6.5kPa,降幅 31.4%;内摩擦角下降了 3°,降幅 15.2%。

8.6.2　渗流潜蚀效应

地下水潜蚀效应主要指在地下水作用下发生渗透变形破坏,如管涌、流土、接触冲刷等。根据室内试验、试验段检测报告,依据《堤防工程地质勘察规程》(SL 188—2005)[20]附录 D和表 8.6-3、表 8.6-4 计算渗流力和临界水力坡降:

$$i_{cr} = (G_s - 1)/(1 + e) \tag{8.6-1}$$

式中:i_{cr}——临界水力坡降;

$\qquad G_s$——土粒相对密度;

$\qquad e$——土体孔隙比。

压实原地基土、压实填筑体水力坡降计算参数取值　　　　表 8.6-3

指标	原地基强夯处理小区(压实黄土)								填筑体试验小区	
	Y1-2 区		Y2-2 区		Y3 区		Y1-1、Y2-1 区		C 区	
	土粒相对密度 G_s	土体孔隙比 e	土粒相对密度 G_s	土体孔隙比 e	土粒相对密度 G_s	土体孔隙比 e	土粒相对密度 G_s	土体孔隙比 e	土粒相对密度 G_s	土体孔隙比 e
平均值	2.71	0.78	2.71	0.78	2.72	0.93	2.71	0.84	2.72	0.83
最大值	—	1.03	—	0.98	—	1.13	—	1.13	—	0.92
最小值	—	0.68	—	0.64	—	0.68	—	0.68	—	0.78

原地基土临界水力坡降计算参数取值　　　　　　　　　　　　表 8.6-4

指标	滑坡堆积体（Q_4^{ml}）		冲洪积粉质黏土（Q_4^{apl}）		上更新统马兰黄土（Q_4^{eol}）			
					湿陷性粉土		湿陷性粉质黏土	
	土粒相对密度 G_s	土体孔隙比 e	土粒相对密度 G_s	土体孔隙比 e	土粒相对密度 G_s	土体孔隙比 e	土粒相对密度 G_s	土体孔隙比 e
平均值	2.73	0.81	2.71	0.89	2.70	0.99	2.72	0.93
最大值	2.76	1.19	2.72	0.93	2.70	1.11	2.74	1.04
最小值	2.70	0.58	2.70	0.87	2.69	0.76	2.70	0.63

指标	上更新统马兰黄土（Q_3^{eol}）				中更新统离石黄土（Q_2^{eol}）			
	非湿陷性粉土		非湿陷性粉质黏土		粉土		粉质黏土	
	土粒相对密度 G_s	土体孔隙比 e	土粒相对密度 G_s	土体孔隙比 e	土粒相对密度 G_s	土体孔隙比 e	土粒相对密度 G_s	土体孔隙比 e
平均值	2.70	0.80	2.72	0.77	2.72	0.74	2.72	0.62
最大值	2.71	0.87	2.74	0.96	2.74	0.85	2.73	0.96
最小值	2.69	0.58	2.71	0.57	2.70	0.58	2.71	0.53

　　计算结果见表 8.6-5。从表中数据可见，场区主要地基土的临界水力坡降平均值在 0.85 ~ 1.06 之间，对应土体可能产生流土渗透变形破坏的临界坡度（边坡的坡度）为 0.85 ~ 1.06，即 1:0.94 ~ 1:1.18。对本工程而言，计算获取地基土的临界水力坡度 $i_{cr} = 0.85 ~ 1.06$，考虑到本工程不是土石坝、防洪堤等重要水工结构，此处安全系数取小值（$F_s = 1.5 ~ 2.0$），即 $F_s = 1.5$ 的情况下，计算获取边坡坡脚位置、地下水出口处等易富水、积水区的允许水力坡降 $[i] = 0.57 ~ 0.71$。

　　（1）为确保地基不发生流土类型的渗透变形，在土石方设计中，填方边坡的综合坡度建议 $>1:1.18$。

　　（2）需控制地下水的抬升幅度，防止产生水头剧烈的抬升，造成水力坡降 $i >$ 允许水力坡降 $[i]$，以避免发生流土。

　　渗透变形类型与填料性质有关，粉土、掺砂石改良的黏性土可能发生管涌破坏，粉质黏土、黏土可能发生流土破坏。如粉土填筑体，当其不均匀系数 $C_u < 10$ 时，在遇填筑体内壅水而使地下水位抬升，水头差过大情况下，在边坡的中下部地下水溢出处将可能出现 $i > i_{cr}$ 的情况，此时坡面、坡脚会出现小泉眼、冒气泡、冒砂的情况，进而发展形成类似"砂沸"的流土破坏。

主要土体临界水力坡降 i_{cr} 计算结果统计　　　　　　　　　　　　表 8.6-5

滑坡堆积体（Q_4^{ml}）		冲洪积粉质黏土（Q_4^{apl}）		上更新统马兰黄土（Q_3^{eol}）			
				湿陷性粉土		湿陷性粉质黏土	
区间值	平均值	区间值	平均值	区间值	平均值	区间值	平均值
0.80 ~ 1.08	0.95	0.89 ~ 0.92	0.90	0.80 ~ 0.96	0.85	0.85 ~ 1.04	0.89

上更新统马兰黄土(Q_3^{eol})				中更新统离石黄土(Q_2^{eol})			
非湿陷性粉土		非湿陷性粉质黏土		粉土		粉质黏土	
区间值	平均值	区间值	平均值	区间值	平均值	区间值	平均值
0.91~1.07	0.94	0.89~1.09	0.97	0.94~1.08	0.99	0.88~1.12	1.06

原地基强夯处理小区(压实黄土)						填筑体试验小区	
Y1-2 区		Y2-2 区		Y3 区		Y1-1、Y2-1 区	C 区
区间值	平均值	区间值	平均值	区间值	平均值	区间值 平均值	区间值 平均值
0.84~1.02	0.96	0.86~1.04	0.96	0.81~1.02	0.89	0.80~1.02 0.93	0.89~0.96 0.94

8.6.3 冻融与冻结层滞水效应

场地极端最低气温出现在1月,为−17.8°C。季节性冻土的标准冻结深度为61cm,最大极限冻深为1.0~1.2m。场地地基土含水率普遍大于20%,部分富水、潮湿区域含水率在30%以上。土体黏粒含量在8.0%~31.0%之间,平均值在17.0%~21.0%之间。

根据《冻土地区建筑地基基础设计规范》(JGJ 118—2011)[21]、《冻土工程地质勘察规范》(GB 50324—2014)[22],场地内受地下水影响的粉质黏土、粉土属于季节性冻土,冻胀等级为Ⅱ~Ⅳ(弱冻胀~强冻胀)。

冻融过程中因温度场的改变产生的冻结和融化的循环作用,伴随土中水分相态的变化对土体颗粒结构形态、排列方式和连接方式产生影响。冻融循环作用对黄土的强度产生了劣化,从而降低了斜坡、填方边坡的稳定性,特别是在斜坡区、滑坡区、潜在不稳定斜坡区和未来填方边坡的富水区的斜坡浅层区域,受季节性的冻融、冻胀作用的影响,其稳定性可能会受到不同程度的影响。

冻结引起地下水排泄受阻,坡体内地下水位抬升,水头升高,孔隙水压力增大,产生冻结层滞水效应。季节性冻结作用造成斜坡、边坡地下水溢出带、富水区、排水口浅层土体的冻结,从而使地下水的排泄量、排泄速率减弱或停滞。冻结滞水效应使地下水位从排泄口向坡体内部不断壅高,饱和带得以扩大和扩展,土体受地下水浸泡造成强度的劣化;同时水位抬升后水压力升高,从而易引发斜坡、边坡的变形和失稳。

8.6.4 锅盖效应

"锅盖效应"是土中的水汽迁移被覆盖层所阻挡,水汽在冷凝或凝华作用下在覆盖层下聚集的现象。在土体上部建设机场跑道等类似锅盖的密闭结构,阻止了覆盖层下浅层土体与大气的水分交换,当有水分向浅层土体处不断迁移时,由于排水和蒸发受阻,浅层土体内会聚集越来越多的水分[23-26]。

T机场位于西北黄土地区,其独特的自然环境、气象、岩土特征,有形成"锅盖效应"的天然条件,加之工程建设中需对道槽区进行硬化覆盖,为锅盖效应的发生创造了后天条件。发生锅盖效应时跑道处于负温环境,此时土体中一定深度内会形成一个负温区域,负温区内的水分发生冻结并在土体中形成较厚的冰层,当温度极低、冰量较多时就会引发冻胀灾害。来年温度回升,道面下的冰融化,道基中的水将显著增加,进而导致道基土体强度下降,诱发上部结构产生不均匀沉降甚至发生开裂破坏。因此,机场建设中应以相关的工程病害案例为教训和参考,做好相关的防治措施,避免病害的发生,保障机场后期的运营安全。

8.6.5 孔隙水压力效应、增湿加重效应

大量的工程经验表明,大面积填筑工程工后地下水位呈上升趋势,这种现象从西南、西北、华北地区很多机场工后地下水监测结果可得到证实。大面积填筑地基工后水位抬升的原因有很多,归纳起来主要有以下几方面:

(1)大面积填筑施工,改变了场地原有地下水渗流场的自然排泄通道,使填筑体内地下水无法及时排出而使水位升高。

(2)盲沟等填筑体内部排水结构的位置、几何尺寸、间距设置不合理,或者后期盲沟淤积、堵塞而使排水效率下降,甚至失效而造成水位壅高。

(3)排水措施单一、地表排水与地基内部排水结构不完善,未形成完整截排水系统。

(4)填料性质不均匀,渗透性差异大,边坡内部未设置水平排水结构,降雨入渗造成填筑体内团块状积水,从而使局部水位升高。

研究区场地内分布有大量的南北向自然冲沟,且大部分冲沟均属于常年有水冲沟,同时在斜坡、陡坎等地下水排泄区,发育有较多的泉点、泉群,在截排水结构不完善或后期排水盲沟淤积、堵塞的情况下,填筑体内地下水位将可能会有较大幅度的升高。地下水位的壅高,一方面使地基土饱和带增大、非饱和带增湿,造成地基的沉降;另一方面,水位升高使坡体内孔隙水压力累积,填方边坡在动水压力、静水压力和渗透潜蚀作用下,边坡的稳定性下降,易造成边坡的鼓胀变形,坡脚冒水、冒砂、蠕滑变形,并牵引边坡后缘发生滑移拉裂,发生渐进式破坏从而发生较大规模的边坡滑移。同时,研究区黄土下部为全~强风化的泥岩层隔水层,地下水易在隔水界面附近聚集,浸润、软化接触面附近的岩土体,并在地下水长期的物理、化学作用下形成饱水的软弱泥化带、泥化夹层,易在基覆界面附近形成易滑面。

因此,地下水的孔隙水压力效应、增湿加重效应可引起地基的沉降,加速老滑坡的变形复活、影响填方边坡的稳定性,同时孔隙水压力效应、增湿加重效应往往与强度劣化效应、渗流潜蚀效应等综合作用。

本小节将采用室内物理模型试验和数值模拟方法、孔隙水压力效应和增湿加载效应等相关地下水工程效应的作用机理、过程及成灾模式。

1)物理模型试验分析

本次物理模型试验装置采用专门用于模拟填筑体渗水过程的大型物理模拟试验系统。本小节主要介绍试验场成果,并进行相关分析。

本次室内物理模型试验研究区位于机场北侧高填方边坡区,即该工程试验段Ⅰ区的位置,见图8.6-19、图8.6-20。

试验段工程Ⅰ区所在的张家沟为常年有水冲沟,上游汇水面积约0.35km²,沟谷长约880m,宽30~90m,纵向坡度12°~15°,为典型"V"形冲沟。填方边坡坡度1:2.5,分层填筑

模拟区地层主要为植物土层、湿陷性粉质黏土层、粉质黏土层,下伏为新近系泥岩。模拟区填方边坡坡高约92m,边坡长度约230m,顶面平整区宽度约140m,见图8.6-21;模型模拟结果见图8.6-22。

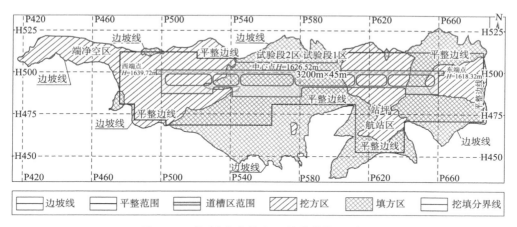

图8.6-19 拟建机场布局及土石方挖填分区示意图

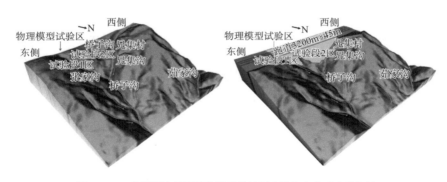

图8.6-20 物模研究区原始地形地貌特征和填方完成后地形特征

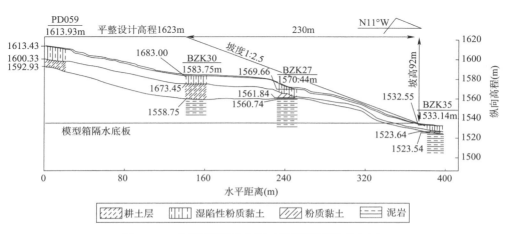

图8.6-21 模拟区填筑完成后地质剖面图(顺沟谷方向)

图 8.6-22　降水条件下边坡及顶面变形特征

通过模型试验可得：

（1）在达到暂态饱和之前，填筑体表层孔隙水压力与降雨历时呈正相关的变化关系，即随着降雨历时的延长，孔隙水压力不断增大；在坡表达到暂态饱和后，垂向不同深度孔隙水压力变化基本相当，无明显差异，随降雨历时继续扩大孔隙水压力变化也不明显。造成这种现象的主要原因是，非饱和土在含水率比较低时降雨入渗速率较快，当土体含水率增大时，土体的渗透传递系数将减小，降雨入渗速率变慢，当降雨补给量大于土体入渗量时，雨水将难以下渗，而形成地表积水。

（2）降雨历时 120h（5d）土面区顶面降雨入渗影响深度为 12~15m，边坡坡顶部位降雨入渗影响深度为 12~14m，边坡中部降雨入渗影响深度为 10~12m，边坡坡脚部位由于富水，地下水位埋深浅，降雨入渗影响深度相对较小，为 2~5m。

（3）降雨对边坡的影响主要有以下几个方面：

①降雨入渗作用在适宜的范围内将加速填筑地基土的固结，缩短填筑地基自重固结沉降时间，起到一定的积极作用。

②降雨形成的地表径流对边坡坡面有冲刷、掏蚀作用，长期作用会造成边坡土体流失，发生冲刷破坏、坡面垮塌等，影响边坡结构的完整性和稳定性。

③降雨入渗作用一方面会增大土体的重度、孔隙水压力、边坡的下滑力，另一方面将会浸润软化边坡土体，降低其强度，从而减小其抗滑力。

④降雨形成的季节性洪流对冲沟岸坡和部分填方边坡坡脚有强烈的冲刷、侧蚀作用，长期作用易造成水土流失、岸坡垮塌、坡脚破坏等，影响边坡的稳定性。

⑤降雨入渗将补给场地的地下水，增大地下水排水结构的储水量，同时还会使地下水位抬升。

（4）在连续观测 20d（480h）过程中，模型顶面沉降量大为 1~6mm，根据相似比 1:200 进行放大,实际沉降量为 $0.2 \sim 1.2\mathrm{m}$。填筑地基的沉降一方面来源于地基土自身的固结沉降,另一方面来源于地下水位抬升引起的土体湿陷、湿化沉降。

2）数值模拟分析

通过数值模拟,分析降水入渗、填方边坡水位逐步抬升过程中填筑体内体积含水率、地下水位、孔隙水压力、应力应变及边坡稳定性的变化情况,预测潜在的边坡危险区。

（1）模拟区域。

选择试验段Ⅱ区建立数值模型。填方施工后地下水位抬升对填方边坡的影响见图 8.6-23。

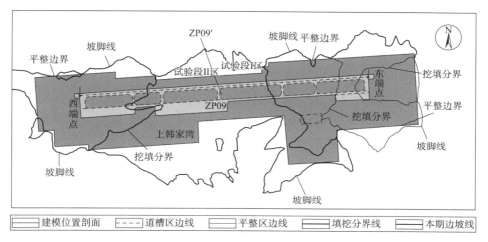

图 8.6-23　数值模型及计算断面位置

模型长 $L = 530\mathrm{m}$,高 $H = 155\mathrm{m}$,坡顶平整区长度 $B = 155\mathrm{m}$,最大垂直填方高度约 $52\mathrm{m}$,按 $1:3$ 放坡,边坡高度约 $87\mathrm{m}$,见图 8.6-24;几何结构特征断面见图 8.6-25。

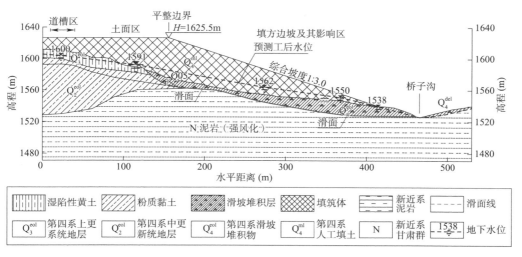

图 8.6-24　试验段Ⅱ区高填方边坡地质断面图

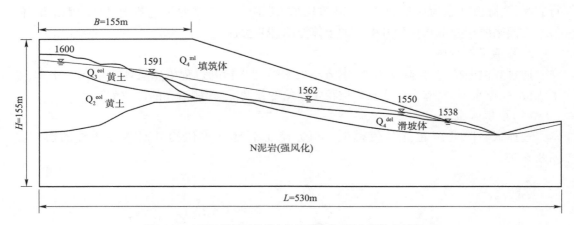

图 8.6-25 试验段 Ⅱ 区高填方边坡渗流模型几何结构特征断面

（2）边界条件。

模型左侧为稳定水头给水边界，冲沟部位为排泄边界，模型顶面（除跑道硬化区）和边坡坡面施加降雨边界条件，模型顶面和坡面为位移自由边界，见图 8.6-26。模型两侧约束 X 向位移，模型底面约束 X、Y 向位移。

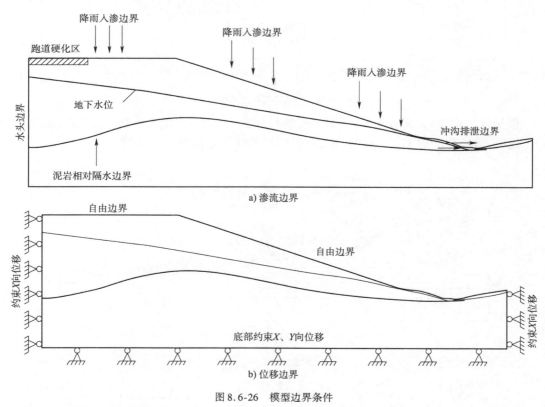

图 8.6-26 模型边界条件

（3）模型参数。

模型参数根据室内试验、现场试验、勘察和试验段工程检测资料综合取值，见表 8.6-6。

模型物理力学参数取值表（天然状态）　　　　　　表8.6-6

类型		天然重度 γ（kN/m³）	孔隙率 n（%）	渗透系数 k（cm/s）	变形模量 E（MPa）	摩擦角 φ（°）	黏聚力 c（kPa）	液限含水率 w_L（%）
压实填土		20.5	40	8.0×10^{-6}	7.0	21.0	26.0	30.0
滑坡堆积层		19.2	50	5.0×10^{-5}	4.5	13.0	22.0	28.0
原地基	Q₃	19.0	42	3.0×10^{-5}	8.0	20.0	30.0	32.0
	Q₂	19.5	35	4.0×10^{-6}	9.0	18.0	25.0	33.0
泥岩（N）		21.5	10	1.0×10^{-7}	30.0	25.0	40.0	—

（4）降雨地下水位条件。

①降雨条件。

采用近年来极端天气下的降雨强度数据。平整区顶面降雨入渗系数 $\alpha = 0.10$，坡面部位降雨入渗系数 $\alpha = 0.03$。

②地下水位条件。

选择上文地下水渗流场数值模拟的工后地下水渗流场中的地下水位数据，并与填方前初始水位相比，设置地下水位抬升幅度0%、20%、50%、100%共4种工况，见图8.6-27。

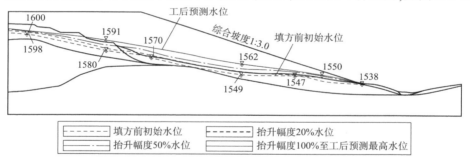

图8.6-27　试验段Ⅱ区高填方边坡渗流模型地下水位抬升幅度变化

（5）岩土体渗透系数函数的定义。

根据室内土工试验成果、工程经验值，并结合 SEEP/W 软件中的 Van-Genuchten 估算方法进行模型岩土体的渗透系数函数的定义。

（6）数值模型结果分析。

①初始水位。

在初始水位条件下（即水位不抬升），边坡孔隙水压力分布特征见图8.6-28。

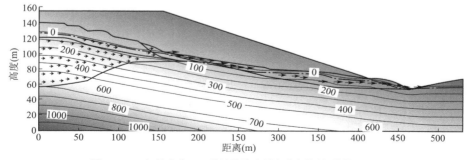

图8.6-28　初始水位——边坡孔隙水压力分布特征（单位：kPa）

②水位抬升幅度 20%。

地下水位较初始水位抬升 20%,边坡孔隙水压力分布特征见图 8.6-29。

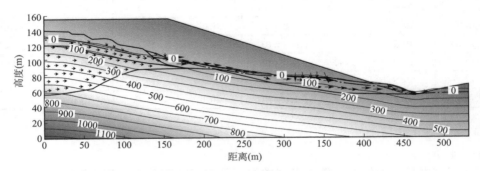

图 8.6-29　水位抬升幅度 20%——边坡孔隙水压力分布特征(单位:kPa)

③水位抬升幅度 50%。

在初始水位基础上水位抬升 50%,边坡孔隙水压力分布特征见图 8.6-30。

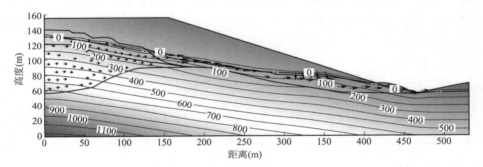

图 8.6-30　水位抬升幅度 50%——边坡孔隙水压力分布特征(单位:kPa)

④水位抬升幅度 100%(至预测最高工后水位)。

水位抬升 100% 至预测最高工后水位,边坡孔隙水压力分布特征见图 8.6-31。

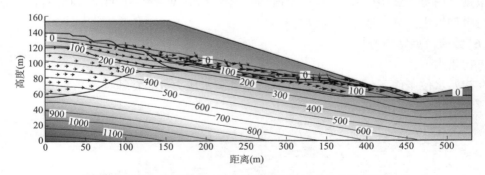

图 8.6-31　水位抬升幅度 100%——边坡孔隙水压力分布特征(单位:kPa)

⑤孔隙水压力对比分析。

在模型填筑体与原地面交界面上设置一排监测点(A1-1 ~ A1-8),在滑坡滑面位置设置一排监测点(A2-1 ~ A2-8),见图 8.6-32;沿坡顶、边坡中部、坡脚设置 3 条纵断面监测点,第一纵断面监测点位于坡顶位置(B1-1～B1-4),第二纵断面监测点位于边坡中部位置(B2-2～B2-4),第三纵断面监测点位于边坡坡脚位置(B3-1～B3-3),见图8.6-33。

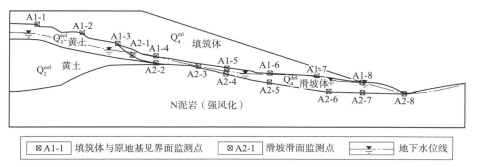

图8.6-32 填筑体与原地面、滑坡滑面孔隙水压力监测点布置

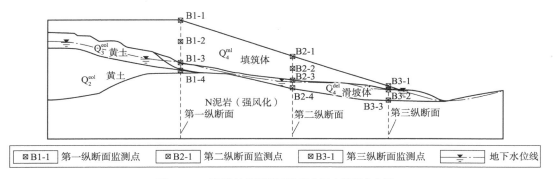

图8.6-33 坡顶-坡脚纵断面孔隙水压力监测点布置

初始水位、水位抬升幅度20%、水位抬升幅度50%、水位抬升幅度100%(预测最高工后水位),各监测点孔隙水压力变化曲线见图8.6-34～图8.6-38。

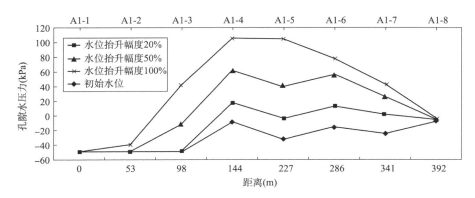

图8.6-34 填筑体与原地面接触面附近各监测点水位抬升过程孔隙水压力变化曲线

从上述曲线可得:

随着工后地下水位的抬升,地下水位线以下及毛细水上升高度影响带范围内土体的孔隙水压力呈增大的趋势,水位上升幅度越大,则孔隙水压力增长越明显。

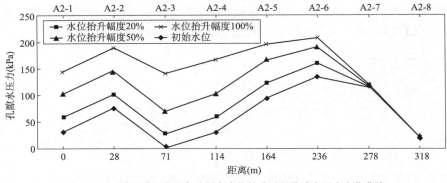

图 8.6-35　滑坡滑面位置各监测点水位抬升过程孔隙水压力变化曲线

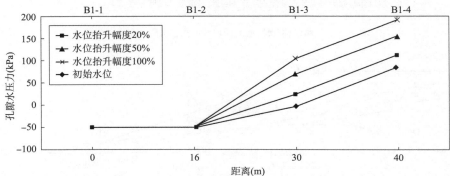

图 8.6-36　第一纵断面位置各监测点水位抬升过程孔隙水压力变化曲线

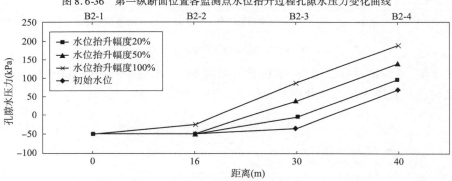

图 8.6-37　第二纵断面位置各监测点水位抬升过程孔隙水压力变化曲线

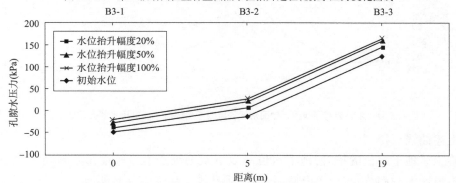

图 8.6-38　第三纵断面位置各监测点水位抬升过程孔隙水压力变化曲线

与初始水位相比:

a.填筑体与原地基交界面上(A1-1~A1-8)孔隙水压力在A1-4~A1-7处变化最为明显,即在边坡的中下部水位抬升幅度最大,孔隙水压力增加最大,见图8.6-39。

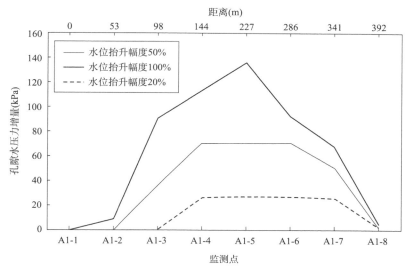

图8.6-39 填筑体与原地面交界面孔隙水压力增量变化曲线

b.滑坡体滑面位置(A2-1~A2-8)孔隙水压力在A2-1~A2-6处变化最明显,即在滑坡的后缘至中部稍靠前缘段(填方边坡坡脚至滑坡后缘段)地下水位抬升幅度最大,孔隙水压力增加最大,见图8.6-40。该段主要是由于后期填筑体内地下水补给滑坡体内的地下水,使滑坡体处于过饱和状态。

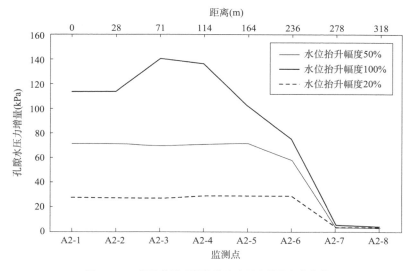

图8.6-40 滑坡体滑面部位孔隙水压力增量变化曲线

c.坡顶第一纵断面位置(B1-1~B1-4)孔隙水压力在B1-3~B1-4处变化最明显,即纵向上在原地面和基岩面附近,孔隙水压力增加最大,见图8.6-41。B1-3与B1-4处于同一纵断面上,孔隙水压力增量比较接近,且所在区域水位抬升幅度相对边坡中下部小;B1-1、B1-2 在地下水位面和毛细水上升高度影响范围之外,孔隙水压力未受地下水位抬升的影响,因此孔隙水压力变化值为 0。

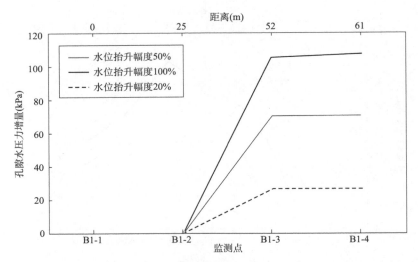

图 8.6-41　坡顶第一纵断面部位孔隙水压力增量变化曲线

d. 边坡中部第二纵断面位置(B2-1 ~ B2-4)孔隙水压力在 B2-4 ~ B1-4 处变化最明显,增量变化趋势与第一纵断面类似,即纵向上在坡体内、原地面和基岩面附近,孔隙水压力增加最大,见图 8.6-42。水位抬升幅度较小时,B2-2 孔隙水压力无变化;水位抬升至 B2-2 附近时孔隙水压力开始变化。B2-1 未在地下水位和毛细水上升高度影响范围内,孔隙水压力值变化为 0。

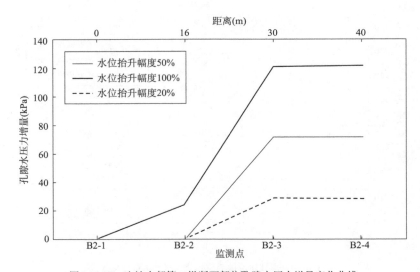

图 8.6-42　边坡中部第二纵断面部位孔隙水压力增量变化曲线

e. 坡脚部位第三纵断面位置(B3-1 ~ B3-3)孔隙水压力均出现明显变化,见图 8.6-43。

孔隙水压力明显增加,说明填方边坡坡脚部位富水,地下水位高,工后处于饱和或过饱和状态,在排水不畅的情况下将造成坡脚部位孔隙水压力过高,易造成坡脚部位发生渗透破坏和变形失稳。

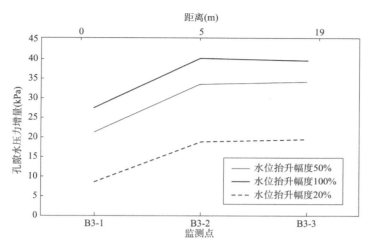

图 8.6-43　边坡坡脚第三纵断面部位孔隙水压力增量变化曲线

综上所述,工后地下水位抬升将使填筑地基、填方边坡内孔隙水压力显著增大,特别是在边坡的中下段至坡脚部位,在排水不畅的情况下易累积形成高孔隙水压力,造成坡脚应力集中,加之地下水对边坡岩土体强度的劣化作用,极易造成边坡中下段和坡脚部位的渗透破坏和蠕滑变形,发生牵引式滑坡。

⑥孔隙水压力与耦合应力分析。

根据上述水位抬升后孔隙水压力计算结果作为父项(SEEP/W 渗流分析),导入 SIGM/W 进行流固耦合应力计算,对比分析地下水位抬升后边坡的变形、应力应变及稳定性特征。

流固耦合计算获取的边坡位移、应力、应变特征如下:在初始水位条件下,见图 8.6-44、图 8.6-45;在水位抬升幅度 20% 工况下,见图 8.6-46、图 8.6-47;在水位抬升幅度 50% 工况下,见图 8.6-48、图 8.6-49;在水位抬升幅度 100%(预测最大工后水位)工况下,见图 8.6-50、图 8.6-51。

图 8.6-44　初始水位条件下——填方边坡位移变形特征(最大位移量 80mm)

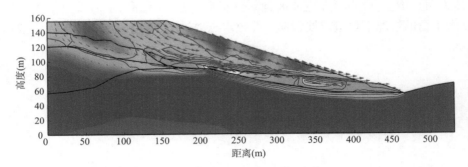

图 8.6-45 初始水位条件下——填方边坡最大剪应变分布特征

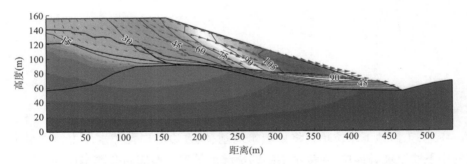

图 8.6-46 水位抬升幅度 20%——填方边坡位移变形特征(最大位移量 105mm)

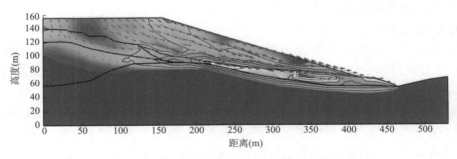

图 8.6-47 水位抬升幅度 20%——填方边坡最大剪应变分布特征

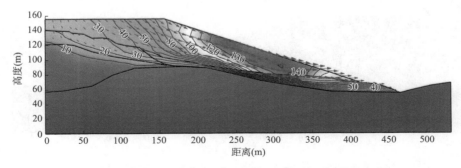

图 8.6-48 水位抬升幅度 50%——填方边坡位移变形特征(最大位移量 140.6mm)

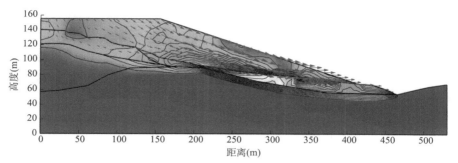

图 8.6-49　水位抬升幅度 50%——填方边坡最大剪应变分布特征

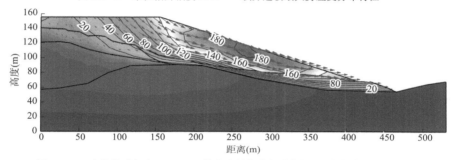

图 8.6-50　水位抬升幅度 100%——填方边坡位移变形特征（最大位移量 183.8mm）

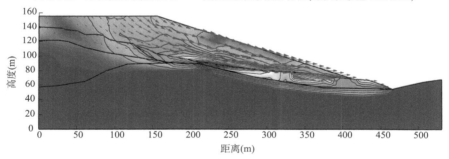

图 8.6-51　水位抬升幅度 100%——填方边坡最大剪应变分布特征

根据孔隙水压力与耦合应力分析可得出：

a. 试验段Ⅱ填方边坡原地基发育老滑坡，在填方前处于整体稳定状态，填方后在上部巨大填方荷载的推动下，在滑坡堆积体部位存在较明显的剪应力、应变集中现象，老滑坡再次复活滑移。受老滑坡向临空面滑移牵引作用的影响，填筑体向临空方向变形明显，在坡脚部位产生明显的剪应力集中，边坡中后部至坡顶附近区域产生明显的拉应力集中现象。

b. 与初始水位工况时相比，水位抬升过程中，边坡的应力集中和变形量呈不断增加的趋势，见图 8.6-52 ~ 图 8.6-61。变形最明显的区域位于边坡的中下段，且以水平向变形为主，竖向沉降为辅，总体向临空方向变形的特征。当水位抬升 20% 时，边坡最大水平变形量为105mm；水位抬升 50% 时，边坡最大水平变形量为 140.6mm；水位抬升 100%（预测最大工后水位）时，边坡最大水平变形量达 183.8mm。

c. 在填筑体与原地基的交界面，随着地下水位的抬升，变形增量总体呈增大趋势。但在A1-4 及滑坡滑面 A2-2 ~ A2-3 监测点部位出现了位移增量变小的现象，主要是由于该处基岩面凸起,滑坡堆积体薄,凸起的基岩对边坡的变形起到了一定的阻挡作用(锁固段效应),从而减小了该区边坡的变形量(图 8.6-57、图 8.6-58)。

d. 老滑坡的滑面位于泥岩面附近,下伏基岩未发生深层滑动,因此位移增量不大,见图 8.6-59、图 8.6-60。滑坡中下部富水而处于近饱和状态,故地下水位抬升对其变形增量影响不明显。

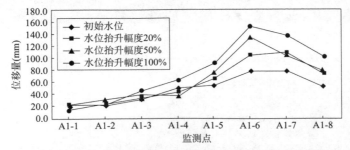

图 8.6-52　填方交界面各监测点水位抬升过程位移变形量特征曲线

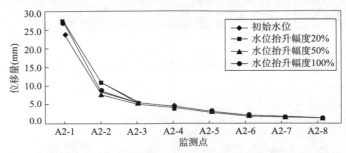

图 8.6-53　滑坡滑面部位各监测点水位抬升过程位移变形量特征曲线

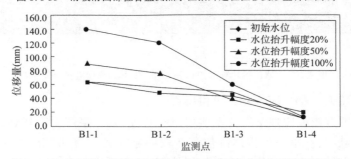

图 8.6-54　坡顶第一纵断面各监测点水位抬升过程位移变形量特征曲线

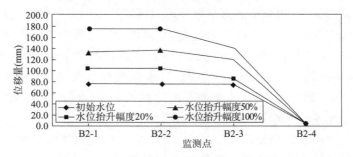

图 8.6-55　边坡中部第二纵断面各监测点水位抬升过程位移变形量特征曲线

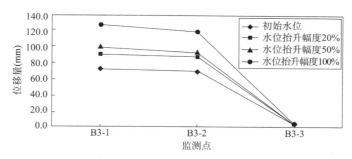

图 8.6-56 边坡坡脚第三纵断面各监测点水位抬升过程位移变形量特征曲线

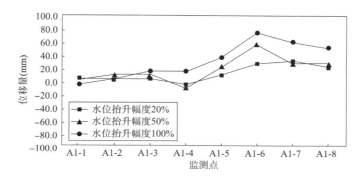

图 8.6-57 填筑体与原地面交界面位移增量 ΔL 变化曲线

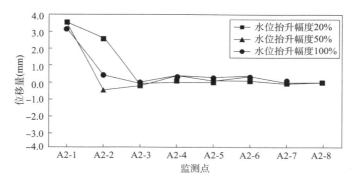

图 8.6-58 老滑坡滑面附近位移增量 ΔL 变化曲线

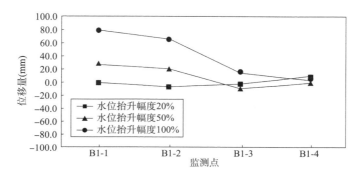

图 8.6-59 边坡坡顶第一纵断面位移增量 ΔL 变化曲线

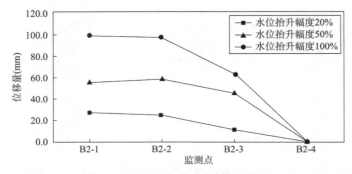

图 8.6-60　边坡中部第二纵断面位移增量 ΔL 变化曲线

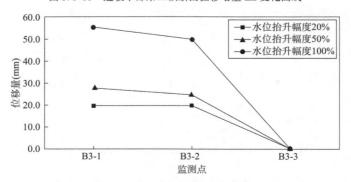

图 8.6-61　边坡坡脚第三纵断面位移增量 ΔL 变化曲线

⑦降雨对边坡的影响。

在相同降雨强度下(雨强 = 57.3mm/h),降雨历时 0h、3h、6h、12h、24h(1d)、48h(2d)、72h(3d)、96h(4d)、120h(5d)时,降雨入渗条件下边坡孔隙水压力变化见图 8.6-62 ~ 图 8.6-70。

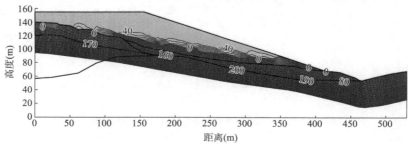

图 8.6-62　降雨历时 0h 边坡初始孔隙水压力特征

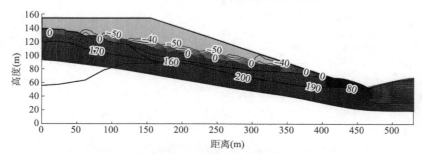

图 8.6-63　降雨历时 3h 边坡初始孔隙水压力特征

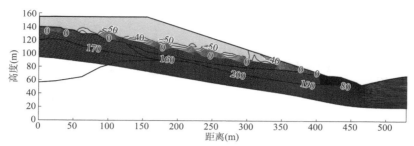

图 8.6-64　降雨历时 6h 边坡初始孔隙水压力特征

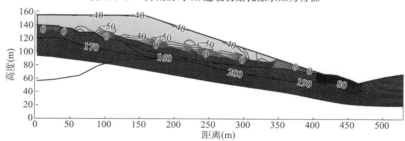

图 8.6-65　降雨历时 12h 边坡初始孔隙水压力特征

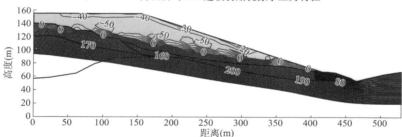

图 8.6-66　降雨历时 24h 边坡初始孔隙水压力特征

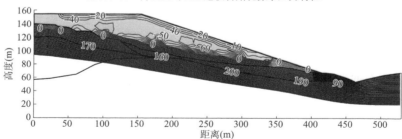

图 8.6-67　降雨历时 48h 边坡初始孔隙水压力特征

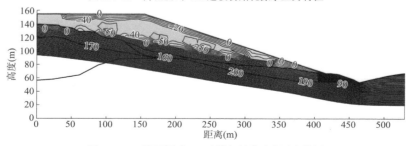

图 8.6-68　降雨历时 72h 边坡初始孔隙水压力特征

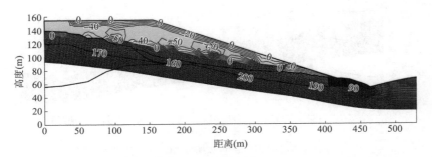

图 8.6-69　降雨历时 96h 边坡初始孔隙水压力特征

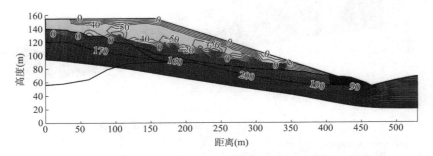

图 8.6-70　降雨历时 120h 边坡初始孔隙水压力特征

a. 由于压实填土的渗透性比较差,在降雨历时 0～12h 内,降雨入渗浸润深度较浅(<5m),浅层土体基本均处于非饱和状态,孔隙水压力为负值。坡体内地下水位以下,孔隙水压力为正,随着深度的加深,孔隙水压力呈增大趋势;地下水线以上附近区域属于毛细水上升影响范围,属于非饱和土影响区,孔隙水压力呈负值,向上离地下水位线越远,孔隙水压力越小。

b. 随着降雨历时、降雨强度的增大,降雨入渗浸润深度不断加大,孔隙水压力呈同步增大的趋势,土体含水率不断增大,逐步在坡面一定深度内形成暂态饱和区,此时孔隙水压力值为"0"。从图 8.6-71 中可以看出,在降雨历时 3～4h,坡脚部位达到暂态饱和状态;在降雨历时 57h 左右,平整区顶面和边坡中部坡面浅层达到暂态饱和状态;在降雨历时 75h 左右,边坡顶面达到暂态饱和状态。

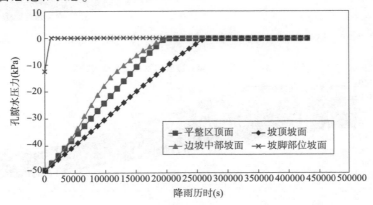

图 8.6-71　降雨入渗边坡不同部位孔隙水压力-降雨历时变化特征曲线

边坡平整区顶面第一纵向断面（A）、坡顶第二纵断面（B）、边坡中部第三纵断面（C）、坡脚第四纵断面（D）监测点布置见图8.6-72。从坡面至坡体内部不同深度孔隙水压力随降雨历时孔隙水压力的变化特征，见图8.6-73～图8.6-76。

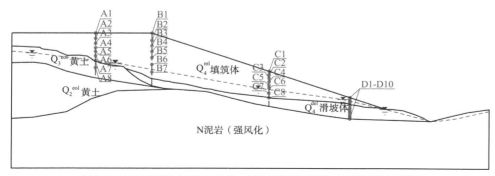

图8.6-72　边坡平整区顶面、坡顶、中部、坡脚纵向监测点布置平面示意图

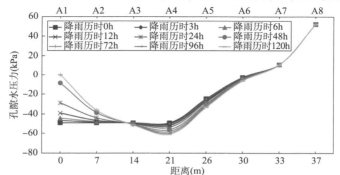

图8.6-73　平整区顶面第一纵断面（A）降雨历时-孔隙水压力变化特征曲线

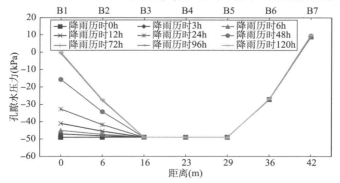

图8.6-74　边坡坡顶第二纵断面（B）降雨历时-孔隙水压力变化特征曲线

c.平整区顶面、坡顶、中部、坡脚部位的监测点数据反映出，在达到暂态饱和之前，填筑体表层孔隙水压力与降雨历时呈正相关的变化关系，即随着降雨历时的增加，孔隙水压力不断增大；在坡表达到暂态饱和后，垂向不同深度孔隙水压力变化基本相当，无明显差异，随降雨历时增大，孔隙水压力变化也不明显。造成这种现象的主要原因是，非饱和土在含水率比较低时降雨入渗速率较快，随土体含水率增大，降雨入渗速率变慢，当降雨补给量大于土体入渗量时，雨水将难以下渗，形成地表积水。

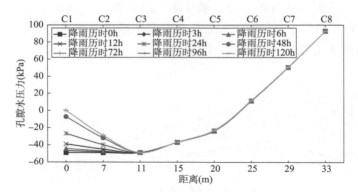

图 8.6-75　边坡中部第三纵断面(C)降雨历时-孔隙水压力变化特征曲线

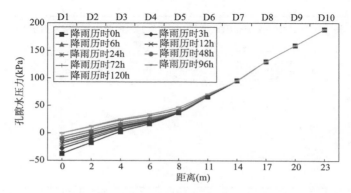

图 8.6-76　边坡坡脚第四纵断面(D)降雨历时-孔隙水压力变化特征曲线

d. 降雨历时 120h(5d),土面区顶面降雨入渗影响深度为 12～15m,边坡坡顶部位降雨入渗影响深度为 12～14m,边坡中部降雨入渗影响深度为 10～12m,边坡坡脚部位由于富水,地下水位埋深浅,降雨入渗影响深度相对较小,大致在 2～5m 之间。

e. 根据上述数值模拟结果、前人相关研究成果和工程经验得出,降雨对边坡的影响主要有以下几方面:

(a)降雨入渗作用在适宜的范围内将加速填筑地基土的固结,缩短填筑地基自重固结沉降时间,起到一定的积极作用。

(b)降雨形成的地表径流对边坡坡面有冲刷、掏蚀作用,长期作用会造成边坡土体流失,发生冲刷破坏、坡面垮塌等,影响边坡结构的完整性和稳定性。

(c)降雨入渗作用一方面会增大土体的重度、孔隙水压力,从而增大边坡的下滑力;另一方面,降雨入渗将会浸润软化边坡土体,降低其强度,从而减小其抗滑力。

(d)降雨形成的季节性洪流对部分填方边坡坡脚有强烈的冲刷、掏蚀作用,长期作用易造成水土流失、岸坡垮塌、坡脚破坏等,影响边坡的稳定性。

8.6.6　填方地基沉降变形分析

选取跑道轴线地质断面建立数值模型,分析工后地下水位抬升对地基沉降变形的影响,见图 8.6-77。

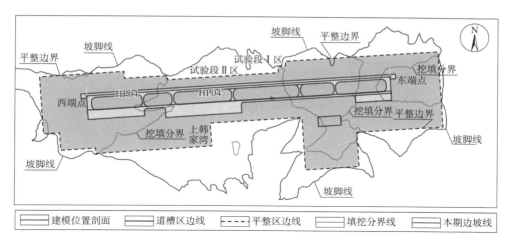

图 8.6-77 建模区域平面位置

1）模型建立

（1）几何结构模型。

选取跑道轴线地质断面建立模型，断面长 $L=485\text{m}$，高 $H=125\text{m}$，顶面设计高程约为 1634m，挖方段长度为 45m，填方段长度为 440m，填方厚度最大约 54.5m，见图 8.6-78 和图 8.6-79。

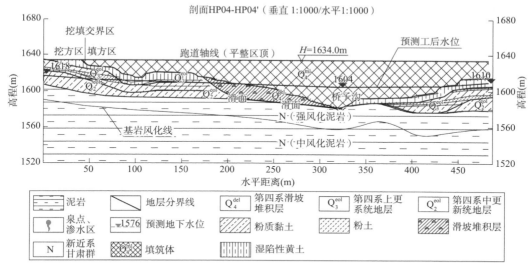

图 8.6-78 模型地质断面图

（2）边界条件。

水头边界：地下水位为水头边界。

位移边界：模型顶面为位移自由边界，模型两侧约束 X 向位移，模型地面约束 X、Y 向位移。模型边界条件设置见图 8.6-80。

本次模拟主要分析地下水位抬升作用对地基沉降变形的影响规律及特征，由于模拟软件限制,无法考虑黄土湿陷的影响,所以模拟获取的地基沉降量并不代表真实的地基沉降量值,但能反映地基沉降变化特征。

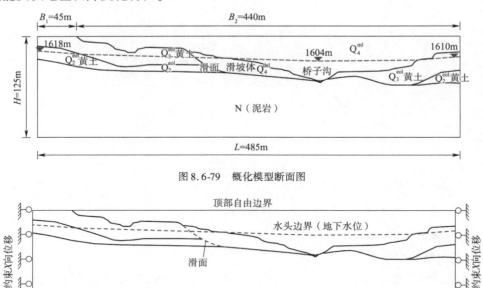

图 8.6-79　概化模型断面图

图 8.6-80　模型边界条件设置

（3）工况设置。

以地下水渗流场模拟预测的工后地下水位为基准,与填方前初始水位相比,设置地下水位抬升幅度 0%、50%、100%(预测最高水位)3 种工况进行模拟分析,见图 8.6-81。

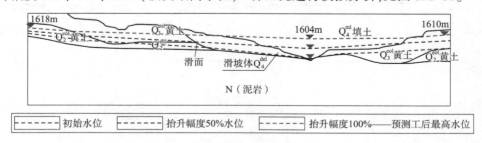

图 8.6-81　模型地下水位抬升幅度变化示意图

（4）参数取值。

岩土体物理力学参数取值与前述章节一致。

2）模拟结果分析

在初始水位工况下(水位抬升 0%),地基孔隙水压力分布特征见图 8.6-82,地基沉降(Y 向位移)特征见图 8.6-83,位移矢量特征见图 8.6-84。

水位抬升 50%,地基孔隙水压力分布特征见图 8.6-85,地基沉降(Y 向位移)特征见图 8.6-86,位移矢量特征见图 8.6-87。

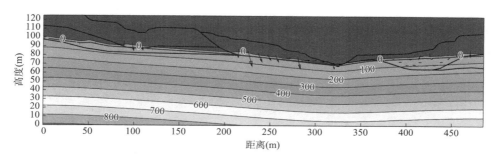

图 8.6-82　初始水位工况下地基孔隙水压力分布特征

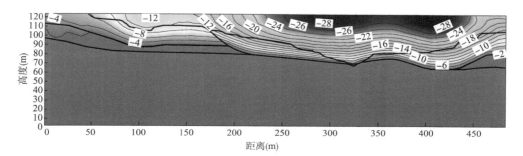

图 8.6-83　初始水位工况下地基沉降特征(最大沉降量 29.43mm)

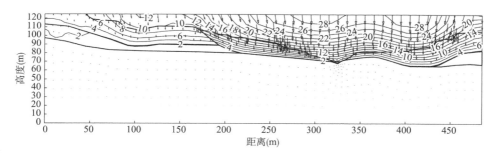

图 8.6-84　初始水位工况下地基位移矢量特征

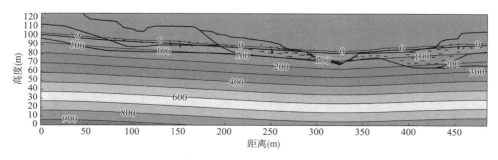

图 8.6-85　地下水位抬升幅度 50%——地基孔隙水压力分布特征

水位抬升 100%(预测最大工后水位),地基孔隙水压力分布特征见图 8.6-88,地基沉降(Y 向位移)特征见图 8.6-89,位移矢量特征见图 8.6-90。在填筑体顶面设置一排监测点

（A1、B1、F1、C1、G1、D1、H1、E1），在挖方区不同深度设置一列监测点（第一纵断面 A1～A3），在填方区从左向右设置 4 列监测点（第二纵断面 B1～B4、第三纵断面 C1～C4、第四纵断面 D1～D4、第五纵断面 E1～E4），见图 8.6-91。

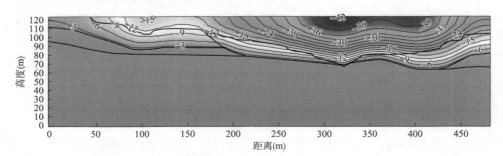

图 8.6-86　地下水位抬升幅度 50%——地基沉降特征（最大沉降量 42.17mm）

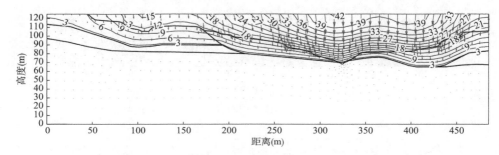

图 8.6-87　地下水位抬升幅度 50%——地基位移矢量特征

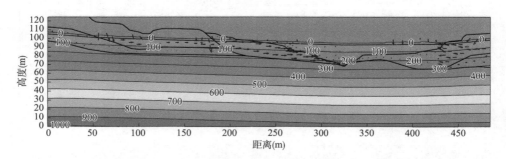

图 8.6-88　地下水位抬升幅度 100%——地基孔隙水压力分布特征

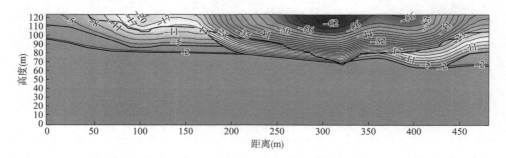

图 8.6-89　地下水位抬升幅度 100%——地基沉降特征（最大沉降量 63.48mm）

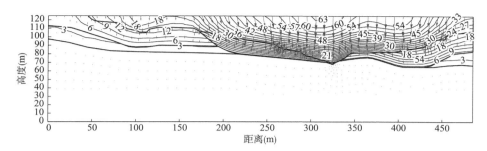

图 8.6-90　地下水位抬升幅度 100% 工况下地基位移矢量特征

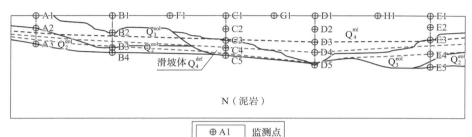

图 8.6-91　地基沉降监测点布置示意图

在地下水位抬升不同幅度工况下,地基顶面、第一纵断面~第五纵断面沉降特征见图 8.6-92~图 8.6-97。

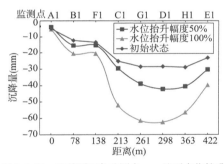

图 8.6-92　地基顶面各监测点——地下水位抬升过程中沉降量变化曲线

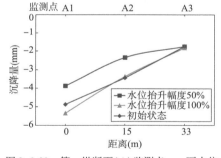

图 8.6-93　第一纵断面(A)监测点——下水位抬升过程中沉降量变化曲线

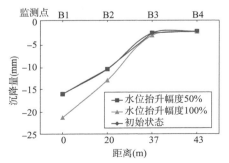

图 8.6-94　第二纵断面(B)监测点——地下水位抬升过程中沉降量变化曲线

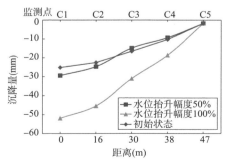

图 8.6-95　第三纵断面(C)监测点——地下水位抬升过程中沉降量变化曲线

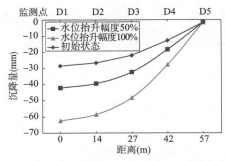

图 8.6-96　第四纵断面(D)监测点——地下水位
抬升过程中沉降量变化曲线

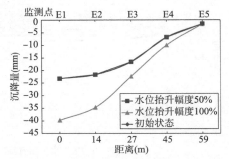

图 8.6-97　第五纵断面(E)监测点——地下水位
抬升过程中沉降量变化曲线

分析上述孔隙水压力和地基沉降特征曲线,可得:

(1)在填筑体厚度一定的条件下,地下水位抬升幅度与地下水位以下及毛细水上升高度影响带范围内地基土的孔隙水压力呈正相关。

(2)在填筑体厚度一定的条件下,地下水位抬升幅度与地基沉降增加量呈正相关,如:与初始状态相比,在水位抬升幅度50%工况下,沉降量增加了12.74mm,增幅43.3%;水位抬升100%至预测最大工后水位时,沉降量增加了34.05m,增幅115.7%。

(3)在地下水位抬升幅度、填料性质和填筑体质量一定的条件下,受地下水影响的填筑体厚度越大,沉降增加量越大。

(4)在地下水位抬升幅度、填筑体厚度一定的条件下,填料水理性质越差,沉降增加量越大。

(5)同一填筑体监测垂向断面,顶面沉降增加量最大,越向深部沉降增加量越小。

上述特征反映了地下水位抬升造成的填筑体强度劣化、增湿加重效应,增大了填筑体沉降量,在原始地形剧烈变化区、挖填交界区、冲沟发育区及原地基岩土性质差异明显的区域,形成了明显的差异沉降。

8.7　病害预测

根据上述地下水工程效应研究成果,T机场在地下水工程效应作用下可发生地基过大沉降与不均匀沉降而造成道面板脱空、开裂与断板,以及填方边坡失稳、渗透破坏、冻胀破坏等病害。结合机场工程建设经验,笔者对T机场工程建设阶段、运营阶段可能发生的病害进行了预测和影响程度分区。

8.7.1　建设阶段

1)土面区、边坡区的病害预测

该区病害主要易发部位为:

(1)原地基老滑坡发育区、地下水富集的填方边坡区。

(2)地势临空,无可利用的天然稳定抗滑地形,收坡困难,地基岩土性质较差的高填方边坡部位。

（3）地势低洼汇水,季节性洪水易冲刷、掏蚀坡脚的填方边坡区。

（4）工后地下水位抬升强烈的填方边坡区。

（5）原地基滑坡发育、富水的挖方边坡区。

对于填方边坡区及其附近影响区,建设阶段填方边坡区及其附近影响区因不良地质作用、地表水、地下水问题引发滑坡、填方边坡失稳等病害的易发区域,见图 8.7-1。

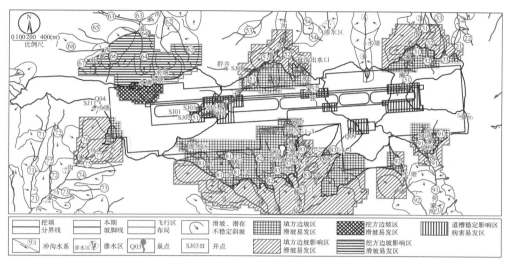

图 8.7-1　工程区内及其附近影响区病害易发区位置预测平面图

填方边坡区及其附近影响区,病害易发区主要分布于 A 区(试验段 I 区高填方边坡区、试验段 II 区高填方边坡区)、B 区(机场东段北侧南家湾村高填方边坡区)、C 区(机场东段南侧何家湾村高填方边坡 C1 区和 C2 区)、D 区(拟建航站区西侧高填方边坡区)、E 区(机场南侧龙凤村—上韩家湾村高填方边坡区)、F 区(机场西端南侧马周村填方边坡区),各区的特征见表 8.7-1。

填方区与填方边坡区病害发育特征一览　　　　　　　　　　　　　表 8.7-1

分区	分布位置	主要病害类型	
T-A	试验段 I、II 区高填方边坡区	施工扰动、地下水渗流场变化、降雨诱发老滑坡复活;填方边坡过大变形和失稳;填筑地基过大的沉降、不均匀沉降;边坡壅水诱发渗透变形、富水区构筑物季节性冻胀变形	
T-B	机场东段北侧南家湾村高填方边坡区	施工扰动、地下水渗流场变化、降雨诱发老滑坡复活;填方边坡过大变形和失稳;填筑地基过大的沉降、不均匀沉降;边坡壅水诱发渗透变形、富水区构筑物季节性冻胀变形	
T-C	机场东段南侧何家湾村高填方边坡	T-C1	施工扰动、地下水渗流场变化、降雨诱发老滑坡复活;填方边坡过大变形和失稳;填筑地基过大的沉降、不均匀沉降;边坡壅水诱发渗透变形、富水区构筑物季节性冻胀变形
		T-C2	施工扰动、地下水渗流场变化、降雨诱发老滑坡复活;填方边坡过大变形和失稳

分区	分布位置	主要病害类型
T-D	拟建航站区西侧高填方边坡区	施工扰动、降雨诱发老滑坡复活;填方边坡过大变形和失稳;填筑地基过大沉降、不均匀沉降
T-E	机场南侧龙凤村—上韩家湾村高填方边坡区	施工扰动、地下水渗流场变化、降雨诱发老滑坡复活;填方边坡过大变形和失稳;填筑地基过大的沉降、不均匀沉降;边坡壅水诱发渗透变形、富水区构筑物季节性冻胀变形
T-F	机场西端南侧马周村填方边坡区	

对于挖方边坡区、平整区及其影响区,建设阶段挖方边坡区及其影响区,因不良地质作用、地表水、地下水问题引发滑坡、填方边坡失稳等病害的易发区域。

挖方边坡区及其附近影响区,病害易发区主要分布于 W-A 区(机场西端北侧挖方平整区及边坡区及其附近影响区)、W-B 区(机场西端南侧马周村东侧挖方平整区),各区的特征见表 8.7-2。

挖方区与平整区及挖方边坡区病害易发区特征一览 表 8.7-2

分区	分布位置	主要病害类型
W-A	机场西端北侧挖方平整区及边坡区及其附近影响区	施工扰动、地下水渗流场变化、降雨入渗诱发老滑坡复活,牵引挖方区局部失稳;富水区构筑物季节性冻胀变形
W-B	机场西端南侧马周村东侧挖方平整区	施工扰动、降雨入渗诱发老滑坡复活,牵引挖方区局部失稳

2)道槽区病害预测

道槽区位于近东西向的黄土梁之上,地基相对稳定,发生大规模滑坡的可能性小,其病害主要是地基的沉降、不均匀沉降问题。

道槽区病害易发部位为:

(1)原地基地形变化剧烈、填方厚度差异大的区域。

(2)地势低洼汇水、原地基富水、湿陷性土、软弱地基土分布的区域。

(3)填挖交界,地基软硬不均的区域。

(4)填料性质差较大,地基处理程度、填料性质及压实程度差异大的区域。

(5)施工质量控制差的区域。

道槽区病害易发部位具体分布于 D-A 区(试验段西侧桥子沟上游段道槽区)、D-B 区(试验段 I 区道槽区,D-B1 区为跑道部位,D-B2 区为滑行道部位)、D-C 区(机场东端道槽区)、D-D 区(站坪区),各区的特征见表 8.7-3。

道槽区病害易发区特征一览　　　　　　　　　　　　　　表 8.7-3

编号	分布位置	主要病害类型		风险等级
D-A	试验段西侧桥子沟上游段道槽区（包含跑道、垂直联络道、滑行道和集体停机坪部分区域）	地基不均匀、填挖搭接、沟底软弱土分布、工后地下水位抬升、地基土湿陷、湿化引起地基的沉降、不均匀沉降量超限；地基固结沉降稳定收敛时间长		高
D-B	试验段 I 区道槽区，D-B1 区为跑道部位，D-B2 区为滑行道部位	D-B1	地基不均匀、填挖搭接、工后地下水位抬升、地基土湿陷、湿化引起地基的沉降、不均匀沉降量超限；地基固结沉降稳定收敛时间长	高
		D-B2		中等
D-C	机场东端道槽区（包含跑道、垂直联络道和集体停机坪部分区域）	地基不均匀、填挖搭接、沟底软弱土分布、工后地下水位抬升、地基土湿陷、湿化引起地基的沉降、不均匀沉降量超限；地基固结沉降稳定收敛时间长		中等
D-D	拟建民航站坪区	地基不均匀、填挖搭接、地基固结沉降稳定收敛时间长		中等

8.7.2　运营阶段

1）高填方边坡的变形、失稳

由于机场南北两侧高填方边坡区原地基发育较多的滑坡，建设阶段虽进行了大量的滑坡治理，但滑坡治理的效果、耐久性需要较长时间的检验，不排除因场地地质、气象条件，特别是水文地质条件的变化，在后期运营阶段出现边坡过大变形，甚至失稳的可能，特别是试验段高填方边坡区、机场南侧龙凤村—上韩家湾村高填方边坡区和机场东端南家湾高填方边坡区。

2）道面的沉降变形、脱空、断板、隆起

T 机场场地挖填高度大、挖填方量大，广泛分布湿陷性黄土，填料含水率偏高，加之后期盲沟等排水结构的逐步淤堵，排水效果下降，甚至失效，将造成地基内壅水，地下水位抬升，进而造成地基土的湿化和湿陷，因此工后沉降和不均匀沉降问题比较突出，加之降雨入渗和水汽运移产生"锅盖效应"，可能造成道面局部沉降、脱空、断板和隆起。这些区域重点分布在挖填交接区、富水区、挖方区残留湿陷性黄土区域、标段搭接区、不同地基处理方式的搭接区等。

3）边坡的冲刷破坏

边坡的冲刷破坏问题是很多机场运营阶段都会遇到的问题，降雨的冲刷作用虽然不会造成边坡大面积的破坏和滑移，但是会造成水土流失，支护结构架空、断裂、垮塌等。

4）边坡的渗透变形

工程场地存在发生渗透变形的岩土、水力等天然条件，如果后期排水结构淤堵、失效，地下水位抬升，水头差增大，在地下水长期的渗流潜蚀作用下，运营阶段部分富水边坡发生渗透变形的风险较高，可能出现边坡冒水、鼓胀、隆起、溜塌等病害。

5）季节性冻胀融沉破坏

场地属于季节性冻土区，道槽区在铺设防冻层、水稳层、隔断层后地基冻胀的风险将大大降低。若未采取有效的防冻或隔断措施,运营阶段冻结期遇降水和融水入渗、"锅盖效应"则可能造成道面、围场路、围界、截排水结构、坡脚冻融破坏。

8.7.3 病害风险等级及影响程度

在综合考虑场地地下水工程效应、不良地质作用、岩土工程问题的基础上,结合上述病害预测结果、工程布局、工程投资、工程经验,参考地质灾害风险评估的相关办法,对拟建工程场地建设阶段和运营期发生的潜在病害风险等级及影响程度进行综合分区(图8.7-2),为机场下一步勘察、设计、施工和病害的防治及后期维护等提供参考。

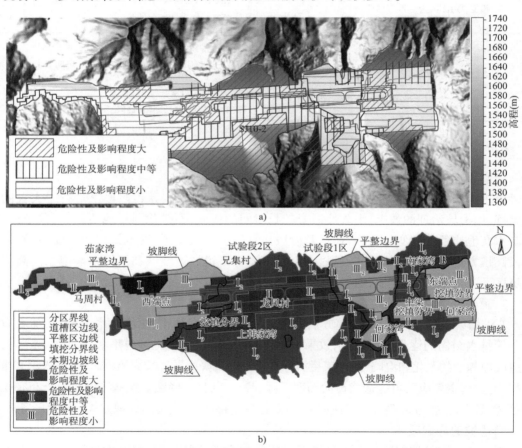

图 8.7-2 工程场地潜在病害危险性与影响程度分区平面图

8.8 防治措施建议

8.8.1 地下水位与地基排水控制

地下水渗流路径变化和地下水位抬升是引起地下水工程效应的主要原因,控制地下水位和优化排水是减弱地下水工程效应的有效措施,可分为地表水截排措施和填筑体内部排水措施。

1)地表水截排措施

地表水截排一是减少地表水入渗量,减少地下水补给源,最大限度控制地下水位上升,削弱地下水工程效应;二是减少地表水积水对地表浅层土体强度的劣化和对边坡的冲刷破坏。

(1)根据地势设计、工程布局,采用分散排水方式,将降水形成的场内地表水、管道渗漏水和其他地表水分别排向南北两侧的耤河和罗峪沟。分散排水的出水口分别与3号、5号、6号、8号、9号沟等搭接。分散排水具有如下优点:①减小场内排水沟断面尺寸,节省投资;②减小场外排水系统负荷,减小集中排水对场外排水系统冲刷、农田和房屋的淹没与破坏,避免或减弱排水诱发滑坡、泥石流等;③最大限度地减小机场建设对场外原有地表、地下水系统的影响,维持生态系统基本稳定。

(2)挖方区边坡中部、坡脚应分别设置截排水沟,将降水、地表渗水拦截后依地势排向场外或汇入场内地表排水系统。

(3)填方边坡坡脚出水点,应结合填筑体内部排水措施、边坡治理措施、场外排水措施疏排,特别是南北两侧的韩家沟、桥子沟滑坡群发育区。

(4)机场绿化用水量很大,是地下水补给的重要来源,在满足植被生长基本条件下,严格控制绿化用水,严禁漫灌。

(5)加强地表排水系统的巡视工作,发现排水沟等开裂、损坏要及时修补,减小地表水入渗。

(6)按历史最大降雨强度和汇水面积设计排水沟渠断面尺寸、跌水等消能设施,避免极端情况下地表水排泄不畅,地表水大量入渗填筑体。

(7)鉴于挖方区岩土和填料性质,场内排水系统均应采取片石头衬砌、混凝土浇筑等保护措施。

(8)对场外排水系统进行深入调查,合理选择场外排水系统的接入口,确保场内地表、地下排水系统的出水能安全有效地接入场外排水系统,避免场外排水不畅,造成地表积水、边坡冲刷、滑坡、泥石流等灾害。场外排水宜采取分散排水方式,南侧地表水应从8号沟(韩家沟)、9号沟(何家沟)等汇入农灌系统后排入耤河,北侧地表水从3号沟(南家沟)、5号沟(桥子沟)、6号沟(茹家沟)等排入罗峪沟。

(9)现状地表水排水系统中,由于场区沟谷与农灌系统间的地段均为土沟,滑坡、错落等灾害发育,机场建设将增大每条沟谷排水量,加剧灾害发育,对下游的排水系统,甚至农田、房屋、道路安全造成影响。建议对这些区域沟谷进行维修、边坡治理,必要时,改建不满足机场排水要求的农灌系统。

(10)重视施工期临时排水措施,避免地表水排泄不畅,发生冲刷、浸泡、滑坡、泥石流等不良作用。

2)填筑体内部排水措施

在以往的工程中,填筑体内部排水常常不被重视或有意无意地被削弱,造成填筑体内部壅水,发生严重的地下水工程效应,进而产生道槽区过大沉降与不均匀沉降、道面脱空、开裂与断板、填方边坡冒水、滑移等病害。

(1)充分利用地形、天然冲沟设置完善的盲沟系统。

①充分利用南北两侧的沟谷设置盲沟,将填筑体底部的地下水排向南北两侧的场外地表水排水系统。

②边坡清表、开挖台阶、原地面地基处理过程中揭露的泉点、渗水区要有支盲沟与沟谷中主盲沟相连。

③根据工后渗流场预测的沟谷流量乘以一定安全系数来计算盲沟断面。盲沟宜以碎石盲沟为主,外包裹滤水土工布等,土工布外设置砂砾石反滤层。对流量大的桥子沟、韩家沟等应在盲沟中增设软式透水管等。

(2)滑坡区、富水的潜在不稳定斜坡区必要时设置渗水井系统。渗水井系统应与原地面地基处理、滑坡与潜在不稳定斜坡治理、填筑厚度与工艺相适应,上部宜与盲沟系统有机相连,下部与场外排水系统相接。

(3)填筑体内部每隔 10~20m 设置水平排水层,外倾坡度不小于 1.5%,并与坡面水平排水沟相连。

①碎石排水层厚度不小于 30cm,含泥量不大于 5%。

②考虑到设置水平排水层费用较高,除填筑体上部第一层和填筑体底部最后一层必须满铺外,填筑体中部的水平排水层可间隔 2~3 层满铺,即第一层下的第二~三(四)层可局部铺设水平排水层,第四(五)层满铺水平排水层。局部铺设的水平排水层重点铺设在:一是清表、开挖台阶过程中发现的出水区(点),通过填筑体内部盲沟引流到边坡部位的水平排水层;二是填方边坡影响区,一般铺设长度(垂直跑道方向)不小于 50m。

③其他结构排水层,如钢塑或钢筋排水笼等,根据结构形式、排水效果调整。施工中应特别注意强夯、碾压对水平排水层的影响。

8.8.2 道槽区锅盖效应与冻融控制

道面下积水或土基高含水率的水分主要来自地表水入渗、毛细水上升和锅盖效应产生的冷凝水,是填筑体浅层强度劣化、冻融的主要因素,对道面不良影响很大。为消除或减小道面下地基强度劣化和冻融作用,一是要隔断地基中毛细水上升和水汽运移通道;二是要在隔断失效条件下,最大程度避免发生强烈的强度劣化和冻融作用。结合场地条件,建议在冻土前锋线附近设置"双层土工布+隔水膜"隔断层阻止水汽向上运移,在"双层土工布+隔水膜"隔断层上设置硬质碎石垫层。硬质碎石垫层底面深度不应小于极限冻深。

8.8.3 其他措施

(1)在坡脚地形低洼汇水区、富水区,采用透水材料进行盖重压脚,防止土体被渗透压力所推动,并在渗流溢出区铺设反滤保护层,防治渗透破坏。

(2)场地地震烈度高,填方高度大,水文地质条件复杂,不良地质作用发育,应加强抗震设计。

（3）加强场区（围界内）排水系统巡视，对盲沟和水平排水层出水量、浑浊度进行长期监测。

（4）加强高填方边坡巡视，对原地基滑坡发育区、潜在不稳定斜坡区等高填方边坡进行长期变形监测，制定建设期、运营期的病害防治措施和应急处理预案。

本章参考文献

[1] 刘东生. 黄土与环境[M]. 北京：科学出版社，1985.

[2] 刘祖典. 黄土力学与工程[M]. 西安：陕西科学技术出版社，1997.

[3] 雷祥义. 黄土地质灾害的形成机理与防治对策[M]. 北京：北京大学出版社，2014.

[4] 许领，戴福初，闵弘，等. 泾阳南塬黄土滑坡类型与发育特征[J]. 地球科学（中国地质大学学报），2010，35（01）：155-160.

[5] 李萍，李同录，王阿丹，等. 黄土中水分迁移规律现场试验研究[J]. 岩土力学，2013，34（05）：1331-1339.

[6] 张茂省，胡炜，孙萍萍，等. 黄土水敏性及水致黄土滑坡研究现状与展望[J]. 地球环境学报，2016，7（04）：323-334.

[7] 许强，彭大雷，亓星，等. 2015 年 4·29 甘肃黑方台党川 2 号滑坡基本特征与成因机理研究[J]. 工程地质学报，2016，24（02）：167-180.

[8] 张茂省，朱立峰，胡炜，等. 灌溉引起的地质环境变化与黄土地质灾害——以甘肃黑方台灌溉区为例[M]. 北京：科学出版社，2017.

[9] 李源. 湿陷性黄土地区沟壑高填方地基沉降规律研究[D]. 兰州：兰州交通大学，2020.

[10] JIE Y X，WEI Y J，WANG D L，et al. Numerical study on settlement of high-fill airports in collapsible loess geomaterials：A case study of Lüliang Airport in Shanxi Province，China[J]. Journal of Central South UniversityVolume，28（3）：939-953.

[11] 陈陆望，曾文，许冬清，等. 挖填工程影响下黄土丘陵沟壑区地下水数值模拟研究[J]. 合肥工业大学学报（自然科学版），2017，40（10）：1404-1411.

[12] 朱才辉，李宁. 黄土高填方地基中暗穴扩展对机场道面变形分析[J]. 岩石力学与工程学报，2015，34（01）：198-206.

[13] 张硕，裴向军，黄润秋，等. 黄土高填方坡体加载过程变形-力学响应特征研究[J]. 工程地质学报，2017，25（03）：657-670.

[14] 宋焱勋，彭建兵，张骏. 黄土填方高边坡变形破坏机制分析[J]. 工程地质学报，2008（05）：620-624.

[15] 于丰武，段毅文，邢斐. 机场高填方湿陷性黄土地基强夯处理试验研究[J]. 工程质量，2016，34（01）：85-88.

[16] 王念秦，柴卓. 黄土山区建设机场的灾害问题及防治途径初探[J]. 甘肃科技，2010，26（24）：54-56.

[17] 李广信，张丙印，于玉贞. 土力学[M]. 3 版. 北京：清华大学出版社，2022.

［18］保华富,屈智炯.粗粒料的湿化特性研究［J］.成都科技大学学报,1989(01):23-30.

［19］傅旭东,邱晓红,赵刚,等.巫山县污水处理厂高填方地基湿化变形试验研究［J］.岩土力学,2004(09):1385-1389.

［20］中华人民共和国水利部.堤防工程地质勘察规程:SL 188—2005［S］.北京:中国水利水电出版社.2005.

［21］中华人民共和国住房与城乡建设部.冻土地区建筑地基基础设计规范(JGJ 118—2011)［M］.中国建筑工业出版社,2011.

［22］中华人民共和国住房与城乡建设部.冻土工程地质勘察规范:GB 50324—2014［S］.北京:中国计划出版社.2014.

［23］姚仰平,王琳.影响锅盖效应因素的研究［J］.岩土工程学报,2018,40(08):1373-1382.

［24］姚仰平,王琳,王乃东,等.锅盖效应的形成机制及其防治［J］.工业建筑,2016,46(09):1-5.

［25］李强,姚仰平,韩黎明,等.土体的"锅盖效应"［J］.工业建筑,2014(02):69-71.

［26］罗汀,曲啸,姚仰平,等.北京新机场"锅盖效应"一维现场试验［J］.土木工程学报,2019(S1):233-239.

第9章 冰碛物场地大面积填筑场地地下水工程效应

冰碛物由于其特殊的地质成因、岩土结构及物质组成,使其物理力学性质及工程性质与其他类型的土体相比存在显著差别,在冰碛物的形成、物质成分、结构特征、物理力学性质等方面,前人开展了大量研究[1-7]。

关于冰碛物作为公路、铁路、机场等工程填筑用料及工程特性方面,前人也进行了大量的探索。谢春庆针对冰碛物的勘察、工程特性及地下水的工程效应等方面,以大面积填筑工程为依托开展了大量的探索性研究[8-15],吕大伟(2009)[16]、张杰(2010)[17]、徐林荣(2010)[18]、候召强(2015)[19]、陈琦(2018)[20]、翟世聪(2021)[21]等研究者对冰碛物的特性及作为路基填筑用料的可用性、压实质量评定方法、地基的沉降变形、稳定性分析等方面进行了研究,获取了很多具有实践价值的研究成果。

随着经济建设发展,我国在高原冰川堆积地区修建了一些重要建筑,如康定机场、稻城机场、普兰机场、川藏铁路、川藏高速公路等。场地的大挖大填,改变了原始水文地质条件。由于对冰碛层填方地基地下水工程效应认识不足,发生了多起填筑体边坡变形滑移、支护结构破坏、填筑体顶面塌陷、排水边沟变形破坏、道面不均匀沉降变形等现象,而关于冰碛物填筑地基地下水工程效应的研究仍较少。

本章以两个典型冰碛物分布区机场大面积填筑工程为例,探讨冰碛层填筑地基地下水工程效应,通过研究为类似工程的勘察、设计、施工及工程运营维护等提供参考。

9.1 KD机场大面积填筑地基地下水工程效应

9.1.1 工程概况

KD机场跑道中心点高程为4242.6m,跑道长4000m,宽45m。场区填方量$1.90 \times 10^7 m^3$,挖方量$1.99 \times 10^7 m^3$。机场最大挖方高度40.6m,最大填方高度47.7m,坡顶与坡脚最大高差85.8m,机场跑道轴线方向挖填方厚度情况,见图9.1-1。

9.1.2 气象水文特征

1)气象特征

研究区各月平均气温在7.6~8.6℃之间,其中最冷月(1月)的平均气温为−7.6℃,最热月(7月)平均温度为8.6℃,极端最低气温为−36.46℃、极端最高气温22.8℃,见图9.1-2、图9.1-3。

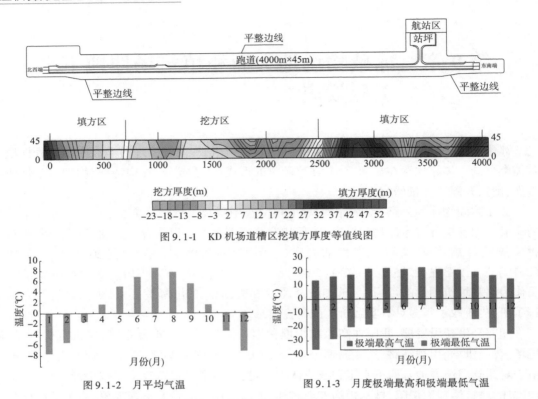

图 9.1-1　KD 机场道槽区挖填方厚度等值线图

图 9.1-2　月平均气温

图 9.1-3　月度极端最高和极端最低气温

研究区平均年降雨量为 923.5mm,最大和最小年降雨量分别为 1207.2mm 和 701.0mm。降雨主要集中在 5—10 月,占全年总降雨量的 90.5%,最大日降雨量为 59.5mm,见图 9.1-4、图 9.1-5。每年暴雨出现的平均次数为 4 次,主要出现在 6 月下旬至 7 月。降雪主要发生在每年的 10 月下旬和次年 5 月上旬,年降雪天数约 37d(表 9.1-1),日最大积雪深度为 30cm。

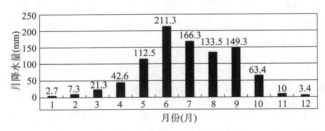

图 9.1-4　降雨量的月度变化(30 年平均)

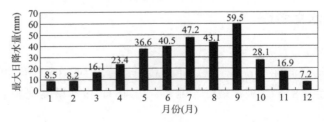

图 9.1-5　工程区最大日降雨量的月度变化

工程区降雪资料　　　　表 9.1-1

要素	月份(月)											
	1	2	3	4	5	6	7	8	9	10	11	12
积雪日数	2.9	4.7	7.4	3.3	1.0	1.0	0.1	0.1	1.4	4.7	4.3	2.0
日最大积雪深度(cm)	3.8	5.6	7.3	5.4	2.0	0.4	0.0	0.0	1.0	3.3	4.8	3.2

　　KD 地区处于季节性冻土影响区,标准冻深为 60cm,机场工程场地季节性冻土深度为 0.8~1.5m,极限冻深为 2.0m,一般出现在 1—3 月。

　　2)水文特征

　　拟建场区地处区域分水岭的西北侧,其北、西、南侧被冲沟深切割,高差在 30m 以上,为地下水的溢出带和地表水径流带。地表水体存在的形式有三种:冰碛洼地形成的湖泊;地势低洼的宽大冰川刨蚀沟内的流动水体,并与"石河"(架空块碎石区)分布范围基本一致,分布面积大,流量随季节变化;各冰期松散堆积层前缘地带以泉形式出露地表的泉水溢出带,一般流量较小,长年不断。根据场区范围内沟谷中留下的洪水痕迹,测出洪水深度和洪水面宽度,按陆地水文学推理公式法计算洪峰的流量,结果见表 9.1-2。

场区地表沟谷(水系)洪水流量表　　　　表 9.1-2

水系及测点位置	沟中最高洪水位(m)		所在沟汇水面积(km²)	频率(%)	流量(m³/s)
	高度	宽度			
1 号沟	0.8	180	2.925	1.0(100 年一遇)	10.8
				2.0(50 年一遇)	9.45
				3.3(30 年一遇)	8.44
				5.0(20 年一遇)	7.64
2 号沟	0.50	310	2.70	1.0(100 年一遇)	7.83
				2.0(50 年一遇)	6.82
				3.3(30 年一遇)	6.08
				5.0(20 年一遇)	5.50
3 号沟	0.80	80	3.375	1.0(100 年一遇)	12.8
				2.0(50 年一遇)	11.1
				3.3(30 年一遇)	9.96
				5.0(20 年一遇)	9.02
4 号沟	0.70	40	3.600	1.0(100 年一遇)	11.7
				2.0(50 年一遇)	10.2
				3.3(30 年一遇)	9.08
				5.0(20 年一遇)	8.24

9.1.3 工程地质特征

1）地形地貌特征

研究区位于青藏高原的东南缘，总体地势东高西低，北缓南陡。南段地形起伏大，东西向为最大坡度，平均14°，最大53°；北段较为平缓开阔，南北向平均坡度2.4°，东西向平均坡度5.3°，最大坡度42°。全场区最低高程4165m，最高处高程4281m，相对高差达116m。

第四系冰川堆积作用形成的地貌，具有类型复杂、分布不规则、微地貌单元较多的特点，由于冰川地质作用的多样性和复杂性，构成了该区典型的冰川地貌。场区内主要分布有冰碛垄岗、融溶凹地、冰碛台地、阶地陡坎、冰碛湖、刨蚀沟等微地貌，见图9.1-6、图9.1-7。

图9.1-6　场区地形地貌特征照片

图9.1-7　研究区地形地貌特征（DEM数字高程模型）

2）地质构造特征

KD机场处于青藏滇缅"歹"字形构造体系与川滇南北构造带交接复合部位的鲜水河断裂带的南东段，夹持于二台子断裂与惠远寺—勒吉普断裂之间，见图9.1-8。

该区自1970年至今，近场范围的弱震发生频繁，平均每年约10次。根据《建筑抗震设计规范》（GB 50011—2010）（2016版）附录A.0.24，结合《中国地震动参数区划图》

（GB 18306—2015），KD 地区地震抗震设防烈度为 9 度区，设计抗震分组为第二组，地震动峰值加速度值为 0.4g，地震动反应谱特征周期值为 0.4s。

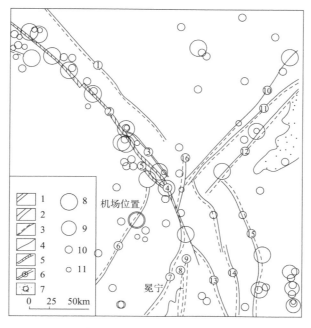

图 9.1-8　研究区构造纲要图

1-全新世活动断裂;2-中晚新世活动断裂;3-第四纪活动断裂;4-推测或隐伏断裂;5-地震地表破裂带;6-断层及编号;7-第四系;8-MS＝7.0～7.9;9-MS＝6.6～6.9;10-MS＝5.0～5.9;11-MS＝4.7～4.9;①-五科断裂;②-鲜水河断裂;③-雅拉河断裂;④-色拉哈—康定—磨西断裂;⑤-折多塘断裂;⑥-玉龙西断裂;⑦-小金河断裂;⑧-安宁河西支断裂;⑨-安宁河东支断裂;⑩-龙门山后山断裂;⑪-龙门山主中央断裂;⑫-龙门山前山断裂;⑬-普雄河断裂;⑭-保新厂—凤仪铺断裂;⑮-宜坪-美姑断裂;⑯-大渡河断裂

3）地层岩性特征

场区及附近广泛分布第四系海螺沟（Q_3^{agl}）和南门关（Q_3^{lgl}）冰期冰碛层，总厚度大于 80m。堆积物由块石、碎石、角砾和砂土等混杂组成，粒度不均一，分选性差，无层理，见图 9.1-9。

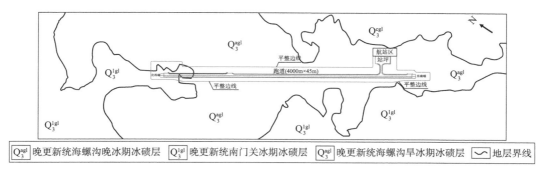

图 9.1-9　研究区机场建设阶段地层岩性分布图

各土层特征如下：

（1）块石：架空结构，局部呈半镶嵌接触。块石由黑云母花岗岩组成，粒径变化大，一般直径 20~180cm,最大可达 300cm 以上,多呈次棱角状,块石间局部充填少量碎石,固体体积率 63.4%~81.15%,干密度 1.58~2.25g/cm³,空隙率 11.26%~37.54%。该层分布基本与地表水体一致而形成"石河";试坑中揭露地表分布区的厚度 0.4~1.4m。研究区"石河"特征见图 9.1-10。

(2)碎石:浅黄色或灰白色,中密~密实,以密实为主,稍湿~饱和。主要由等粒和似斑状黑云母花岗岩构成。呈次棱角状、多为微风化、中风化,一般粒径 1.5~20cm,占 50%~65%;粒径大于 20cm 块石占 3%~10%,呈零星分散状;多呈骨架结构,骨架间多为角砾、砾砂和少量粉细砂充填。该层在场区广泛分布,厚度大且稳定,自重固结较好,密实度高,但极不均匀。钻孔揭露最大厚度 26.51m,最小厚度 0.40m,平均厚度 6.00m。海螺沟冰期碎石土特征见图 9.1-11。

图 9.1-10 研究区"石河"特征   图 9.1-11   海螺沟冰期碎石土特征

(3)角砾:灰白、褐黄色,以中密为主,稍湿或饱和。成分为黑云母花岗岩,呈棱角状或次棱角状,粒径为 0.2~2cm 的级角砾占 55%~70%,粒径大于 2cm 的碎石占 5%~15%,粒径小于 0.2cm 的细粒占 10%~30%,偶见零星块石。该层多呈不规则透镜体分布或薄层分布于碎石层中,全场区钻孔中局部揭见,分布极不均匀,一般厚 0.4~16.55m。

(4)砾砂:浅灰或黄色,稍密~中密,以稍密为主,局部可达中密,稍湿~饱和。由花岗岩风化碎裂岩屑、石英、长石颗粒组成,级配较好,以 0.05~2cm 的粒径为主,含量 60%~70%,次为粉粒、细砂,少量的角砾。钻孔揭露最大厚度 3.6m,最小厚度 0.20m,平均值为 1.49m。

(5)中砂:浅灰或黄色,稍密,稍湿,粒径大于 0.25mm 的粒组占 70%~75%,含 2~8mm 的角砾,占 10%~15%,局部夹厚约 20cm、粒径 20~40cm 的块碎石薄层。

海螺沟(Q_3^{agl})和南门关(Q_3^{lgl})冰期的冰碛土相比较:①二者物质成分相同;②海螺沟冰碛物中块石、碎石分布面积广,厚度大;角砾、砾砂分面积小,厚度小;③同一种土中,海螺沟冰碛物颗粒较粗,粗颗粒含量高 5%~20%。

4)岩土物理性质特征

(1)矿物成分、有机质含量、腐蚀性。

冰碛层岩石成分为黑云母花岗岩,含多种矿物成分,主要为石英、钾钠长石等,见表 9.1-3。

冰碛土矿物成分 表9.1-3

化学组分	S_iO_2	Al_2O_3	K_2O	Na_2O	F_eO	CaO	MgO	F_eO_3	MnO	T_iO_2
含量(%)	72.36 ~ 73.61	16.10 ~ 14.50	4.32 ~ 5.36	2.92 ~ 3.02	1.03 ~ 1.47	0.87 ~ 1.15	0.44 ~ 0.66	0.39 ~ 0.50	0.30 ~ 0.06	0.2 ~ 0.25

冰碛层易溶盐含量0.05% ~ 0.90%,能满足填料要求,但有机质含量试验颜色深于标准色,不能作为砂建材。

(2)密度。

冰碛层中碎石干密度一般大于2.0g/cm³,个别小于1.8g/cm³,较密实均匀,为良好的天然地基。块石密度变化较大,均匀性差,多为架空结构,密度特征,见表9.1-4。

冰碛土密度 表9.1-4

时代成因	土样名称	干密度(g/cm³)	时代成因	土样名称	干密度(g/cm³)
Q_3^{agl}	角砾	2.30	Q_3^{Lgl}	角砾	2.18
	碎石	2.20 ~ 2.22		碎石	1.76 ~ 2.47
	块石	1.58 ~ 1.67		块石	1.66 ~ 2.25

(3)固体体积率。

开挖探坑,描述块石堆积区结构,称重和量取探坑体积,计算场区架空结构块石固体率为0.62 ~ 0.85。

(4)颗粒级配。

在现场完成了20余组大型的颗粒分析试验,碎石、角砾不均匀系数大于278,曲率系数一般大于3.5,级配不良。

9.1.4 水文地质特征

1)地下水类型及含水岩组划分

场区的地下水按岩性、赋存形式、水理性质及水力特征的划分属松散岩类孔隙水。据水文地质条件、冰川形成时期等综合条件,含水岩组可划分为南门关松散含水岩组和海螺沟松散含水岩组。

(1)南门关松散含水岩组。

南门关松散含水岩组主要分布于场区北西—南西一带,为南门关冰期沉积物,以不整合的形式覆盖在三叠系西康群地层的砂板岩或燕山晚期花岗岩之上,可见厚度大于70m,多呈低缓浑圆的山丘地貌。沉积物物质组成为灰及灰黄色的碎石土和少量的砂土,岩性为黑云母花岗岩。块碎石粒径5 ~ 30cm,大者可达30 ~ 80cm,个别大者可达1m以上。地表大多被小杜鹃等草皮覆盖。

通过抽水试验,场区北端南门关冰期沉积物中水文孔1号孔,水位埋深0.88m,降深$s = 3.46m$,涌水量$Q = 1.944t/d$,渗透系数$k = 0.09m/d$,影响半径$R = 4.46m$;场区南端zk88 + 2孔水位埋深0.4m,降深$s = 0.93m$,涌水量$Q = 26.16t/d$,渗透系数$k = 3.7m/d$,影响半径$R =$

8.84m。

(2)海螺沟松散含水岩组。

海螺沟松散含水岩组主要分布于场区北东—南东一带,为海螺沟冰期沉积物。沉积物物质组成为灰及褐灰色冰碛块石、碎石土和砂土,岩性为黑云母化岩。块石呈次棱角状～棱角状,大小不等,部分大者0.5m以上,个别大者可达2～3m。

通过注水试验,海螺沟冰期沉积物中水文孔2号孔(含水层为碎石土)水位埋深4.0m,注水高度$s=3.84$m,注水量$Q=0.34$t/d,渗透系数$k=0.03$m/d,影响半径$R=3.07$m。

(3)含水层一般特征。

场区水文地质试验和调查表明,场区含水层主要为碎石土,含水层在水平和垂直方向分布均有限,土层渗透性差,见表9.1-5。

水文地质试验成果统计表 表9.1-5

试验类型	孔号	含水层岩性	水位埋深 (m)	降深或注水高度 (m)	涌水量或注水量Q (t/d)	渗透系数k (m/d)	影响半径R (m)
抽水	水1	碎石、角砾	0.88	3.46	1.944	0.09	4.46
	水5	碎石	+0.40	0.93	26.16	3.70	8.84
注水	水7	碎石	4.00	3.84	0.34	0.03	3.07

水的运移通道极不规则,含水层补给条件差,径流迟缓。通过钻孔采取原状土芯观测,以地表或近地表含水较丰富,随深度增大,含水率降低,渗透微弱,构成场区相对隔水层。南门关期饱和土层厚0～9m,一般厚6～8m;海螺沟期饱和土层厚0～9m,一般厚6～7m。地下水在陡坎地带以泉的形式出露,形成溢出带,地下水转化为地表水。地表水系较发育,水系纵向坡度相对较缓。场区泉流量一般0.1～1L/s,个别大于1.0L/s,最大达5.0L/s(多泉汇合后流量)。

2)地下水动态变化规律

在场区最大冰碛湖——斯丁措海子设立水文观测站,在场区北端、中部等处布置钻孔和探坑,进行水位观测。2001年9月20日—2001年12月3日,斯丁措海子出水口水位高程4231.48～4231.54m,变化幅度为0.06m。2005年6月20日—2005年8月10日斯丁措海子出水口水位高程4231.52～4231.59m,变化幅度为0.09m。与2001年枯水季节最低水位相差11cm。斯丁措海子由地下水溢出泉和地表水汇流而成,在冬季时完全是由泉水汇集。海子水位的变化幅度说明了地下水位、水量变化甚小。在场区北端刨蚀沟中的碎石层,雨季地下水位埋深0～1.2m,冬季枯水季节也为0～1.2m,无明显变化;水1、水2、水5等孔水位观测水位变化也小于20cm。

上述观测表明,冰碛层中地下水水位、流量稳定,动态变化小。

3)地下水补给、排泄、径流条件

地下水运动与区内气象、水文关系密切,同时又受地质构造、地层岩性、地形地貌及植被发育等控制。场区地下水运动的基本特征:补给来源主要是大气降水,其次是冰雪融化水的补给;径流途径短,径流迟缓;以泉水及渗流的形式排泄,溢出后转化为地表水。补给区、径流区和排泄区基本一致,见图9.1-12。

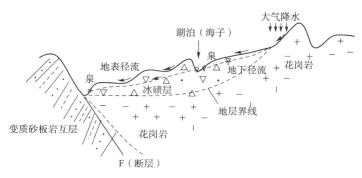

图9.1-12　场区地下水补给、径流和排泄示意图

4)渗透系数垂向变化规律

为了研究冰碛层渗透系数的垂向变化规律,分别在南门关和海螺沟冰期的冰碛层中近圆形布置钻孔,孔深分别为2m、4m、6m、8m,孔距3m。抽水试验成果见表9.1-6。孔深为2m时,全孔抽水;孔深为4m时,2~4m段抽水;孔深为6m时,4~6m段抽水;孔深为8m时,6~8m段抽水。

冰碛层渗透系数的垂向变化规律试验成果表 　　表9.1-6

孔深(m)		2	4	6	8
南门关冰期	渗透系数(m/d)	1.01	0.32	0.22	0.11
海螺沟冰期		0.79	0.20	0.13	0.06

很明显,冰碛层渗透系数在垂向上呈现逐渐减小趋势,在8m深度时已很小,透水性微弱。

5)水化学类型

在场地及周边地带,无大的污染源,生态环境保持良好,使地下水和地表水未受到污染。经多个水样分析,场区地表、地下水总体上属碳酸钙镁(HCO_3-Ca.Mg)型水。除大肠杆菌超标准外,水质满足工程用水和生活饮用水水质要求。

9.1.5　原地基地下水工程效应分析

1)现状调查

场区原场地发现多个松散的架空结构块碎石堆积坑(带),见图9.1-13、图9.1-14。按块碎石架空结构形成原因可分为地表水形成的块碎石架空结构区和地下水形成的块碎石架空结构区,其中以地表水形成的块碎石架空结构区为主。地表水形成的块碎石架空结构区分布在地形低凹处地表水汇流部位,一般沿流线分布。地下水形成的块碎石架空结构区分布在地形低凹处泉点出露部位(泉口),规模小。架空结构块碎石是由地表水、地下水潜蚀冰碛层形成。

图 9.1-13　地下水潜蚀形成的潜蚀坑　　　　图 9.1-14　地表水潜蚀形成的潜蚀带

2）结构特征

总体上讲,块碎石多呈棱角~次棱角状,粒径大小混杂,无序排列,多为点接触,松动。空隙大小 0~50cm,一般 15~30cm;实测空隙率,海螺沟冰期块碎石为 19% 左右,南门关冰期块碎石为 36% 左右。架空结构块碎石厚度 0.1~1.95m。一般来讲,水平方向上,沟口和沟尾薄,中间厚;坡体段厚,地形平坦处薄;沟口向沟尾粒径由大变小。垂直方向上块碎石粒径由大变小,表 9.1-7 为场区典型探坑内块碎石粒径粒径代表值。

冰碛层典型探坑块碎石粒径粒径代表值　　　　　　　　表 9.1-7

测量深度	坑顶部	1/3 坑深处	2/3 坑深处	坑底部
粒径	2.80m×1.20m×0.70m	1.15m×0.75m×0.50m	0.45m×0.45m×0.15m	0.25m×0.14m×0.12m

3）地下水面与架空块碎石层底面关系

据 40 余个探坑和 11 条架空块碎石层剖面 400 余个测点统计,80% 以上探坑和架空块碎石层剖面测点处,架空块碎石层底面和地下水位面基本一致,见图 9.1-15。丰水季节差别小,枯水季节差别大。一般差别小于 5cm,最大的不超过 20cm,可近似地认为,架空块碎石层发育基准面即为地下水位面。

图 9.1-15　架空块碎石中地下水

目前,据 15 年长观资料,场区水文地质单元中地下水位已基本稳定,地表水、地下水对冰碛层淘蚀作用已非常微弱,趋于稳定,也就是在目前地表水地下水作用下,架空块碎石层发育最低基准面已形成,不会发生大的侵蚀作用而形成新架空块碎石(不包括在场区附近由于工程建设造成地下地表水流向、水位、流量改变而加速现架空块碎石层发育或形成新的架空块碎石区)。

4）架空块碎石厚度与时间关系

实测由于地表水原因形成的架空块碎石最大厚度为 1.95m,由于地下水原因形成架空块碎石最大厚度为 1.0m。据有关资料多种方法研究资料显示,冰碛层形成于 0.14 万年前。假设架空块碎石发育速度近似,则可以计算得场区内由于地表水原因形成的架空块碎石发

育最快平均速度为 $1.95\text{m}/1400$ 年 $\approx 1.4\text{mm}/$ 年,则 50 年(工程设计使用年限)中架空块碎石发育厚度 $=1.4\text{mm}/$ 年 $\times 50 = 70\text{mm}$。由于地下水原因形成架空块碎石发育最快平均速度为 $1.00\text{m}/1400$ 年 $\approx 0.71\text{mm}/$ 年,则 50 年中架空块碎石发育厚度 $=0.71\text{mm}/$ 年 $\times 50 = 36\text{mm}$。

5)架空块碎石下沉量与其厚度关系

据实测剖面,统计架空块碎石下沉量与其厚度关系,理想关系式为:$y=0.6117x+0.0751$,相关系数 $R=0.87$,见图 9.1-16。将其所有剖面测点汇总拟合关系式:$y=0.255x-0.1577$,相关系数 $R=0.63$,见图 9.1-17。表明顶面线与底面线存在一定相关关系,即地表高程随发育深度增加而减小。

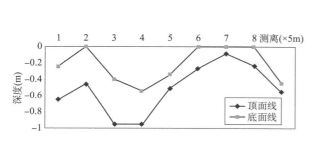

图 9.1-16　北端架空块碎石典型探井中顶底面线图

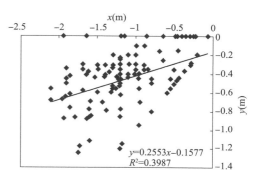

图 9.1-17　架空块碎石顶底面线拟合曲线

上式中,x 为地面线离该测线两端未被淘蚀地面平均高程(假设为 0)之间深度;y 为架空块碎石底面线离该测线两端未被淘蚀地面平均高程之间深度。

如果令测点低于平均地面线深度值为 s,即冰碛层被水淘空后沉降为 s,架空块碎石厚度为 h,则可得由于地表水、地下水侵蚀形成地表沉降与架空块碎石厚度关系可表达为:

理想状态: $s=2.5753h+0.1934$

一般状态: $s=1.3422h-0.2117$

上述两式表明,地面沉降随架空块碎石厚度增大而增大。根据架空块碎石厚度可以初步估算地表沉降。但是,在单个剖面统计分析时,14 条剖面中有 3 条剖面顶面线与底面线相关关系极差,相关系数 R 小于 0.1,可能与冰川堆积时,堆积物中含冰量有关。

6)架空块碎石发育机理及趋势

(1)地表水形成的架空块碎石区。

该区架空块碎石形成主要是冰碛层表层在地表水长期动力作用下,细粒物质被冲刷、机械搬运,掏空后留下块碎石而成的。下部的细粒物质被掏空后,上部被掏空后的块碎石在重力作用下下沉,造成在架空块碎石区高程普遍低于周围未被掏空的部位,且高程差异随架空块碎石厚度增大。由于该区架空块碎石形成原因是在地表水动力作用下,而在工程建成后场区形成架空块石区域被填筑体覆盖,地表水体将被从四周的排水沟或涵洞引走,不会再对冰碛层形成冲刷和掏蚀。因此,即使还有目前地表水量,按本节论述,也不会再形成新的块碎石区。所以,可以认为工程建成后场区内冰碛层不会发生由于地表水原因而形成的架空块碎石现象。

（2）地下水形成的架空块碎石区。

该区架空块碎石形成主要是冰碛层表层在地下水相对汇流后的长期动力作用下,细粒物质被潜蚀,淘空泉口后留下块碎石而成的。由于该区架空块碎石形成原因是在地下水动力作用下,工程建成后场区上游地表水体将被从四周的排水沟或涵洞引走,地下水的补给减少,水位降低,水动力条件变弱,携带能力减小,地下水潜蚀作用减弱。因此,如果按上述统计厚度与时间关系,50 年内形成架空块碎石发育最大厚度小于 36mm。按 200 余个泉口统计资料,当架空块碎石发育最大厚度为 36mm 时,架空块碎石顶面几乎与周围地面相平,即架空块碎石发育最大厚度为 36mm,不会发生地面沉降。

7）地下水渗透破坏分析

上述地下水形成架空块碎石也是渗透破坏的一种形式,但发育在泉口,是地下水汇流后,集中水流潜蚀泉口碎石中细粒物质形成的。本节主要讨论地下水在径流带是否发生渗入破坏。

（1）现状分析。

根据勘察资料,研究区施工了 500 余个勘察钻孔,近百个探坑（井）,未发现掉钻、少见漏浆,未见剧烈漏浆现象,表明勘探深度内未见空隙,即未发现渗透破坏现象。

（2）理论计算。

计算公式采用《水利水电工程地质勘察规范》（GB 50487—2008）附录 G 中公式:

$$I_r = (G_s - 1) \times (1 - n) \tag{9.1-1}$$

式中:I_r——临界水力比降;

G_s——土的重度;

n——孔隙率。

经试验获取岩土、水文地质参数后计算得,场区北端水力坡度 $I_{r(北端)} = 0.09$;中部 $I_{r(中部)} = 0.10$;南端 $I_{r(南端)} = 0.084$,平均 $I_{r(平均)} = 0.09$;临界水力坡降 $I_r = 0.43$。

取安全系数为 3,则 $I_{r(平均)} = 0.27 < 0.43$。因此,在理论上可以说明地下水对场区砂土无渗透破坏,对地基土潜蚀作用微弱。

8）综合分析评价

（1）冰碛层渗透系数小,透水性微弱,且在垂向上随深度增加,呈现逐渐变小趋势;单位涌水量小。

（2）自然条件下,场区地下地表水可在冰碛层中形成松动的架空块碎石,但目前侵蚀能力已很微弱,处于相对平衡状态。工程条件下,地表水地下水不会在场区原地基内再形成新的架空块碎石结构,也不会发生渗透破坏。

（3）采用冰碛物填筑的地基,在地表水、地下水的综合作用下,存在发生渗透变形的可能,应采取必要的防治措施。

9.1.6　填筑地基地下水工程效应分析

1）填筑体破坏特征

机场建成以来在填筑体边坡部位发生了多起边坡鼓胀、垮塌、支护结构破坏,在填筑体顶面塌陷形成了多个陷坑与孔洞,在排水边沟发生多处开裂、垮塌现象。KD 机场建成后特征见图 9.1-18。

图 9.1-18　KD 机场建成后特征

（1）边坡损毁。

KD 机场建成以来发生了多次填筑体边坡损毁（垮塌为主）现象，并呈现逐年严重趋势，如图 9.1-19 所示。为确保安全，每年均进行了维护治理，其中规模较大的治理有三次，主要是对坡面进行整治，治理方式主要为挡土墙，如图 9.1-20 所示。

图 9.1-19　填筑边坡垮塌　　　　　　　图 9.1-20　边坡挡土墙治理

垮塌具体特征如下：

①垮塌规模一般为 30 ~ 300m³，最大达 1000m³，厚度 1 ~ 8m，垮塌发生在浅部，属局部失稳，填筑体整体稳定。

②垮塌约 62% 发生在雨季，27% 发生在秋季，11% 发生在春季。

③45% 损毁发生在工程区北部，边坡的上、中、下部均有分布，见图 9.1-21、图 9.1-22。

④边坡垮塌时往往伴随大量的水流出，部分垮塌物质呈泥石流状。垮塌处一般是地下水渗出点，大雨过后 2 ~ 5h 出水量剧增，常见浑浊现象。2013 年 6 月在北端发生的垮塌规模约 1000m³，前期以突发形式冲出，伴随喷水约 10min，物质大小混杂；后期滑塌物质呈泥石流状，多以细粒物质为主。该垮塌位于渗透变形带端部，离填筑体顶面约 8m。

（2）塌陷坑与孔洞。

①塌陷坑。

塌陷坑呈现如下特征：

　　a. 主要分布在工程区北部,共 23 个,占整个工程区 60%。

　　b. 呈条带状分布,带宽 25~80m,条带出口区边坡垮塌的规模大,数量多。

　　c. 形态不规则,以长条形为主,深度 5~60cm,宽度 10~150cm,长度 0.5~15m,如图 9.1-23 所示。

　　d. 塌陷发生在填筑体浅部,填筑体与原地面的接触面未发生渗透变形。

　　e. 塌陷坑均为冒水点,一般在雨后 2~3h 见有股状水冒出,浑浊。冒水口见有细砂、粉砂、粉土堆积。

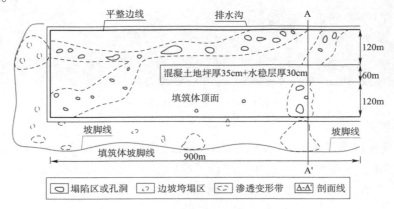

图 9.1-21　工程区北部填筑体破坏平面分布图

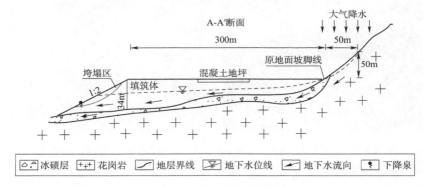

图 9.1-22　A-A′地质剖面图

　　②孔洞。

　　在填筑体顶面地势低洼部分发现了 20 余处孔洞,孔洞直径 5~45cm,深度 10~55cm。孔洞中物质以碎石和粗砂为主,孔壁为碎石、粗砂、中砂、细砂和粉土,如图 9.1-24 所示。

　　2)排水系统破坏特征

　　场区的排水系统不同程度损坏,尤其是靠山体一侧的排水沟裂隙发育,裂隙最大宽度可达 5cm,渗流严重,见图 9.1-25。一般降水条件下排水沟出口无水排出,全部渗漏补给填筑体内地下水。

　　盲沟排水清澈,暴雨季节也未发现浑浊,盲沟枯季最大排水量 2000m³/d,暴雨季节 3000m³/d,见图 9.1-26。上述现象表明盲沟排水系统完好,原地面地基和填筑体底部未发生渗透破坏。

图 9.1-23　填筑体顶面陷坑

图 9.1-24　填筑体顶面孔洞

图 9.1-25　机场中北部靠山侧截水沟损毁

图 9.1-26　机场北端填筑体盲沟,出水清澈

填筑体边坡上非地下水排泄区,格构等护坡设施基本完好;地下水排泄区护坡设施大部分破坏;发生垮塌区域,护坡设施全部损毁。

3)破坏机制分析

(1)填料性质。

根据挖填平衡原则,填料来自工程区内挖方区的冰碛土。收集施工期填筑地基检测的 52 组大型颗分试验(每组筛分体积 $\geq 1\text{m}^3$)资料,代表性颗分成果见表 9.1-8 和图 9.1-27。填料主要由块石、碎石、角砾、砂和粉土组成,不均匀系数为 2.4 ~ 157.1,曲率系数为 0.01 ~ 2.7,天然级配普遍不良。从监理和检测资料发现,由于挖方区填料的不均匀、工期和质量控制等原因,填筑体内每类土有呈带状和透镜体分布现象。

代表性颗分试验成果表　　　　　　　　　　表 9.1-8

测点	1	2	3	4	5	6
孔隙率 $n(\%)$	20.1	22.5	25.0	27.5	30.0	33.5
不均匀系数 C_u	125.0	97.2	35.8	15.3	8.2	5.5
细粒颗粒含量 $P_c(\%)$	18.5	19.5	25.4	31.5	37.0	40.0

(2)渗透变形破坏。

①破坏类型。

对填筑体边坡、顶面长期冒浑水、垮塌或塌陷地段采样作颗粒分析,并根据《水利水电工程地质勘察规范》(GB 50487—2008)判断:不连续级配土占 36.5%,连续级配土占 63.5%。

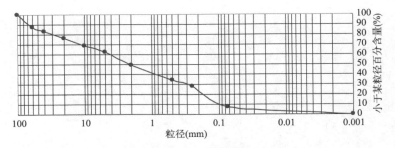

图 9.1-27　代表性颗分曲线

从非渗透变形带的 21 组颗分曲线计算细粒含量 $P_c = 29.6\% \sim 41.2\%$，其中 $33\% \sim 38\%$ 占 70%。孔隙率 $n = 0.19 \sim 0.27$，$1/[4 \times (1 - n)] = 30.8\% \sim 34.2\%$，平均值 32.5%。P_c 普遍大于 $1/[4 \times (1 - n)]$，可发生流土为主的渗透变形。

从渗透变形带的 26 组颗分曲线计算细粒含量 $P_c = 18.2 \sim 37.4\%$。孔隙率 $n = 0.21 \sim 0.35$，$1/[4 \times (1 - n)] = 31.6\% \sim 38.5\%$。$P_c$ 大于 $1/[4 \times (1 - n)]$ 占 53%，可发生管涌为主的渗透变形。

②流土。

利用表 9.1-8 中数据，按《水利水电工程地质勘察规范》（GB 50487—2008）附录 G 提供的计算公式[即式（9.1-1）]，计算流土型临界水力比降，见表 9.1-9。

代表性临界水力比降计算表　　　　　　　　　　　　　　表 9.1-9

测点	1	2	3	4	5	6
孔隙率 n（%）	20.1	22.5	25.0	27.5	30.0	33.5
J_{cr}	1.35	1.32	1.28	1.23	1.19	1.13

2013 年 6 月，最高水头点距离填筑体顶面水平距离 50m。假设在不同雨强时的水头分别为 10m、20m、30m、40m、50m，原地面地基坡脚线距离填筑体顶面水平距离分别为 $L = 50$m、100m、150m、200m、250m、300m、350m、400m，则填筑体各点水力坡度可式（9.1-2）计算，结果见表 9.1-10。

$$J = \frac{h}{L + 50} \tag{9.1-2}$$

式中：J——水力坡度；

　　　h——水头差（m）；

　　　L——填筑体内渗透距离（m）。

不同水头高度与渗透距离条件下水力坡度计算表　　　　　　　　　表 9.1-10

L（m）		50	100	150	200	250	300	350	400
	10	0.10	0.06	0.05	0.04	0.03	0.03	0.03	0.02
	20	0.20	0.13	0.10	0.08	0.07	0.06	0.05	0.04
h（m）	30	0.30	0.20	0.15	0.12	0.10	0.09	0.08	0.07
	40	0.40	0.27	0.20	0.16	0.13	0.11	0.10	0.09
	50	0.50	0.33	0.25	0.20	0.17	0.14	0.13	0.11

表9.1-9中临界水力比降远大于表9.1-10中计算的水力坡度,表明填筑体不会发生流土。

③管涌。

根据规范,管涌破坏的临界水力坡度与土中细粒含量密切相关,并可按式(9.1-3)计算临界水力梯度。

$$J_{cr} = 2.2(G_s - 1)(1 - n)^2 \times d_5/d_{20} \tag{9.1-3}$$

式中:d_5、d_{20}——占总土重5%和20%的土粒直径(mm)。

根据颗分曲线图和表9.1-8中数据,按式(9.1-3)计算,结果见表9.1-11。

管涌临界水力比降计算表　　　　　　　　　　　　　　表9.1-11

测点	1	2	3	4	5	6
孔隙率 n(%)	20.1	22.5	25.0	27.5	30.0	33.5
d_5/d_{20}	0.046	0.098	0.038	0.023	0.083	0.25
J_{cr}	0.11	0.22	0.08	0.045	0.15	0.41

表9.1-11中填筑体内管涌临界水力比降计算值大部分小于表9.1-10中不同距离和水头下的水力坡度计算值,表明在填筑体大部分区域可发生以管涌为主的渗透变形,并呈现出同一水头下离原地面坡脚线越近,越易发生渗透变形的规律;同一渗透距离条件下,水头越高,越易发生渗透变形。这与现场调查发现的原地面坡脚附近渗透塌陷坑规模、数量大于填筑体边坡区一致。管涌将填筑体中细粒物质源源不断地搬运到填筑体边坡处,部分随水流出坡外,部分在填筑体边坡部位沉积下来,堵塞边坡处填筑体孔隙,使排泄功能降低。

④边坡渗透变形。

根据规范,斜坡表面由里向外水平方向,渗流作用时流砂破坏的临界水力梯度可按式(9.1-4)计算。

$$J_{cr} = G_w(\cos\theta\tan\varphi - \sin\theta)/\gamma_w \tag{9.1-4}$$

式中:G_w——土的浮重;

γ_w——水的重度(kN/m^3);

φ——土的内摩擦角(°);

θ——斜坡坡度(°),斜坡按1:2放坡,即$\theta = 26.5°$。

根据相关试验研究成果,φ取33°,则根据上式计算得出$J_{cr} = 0.148$。

可见,当填筑体内水平排水层排水不畅或堵塞时,其边坡部位水力梯度很容易超过0.148而发生边坡流沙破坏。

⑤地表水入渗潜蚀。

在地下水位线以上的填筑体顶面部分区域出现孔洞,孔洞规模以直径15~35cm、深度20~45cm为主。据调查这些区域在降水时均积水,经测量高程小于周边2~15cm,并且随时间呈现逐渐增大趋势。孔洞内物质以碎石、粗砂为主,约占67%的样品的C_u均大于10,按规范判别,极易产生潜蚀。这是因地表水垂直入渗,带走细粒物质,逐步下陷或塌陷而形成的[22]。

⑥浸泡软化。

冰碛层为级配不良的砂、砾,在扰动和水浸泡条件下,结构迅速破坏,呈散粒状或泥状,冰碛层承载力急剧降低。冰碛层填筑体边坡含水率为9%～38%,局部为饱和状态,细粒物质被浸泡软化,局部表现为液化状态或悬浮状态,失去了骨架应力,丧失了自身强度,抗剪性能大幅降低。

⑦地下水压力。

地下水压力包括地下水静水压力和动水压力,它改变了边坡岩土体的应力状态和力学形状,并可急速变化,导致边坡稳定性明显降低,以成为边坡破坏起主导作用的触发因素[23-24]。

a. 静水压力。

填筑体地下水的补给主要来自东侧山体和填筑体顶面渗漏。2013年9月垮塌方量最大处地下水位8m,在填筑体中产生静水压力通过式(9.1-5)计算为80kPa。

$$P_{静} = \gamma_w h \tag{9.1-5}$$

式中:h——地下水平均水位。

静水压力因减小了填筑体岩土的有效应力而降低了其强度,因减小了变形体潜在滑动面上的正应力而降低了其抗滑力。同时,静水压力作用于边坡支护结构可加速边坡垮塌。

b. 动水压力。

动水压力是一种体积力,力的方向与渗流主方向一致。任一给定范围内单位体积渗流的动水压力,根据式(9.1-6)进行计算。

$$P_w = \gamma_w i \tag{9.1-6}$$

式中:i——水力梯度。

在浸润线以下,稳定性系数仅与动水压力和条块浮重有关,动水压力和条块中的水重与孔隙水压力是一对平衡力。地下水每升高$0.1h_w$(h_w为滑体厚度),其增大的动水压力引起滑坡稳定性系数降低$0.05～0.07$。据调查,垮塌边坡垮塌前地下水上升高度往往可达垮塌体的顶部,即地下水位通常为$0.8～1.0h_w$,动水压力可引起边坡稳定性系数降低$0.4～0.7$,加速了边坡垮塌。

(3)冻融。

气象观测资料显示,研究区各月平均气温在$-7.6～8.6$℃之间。最热月(7月)平均为8.6℃,日最高气温的月平均值15.7℃;最冷月(1月)平均气温-7.6℃;极端最高气温为22.8℃,极端最低气温为-36.4℃。季节性冻土厚度约为2.2m,一般在春、秋和冬季节结冰,在春、秋和夏季融化。颗分试验显示,20余处垮塌边坡处的物质为碎石、角砾、粉细砂和粉土,粒径小于0.075mm组分含量大于15%的样品占总样品的67.3%。2013年8月、10月在垮塌处采集的样品含水率为16%～26%。按《冻土工程地质勘察规范》(GB 50324—2014)[25],可发生弱～强冻胀。反复冻融,加速了边坡及护坡结构破坏。

(4)表面冲刷。

研究区降水主要集中在5月下旬至9月末,占年降水量的90.5%;多年平均年降水量923.5mm,年最大降水量1207.2mm,年最小降水量701.0mm,日最大降水量69.5mm。降雨多集中,降落时间往往在 30~60min 之间,对冰碛土填筑边坡坡面有明显的冲刷破坏作用。

9.1.7　变形破坏预测分析

1)渗透破坏速度分析

从塌陷后的开挖回填、钻探观测知,至 2013 年 7 月渗透变形带厚度为 1~6m,平均每年向下发展最大速度约 1m。对应塌陷坑深度 5~60cm,综合判断潜蚀带厚度每增加 1m,可形成 5~10cm 的塌陷。可推测至 2018 年渗透变形带厚度可达 11m,形成塌陷坑厚度可达 110cm,填筑体浅层破坏,填筑体上建筑物破坏。

2)边坡破坏速度

建成当年,垮塌边坡方量一般为 2~20m³,最大不超过 50m³,垮塌处 5 处;2008—2009 年垮塌方量一般为 20~50m³,最大方量不超过 100m³,垮塌处 8 处;2010—2011 年垮塌方量一般 50~120m³,最大方量达 300m³,垮塌处 11 处;2012—2013 年垮塌方量一般为 120~250m³,最大方量达 1000m³,垮塌处 15 处。

可见,边坡的破坏数量和规模均呈加速发展趋势,继续发展可影响到填筑体的整体稳定。

9.1.8　工程病害综合分析

(1)研究区大面积高填筑体局部变形和破坏形式为填筑体边坡垮塌、顶面孔洞、塌陷坑,呈带状分布在填筑体浅部,是地表水、地下水和冻融综合作用的结果。

(2)边坡垮塌机制是地下水渗透破坏、浸泡软化、高地下水压力、冻融和地表水的表面冲刷。孔洞、塌陷坑形成机制是地下水渗透变形和地表水入渗潜蚀。

9.1.9　处理措施

1)应急处理措施

结合场地条件和填筑体性质,提出了如下应急建议,并被采纳实施:

(1)将位于填筑体上的排水沟裂缝修补,避免渗漏。

(2)将边坡部位渗水点局部开挖,换填级配碎石,引排填筑体边坡内过高地下水。

(3)将填筑体顶面孔洞、塌陷坑用黏性土或混凝土回填,避免地表水入渗,减小填筑体内地下水补给量。

(4)当出现边坡垮塌时,应及时用装碎石的编织带回填。

应急处理后,2013 年 7 月至今填筑体上孔洞、塌陷未出现过明显继续发展;填筑体边坡也未出现大于 200m³ 的垮塌,表明应急措施效果较好,保证了填筑体的总体稳定。

2)永久性处理措施

经应急处理后填筑体虽然暂时稳定,但填筑体内地下水位及承受的水头压力仍很高,地下水的补给主要途径未被截断,边坡排泄通道还不畅通,发生较大规模边坡垮塌和渗透破坏的可能性很大,继续发展可能影响填筑体整体稳定和其上建筑安全。为此,提出如下永久性处理措施建议:

(1)在山体自然边坡与填筑体顶面接触带的上部开挖深度不小于 8m 的截水沟,将东面山体坡面流水和地下水截流,避免山体来水流入填筑体。

(2)对场区排水系统进行整体修缮,避免水沟中地表水渗漏补给填筑体内地下水。

(3)在未封闭的填筑体顶面覆盖厚度不小于20cm黏性土层,并优化地势设计,使填筑体顶面的雨水顺利进入截水沟,避免造成顶部积水和地表水大量入渗,造成填筑体水工流失和地面塌陷。

(4)在地下水位高的边坡区采用级配碎石换填或打仰斜排水孔方法引排边坡区地下水,避免过高地下水压力和缓慢渗流而造成冻融破坏。换填厚度不宜小于3m。

(5)修复格构等边坡支护。

9.2 DC机场大面积填筑地基地下水工程效应

9.2.1 工程概况

DC机场飞行区规模4C,跑道长度4000m,道面设计工程4410m。勘察中发现场地内发育数十个潜蚀坑和十余条石河。工程建设和营运过程中原地面的潜蚀坑和石河是否继续发展?冰碛层填筑体是否会发生潜蚀?潜蚀的发育对工程影响如何?是否发生类似KD机场病害?为了给设计、施工、维护提供科学依据,在水文地质专项研究基础上,开展冰碛层大面积填筑地基地下水工程效应研究。

9.2.2 气象水文特征

1)气象特征

研究区位于川滇藏接壤的青藏高原边缘地带,地处亚热带气候带,受青藏高原复杂地形的影响,呈现出青藏高原型气候和大陆性气候特点,属大陆性季风高原型气候。研究区月平均气温为 $-3.8 \sim 10.4℃$,月极端最高为 $22.2℃$,月极端最低为 $-16.8℃$。年均降水量636mm,最高年降水量901.4mm,最少年降水量436mm,大气降水主要集中在6月上旬至8月末,1—5月以降雪为主。

2)水文特征

研究区处于DC河的上游支流其松宗和巴隆曲所夹持的近南北向河间地块,其松宗为巴隆曲支流,老林口道班汇合后注入DC河(图9.2-1)。

其松宗河宽2~20m,水深0.5~2.5m。巴隆曲河宽10~30m,水深0.5~5m。其松宗和巴隆曲地表分水岭与地下分水岭基本一致。分水岭以东地表、地下水流向巴隆曲,以西流向其松宗。在场区的河间地块上由于受地表水侵蚀的影响自南至北分布有近东西向的大南坳、牦牛坳、后冲兴、双龙坳4条横向沟谷,大气降水形成的地表径流,沿这些沟谷向东或向西流至巴隆曲或其宗松。

9.2.3 工程地质特征

1)地形地貌特征

研究区处于其松宗(西侧)与巴隆曲(东侧)之间走向南南东的河间地块上(图9.2-2)。

图 9.2-1　研究区地表水系图

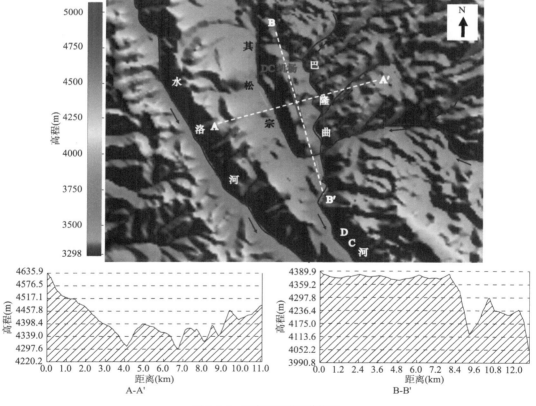

图 9.2-2　研究区地形地貌特征

　　山顶海拔 4400 ~ 4500m,与两侧河流高差 120 ~ 400m,西侧高差大,东侧高差小。山顶面波状起伏,高差 20 ~ 30m,为冰川丘陵地貌;从南到北可以区分出近东西向展布的 1 号、3

号、5号、7号、9号垄岗,垄岗东西长800~1600m,宽可达600m;2号、4号、6号、8号坳地,坳地呈鞍拔形,山梁顶部高,向东西两侧渐低,坳地内常有含巨大漂砾的厚度不等的底碛、其上有海子和沼泽地发育,受当地侵蚀基准面(巴隆曲)的影响,坳地的切割深度东侧大于西侧(图9.2-3)。

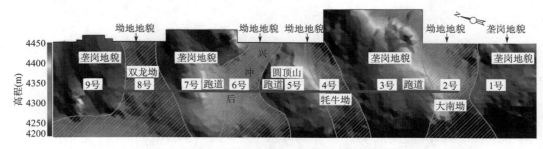

图9.2-3 场区由南向北垄岗与坳地相间地貌分布特征

2)地质构造

研究区内断层较发育(图9.2-4),在三叠系地层中见有两条断层,分别为北西向色拉断层(F$_2$)及茹布断层(F$_1$);在岩浆岩中见有一条近东西向海子山断层(F$_5$)。

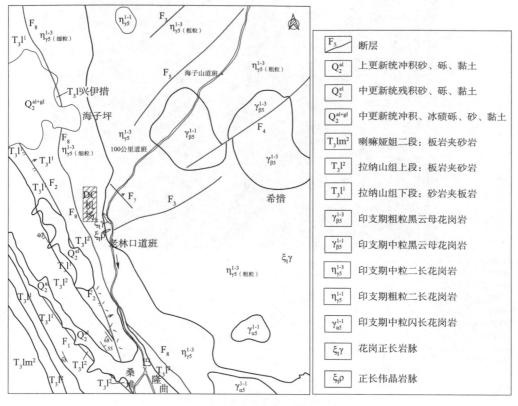

图9.2-4 研究区区域构造

研究区无发震断裂,地震仅受邻区地震波及,外围历史地震对工程区影响的最大烈度为

6度。根据《中国地震烈度区划图》及《中国地震动参数区划图》,研究区地震抗震设防烈度为7度区,地震动峰值加速度值为0.15g。

场区的构造发育主要区分为以下几个方面:小断层(f)、挤压破碎带(d)、节理密集带及长大结构面等,其场区小断层及挤压破碎带分布如图9.2-5所示。

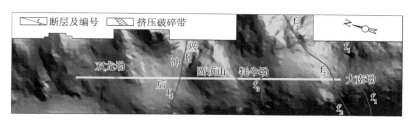

图9.2-5　场区小断层及挤压破碎带分布图

场区未见区域性断层、褶皱,仅发育小断层、节理密集带及长大结构面。这些小断层、节理密集带对场区地下水的形成和分布均有一定程度的影响。

3)地层岩性

场区出露的地层岩性包括印支期侵入花岗岩和第四系冰碛层。

(1)印支期侵入岩体。

印支期侵入岩体主要出露在场区的3号、7号垄岗东侧,以印支期酸性侵入岩(二长花岗岩)为主。

(2)第四系冰碛层。

场区内除有少量基岩裸露外,大部分地区被末次冰期冰积物覆盖,区内覆盖层厚度不均,垄岗地区较薄,坳地覆盖层较厚。垄岗地区覆盖层最薄0.3m,最厚9m,其中0.3～1m占统计总数的6.5%,1～2m占统计总数的19.4%,2～3m占统计总数的27.8%,3～4m占统计总数的26.9%,4～5m占统计总数的10.2%,5m以上占统计总数的9.2%。

坳地覆盖层最薄为0.5m,最厚为38.4m,其中0～1m占统计总数的0.45%,1～2m占统计总数的4.1%,2～3m占统计总数的15.4%,3～4m占统计总数的20.4%,4～5m占统计总数的19%,5～6m占统计总数的11.8%,6～8m占统计总数的16.7%,8～16m占统计总数的9.5%,20m以上占统计总数的2.7%。

覆盖层主要由含碎石砂土及漂砾组成,碎石土既有本地成分,也有外来组分,但漂砾均为外来成分。

除后冲兴外,场区第四系冰碛层由上至下主要组成物质为植物土:厚0.2～1.8m,松散,褐～褐黄色,湿～稍湿,富含大量植物根系;粗砂:厚0.2～13m,黄～黄褐色,中密～稍密,夹含角砾、碎块石为主。粗砂成分以石英、长石为主;角砾含量一般为15%～20%,次磨圆～次棱角状,以石英、长石颗粒及花岗岩岩屑为主;碎石含量一般为20%～40%,次棱角～棱角状,粒径一般2～5cm,成分以中风化二长花岗岩为主。

后冲兴一带覆盖层厚度4.7～38.5m,覆盖层成因主要为冰碛物(Q^{gl})、冰水堆积物(Q^{fgl})以及河流冲洪积物(Q^{al+pl});后冲兴一带覆盖层由上至下主要组成物质为植物土:厚0.2～0.7m,松散,褐～褐黄色,湿,富含大量植物根系,泥质含量一般为10%～15%;粗砂:

厚0.2～15m,黄～黄褐色,稍密～中密,饱和,含角砾及少量碎石;中砂:厚0.8～8.8m,黄色,灰褐色,松散～稍密,饱和,含角砾及少量碎石或卵砾石;细砂:厚0.3～11.1m,黄色,灰白色,松散～稍密,饱和,角砾含量10%～20%,呈次棱角～次磨圆状,成分为石英、长石颗粒,以及板岩、砂岩等岩屑,局部钻孔见卵砾石,次圆～圆状。后冲兴zk99、zk106、zk105、zk111、zk110、zk116、zk109、zk114、zk113等钻孔见河流冲洪积形成的砂层,砂层见纹理,夹含少量卵砾石等。

9.2.4　地下水类型及其特征

1)含水岩组(含水层)划分

根据场区出露岩性的空隙性质,可将场区含水岩组划分为第四系松散岩类孔隙含水层及印支期花岗岩基岩裂隙含水岩组。本区松散堆积物为冰碛和冰水堆积成因,含水层在水平和垂直方向分布厚度很不均匀,渗透性差异也很大,裂隙含水岩组受岩石风化程度的控制,具各向异性特征。

2)地下水类型

根据场区含水介质的空隙性质及地下水的水力性质,对场区地下水类型可作以下划分。

(1)松散层孔隙潜水。

松散层孔隙潜水在砂土及夹含块碎石砂土的冰碛层中自由运动,受大气降水补给,一般同一水文地质单元具有统一的地下水位面,不同的单元地下水位不同。渗透过程中在斜坡、陡坎地带,松散层孔隙潜水往往出露地表,形成下降泉。图9.2-6为大南坳气象观测站附近的水文地质剖面图。场区以季节性下降泉为主。场区季节性泉水流量见表9.2-1,其最大流量可达1.519L/s。

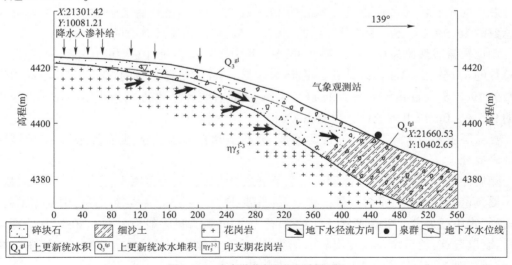

图9.2-6　大南坳潜水水文地质剖面图

场区松散层孔隙潜水主要分布在大南坳地区、航站楼平缓区、牦牛坳地区、后冲兴北东侧平台(东沟)、双垄坳平缓场地区等。在后冲兴、大南坳布置钻孔作抽水试验表明,孔隙介质极不均一,渗透系数为0.2～2.7m/d。

场区泉水雨季最大流量

表 9.2-1

位置	三角堰高度 （cm）	查表流量			
		L/s	L/min	m³/h	m³/d
泉1	5.5	1.000	60.02	3.60	86.425
泉2	6.5	1.519	91.13	5.50	131.225
泉3	6.5	1.519	91.13	5.50	131.225
泉4	6.5	1.519	91.13	5.50	131.225
泉5	5.0	0.794	47.63	2.86	68.585
泉6	6.0	1.243	74.60	4.50	107.426

雨后对场区的调查表明,场区局部地势低洼部位草皮鼓胀,形式小丘,当人在上跳动时,即形成喷射水柱,最高可达2m。枯水期,地下水慢慢退去,鼓丘消失,地表恢复平坦,表明在浅层松散层中存在局部的不透水透镜体,导致孔隙水局部在雨季承压。由于冰碛层在堆积过程中物质分布是不均匀的,含块碎石多的地段渗透性较好,地下水通道多沿其发育,当遇其前方低洼部位,物质变细,渗透性变弱,而通道上部又被细粒物质覆盖时,就形成了松散层局部孔隙承压水(图9.2-7)。

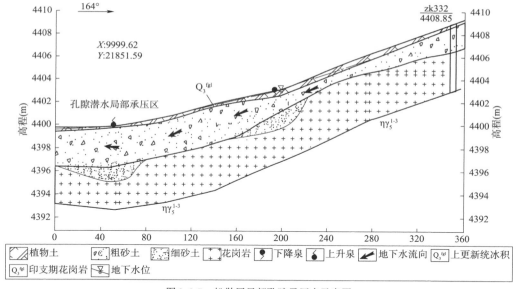

图 9.2-7 松散层局部孔隙承压水示意图

调查中还发现,低洼部位受水长期浸泡的冰碛层渗透性高于位置较高的冰碛层。采样做颗分试验(表9.2-2),长期受水浸泡区冰碛层黏粒含量低于高处非长期浸泡区冰碛层。主要原因可能是:①冰碛层在水长期浸泡作用下,泥质胶结减弱,承受压力能力减弱,便于地下水入渗;②低洼部位地下水长期缓慢渗透将其部分细粒物质带走,而使其渗透性增强。

黏粒粒径组分在样品中的百分比（单位:%）

表 9.2-2

小于0.075mm黏粒径含量	<10%	10% ~20%	20% ~30%
长期受水浸泡冰碛砂层	33.3	50.0	16.7
非浸泡区冰碛砂层	3.8	18.8	77.4

（2）基岩裂隙潜水。

①基岩裂隙潜水。

场区主要发育走向近东西向、走向近南北向及走向北北西向三组构造裂隙，其中以近东西向构造裂隙最为发育。构造裂隙的发育就如地下管网的形成，为垄岗或高地等处大气降水入渗进入基岩裂隙并运移至地势低洼处提供了便捷的通道。基岩裂隙水主要受大气降水补给，其次是上覆松散层孔隙水补给。通过裂隙径流，于洼地、陡坎或河谷处排泄。通过对场区 zk353 等钻孔水位的量测表明，丰水期雨后其基岩潜水水位可接近 0m（近地表），而枯水期孔内无水或水位埋藏较深，表明其丰水、枯水期水位变化较大。场区基岩裂隙潜水主要分布在场区南端 zk349 ~ zk353 一带和 zk309 ~ zk311 一带和航站楼 zk262 +2 挖方区处。

②基岩裂隙承压水。

在低洼处当有上覆较厚的冰碛层时，由于透水性微弱，形成相对隔水层。当其排泄不畅时，在低洼部位形成基岩裂隙承压水，一旦揭露其基岩裂隙管网，可形成冒水现象（图 9.2-8）。

图 9.2-8　后冲兴 zk78 钻孔揭露裂隙承压水

如牦牛坳 zk215、zk220、zk225、zk226、zk227，后冲兴 zk79、zk80、zk88、zk94、zk101、zk102、zk103 等钻孔皆在揭穿松散层后出现冒水，局部冒水高出地面 3m 以上。分析可知，牦牛坳受南东侧航站楼区及圆顶山等垄岗地下水补给，后冲兴受其北东侧垄岗等处地下水补给，压力水头差形成冒水。图 9.2-9 为后冲兴基岩裂隙承压水水文地质剖面图。

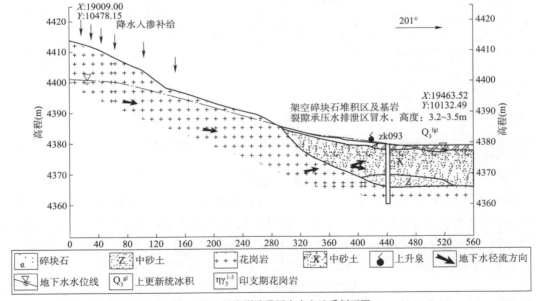

图 9.2-9　基岩裂隙承压水水文地质剖面图

在后冲兴布置钻孔作抽水试验，获取基岩裂隙渗透系数为 0.44 ~ 1.00m/d，差异较大，这与钻孔处的裂隙发育程度与连通状况有关。

（3）地下水的补给、径流与排泄。

研究区为其松宗（西侧）与巴隆曲河（东侧）的分水岭，地势高，场区地下水补给来源主要是大气降水，其次是冰雪融水。孔隙水主要沿冰碛砂层、块碎石层径流，基岩裂隙水主要沿构造裂隙渗流。

研究区部分大气降水经地表径流，直接排入其松宗河或巴隆曲，部分降水通过地表松散层孔隙或岩石裂隙补给地下水。冰碛层浅层渗透性相对较好，而随深度增加，渗透性减弱，这样就形成了浅层松散层为孔隙水含水层，深层为孔隙水弱含水层和基岩裂隙水的相对隔水层（场区高处部分钻孔当揭穿松散层后，孔中水位突然降低或消失就充分说明了这一点），所以，场区大部分松散层孔隙水沿浅层孔隙向低处径流，在陡坎、斜坡地带以泉的形式出露，形成溢出带，地下水转化为地表水；少部分松散层孔隙水在松散层薄处缓慢地补给裂隙潜水。

基岩裂隙承压水补给潜水。在场区地势低洼部位，如牦牛坳、后冲兴等处，基岩裂隙承压水在水压力作用下，沿上覆冰水堆积层或河床堆积层缓慢渗透，源源不断地补给松散堆积层孔隙潜水，浸泡和软化冰水堆积层或河床堆积层，同时将部分细粒物质带走，进一步增大其渗透性。在局部含块碎石或漂石多的部位，由于其渗透性相对较好，出水量较大，长期潜蚀、侵蚀作用将其细粒物质带走，形成较好的径流通道，在地表形成上升泉。在后冲兴和牦牛坳等处，发现多个上升泉，由于其流量小，一般不易发现。但在后冲兴 zk93 钻孔附近，雨季测得一上升泉最大流量 1.6L/s。在低凹部位，在雨季，当钻孔揭露松散覆盖层时，往往形成喷泉，最大高出地面约 4m，高出基岩面 10 余米。

（4）地下水水质特征及动态。

研究区雨季孔隙潜水的水质类型大多为 HCO_3-Ca 型水，pH 值在 7.4 ~ 8.2 之间；枯季孔隙潜水地下水水化学类型均为 HCO3-（K + Na）-Ca 型水，pH 值在 6.10 ~ 6.92 之间；基岩裂隙水的水化学类型为 HCO_3-Ca、K + Na 型水，pH 值在 7.6 ~ 8.3，均为弱碱性水。地下水在丰、枯季节 pH 值的变化，反映了不同季节水岩相互作用程度。

研究区后冲兴一带地下水位较稳定，一般水位高程为 4379.3 ~ 4381.1m，埋深 0 ~ 1.0m。场区其他地区受大气降水影响，地下水位随降水而产生变化，埋深变化大，水位变化在 0.1 ~ 2.4m 之间，最大水位变幅达到 3.7m。地下水水温 6 ~ 7℃。

9.2.5　地基土的工程特性

1）颗粒分析

对大南坳、牦牛坳和后冲兴的地下水补给区、径流带和溢出带进行取样和筛分，对填料区的冰碛土以及花岗岩风化土也进行取样和筛分，结果见表9.2-3。

筛分试验结果统计表

表9.2-3

土样编号	土的分类	不均匀系数 C_u	曲率系数 C_c	取样地
KF1-1	级配不良砾，GP	6.60	0.64	大南坳补给区
KF1-2	级配不良砂，SP	6.11	0.94	大南坳补给区

土样编号	土的分类	不均匀系数 C_u	曲率系数 C_c	取样地
KF1-3	级配不良砾,GP	8.16	0.41	大南坳径流区
KF1-4	级配不良砂,SP	9.63	0.84	大南坳径流区
KF1-5	砂,SW	5.6	1.12	大南坳溢出带
KF1-6	砂,SW	5.59	1.18	大南坳溢出带
KF2-1	砂,SW	7.61	1.01	牦牛坳补给区
KF2-2	级配不良砂,SP	24.52	6.50	牦牛坳补给区
KF2-3	级配不良砂,SP	4.42	0.72	牦牛坳径流区
KF2-4	级配不良砂,SP	5.08	0.97	牦牛坳径流区
KF3-1	级配不良砂,SP	3.54	1.10	后冲兴补给区
KF3-2	级配不良砂,SP	5.12	0.98	后冲兴补给区
KF3-3	砂,SW	5.36	1.08	后冲兴径流区
KF3-4	级配不良砂,SP	3.68	0.74	后冲兴径流区
KF3-5	级配不良砾,GP	6.82	0.69	后冲兴溢出带
KF3-6	级配不良砾,GP	5.68	0.57	后冲兴溢出带
KF7-1	级配不良砾,GP	8.46	0.57	冰碛土填料
KF7-2	级配不良砾,GP	10.12	0.50	冰碛土填料
KF7-3	级配不良砾,GP	9.82	0.69	冰碛土填料
KF7-4	级配不良砾,GP	8.92	0.79	冰碛土填料
KF7-5	级配不良砾,GP	10.03	0.51	冰碛土填料
KF7-6	级配不良砾,GP	6.51	0.60	冰碛土填料
KF5-1	砂,SW	5.08	1.33	花岗岩风化土
KF5-2	级配不良砂,SP	4.93	1.46	花岗岩风化土
KF5-3	级配不良砂,SP	4.78	1.38	花岗岩风化土
KF5-4	砂,SW	6.46	1.06	花岗岩风化土
KF5-5	级配不良砂,SP	3.80	1.26	花岗岩风化土
KF5-6	级配不良砂,SP	4.45	0.91	花岗岩风化土

（1）大南坳和后冲兴的补给区和径流区主要为级配不良砂和级配不良砾,大南坳溢出带主要为砂,后冲兴溢出带主要为级配不良砾和砂。

（2）冰碛土填料主要为级配不良砾。

（3）花岗岩风化土主要为级配不良砂。

2）压实特性

场区土样的重型击实试验结果见表9.2-4。

全风化花岗岩:密度 $2.57 \sim 2.61 \text{g}/\text{cm}^3$,最优含水率 $9.4\% \sim 10.2\%$,最大干密度 $1.98 \sim$

$2.00g/cm^3$。

砾砂:密度$2.82g/cm^3$,最优含水率7.8%,最大干密度$2.10g/cm^3$。

角砾:密度$2.58g/cm^3$,最优含水率8.7%,最大干密度$2.11g/cm^3$。

粗砂:密度$2.53 \sim 2.74g/cm^3$,最优含水率7.5% ~12%,最大干密度$1.96 \sim 2.13g/cm^3$。

重型击实试验结果 表9.2-4

岩土性质	全风化花岗岩	全风化花岗岩	砾砂	角砾	粗砂	粗砂	粗砂	粗砂	粗砂
密度 ρ_s(g/cm^3)	2.61	2.57	2.82	2.58	2.63	2.53	2.73	2.57	2.74
密度 ρ(g/cm^3)	1.99	1.93	2.26	2.04	2.11	2.21	2.21	2.22	1.97
最优含水率(%)	9.4	10.2	7.8	8.7	9.5	7.5	9.4	10.3	12.0
最大干密度(g/cm^3)	2.00	1.98	2.10	2.11	2.08	2.13	2.06	2.06	1.96
最大干密度(g/cm^3)	2.00	1.98	2.10	2.11	2.08	2.13	2.06	2.06	1.96

3)地基土渗透性

抽水、注水等试验结果见表9.2-5。按《水利水电工程地质勘察规范》(GB 50487—2008)[23]进行判定:

(1)土体的渗透性较差而基岩的渗透性较好。基岩的渗透性属中等透水层,砂土层属弱透水层。

(2)填料渗透性较好,属中透水层。

岩土渗透性测试结果 表9.2-5

序号	岩土类别	土样状态	渗透系数$K(m/d)$	渗透等级	试验方法
1	基岩	原状土层	0.44	中等透水	抽水试验
2	砂土层	原状土层	$0.17 \sim 2.7$	弱透水 ~中等透水	抽水试验
3	砂土	重塑样	0.013	弱透水	达西试验
4	砂土	重塑样	0.0107	弱透水	达西试验
5	冰碛土填料	压实度90%	$0.97 \sim 1.13$	中等透水	渗透试验

4)砂土液化

场区地势低洼部,地下水埋藏浅,砂土层分布面积较大。按《建筑抗震设计规范》(GB 50011—2010)[22],对砂土液化可能性进行判定:

(1)后冲兴33.%钻孔处为轻微液化,50%钻孔处为中等程度液化,16.7%钻孔处为严重液化(图9.2-10)。

(2)牦牛凹的液化程度全为轻微。

(3)机场北端的地下水出露区为中等液化。

场区低洼部位具有液化可能性,以轻微、中等液化为主,严重液化次之。但考虑到砂土可能液化的部位大多处于填方体以下,而填方体最大高度超过30m。因此,砂土液化的防治主要针对填方体坡脚一带,即边坡影响区范围内区域。

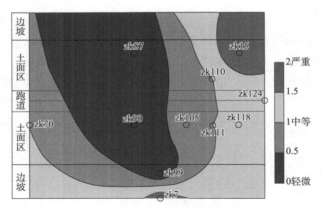

图 9.2-10　后冲兴砂土液化程度

9.2.6　场地冰碛土潜蚀特征分析

研究区大南坳、后冲兴跑道东西两侧(即跑道范围以外)存在大小不一的潜蚀坑。为便于野外鉴别潜蚀坑的潜蚀发展程度,将潜蚀残留物分为以下几类:

(1)砂土:代表潜蚀初始阶段,潜蚀程度较低,仅部分细颗粒被带走,形成的潜蚀坑较小,深度较浅。

(2)砂土和少量块石:代表潜蚀有了一定的发展,细颗粒大部分被带走,有少量的块石出露。

(3)块石和砂土:代表潜蚀进一步发展,细颗粒绝大部分被带走,块石占主要部分。

(4)块石和极少量砂土:代表潜蚀程度很严重,细颗粒基本被带走完,潜蚀坑往往较大,深度一般超过1m。

(5)石河:潜蚀发展的最终形态。石河形成后,由于潜蚀深度的增大,石河底部的地下水的潜蚀达到了阶段性的平衡。石河底部地下水的潜蚀仅在洪水季节发生。

研究区内的大南坳气象站北东侧发育的16个潜蚀坑见表9.2-6、图9.2-11。

大南坳潜蚀坑调查结果统计表　　　　　　　　　　表9.2-6

序号	几何尺寸(m×m)	坑内存留物质	水力坡降(%)
K1	1.1×1.0	砂土	K1→K2:8.9%
K2	1.4×1.3	砂土	K2→K3:14.1%
K3	5.4×4.3	砂土、少量块石	K3→K4:16.2%
K4	4.3×2.7	块石、极少量砂土	K4→K6:12.1%
K6	29.5×8.8	块石、砂土	K6→K9:17.6%
K7	5.6×2.3	砂土、少量块石	K7→K8:8.9%
K8	8.1×4.1	块石、极少量砂土	K8→K6:18.9%
K9	4.2×3.9	块石、砂土	
K10	3.9×3.8	块石、砂土	K6→K9:13.8%
K11	4.5×4.5	块石、砂土	K11→K13:11.6%
K12	3.3×3.2	块石、砂土	

续上表

序号	几何尺寸（m×m）	坑内存留物质	水力坡降（%）
K13	3.2×2.5	块石、砂土	K13→K14：9.1%
K14	4.3×2.0	块石、极少量砂土	K14→K15：11%
K15	3.7×2.5	砂土、少量块石	K15→K16：11.5%
K16	4.6×3.8	块石、极少量砂土	K16→K9：11.5%

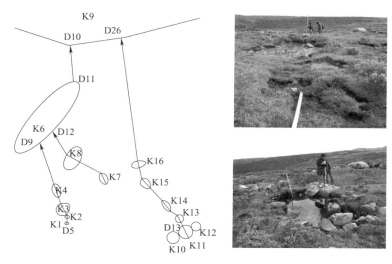

图9.2-11　大南坳潜蚀坑发育特征

后冲兴发育的24个潜蚀坑见表9.2-7、图9.2-12。

后冲兴潜蚀坑调查结果　　　　　　　　　　　　　　　　表9.2-7

序号	几何尺寸（m×m）	坑内存留物质	水力坡降（%）
H1	6.0×5.0	块石、极少量砂土	—
H2	9.0×7.0	块石、极少量砂土	H2→H3：14.4%
H3	2.0×2.0	块石、极少量砂土	—
H4	8.0×4.0	块石、极少量砂土	—
H5	6.0×4.0	块石、极少量砂土	H5→H6：22.2%
H6	3.0×2.0	块石、极少量砂土	—
H7	2.0×1.0	块石、极少量砂土	—
H8	4.5×2.5	块石、极少量砂土	H8→H9：12.1%
H9	6.0×4.0	块石、极少量砂土	—
H10	10.0×8.0	块石、极少量砂土	H10→H21：12.5%
H11	4.0×3.0	块石、极少量砂土	

序号	几何尺寸（m×m）	坑内存留物质	水力坡降（%）
H12	3.0×1.5	块石、极少量砂土	H12→H16：14.4%
H13	4.0×3.0	块石、极少量砂土	H13→H14：9.1%
H14	7.0×4.0	块石、极少量砂土	H14→H15：13.2%
H15	6.0×4.0	块石、极少量砂土	H15→H20：5.5%
H16	3.0×1.5	块石、极少量砂土	—
H17	2.2×1.5	块石、极少量砂土	—
H18	3.0×2.0	块石、极少量砂土	—
H19	4.0×1.5	块石、极少量砂土	—
H20	2.5×1.5	块石、极少量砂土	H20→H24：5.8%
H21	3.0×2.0	块石、极少量砂土	—
H22	6.0×2.5	块石、极少量砂土	—
H23	3.0×2.0	块石、极少量砂土	—
H24	4.0×2.0	块石、极少量砂土	—

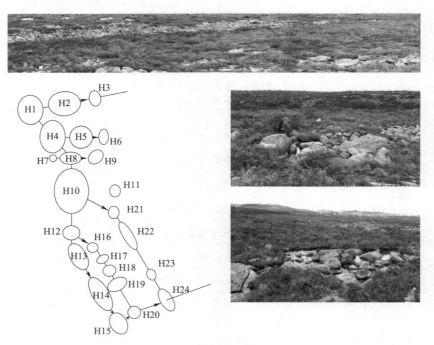

图 9.2-12　后冲兴潜蚀坑发育特征

　　从表中可知，工程范围内的 40 个潜蚀坑中，潜蚀发生的水力坡度为 5.5% ~ 22.2%，大多为8%～15%,小于规定的管涌发生的临界坡度。这一结果是针对机场原场地地基的原状土而言的,在施工过程中,由于人工扰动,地基土特性将会发生一定变化,设计及施工仍应采取相应的应对措施。

在泉水出露点及其流道上往往形成石海和石河,流水多以伏流形式出现,当雨季水量较大时,潜蚀能力强,将砂粒级以下的颗粒带走,剩下粗颗粒的漂砾呈串珠状分布,即石河。现场调查发现,石河粗颗粒架空明显,横剖面上往往呈人字形排布。石河由大块石组成,对块石逐个测量体积后,可计算出石河的固体体积率平均值为65%。

9.2.7 地下水潜蚀物理模型试验研究

1)试验目的

通过后冲兴渗流模拟试验,测试填料的渗透系数、潜蚀发生的类型及临界水力坡度,为以后施工提供相关的依据。

2)仪器设备

试验仪器设备为地质环境模拟装置。该装置由地质模拟箱、稳压闭路循环的给排水系统、测压管、排水测流系统等主要部件组成。其中,模型箱长2.6m,宽0.8m,后缘高0.5m,滑垫厚约0.03m。

3)模型设计

以后冲兴作为工程原型,见图9.2-13～图9.2-15。

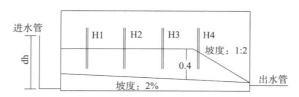

图9.2-13 渗流试验模型

H1、H2、H3、H4-测压管;dh-进水口与出水口的水头差

图9.2-14 模型制作

模型大小:长×宽×高为2.6m×0.8m×0.4m。

底边界:底面坡度按后冲兴地表坡度取2%,填方体边坡按1:2放坡。

填料:采用现场填料,压实度取90%,最大干密度取2.13g/cm³。

图9.2-15　调整水头差 dh 和出水口流量测定

4）试验过程

（1）模型安置好后，调整进水口 dh 高度，观测不同水头下的渗流情况。

（2）dh 分别取值 10cm、20cm、25cm、30cm、35cm，直至观测到有细砂流出。

（3）参数测量：每次调整 dh 后，按每 10min 观测一次测压管，待测压管内水头稳定后，再观测一定时间并测量出水口的出水量。

（4）调整水头差 dh 进行下一步试验。

（5）渗透系数 K 计算模型见图9.2-16，并按式（9.2-1）计算。

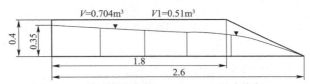

图9.2-16　渗流模型试验（dh＝0.35m）（尺寸单位：m）

V-土料总体积；V1-水位线之下土料体积

图9.2-17　渗流模型试验中出水口带出的砂土
（dh＝0.25m）

$$K = \frac{Q}{JF} = \frac{Q}{F} \cdot \frac{L}{dh} \qquad (9.2\text{-}1)$$

式中：K——渗透系数（m/d）；

Q——出水口渗透流量（m³/d）；

J——水力坡度；

F——过水断面（m²）；

dh——进水口与出水口的水头差（m）；

L——渗流距离，即模型的长度（m）。

（6）观测出水口，若有砂土流出，则认为有潜蚀发生，此时的水力坡度即为潜蚀发生的临界水力坡度，见图9.2-17。

5）试验结果

试验结果见表9.2-8。

通过模型试验，获得如下成果：

（1）当 dh＝0.25m 时，观察到少量砂土随水流出，24h 流出的砂土经烘土后质量为2.25g。

定义潜蚀速率 δ 为单位立方的土体在地下水的作用一天发生潜蚀而被带走的土质量，根据试验结果可计算出潜蚀速率 $\delta = 4.4\text{g}/(\text{d}\cdot\text{m}^3)$。

（2）后冲兴潜蚀坑 H13 的尺寸为 $4\text{m}\times3\text{m}$，深 0.75m，有 9m^3 土，潜蚀发生的水力坡度为 9.1%，与 dh = 0.25m 的渗流试验的水力坡度较为接近。按试验中潜蚀发生的速率 δ，可估算出潜蚀坑形成时间约为 400a。

（3）潜蚀发生的临界水力坡度为 9.6%。

渗流试验结果

表9.2-8

序号	水头差 dh（m）	渗透途径 L（m）	水力坡度 J（%）	过水断面 F（m²）	流量 Q（mL/s）	渗透系数 K（m/d）	出水口砂土
1	0.10	2.6	3.8	0.106	0.0620	1.33	未发现
2	0.20	2.6	7.7	0.121	0.1257	1.17	未发现
3	0.25	2.6	9.6	0.155	0.1677	0.97	有少量砂土
4	0.30	2.6	11.5	0.185	0.2559	1.04	有少量砂土
5	0.35	2.6	13.5	0.213	0.3726	1.12	有少量砂土

6）潜蚀的临界水力坡度——规范法

根据《水利水电工程地质勘察规范》（GB 50487—2008），土的渗透变形采用细粒含量和临界水力梯度法判定：

$$临界水力梯度\ J_{cr} = \begin{cases} (G_s - 1)(1 - n) & 流土 \\ 2.2(G_s - 1)(1 - n)^2 d_5/d_{20} & 管涌 \end{cases} \qquad (9.2\text{-}2)$$

$$细粒含量\ P_c \begin{cases} \geqslant \dfrac{1}{4(1 - n)}\times100 & 流土 \\ < \dfrac{1}{4(1 - n)}\times100 & 管涌 \end{cases} \qquad (9.2\text{-}3)$$

式中：J_{cr}——临界水力梯度；

  G_s——土粒重度；

  n——孔隙率；

  d_5、d_{20}——颗粒级配曲线中含量为 5% 和 20% 的颗粒粒径；

  P_c——土的细颗粒百分含量。

对于粗细粒径的分界 d_f，有如下规定：

（1）不连续级配土：级配曲线中至少有一个的粒组的颗粒含量不大于 3% 的平缓段，d_f 取平缓段粒径级的最大和最小粒径的平均值，或取最小粒径值。

（2）连续级配的土：$d_f = \sqrt{d_{70}d_{10}}$，式中 d_{10}、d_{70} 分别为颗粒级配曲线中含量为 10% 和 70% 的颗粒粒径。

根据颗分试验资料，可计算出规范法的临界水力梯度见表9.2-9。用规范法计算出的临界水力梯度为 31% ~71%，平均值为 50%，远大于现场调查结果和试验结果。因此，不能仅以规范法来判定本场区的地下水潜蚀情况。

规范法判定潜蚀   表 9.2-9

土样编号	土粒粒径（mm）					细粒含量 P_c（%）	临界水力梯度 J_{cr}（%）	取样地
	d_5	d_{10}	d_{20}	d_{70}	d_f			
KF1-1	0.32	0.52	0.74	5	1.61	30	59	大南坳补给区
KF1-2	0.28	0.5	0.69	2.3	1.07	38	55	大南坳补给区
KF1-3	0.38	0.55	0.78	9.8	2.32	50	66	大南坳径流区
KF1-4	0.18	0.33	0.66	5.6	1.36	40	37	大南坳径流区
KF1-5	0.1	0.16	0.29	1.3	0.46	31	47	大南坳溢出带
KF1-6	0.15	0.29	0.56	2.5	0.85	37	36	大南坳溢出带
KF2-1	0.12	0.23	0.4	2.4	0.74	34	41	牦牛坳补给区
KF2-2	0.28	0.5	0.7	2.4	1.10	32	54	牦牛坳补给区
KF2-3	0.26	0.5	0.65	2.8	1.18	39	54	牦牛坳径流区
KF2-4	0.21	0.36	0.61	2.5	0.95	33	47	牦牛坳径流区
KF3-1	0.25	0.34	0.53	1	0.58	24	64	后冲兴补给区
KF3-2	0.21	0.31	0.53	2.4	0.86	36	54	后冲兴补给区
KF3-3	0.14	0.25	0.29	2.1	0.72	38	65	后冲兴径流区
KF3-4	0.31	0.5	0.64	2.5	1.12	43	66	后冲兴径流区
KF3-5	0.27	0.4	0.64	3.9	1.25	37	57	后冲兴溢出带
KF3-6	0.4	0.56	0.76	4.4	1.57	44	71	后冲兴溢出带
KF4-1	0.26	0.5	0.8	7.9	1.99	46	44	冰碛土填料
KF4-2	0.28	0.45	0.7	9.9	2.11	47	54	冰碛土填料
KF4-3	0.22	0.4	0.7	7.9	1.78	44	43	冰碛土填料
KF4-4	0.23	0.35	0.63	5.3	1.36	39	49	冰碛土填料
KF4-5	0.25	0.51	0.84	8.9	2.13	43	40	冰碛土填料
KF4-6	0.28	0.52	0.71	5.2	1.64	46	53	冰碛土填料
KF5-1	0.13	0.22	0.4	1.8	0.63	33	44	花岗岩风化土
KF5-2	0.13	0.23	0.45	1.8	0.64	34	39	花岗岩风化土
KF5-3	0.1	0.25	0.44	1.7	0.65	35	31	花岗岩风化土
KF5-4	0.1	0.16	0.29	1.6	0.51	34	47	花岗岩风化土
KF5-5	0.16	0.29	0.54	1.8	0.72	36	40	花岗岩风化土
KF5-6	0.19	0.35	0.59	2.2	0.88	39	44	花岗岩风化土

9.2.8 高填方地基渗透变形数值模拟分析

1）计算模型

选取后冲兴代表性剖面线，以跑道中心线中点，道槽区宽度取 60m，土面区取 85m，道槽区放坡线坡度取 1:0.75,边坡坡度取 1:2。道槽区填土压实度整体上按 93% 考虑,土面区填土压实度整体上按 90% 考虑,后冲兴原始地貌、地基处理阶段典型照片和概化模型见图 9.2-18。

a) 后冲兴地基处理前原地貌

b) 后冲兴地基处理

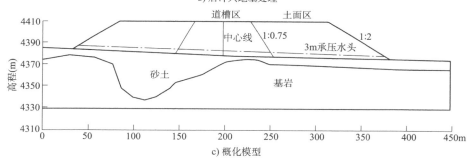

c) 概化模型

图 9.2-18 后冲兴模拟区特征

采用非饱和土固结计算软件进行模拟计算,建立的模型见图 9.2-19。

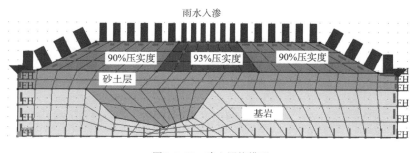

图 9.2-19 建立网格模型

位移边界:两侧边取水平方向为零位移约束,底边界取水平和竖向为零位移约束。

水头边界:采用定水头边界,雨水入渗量按当地每月平均降雨量给定。

2)模型参数取值

根据试验资料,并结合其他工程经验,参数选取见表9.2-10。

材料参数取值 表9.2-10

材料名称	重度 γ (kN/m³)	渗透系数 k (m/d)	变形模量 E (MPa)	泊松比 μ	黏聚力 C (kPa)	内摩擦角 φ (°)
基岩	25.7	0.44	61,087	0.22	5.93	59
砂土层	19.0	0.17	12	0.23	41	32
填土体(90%压实度)	19.3	2.72	12	0.25	30	38
填土体(93%压实度)	20.0	2.11	15	0.25	30	38

3)模拟结果分析

图9.2-20为高填方体渗流场的饱和度图。砂土层为饱和状态,填筑体下部饱和度为0.2~0.4,填筑体中部和上部,即填筑体大部分的饱和度为0.15~0.07,填筑体大部分是非饱和状态。这表明高填方体的沉降固结,底部地基是饱和土固结,而填筑体则是非饱和土固结。

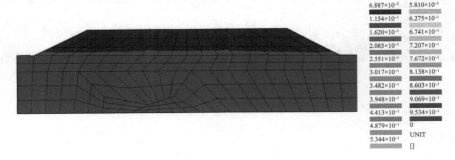

图9.2-20　饱和度

图9.2-21为流速矢量图。从图中可看出,基岩渗透性较好,基岩体内流速较大。在填方体东侧坡脚处,流速也较大。

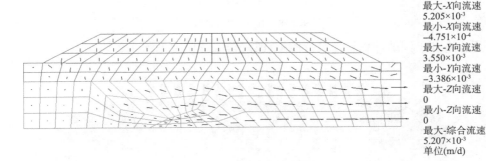

图9.2-21　流速矢量图

图9.2-22是网格变形图,图9.2-23是位移矢量图,图9.2-24和图9.2-25分别是沉降和水平位移等值线图。从中可知,位移最大部位是古河道深槽对应的区域,以及填方体两侧

的土面区。道槽区最大沉降量为 $0.8 \sim 1.0m$，坡脚的最大水平位移为 $0.3 \sim 0.4m$。

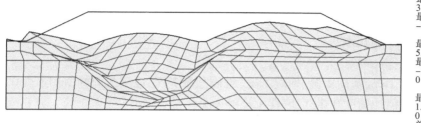

最大-X向变形量
3.777×10^{-1}
最小-X向变形量
-5.760×10^{-1}

最大-Y向变形量
5.956×10^{-2}
最小-Y向变形量
-1.163
0

最大-综合变形量
1.200
0
单位(m)

图 9.2-22　网格变形图

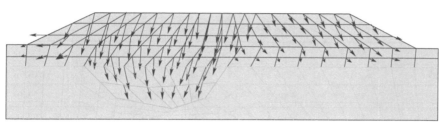

最大-X位移量
3.777×10^{-1}
最小-X位移量
-5.760×10^{-1}

最大-Y位移量
5.956×10^{-2}
最小-Y位移量
-1.163

最大-综合位移量
1.200
单位(m)

图 9.2-23　位移矢量图

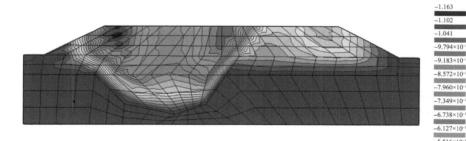

-1.163	-4.905×10^{-1}
-1.102	-4.294×10^{-1}
-1.041	-3.682×10^{-1}
-9.794×10^{-1}	-3.071×10^{-1}
-9.183×10^{-1}	-2.460×10^{-1}
-8.572×10^{-1}	-1.849×10^{-1}
-7.960×10^{-1}	-1.238×10^{-1}
-7.349×10^{-1}	-6.267×10^{-2}
-6.738×10^{-1}	-1.557×10^{-2}
-6.127×10^{-1}	5.956×10^{-2}
-5.516×10^{-1}	UNIT
	[m]

图 9.2-24　竖向位移(沉降)等值线图

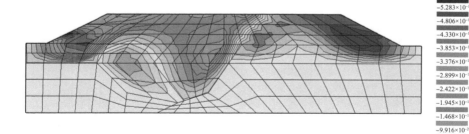

-5.760×10^{-1}	-5.147×10^{-2}
-5.283×10^{-1}	-3.789×10^{-3}
-4.806×10^{-1}	4.390×10^{-2}
-4.330×10^{-1}	9.158×10^{-2}
-3.853×10^{-1}	1.393×10^{-1}
-3.376×10^{-1}	1.870×10^{-1}
-2.899×10^{-1}	2.346×10^{-1}
-2.422×10^{-1}	2.823×10^{-1}
-1.945×10^{-1}	3.300×10^{-1}
-1.468×10^{-1}	3.777×10^{-1}
-9.916×10^{-2}	UNIT
	[m]

图 9.2-25　水平向位移等值线图

9.2.9　高填方地基稳定性分析

1)计算模型

按上一小节描述的区域建立模型,道槽区填土压实度整体上按93%考虑,土面区填土压实度整体上按90%考虑。地下水按2种方式考虑：

（1）不采取措施未消除承压水头，由于后冲兴一带地下水局部具承压性，为便于分析，填筑体基底部承压水头统一取3m。

（2）采取滤层消除承压水头。

2）计算工况与计算参数

计算工况：天然工况、暴雨工况、地震工况（地震烈度7度，地震之内峰值加速度0.15g；8度地震，地震之内峰值加速度0.2g）、地震+暴雨工况。

计算参数：根据勘察报告中试验资料，场区冰碛土具一定的超固结特性，但对于填筑体而言，填筑体由于经过开挖松动，搬运和回填，原填料中的超固结特性基本被破坏。结合其他工程经验以及相关试验资料，参数取值见表9.2-11。

计算参数取值 表9.2-11

土体	天然状态			饱水状态		
	C(kPa)	φ(°)	γ(kN/m³)	C(kPa)	φ(°)	γ(kN/m³)
道槽区	0	35	20.0	0	27	22.0
土面区	0	33	19.3	0	26	22.0
砂土层	41	32	18.0	39	25	19.0

3）计算结果

填方体整体稳定性计算结果见图9.2-26～图9.2-37及表9.2-12。局部稳定性计算结果见图9.2-38～图9.2-41及表9.2-13。

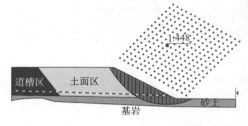

图9.2-26　稳定性系数计算结果（天然工况，有3m承压水）

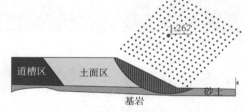

图9.2-27　稳定性系数计算结果（暴雨工况，有3m承压水）

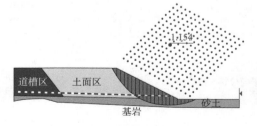

图9.2-28　稳定性系数计算结果（7度地震工况，有3m承压水）

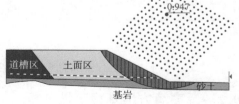

图9.2-29　稳定性系数计算结果（8度地震工况，有3m承压水）

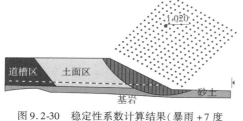

图 9.2-30　稳定性系数计算结果(暴雨 +7 度
地震工况,有 3m 承压水)

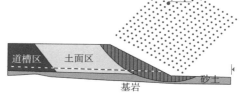

图 9.2-31　稳定性系数计算结果(暴雨 +8 度
地震工况,有 3m 承压水)

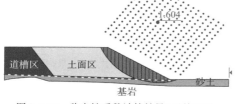

图 9.2-32　稳定性系数计算结果(天然工况,
消除承压水)

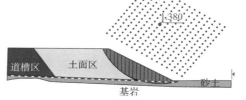

图 9.2-33　稳定性系数计算结果(暴雨工况,
消除承压水)

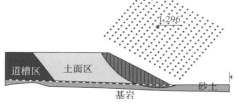

图 9.2-34　稳定性系数计算结果(7 度
地震工况,消除承压水)

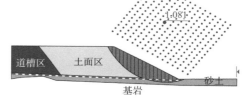

图 9.2-35　稳定性系数计算结果(8 度
地震工况,消除承压水)

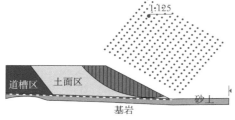

图 9.2-36　稳定性系数计算结果(暴雨 +7 度
地震工况,消除承压水)

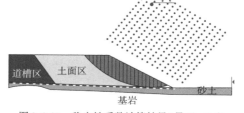

图 9.2-37　稳定性系数计算结果(暴雨 +8 度
地震工况,消除承压水)

稳定性计算结果(稳定性系数,整体)　　　　　　　　　　　　表 9.2-12

计算工况	有 3m 承压水头	消除承压水	稳定性系数提高幅度(%)
天然工况	1.448	1.604	11
暴雨工况	1.267	1.380	9

计算工况		有3m承压水头	消除承压水	稳定性系数提高幅度(%)
地震工况	7度(0.15g)	1.154	1.296	12
	8度(0.2g)	0.947	1.081	14
地震+暴雨工况	7度(0.15g)	1.020	1.125	10
	8度(0.2g)	0.846	0.917	8

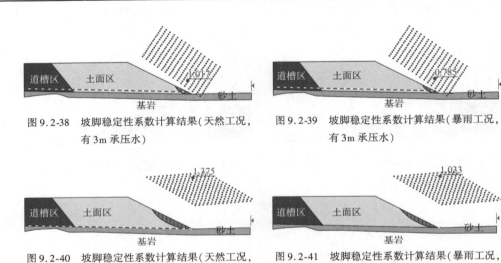

图9.2-38　坡脚稳定性系数计算结果(天然工况,有3m承压水)

图9.2-39　坡脚稳定性系数计算结果(暴雨工况,有3m承压水)

图9.2-40　坡脚稳定性系数计算结果(天然工况,消除承压水)

图9.2-41　坡脚稳定性系数计算结果(暴雨工况,消除承压水)

坡脚稳定性系数计算结果　　　　　　　　　　表9.2-13

计算工况	有3m承压水头	消除承压水	稳定性系数提高幅度(%)
天然工况	1.017	1.375	35
暴雨工况	0.785	1.033	32

(1)有承压水头时,填筑体边坡整体稳定性在天然工况、暴雨工况下,稳定性较好,但坡脚的稳定性较差。

(2)消除承压水头后,填方体边坡整体稳定性提高8%～14%,坡脚的稳定性提高幅度为32%～35%,即使在暴雨工况下,坡脚的稳定性系数仍为1.033,边坡的稳定性较好。

(3)稳定性计算结果表明,有必要采取措施消除承压水的影响。

9.2.10　工程分区及地基处理方案

根据现场调查情况及地质勘察资料,对受地表水、地下水严重影响区(Ⅰ区),见图9.2-42,对其中的一般冰碛层堆积亚区(Ⅰ₁区)、冰水堆积亚区(Ⅰ₂区,后冲兴亚区)、块碎石架空亚区(Ⅰ₃区)作如下分析。

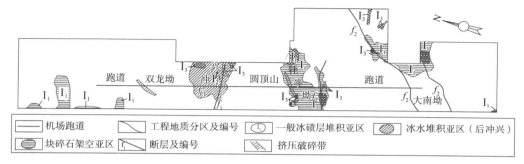

图9.2-42　受地表水、地下水严重影响区（Ⅰ区）及其亚区平面分布图

1）一般冰碛层堆积亚区（Ⅰ₁区）

Ⅰ₁区主要分布在跑道北端双龙坳西侧、跑道中部牦牛坳以及跑道南端大南坳。该区地势低洼且较平缓，排水条件较差。

（1）夏季，地表雨水汇集和地下水溢出，水量相对较大。地基土易被浸泡软化产生较大沉降，或者当渗出口部位是细粒填料时易形成渗透破坏，甚至侵蚀破坏。冬季，出水口结冰将导致地基胀裂冻融破坏。

（2）地基土被浸泡软化，强度低，填筑体易发生滑移。

（3）地表出露及地下埋藏冰碛漂石，岩质非常坚硬，抗压强度高，与周围的地基土形成不均匀地基，填方后易形成不均匀沉降。

（4）地下水位的反复变化，可引起原地面地基表层和填筑体的潜蚀、顶托作用，从而引起地基的差异沉降，甚至破坏。

（5）浅层中细砂，局部会发生轻微～中等液化。

针对性地基处理方案如下：

（1）清除表层植物土后，顺地势或地表水流线设置碎石盲沟，引排地表地下水，排水出口采用粗粒块碎石保护，以防止地下水结冰后引起排水通道堵塞。

（2）进行振动碾压或冲击碾压或较低能量的强夯处理。振冲碎石桩处理时，在漂砾分布区，首先采用大口径钻机引孔，对于地表出露的巨大漂砾采取爆破破碎，在此基础上进行振冲碎石桩对后冲兴等地下深部砂层进行处理。

（3）对地表出露冰碛漂砾石，爆破成块碎石，就地回填。

2）冰水堆积亚区（Ⅰ₂区，后冲兴亚区）

该区位于后冲兴一带，为丘状高原低坳部位，地势平缓，大部分为地下水溢出带，排水条件差，地表水汇集形成沼泽。

该区堆积物为两次冰川作用堆积而成。第一次冰川由NEE→SWW推移，形成了后冲兴中部NEE→SWW深槽——古河道；第二次冰川由NNW→SSE推移，将第一次冰川形成的古河道覆盖，并溯源侵蚀形成现阶段的由W→E的地貌形态。在第一次冰川和第二次冰川的间歇期，后冲兴堆积了较厚的冰水堆积物。这些由冰水堆积而成的粉砂和砂土，最主要的特点就是：

（1）含泥量相对较高，渗透性差，强度低，变形和地基承载力不满足要求。

（2）堆积物不均匀性显著,呈条带状分布,并由此导致后冲兴地下水呈条带状分布,并具一定的承压性。

（3）地下水丰富,埋藏浅,地下水位季节性变化显著,可引起原地面地基表层和填筑体的潜蚀、顶托作用,从而引起地基的差异沉降,甚至破坏。

（4）浅层中细砂,局部会发生轻微～中等液化。

针对性地基处理方案如下:

（1）清除表层植物土后,顺地势或地表水流线设置碎石盲沟,引排地表地下水。

（2）沿古河道一带,由于覆盖层较厚且上粗下细,采用小口径振冲桩或碎石桩,一方面对地基土进行挤密,提高强度;另一方面形成排水通道,引排地下水。

（3）对于覆盖层厚度不大的区域,先铺一层碎石土,再进行强夯处理,一方面提高地基土强度,并消除液化,另一方面形成排水通道,引排地下水。

（4）在强夯地基上部填筑块碎石土滤层,一方面消除承压性地下水水头;另一方面可形成面状排水层,加大地下水的排泄量。

（5）排水措施的出水口,采用粗粒块碎石保护,以防止地下水结冰后引起排水通道堵塞,并消除冻融破坏。

3）块碎石架空亚区（I_3区）

该区主要分布在后冲兴和牦牛坳,常呈"石河"或"块碎石堆"等地貌,地形较为平坦开阔,常与地表水体的分布范围一致。该区由架空结构或局部镶嵌接触的花岗岩块碎石构成,其堆积特点表现为上部块石,下部碎石。由于地势低,其间常有水体流动,形成"潜流"。该区的主要特点是:堆积物级配差,孔隙率大、密实度小,松动、不稳定,不满足填方地基的要求。

针对性地基处理方案如下:

（1）对超大粒径的漂石进行爆破处理。

（2）铺筑粒径较小的碎石土进行中、高能量的强夯,一方面使接触不稳的块碎石在夯击能作用下密实;另一方面可以使小碎石在振动作用下落入块碎石的空隙中,增大其密实度,同时可保存排水通道不被堵塞。

9.2.11 结语

通过 DC 机场冰碛层分布区大面积填筑地基地下水工程效应研究,可以得出以下几点结论:

（1）场区地势低洼地带,如大南坳和后冲兴,地基土主要为级配不良砂和级配不良砾。填料主要为冰碛土和花岗岩风化土,冰碛土主要为级配不良砾,最大干密度 1.96～2.13g/cm³,最优含水率 6.14%～12%;花岗岩风化土主要为级配不良砂,最大干密度 1.98～2.00g/cm³,最优含水率 9.4%～10.2%。砂土层渗透性较差,属弱透水层;填料渗透性较好,属中透水层。

（2）场区为其松宗（西侧）与巴隆曲河（东侧）的河间地块分水岭地带,地势高,场区地下水补给来源主要是大气降水,其次是冰雪融水。场区部分大气降水经地表径流,直接排入其松宗河或巴隆曲,部分降水通过地表松散层孔隙或岩石裂隙补给地下水。按地下水的补、径、排可将场区分为 7 个地下水水文地质单元,每个单元为相对独立的地下水子系统。

(3)场区雨季地下水埋深较浅,0.5~1.0m;旱季地下水埋深较大,1~3m。场区低洼部位的砂土层具有液化可能性,以轻微、中等液化为主,严重液化次之。但由于填方区填筑厚度较大,砂土液化的防治主要针对边坡影响区范围内区域。

(4)现场调查结果表明,潜蚀发生的水力坡度为 5.5%~22.2%,大多为 8%~15%,远小于规范规定的管涌发生的临界坡度。模型试验结果也表明,潜蚀发生的临界水力坡度为 9.6%,并估算出现场的潜蚀坑的形成时间大约为 400 年。

(5)填筑体大部分的饱和度为 0.15~0.07,高填方体底部地基是饱和土固结,填筑体本身是非饱和土固结。沉降最大部位是古河道深槽对应的区域,以及填筑体两侧的土面区。道槽区最大沉降量为 0.8~1.0m,坡脚的最大水平位移为 0.3~0.4m。

(6)渗透场中,基岩及填方体坡脚部的地下水流速相对较大。

(7)稳定性计算结果表明,消除承压水头后,填筑体边坡整体稳定性提高 8%~14%,坡脚的稳定性提高幅度为 32%~35%,因此,有必要采取措施消除承压水影响。

设计施工中,DC 机场采用了本次地下水专项调查和地下水工程效应研究成果,目前已建成运行多年,未发生类似 KD 机场的病害,地下水工程效应研究成果运用良好。

本章参考文献

[1] 段志明,李勇,李亚林,等.青藏高原唐古拉山口第四纪冰碛层划分及其地质环境意义[J].中国地质,2005(01):128-134.

[2] 吴中海,赵希涛,朱大岗,等.念青唐古拉山西布冰川区的冰碛层[J].地球学报,2002(04):343-348.

[3] 吴锡浩,李永昭.青藏高原的冰碛层与环境[J].第四纪研究,1990(02):146-158.

[4] 郑宗溪,王岩,刘大刚,等.拉林铁路隧道富水冰碛层力学特性研究[J].铁道建筑,2019,59(11):63-66.

[5] 彭汉兴.冰碛物及冰川地貌的水文地质工程地质特征[J].河北地质学院学报,1981(04):57-62,98.

[6] 曾涛.高寒地区冰水堆积物颗粒特征分析及物理力学性质研究[D].成都:西南交通大学,2018.

[7] 祁昊,冯文凯,陈建峰,等.水对桃坪冰水堆积物抗剪强度的影响[C]//2017 年第九届边坡工程大会论文集.[出版者不详],2017:24-30.

[8] 谢春庆,王伟,杨小东.川西高原冰碛层土石比确定方法研究[J].路基工程,2013(04):1-5.

[9] 谢春庆,廖崇高,王伟.冰碛层地下水的工程效应及处理方法研究[J].工程勘察,2013,41(04):25-29.

[10] 谢春庆,陈涛,邱延峻.冰碛层路用工程性质研究[J].路基工程,2010(04):78-80.

[11] 谢春庆,邱延峻,王伟.冰碛层工程性质及地基处理方法的研究[J].岩土工程技术,

2008（04）:213-217.

[12] 谢春庆,刘都鹏.冰碛层中架空块碎石成因及处理分析[J].路基工程,2006（06）:34-37.

[13] 谢春庆,邱延峻.冰碛层水文地质特征及其对工程影响的研究[J].水文地质工程地质,2006（05）:90-94.

[14] 谢春庆.川西冰碛层工程勘察方法研究[J].勘察科学技术,2002（05）:16-19.

[15] 谢春庆.粗巨粒土高填方夯实地基性状及变形研究[C]//全国岩土与工程学术大会论文集（上）.北京:人民交通出版社,2003:398-405.

[16] 吕大伟.冰水堆积物特性及其路用性状研究[D].长沙:中南大学,2009.

[17] 张杰.冰水堆积物填料工程特性室内研究[J].铁道建筑,2010（07）:94-96.

[18] 徐林荣,刘明宇,吕大伟,等.冰水堆积物路基压实质量评定方法研究[J].铁道科学与工程学报,2010,7（06）:50-54.

[19] 候召强,马亚栋.冰水堆积物作为路基填料的数值模拟[J].山东交通科技,2015（02）:45-47.

[20] 陈琦.冰水堆积物特性及其路基沉降计算参数优化研究[J].山东交通科技,2018（04）:82-83.

[21] 翟世聪,方明镜,高昌建,等.颗粒组成对冰水堆积土路基填料工程特性的影响[J].公路,2021,66（01）:25-30.

[22] 中华人民共和国住房与城乡建设部.建筑抗震设计规范:GB 50011—2010（2016年版）[S].北京:中国建筑工业出版社,2016.

[23] 中华人民共和国住房与城乡建设部.水利水电工程地质勘察规范:GB 50487—2008[S].北京:中国计划出版社,2009.

[24] 中华人民共和国住房与城乡建设部.冻土工程地质勘察规范:GB 50324—2014[S].北京:中国计划出版社,2014.

第10章 变质岩场地大面积填筑地基地下水工程效应

我国是一个滑坡灾害极为频发的国家,其中大型和巨型滑坡占有突出重要的地位,尤其是在西部地区,大型滑坡更具有规模大、机制复杂、危害大等特点[1]。滑坡灾害不仅对人民群众生命财产造成极大损失,并严重影响公路、铁路、机场、水运及水电站等基础设施的安全运营[2-3]。

以机场工程为例,与中东部相比,西部山区机场受场地条件的制约建设中"削山填谷"的情况比较多,土石方量巨大,填方原地基大多是倾斜地面,由于地形、地质、水文、岩土条件复杂,加之滑坡灾害发育,地基及高填方边坡稳定问题十分突出[4-9]。以攀枝花机场为例,机场中部12号滑坡自2004年至今已经发生了数次不同规模的滑移,并堆积于下侧喻家坪老滑坡之上,使老滑坡再次复活[10-11],滑坡造成机场数次停航。虽然前后花费数亿元进行了应急抢险和大规模滑坡治理工作,但仍未完全根治滑坡,严重影响了机场的安全运营和附近人民群众的生命财产安全,并造成了不良社会影响。

片岩属区域变质岩,受片岩结构、构造、矿物成分的影响,其具有蠕变性、力学各向异性、遇水软化、劣化等特性。由于片岩的特殊结构、构造及力学性质,山区片岩地层往往是滑坡高发区[12-18]。关于片岩力学性质及滑坡灾害已有相关研究,但针对该地区片岩的相关研究仍较少。

本章依托FQ机场建设工程,开展片岩区古滑坡形成机制及高填方边坡稳定性研究,研究成果对片岩区滑坡成因机制分析、边坡稳定性分析、抗剪强度参数取值、地下水工程效应研究、土石方工程设计及灾害防治等具有参考作用。

10.1 工程概况

FQ机场近期规划跑道长1.8km,跑道宽度23m,跑道西南端设计高程2238.8m,中点设计高程2228.0m,东北端设计高程2217.2m,升降带平整范围按跑道中心线两侧85m控制,飞行区平整范围为$2180 \times 170m^2$,机场总土方量2180万m^3,其中填方1014万m^3,挖方1166万m^3,边坡最大垂直填方高度74m,最大挖方高度89m。

10.2 滑坡区现状特征

10.2.1 滑坡分布位置及形态特征

滑坡位于飞行区西南部跑道轴线北东侧的"石长洼子",所以命名为"石长洼子滑坡"。

滑坡发育于 F_3、F_4 压扭性断层之间的凹槽形斜坡部位,整体呈东南北向展布,主滑方向 NE5°,平面形态呈典型的"圈椅状"特征,剖面形态后缘至中部凹陷,中部到前缘有多级下错台坎,剪出口部位发育陡壁,滑坡前缘距离下侧村庄距离仅 70 余米。滑坡体后缘高程 2224m,前缘高程 2148m,高差约 76m,地表平均坡度 23°,坡体纵向平均长度约 293m,横向平均宽度约 125m,面积约 3.6 万 m^2,滑坡方量约 103 万 m^3。滑坡分布特征见图 10.2-1。

坡体后缘发育拉线槽,形成长 25m、宽 8m 的洼地,滑坡中部至前缘坡度较陡,平均坡度约 37°;后缘地形较缓,平均坡度约 4°。后缘特征见图 10.2-2。

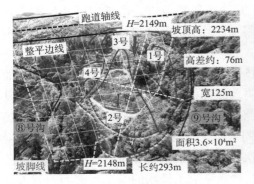 

图 10.2-1　滑坡分布位置及特征　　　　　图 10.2-2　后缘特征

滑坡体残留三级滑移堆积平台,高程约 2200m 处为一级平台,横向宽度 12~68m,纵向展布长 115m;二级平台高程 2192m,横向宽 25m,纵向延伸约 28m;三级平台位于坡体前缘,长 42m、宽 38m,古滑坡左边界可见有局部横向凹槽发育,宽度 1~2m,深度约 1.5m。

滑坡体左侧发育一条浅切割的沟谷,沟谷切割深度 2~3m,在高程约 2186m 处与滑坡前缘发育的沟谷交汇,滑坡左侧以此沟为界,见图 10.2-3。

滑坡体右侧为一小型凹槽,其外围基岩出露,见图 10.2-4。

图 10.2-3　滑坡左侧边界特征　　　　　图 10.2-4　滑坡右侧边界特征

滑坡前缘因两侧沟谷交汇而尖灭,浅表层堆积体的前缘剪出口位于高程 2162m 的沟谷斜坡平台上,推测深层最不利的剪出口在沟谷底部。滑坡区综合工程地质平面图见图 10.2-5。

10.2.2　滑坡物质组成

石长洼子滑坡区基岩地层为前奥陶系澜沧群大田丫口组(A_nO_d),岩性为浅灰、灰色、灰黑色二云母石英片岩，变晶质结构，片状构造，受 F_3、F_4 压扭性断层影响，区内片岩破碎，裂隙发育，地下水长期作用加速了片岩的风化、软化和泥化速率，易形成软弱夹层。钻孔揭露，该斜坡深部存在大量含泥的角砾破碎带，厚度 0.5～1.0m，为片岩受构造挤压作用而破碎，并在地下水长期作用下风化、软化和泥化而形成。古滑坡体纵向岩土结构特征见图 10.2-6。

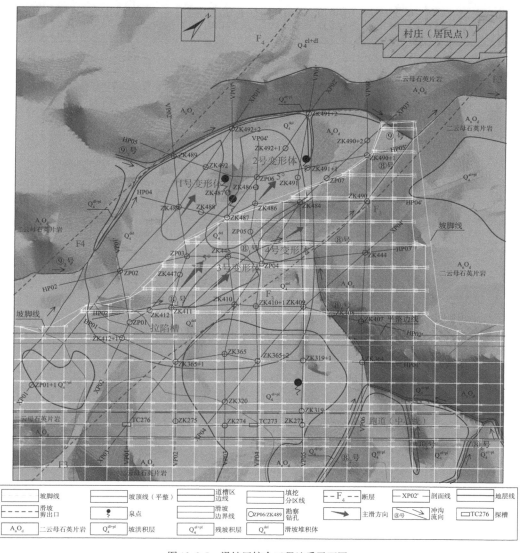

图 10.2-5　滑坡区综合工程地质平面图

通过地质测绘、物探、钻探、井探及地质分析得出，石长洼子滑坡存在两层滑带（面），浅层滑面埋深 5.0～12.0m，深层滑面埋深 18.0～30.0m。

钻探、井探揭露，滑坡体由粉质黏土夹角砾、似层状片岩岩体组成，厚度一般 0～30m。

浅层滑带由可塑～硬塑状粉质黏土夹角砾构成，在滑坡前缘地下水位以下，滑带土呈可塑状，褐色、深灰色，滑带土内包裹体有一定的磨圆和定向排列特征。浅层滑带及地下水特征见图 10.2-7。

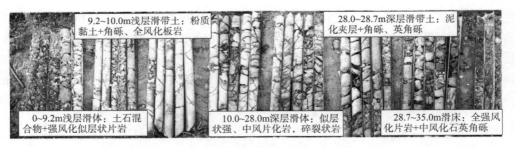

图 10.2-6　古滑坡体纵向岩土结构特征

a) 滑带及地下水特征　　　　　　　　　b) 滑带细部特征

图 10.2-7　浅层滑带及地下水特征

深层滑带主要为泥化夹层,钻探揭露部分深层滑带中夹次圆状～次棱角状的角砾,且具定向排列特征。深层滑带特征见图 10.2-8。

a) 深层滑带——擦痕、镜面　　　　　　　b) 深层滑带——泥化夹层

图 10.2-8　深层滑带特征

滑坡中部至后缘滑床岩性以强～中风化片岩为主,呈黄灰色、灰白色,产状:40°∠35°～50°∠60°,滑坡中下部至前缘滑床主要以全风化、强风化片岩为主,中风化片岩埋深一般大于 25m,风化岩最深超过 42m。古滑坡主滑方向典型地质剖面见图 10.2-9。

10.2.3　水文地质特征

根据地下水的类型、含水层、隔水层特征及地下水的补给、径流、排泄关系,将研究区及附近区域划分为 4 个水文地质单元,分别是:①小石竹林水文地质单元;②白向洼子水文地质单元;③石长洼子水文地质单元;④树木头水文地质单元。石长洼子滑坡区主要位于石长洼子水文地质单元内,局部位于白向洼子水文地质单元,并与树木头水文地质单元、小石竹林水文地质单元相邻,呈长条状。石长洼子水文地质单元两侧分布于阻水或微透水的断层F_3和F_4之间,总体地势为南东高、北西低,岩性为二云母石英片岩以及滑坡形成的土石混合堆积体。受断层和滑坡影响,岩体极破碎,裂隙极发育。全~强风化片岩、浅层中风化片岩和滑坡堆积层为含水层;深部中风化~微风化的裂隙弱发育片岩、滑坡堆积体中黏性土层、原岩中残坡积黏性土层为隔水层。

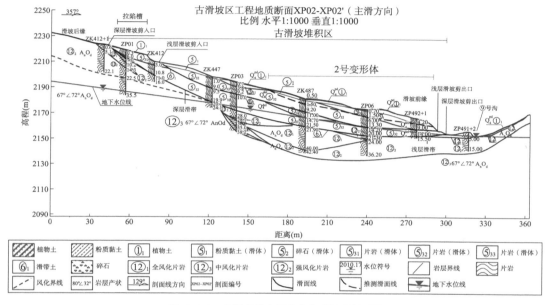

图 10.2-9　古滑坡体主滑方向典型地质断面图

滑坡区中部及前缘出露多处泉点、渗水区,泉点流量 30~120m³/d,水质清澈,水温 15.6~15.8℃,见图 10.2-10。钻探中发现,部分钻孔出现冒水现象,涌水量 0.13~0.14L/s。

滑坡后缘地下水位埋深在 15.0~18.0m 之间,中部 12.0~14.0m,前缘 6.0~8.0m,剪出口位置 0~1.0m,枯丰水期地下水位动态变化为 1.8~2.3m。滑坡前缘开挖探井出现渗水现象,出水地层为砂状全风化片岩及碎裂状强风化片岩、堆积体,出水量 70~90m³/d,见图 10.2-11。

图 10.2-10　滑坡体中下部出露的上泉点

图 10.2-11　滑坡前缘探井揭露地下水

根据渗透性,强风化片岩、浅层中风化片岩和碎块石含量较高的滑坡堆积层为含水层;全风化片岩、深部裂隙弱发育的中风化~微风化片岩、原生和次生粉质黏土为相对隔水层。

根据水文地质分析及连通性试验结果,受 F_3、F_4 压扭性隔水断层的影响,滑坡区与断层两侧区域水力联系较弱,而与处于断层挤压带内滑坡后缘区域水力联系较强,为滑坡区地下水的主要补给区。石长洼子滑坡区地下水渗流场特征见示意图 10.2-12。

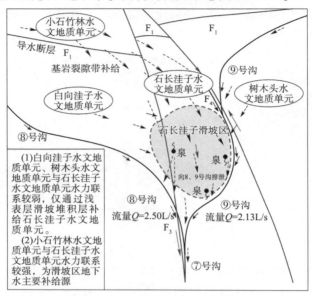

图 10.2-12　石长洼子滑坡区地下水渗流场特征

10.3　滑坡及边坡稳定性分析

通过详细调绘、调查访问及地方自然资源部门地质灾害档案资料可知,该滑坡过去至少 60 年内未发生过大规模变形和滑动,为一处古滑坡。根据设计资料,该区填方边坡顶面设计高程 2243m,最大垂直填方高度约 76m,受施工扰动、填方荷载、地下水环境改变及地震等因素的影响,古滑坡可能再次复活,造成高填方边坡变形失稳。

10.3.1　变形破坏条件

(1)地形条件:石长洼子古滑坡高差约 76m,地表总体坡度约 23°,坡体纵向长度约 293m,滑坡左右边界发育两条小型沟谷,前缘发育一条深切沟谷,坡体后缘为一"月牙状"积水凹槽,地形地貌条件创造了良好的地表水入渗条件和临空条件。

(2)地质构造特征:滑坡区发育区域性断裂的次生断层 F_3、F_4,受断层构造挤压作用,该区岩体破碎,节理裂隙发育,构造作用破坏了岩体的完整性,加速岩体风化,降低其力学强度,并为地下水的渗流提供了通道。

(3)地层岩性特征:滑坡区基岩为二云母石英片岩,属于软岩,片岩具有遇水崩解、软化、泥化的特性,易形成软弱夹层。室内软化崩解试验得出,强风化片岩在浸水 12d 后崩解率达到 24% ～ 30%,见图 10.3-1;全风化片岩在浸水 14min 后,崩解率达到 50% ～ 77%,见图 10.3-2。同时,片岩具有蠕变特性,上覆荷载的作用下易发生累进性破坏。

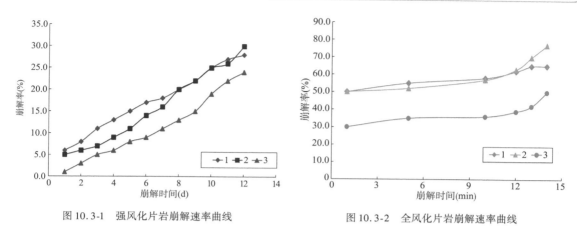

图 10.3-1　强风化片岩崩解速率曲线　　　　图 10.3-2　全风化片岩崩解速率曲线

（4）降雨入渗和地下水条件：研究区降雨充沛，年降雨量为 1467.3mm，降水以阵性降水为主，连续性降水多在 7—9 月，雨季降水百分率为 81.6%，旱季降水百分率为 18.2%。雨季最多降水量为 1687.7mm，最少为 814.4mm，旱季最多降水量为 572.7mm，最少降水量为 68.8mm。降雨入渗和地下水作用一方面软化第四系松散层，并加速片岩的风化、软化和泥化；另一方面饱水加载和孔隙水压力作用，将增加滑坡体的下滑力，降低其抗滑力，对斜坡稳定不利。

10.3.2　变形破坏机制及形成过程

结合斜坡形成的条件，分析古滑坡变形破坏机制及变形破坏、时空演化过程分为以下 4 个阶段：

（1）前缘临空、裂隙扩展、蠕滑变形阶段。

斜坡两侧及前缘冲沟在水流的强烈切割作用下逐步加深加宽，削弱斜坡岩层与周边岩层的联系，临空条件进一步改善，前缘剪应力集中，后缘拉应力集中，节理裂隙向深部扩展，斜坡发生蠕滑变形，见图 10.3-3。

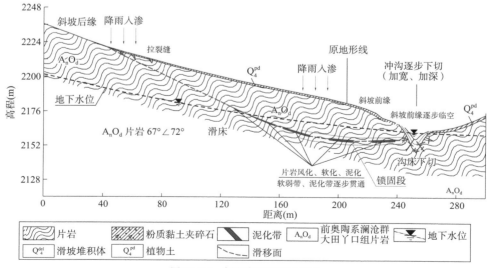

图 10.3-3　蠕滑变形阶段示意图

（2）软弱带贯通、剪断"锁固段"深部滑移阶段。

受降雨入渗和地下水长期作用，片岩逐步软化、泥化形成软弱带，抗剪强度降低，斜坡在自重应力和动静水压力作用下发生累进性破坏，底部锁固最终段失效而造成滑移，形成深层岩质滑坡。深层滑坡属典型的推移式滑坡，破坏模式为滑移-拉裂破坏，见图10.3-4。

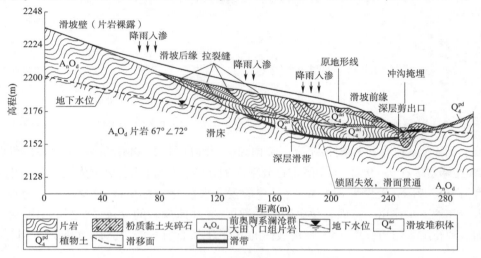

图10.3-4 "锁固段"失效深部滑移（一期滑移）阶段示意图

由于石长洼子滑坡前缘沟谷较窄，受地形限制，滑坡滑动距离不大，坡体岩层仍保留原岩层状结构特征。

（3）降雨入渗加剧、浅层滑移破坏阶段。

深层滑坡形成后，堆积体上形成大量裂缝，土体变得松散，降雨入渗量显著增大，从而使堆积体抗滑力减小，土体重度和孔隙水压力增加，下滑力增大，逐步在一期滑坡堆积体内形成二次滑动。受地形控制，滑坡前缘首先发生滑动，并逐步向后扩展，发生牵引式滑移破坏而形成浅层滑移，见图10.3-5。

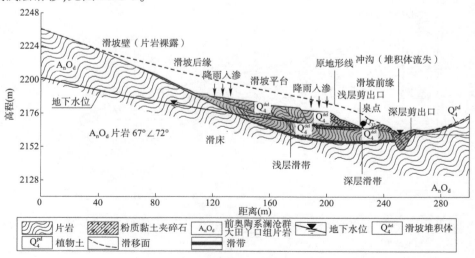

图10.3-5 浅层滑移阶段（二期滑移）示意图

通过分析得出,石长洼子滑坡属于牵引式和推移式渐进破坏的复合式滑坡,一期深层滑坡属于推移式剪切破坏,二期浅层滑坡属于牵引式滑移-拉裂破坏。

10.4　稳定性分析评价

10.4.1　稳定性计算方案

根据设计规划,该区填方边坡顶面设计高程2243m,最大垂直填方高度约76m,受施工扰动、填方荷载、地下水环境改变及地震等因素的影响,古滑坡可能再次复活,造成高填方边坡变形失稳。本节对石长洼子古滑坡、高填方边坡稳定性进行了计算分析,流程见图10.4-1。

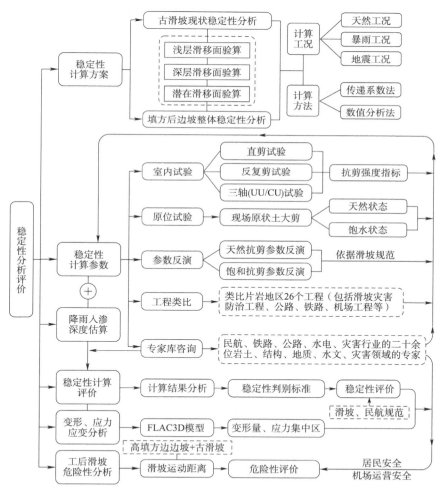

图10.4-1　滑坡、高填方边坡稳定性及危险性分析流程图

采用传递系数法和数值分析法进行稳定性计算,考虑天然、暴雨、地震三种工况,分别对浅层滑面、深层滑面及其他潜在滑移面进行稳定性计算。考虑到古滑坡为岩质滑坡,数值法计算中采用折线形滑面进行最危险滑面搜索。根据设计资料,高填方边坡采用块碎石料进

行填筑,综合坡度为1:2,高差间隔10m设置一级马道,马道宽2.0m。研究区抗震设防烈度7度,设计基本地震动峰值加速度为0.15g,综合水平地震系数$\alpha_w = 0.04$。

10.4.2 稳定性计算参数

岩土参数是滑坡稳定性分析的核心之一,特别是抗剪强度参数。本研究采用的稳定性计算参数一方面来源于前期勘察报告,另一方面课题组进行了室内试验、大型原位抗剪试验、参数反演和工程类比等。综合取值表见表10.4-1。

滑坡、边坡稳定性计算岩土物理力学参数综合取值表　　　　　　表10.4-1

岩土类型		特性	天然参数			饱和参数		
			黏聚力 $c(kPa)$	内摩擦角 $\varphi(°)$	重度 $\gamma(kN/m^3)$	黏聚力 $c(kPa)$	内摩擦角 $\varphi(°)$	重度 $\gamma(kN/m^3)$
滑体	粉质黏土	硬~可塑,含角砾、碎石	27.0	11.0	18.7	16	9.0	19.5
	碎石	夹粉质黏土,稍~中密	12.0	12.0	19.0	8.0	10.0	20.0
	片岩	全强风化	45.0	12.5	19.2	32.0	10.5	20.1
滑带	浅层滑带	可塑粉质黏土	25.0	10.0	18.2	19.0	8.0	19.2
	深层滑带	泥化软弱夹层	35.0	12.0	18.5	28.0	10.5	19.5
滑床	全风化片岩		40.0	12.5	19.3	20.0	10.5	20.2
	强风化片岩		105.0	19.0	23.0	80.0	17.0	24.0
	中风化片岩		0.30	30.0	25.0	0.18	25.0	26.0
原生土层	残坡积粉质黏土	可塑	23.0	10.0	18.7	15.0	8.5	19.5
		硬塑	30.0	12.0	18.6	19.0	9.5	19.5
	坡洪积粉质黏土	软塑	12.0	5.5	16.5	10.5	4.0	17.5
		可塑	20.0	9.5	19.1	15.0	8.0	20.0
		硬塑	28.0	11.0	19.0	17.0	9.0	19.8
填筑体	块碎石料	压实度95%	30.0	27.0	23.0	25.0	21.0	23.7

10.4.3 地下水位与降雨入渗深度确定

地下水位和降雨入渗是影响滑坡稳定性的两个重要因素。研究中地下水位依据前人研究提供的钻孔水位数据确定,降雨入渗深度采用经验公式[19]进行计算,计算结果见表10.4-2。

$$H = \frac{kiG_s}{e(1 - S_r)\rho} \qquad (10.4-1)$$

式中:G_s——相对密度;

$\quad S_r$——饱和度(%);

$\quad \rho$——土粒密度(g/cm^3);

$\quad k$——饱和渗透系数(cm/s);

$\quad i$——水力比降;

$\quad e$——孔隙比。

降雨入渗深度计算成果表 表 10.4-2

降雨历时(h)	1	12	24	36	48	60	72
入渗深度(m)	0.24	2.92	5.83	8.75	11.66	14.58	17.50

根据计算结果,暴雨工况下稳定性计算考虑降雨入渗的影响时大致可以分两种情况:

(1)当降雨历时小于或等于 24h,可大致按照降雨入渗深度 6.0m 进行考虑,此时地下水位以下及降雨入渗浸润影响深度的土体采用饱和参数,地下水位线以上及浸润线之间的土体采用天然参数。

(2)当降雨历时超过 48h,整个边坡可按近饱水状态进行考虑,采用饱和参数进行计算。

根据《滑坡防治工程勘查规范》(GB 32864—2016)[20],当滑坡体渗透系数 $K_v > 1.0 \times 10^{-7}$ m/s 时,应计算地下水的渗透压力。根据渗透性试验成果,含碎石粉质黏土渗透系数 $K_v = n \times 10^{-5} \sim n \times 10^{-6}$ m/s,全~强风化片岩渗透系数 $K_v = n \times 10^{-6} \sim n \times 10^{-7}$ m/s。由于浅层滑坡为岩土混合物,且滑面大部分在地下水位面以上,故可不考虑地下水渗透压力的作用。但深层滑带大部分处于地下水位以下,且地下水位以下主要以全强风化片岩为主,渗透系数 $K_v > 1.0 \times 10^{-7}$ m/s,需考虑地下水渗透压力作用。

10.4.4 稳定性计算结果分析

据滑坡边界、滑移方向,结合高边坡填筑设计资料,选取 XP02-XP02′ 主滑方向剖面进行稳定性计算,见图 10.4-2。计算中分别考虑施工前、施工后两种情况,分别对浅层滑面、深层滑面及潜在滑移面进行稳定性计算。滑坡稳定性判别依据《滑坡防治工程工程勘查规范》(GB 32864—2016),填方边坡稳定性判别依据《民用机场岩土工程设计规范》(MH/T 5027—2013)[21]、《建筑边坡工程技术规范》(GB 50330—2013)[22]相关规定进行评价。古滑坡及高填方边坡稳定性计算结果见表 10.4-3。

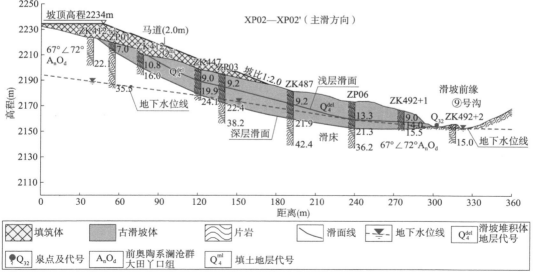

图 10.4-2 主滑方向滑坡、边坡稳定性计算剖面

古滑坡及高填方边坡稳定性计算结果 表 10.4-3

滑移面	计算方法	计算工况								
			天然工况		暴雨工况				地震 + 天然工况	
		填方			降雨历时 ≤24h		降雨历时 ≥48h		—	
			f_s	稳定性	f_s	稳定性	f_s	稳定性	f_s	稳定性
浅层滑面	传递系数法	填方前	1.38	稳定	1.13	基本稳定	1.08	基本稳定	1.16	稳定
深层滑面			1.28	稳定	1.18	基本稳定	1.12	基本稳定	1.14	稳定
浅层滑面		填方后	1.00	不满足规范要求	0.84	不满足规范要求	0.77	不满足规范要求	0.99	不满足规范要求
深层滑面			1.09		0.99		0.98		0.94	
浅层滑面	数值法（Janbu 法）	填方前	1.37	稳定	1.11	基本稳定	1.06	基本稳定	1.16	稳定
深层滑面			1.32	稳定	1.16	基本稳定	1.08	基本稳定	1.12	稳定
浅层滑面		填方后	1.02	不满足规范要求	0.87	不满足规范要求	0.78	不满足规范要求	0.89	不满足规范要求
深层滑面			1.02		0.86		0.84		0.88	
潜在滑面 B-B′			1.02		0.86		0.84		0.88	
最危险滑面 A-A′			0.99		0.84		0.81		0.85	

根据计算结果，填方前在天然工况、地震工况下，沿浅层滑面和深层滑面稳定性系数 f_s 均大于 1.15，古滑坡处于稳定状态；暴雨工况下，降雨历时 24h、48h，沿浅层滑面稳定性系数 f_s = 1.07 ~ 1.13，沿深层滑面稳定性系数 f_s = 1.08 ~ 1.18，古滑坡处于基本稳定性状态（图 10.4-3）。因此，在不受填方施工扰动情况下古滑坡整体稳定性较好。

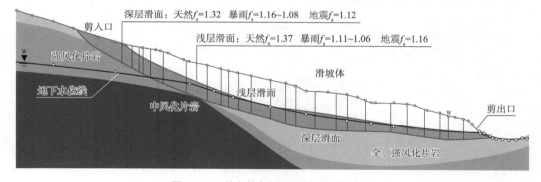

图 10.4-3 填方前古滑坡稳定性计算结果图

填方后在填土荷载作用下，古滑坡及填方边坡稳定性急剧降低，天然工况下沿浅层滑面稳定性系数 f_s = 1.0 ~ 1.03，沿深层滑面稳定性系数 f_s = 1.02 ~ 1.09，边坡处于欠稳定状态；暴雨和地震工况下，沿浅层滑面、深层滑面、潜在滑面 B-B′ 稳定性系数 f_s 均小于 1.0，边坡均处于不稳定状态；最危险滑面 A-A′，天然工况下 f_s = 0.99，暴雨工况下 f_s = 0.81 ~ 0.89，地震工况下 f_s = 0.90，f_s 小于 1.0，边坡不稳定，见图 10.4-4。

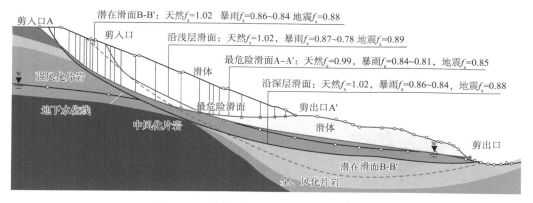

图10.4-4　填方后高填方边坡稳定性计算结果图

综上稳定性计算分析得出,填方后天然工况下,高填方边坡及填方地基(古滑坡体)整体处于欠稳定状态,暴雨及地震工况下边坡整体处于不稳定状态,填方荷载将诱发古滑坡复活,造成高填方边坡整体失稳。

通过大量的试算及滑面搜索得出,填方后由于边坡应力的重新调整,边坡并不完全沿古滑面滑移失稳,而是沿古滑面、软弱带、填方交界面等薄弱面(带)滑动,然后在填方边坡的坡脚以及古滑坡体中下部合适位置剪出。

10.5　变形及应力应变分析

研究中运用FLAC3D软件建立了高填方边坡三维地质模型,分析滑坡区填方后边坡的变形及应力应变特征,建立的三维地质模型,见图10.5-1、图10.5-2。

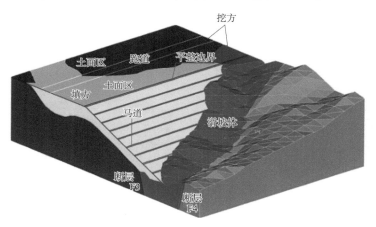

图10.5-1　古滑坡区填方后三维地质模型

计算得出,高填方边坡顺滑坡主滑方向变形明显,天然工况下顶部及中上部水平向变形量为 $60.0 \sim 80.0$mm,边坡中下部至坡脚部位水平向变形量为 $80.0 \sim 100.0$mm,古滑坡受上部填方荷载作用,前缘出现了显著的变形和剪应力集中现象,变形量最大达 106.8mm,见

图 10.5-3a）。

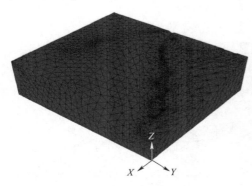

图 10.5-2　三维网格化模型

天然工况下填方边坡主固结沉降和次固结沉降量为 120.0~258.0mm，最大沉降区域位于边坡中部至坡顶部位，最大沉降量 258.0mm，见图 10.5-3b）。

暴雨、地震作用下，边坡应力集中程度和变形量进一步增大，暴雨工况时填方边坡水平向变形量达 100.0~958.6mm，边坡中部变形量最大，塑性变形量接近 1.0m，见图 10.5-4a）。

暴雨工况下高填方边坡及高填方地基的沉降和差异沉降都十分明显，沉降量为 0.64~1.59m，沉降量最大的区域集中在滑坡后缘的填方边坡顶部位置，最大沉降量达 1.59m，见图 10.5-4b）。

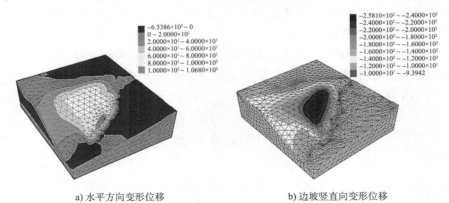

a) 水平方向变形位移　　　　　　　　　b) 边坡竖直向变形位移

图 10.5-3　天然工况下填方位移变化特征

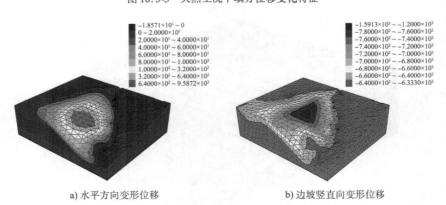

a) 水平方向变形位移　　　　　　　　　b) 边坡竖直向变形位移

图 10.5-4　暴雨工况下填方边坡位移变化特征

通过上述计算得出，古滑坡在填方荷载、降雨入渗、地下水等综合作用下将加速变形，并复活而造成上部高填方边坡失稳，且填方边坡的变形、滑移过程中，变形影响区将逐步扩大并向后缘发展，威胁跑道安全。

10.6 滑距及灾害预测分析

石长洼子古滑坡区浅层滑动规模约 32 万 m³,深层滑体规模约为 103 万 m³,填方量约为 110 万 m³,高填方边坡失稳将有 140 万 m³ ~220 万 m³ 土方下滑。研究中采用经验公式法[23] 和森·胁宽公式[24] 计算边坡失稳后的滑距,得出填方边坡沿浅层滑面失稳滑移后滑距为 160~223m,沿深层滑面失稳滑移后滑距为 170~255m。由于古滑坡下侧村庄距离滑坡前缘 仅为 76.0m 左右,若边坡滑移,将对下侧村庄的安全造成重大威胁,同时跑道距离古滑坡后 缘仅 40 余米,高填方边坡失稳将威胁跑道安全,影响机场的正常建设和安全运营。高填方 边坡失稳成灾过程见图 10.6-1。

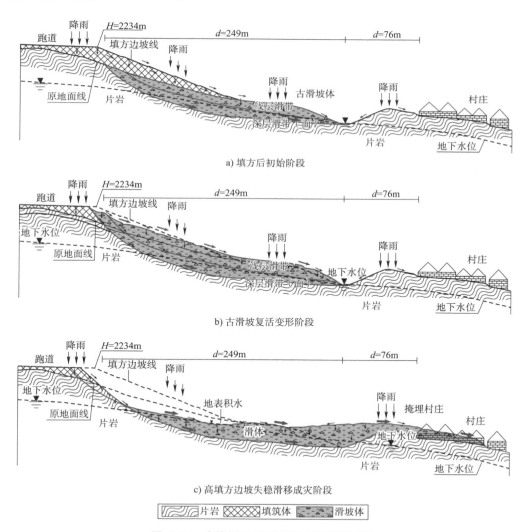

图 10.6-1 高填方边坡失稳滑移成灾过程示意图

10.7　治　理　情　况

10.7.1　治理建议

滑坡区填方高度和土方量大,滑坡前缘地形狭窄、临空,基底岩性以低强度的全强风化片岩为主,直接采用抗滑桩、挡墙、坡脚反压或挖除滑坡体的治理措施,将难以达到预期的治理效果,且安全风险高和投资大,因此,建议采取"避让为主、防治结合"的处理方案,尽量避免扰动古滑坡。

(1)建议在满足机场飞行程序要求和投资可行的前提下,将跑道向南西侧平移80～100m,从而最大限度避开古滑坡。

(2)建议在滑坡后缘填方边坡坡脚部位设置一排抗滑桩,桩底应嵌入中风化稳定基岩一定深度,起到加固滑坡后缘的作用;填方边坡坡脚采用加筋土挡墙或混凝土桩板墙收坡,避免边坡土方压覆于古滑坡后缘,影响滑坡和填方边坡的稳定。

10.7.2　实施情况

根据本研究提出的措施建议,综合考虑土石方平衡、工程安全和投资等因素,设计单位最终采取"将跑道向南西侧平移80m,跑道顶面设计高程抬高1.0m,优化填方坡度,并采用加筋土挡墙收坡"的治理方案。

目前该区滑坡治理和土石方施工已完成,见图10.7-1,各项变形监测指标未见异常,填方边坡和老滑坡整体稳定性良好。

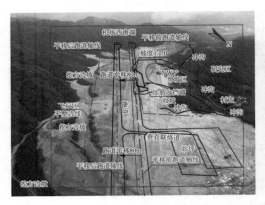

图10.7-1　治理后研究区航拍全景

10.8　结　　语

(1)研究区滑坡为片岩地层大型古滑坡,形成机制属于牵引式和推移式的复合渐进破坏类型,一期深层滑坡属于推移式剪切破坏,二期浅层滑坡属于牵引式滑移-拉裂破坏。

(2)经稳定性计算分析得出,高填方边坡天然工况下整体欠稳定,暴雨及地震工况下不稳定,古滑坡将受地形、岩性、填方荷载、降雨入渗和地下水的综合作用而复活,造成上部高填方边坡失稳。

（3）大量的试算表明,由于填方边坡应力重分布,边坡并不完全沿古滑面滑移失稳,而是可能沿古滑面、软弱带、填方交界面等薄弱面(带)滑动,然后在填方边坡的坡坡脚以及古滑坡体中下部合适位置剪出。

（4）滑坡和边坡的稳定性受地形、填方荷载、岩性、降雨和地下水综合影响,并与地下水作用密切相关,地下水长期作用,将使片岩逐步软化、泥化形成软弱带,在自重应力和动静水压力作用下发生累进性破坏而失稳。

本章参考文献

[1] 黄润秋.20世纪以来中国的大型滑坡及其发生机制[J].岩石力学与工程学报,2007
　　 (03):433-454.

[2] 蒋承菘.中国地质灾害的现状与防治工作[J].中国地质,2000(04):3-5.

[3] 段永侯.我国地质灾害的基本特征与发展趋势[J].第四纪研究,1999(03):208-216.

[4] 殷跃平.中国地质灾害减灾回顾与展望——从国际减灾十年到国际减灾战略[J].国土
　　 资源科技管理,2001(03):26-29.

[5] 徐则民,张倬元,许强,等.九寨黄龙机场填方高边坡动力稳定性分析[J].岩石力学与工
　　 程学报,2004(11):1883-1890.

[6] 何兆益,孙勇,赵川,等.强夯法在万州五桥机场高填方工程中的应用[J].重庆交通学院
　　 学报,2001(02):83-86.

[7] 谢春庆,潘凯,廖崇高,等.西南某机场高填方边坡滑塌机制分析与处理措施研究[J].工
　　 程地质学报,2017,25(04):1083-1093.

[8] 谢春庆,刘汉超.西南地区机场建设中的主要工程地质问题[J].地质灾害与环境保护,
　　 2001(02):32-35.

[9] 谢春庆.民用机场工程勘察[M].北京:人民交通出版社股份有限公司,2016.

[10] 龚志红,李天斌,龚习炜,等.攀枝花机场北东角滑坡整治措施研究[J].工程地质学报,
　　　 2007(02):237-243.

[11] 阮小龙,黄双华,汪杰,等.攀枝花机场滑坡成因分析及治理对策[J].四川建筑,2013,
　　　 33(05):118-119,122.

[12] 梅涛,王禹,彭斌,等.鄂西北片岩边坡渗流计算与稳定性分析[J].土工基础,2010,24
　　　 (04):77-80.

[13] 刘建,李建朋.谷竹高速公路原状片岩抗剪强度的水敏性研究[J].岩土力学,2012,33
　　　 (06):1719-1723.

[14] 吴斐,朱哲明,徐文涛.丹巴二云片岩蠕变试验研究[J].四川大学学报(工程科学版),
　　　 2014,46(S1):69-73.

[15] 刘胜利.风化和降雨作用下软岩边坡稳定性研究[D].武汉:华中科技大学,2012.

[16] 尹晓萌,晏鄂川,崔学杰,等.片岩强度各向异性特征及破坏模式分析[J].工程地质学报,2017,25(04):943-952.

[17] 杨帆,侯克鹏,谢永利.强风化云母石英片岩力学参数确定方法[J].长安大学学报(自然科学版),2012,32(02):29-33,38.

[18] 贾荣谷.云南德钦某公路大型滑坡治理分析[J].华东科技(学术版),2014(4):203-204.

[19] 管宪伟,钱财富.降雨条件下土质边坡入渗深度的估算[J].治淮,2015(07):18-19.

[20] 中华人民共和国国家质量监督检验检疫总局.滑坡防治工程勘查规范:GB/T 32864—2016[S].北京:中国标准出版社,2016.

[21] 中国民用航空局.民用机场岩土工程设计规范:MH/T 5027—2013[S].北京:中国民航出版社,2013.

[22] 中华人民共和国住房和城乡建设部.建筑边坡工程技术规范:GB 50330—2013[S].北京:中国建筑工业出版社,2013.

[23] 章健.黄土滑坡运动模式及滑距预测方法研究[D].西安:长安大学,2008.

[24] 森·胁宽.滑坡滑距的地貌预测[J].王念秦,译.铁路地质与路基,1989,3(3):42-47.

第 11 章　非均质土石混合体大面积填筑地基地下水工程效应

土石混合体填料在大面积填筑工程中运用十分广泛,其来源包括"自然堆积形成"和"人工开挖混合形成"。土石混合体中"土"和"石"两相介质的粒径和强度相差很大,其微观结构的随机性和复杂性决定了其复杂的力学行为[1]。

土石混合填料粗颗粒与细颗粒的相对含量占比对土的压实性能、抗剪强度、渗透性等都有较大影响。土石混合料的压实是大小颗粒在外力的作用下克服颗粒间阻力的过程,土体的压实不仅与粗颗粒的风化程度有关,而且与粗颗粒含量有密切的关系,当粗颗粒含量较低时,粗颗粒在压实体中仅作为不可压缩的集料,细颗粒对土体的压实起到决定性的作用,但当粗颗粒含量增多时,粗颗粒将起到骨架作用,在压实过程中细颗粒起到润滑和填充作用,此时粗颗粒对土体的压实起到决定性的作用[2]。

在工程建设中,大面积填方施工采用的土石混合料大多数情况下并非理想的均质混合体,而是呈现非均质的特征,采用非均质土石混合体填筑形成的大面积填筑地基与均质土地基在工程特性方面存在显著差别。

西南地区 TR 机场属高填方机场,二期扩建时土石方工程竣工后不久遭遇了持续半月的强降水,在一次突发暴雨后 4h,填筑体顶面发生沉陷,边坡发生鼓胀、冒水、滑移等病害,随即开展水文地质专项勘察和地下水工程效应研究,结果表明该机场病害主要是采用含碎石黏性土填筑的土面区、边坡影响区,因强夯补强破坏了填筑体内原有的碎石排水层,造成了采用碎石填筑的道槽区入渗的降水不能及时排出而引发的高地下水压力、渗透变形、浸泡软化等共同作用所致。

谢春庆、潘凯等(2017)[3]通过系统研究,针对该类非均质土石混合体填筑的大面积填筑地基采取填筑体顶面薄膜覆盖、坡面出水点网装级配碎石反滤和引流、滑塌坡面袋装碎石回填的应急处理措施,以及填筑体顶面黏性土回填、坡面碎石换填、仰斜管排水的永久处理方法,有效地控制了边坡的进一步变形、滑塌,取得了良好的病害、灾害治理效果,可为类似工程参考。

11.1　工　程　概　况

西南地区 TR 机场始建于 20 世纪 70 年代,泥结碎石道面,长 1800m,未通航。1999—2002 年进行一期建设,机场跑道长 2200m,宽 45m,飞行区规模 4C。2013—2014 年进行二期建设,跑道长 2800m,宽 45m,飞行区规模 4C。

二期建设填筑体长 600m,最大填方高度约 35m,宽 210m。边坡填筑坡度为 1∶2.0,道槽区与土面区搭接处坡度为 1∶0.75,边坡部位每隔 10m 高度设置一条马道,马道宽 2m,马道与边坡接触部位设置地表排水沟。

整个填方区采用非均质土石混合料填筑,具体为道槽区采用碎石料填筑,土面区、边坡区采用含碎石红黏土填筑,与每级马道对应部位设置近水平碎石排水层,排水层坡度约2%,如图11.1-1、图11.1-2所示。

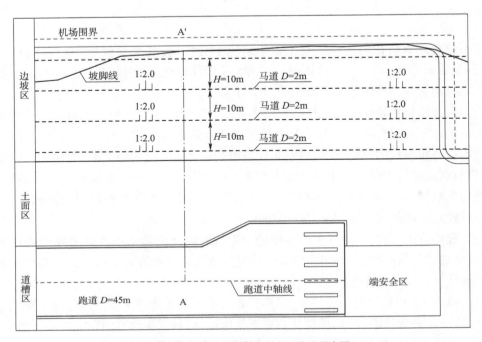

图 11.1-1　研究区典型断面(A-A')位置展布图

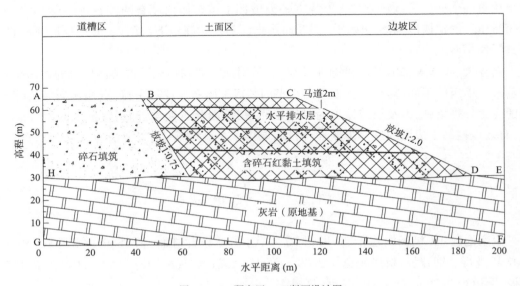

图 11.1-2　研究区 A-A'断面设计图

11.2 气象水文特征

11.2.1 气象条件

据当地气象监测资料,机场所在地区经历了持续半个月的降水,每日累计降雨量9.8~172.4mm,在发生大面积垮塌前一周,出现了罕见的暴雨、大暴雨,3日累计降雨量大于200mm,超历史降雨量阈值。降雨量监测值如图11.2-1所示。

持续降雨后土面区顶面产生了大量的积水,表层填筑体处于饱和状态,见图11.2-2;部分积水顺地势流入顶面排水沟,见图11.2-3。

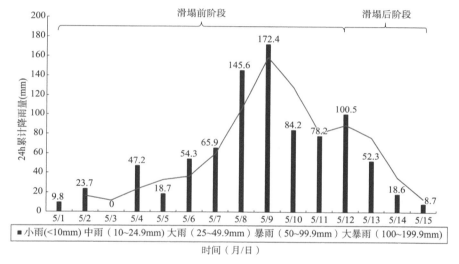

图 11.2-1 降雨量监测值分布图

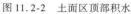

图 11.2-2 土面区顶部积水

图 11.2-3 雨后顶面排水沟积水

道槽区采用块碎石填筑,填料渗透性好,雨水全部渗入填筑体,随降雨的持续,道槽区地下水位逐步抬升。据现场调查,在道槽区局部低洼地段出现了地表积水,说明填筑体孔隙已被降水充满,形成一个被土面区、边坡区黏性土填筑体封闭的"高水位地下水库"。

11.2.2 水文条件

研究区四面有三条河环绕。西南有锦江,东有亳罗溪上游支流,北为沱江。三河流均属长江水系。场区内溪沟不发育,无长年流水溪河,仅有 5 条间歇性流水的溪沟,分布于飞行区四周。

11.3 工程地质特征

11.3.1 地质条件

工程区位于云贵高原东缘低山丘陵地带,受构造、剥蚀作用影响,研究区地形地貌单元主要为构造溶蚀洼地和溶蚀残丘地貌。地形切割深度 20 ~ 48m。基岩为寒武系沉积岩,岩性主要为结晶白云岩。土层为第四系残坡积土和人工填土,揭露最大厚度 20.0m。

工程地处扬子准地台的华南褶皱带,场区外围断裂较发育,工程区内构造体系主要由西部的一条主干断裂和北部呈"多"字形分布的一系列 NNE 向压性断裂组成。机场抗震设防烈度为 6 度,设计基本地震动峰值加速度 0.05g。

11.3.2 水文地质条件

研究区地下水类型主要为碳酸盐岩溶隙裂隙水和第四系松散层局部的上层滞水。岩溶分布区地下水位埋深,由于地貌单元的变化,场区深浅不一,地下水位高程在 680m 以下。

场地内全新世次生红黏土,耕土和淤泥质土中,含上层滞水,水量小;更新世红黏土透水性差,不含地下水;同时机场工程区内,地势低洼地段的汇水区填筑体局部赋存松散层孔隙潜水。

11.3.3 地基土渗透特征

土体的渗透性是准确模拟土体渗流的基础,是岩土工程渗流分析中非常重要的计算参数之一,所以结合本项目特点,进行了红黏土、碎石填筑体和土石混合填筑体渗透特性研究,场地填料特征见图 11.3-1。

道槽区碎石填筑体　　　　边坡区含碎石红黏土填筑体

图 11.3-1　研究区边坡区红黏土、碎石填筑体特征

1）红黏土渗透特性

（1）原生红黏土渗透特征。

一期和二期建设勘察对原生红黏土进行100组渗透试验，其渗透系数统计见表11.3-1。从表中可见，可塑态红黏土较硬塑态红黏土渗透性差，可能受样品中微裂隙影响。当样品中有视力可见裂隙时，渗透性急剧提高，最大可达$n \times 10^{-3}$cm/s。

（2）不同压实度红黏土渗透特征。

在现场分别采取硬塑、可塑态的压实填土样品进行室内渗透试验，试验成果见表11.3-1。从表中可见，同一塑性状态下，压实度90%和93%的试样渗透系数变化不大。受红黏土样品中裂隙影响，其渗透性有明显提高。

TR机场原生红黏土室内试验成果统计表　　　表11.3-1

岩土名称	状态	渗透系数（cm/s）	备注
红黏土	硬塑	$2.0 \times 10^{-5} \sim 5.4 \times 10^{-6}$	—
	硬塑	$1.1 \times 10^{-3} \sim 7.8 \times 10^{-5}$	网状裂隙发育
	可塑	$5.3 \times 10^{-6} \sim 9.6 \times 10^{-7}$	—
红黏土素填土	硬塑（压实度90%）	$6.5 \times 10^{-6} \sim 3.4 \times 10^{-7}$	—
	硬塑（压实度93%）	$2.5 \times 10^{-6} \sim 2.4 \times 10^{-7}$	—
	硬塑（压实度90%）	$3.2 \times 10^{-3} \sim 6.5 \times 10^{-6}$	网状裂隙发育
	硬塑（压实度93%）	$2.1 \times 10^{-3} \sim 7.6 \times 10^{-6}$	网状裂隙发育
	可塑（压实度90%）	$7.2 \times 10^{-6} \sim 7.5 \times 10^{-7}$	—
	可塑（压实度93%）	$4.3 \times 10^{-6} \sim 6.1 \times 10^{-7}$	—

2）碎石填筑体渗透特征

对碎石填筑体进行现场渗透试验，渗透系数可达5～20cm/s，暴雨降落到碎石填筑体顶面后可瞬间渗入地下，入渗率可近似为100%。

3）土石混合填筑体渗透特征

（1）室内试验。

采取不同含量的土石混合填筑体样品进行粗粒土室内渗透试验。按现场设计控制压实度93%进行密实。不同含石量条件下，土石混合颗粒级配特征见图11.3-2。试验采用常水头渗透方法，并依据达西渗流定律来计算粗颗粒土的渗透系数。

通过室内渗透性试验得出：含石量30%、50%、70%情况下，渗透系数平均值分别为4.91×10^{-6}cm/s、4.54×10^{-5}cm/s、7.60×10^{-4}cm/s，并呈现渗透系数随含石量呈指数增长规律，见图11.3-3。

从图中可见，当含石量小于或等于30%时，土石混合体的渗透系数接近红黏土，其值为$n \times 10^{-6}$。当含石量为30%～50%时，渗透系数随含石量变化的曲线斜率很小，表明渗透系数变化小；当含石量超过50%后，渗透系数随含石量变化的曲线斜率明显增大，说明渗透系数增大显著。

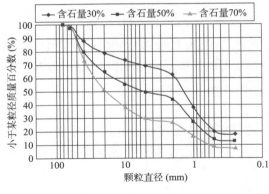

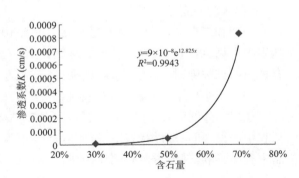

图 11.3-2　不同含石量下土石混合体颗粒级配曲线　　　图 11.3-3　渗透系数随含石量变化的曲线

上述分析表明,土石混合体中含石量对渗透系数具有控制作用,当含石量超过 50% 时,土石混合体渗透性能接近砾石堆积体。在含石量为 30%、50% 情况下,水力梯度位于 0～15 之间,试样未发生明显的渗透变形。当含石量为 70% 情况下,当水力梯度超过 8.15 后,渗透系数开始剧烈增大,当水力梯度达到 9.15 后,压力管中水头急剧下降。升高水头高度,压力管中水头静止不变,试样呈完全透水状态。出水管中水呈浑浊状,且量筒中明显看见颗粒在浮动,表明试样已发生渗透破坏。此时,渗透系数可达 2.64cm/s。

(2)现场试验。

在现场进行渗水试验,试验后采取样品进行颗分试验、压实度测试,其成果见表 11.3-2。

土石混合填筑体现场渗透试验成果统计表　　　　　　　表 11.3-2

含石量(%)	样品数(组)	压实度(%)	渗透系数平均值(cm/s)
25～30	6	88～94	4.52×10^{-6}
30～40	6	90～94	2.46×10^{-5}
40～50	7	89～93	4.82×10^{-5}
50～60	6	86～93	9.80×10^{-5}
60～75	6	85～94	9.20×10^{-4}

从图 11.3-3 和表 11.3-2 对比分析可得,现场试验和室内试验获得的渗透系数随土石含量变化规律两者相同,渗透系数平均值相近。

11.4　边坡变形特征

边坡岩土体的变形破坏需要一个过程,边坡由稳定状态向不稳定状态的转变也必然有某种前兆,捕捉这些前兆信息并对其进行分析和解释,可更好地认识边坡岩土体变形的发展过程和失稳的征兆及其判据。

研究中自 2013 年 11 月—2015 年 3 月对填方地基进行了详细的监测,监测内容包括地下水监测、降雨及地表水监测、变形监测。总共历时 511d,最多监测次数为 15 次。变形滑塌区主要位于监测点 T1～T6 所在范围,见图 11.4-1。

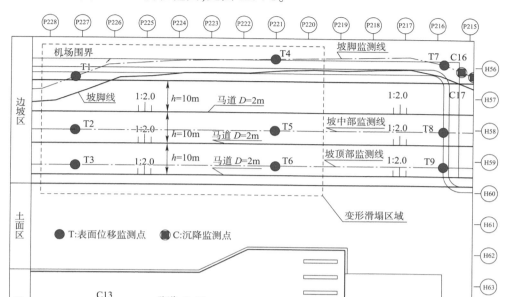

图 11.4-1 滑塌区域分布与监测点平面布置图

注:P、H 为机场坐标,P 轴垂直跑道方向,H 轴平行跑道方向。

位移监测曲线主要表现出以下特征:

(1)填筑完工前及完工后的一段时间内(2013 年 11 月—2014 年 5 月),无论是 P 向还是 H 向的位移量都较大,位移速率波动较为明显,见图 11.4-2。

(2)2014 年 5 月底—2015 年 3 月 26 日这段监测期内,经过前期的固结,位移量明显减小,位移速率也趋于稳定。结合顶面沉降规律还可以分析出,顶面沉降明显的阶段也是坡面位移量较大的阶段。

(3)P 向位移明显大于 H 向位移。

(4)根据 T01～T03 监测线,坡脚位移量为 119.1mm,坡中部位移量为 147.1mm,坡顶位移量为 140.8mm,变形量最大时间段出现在 2014 年 5 月。T04～T06 监测断面中位移量最大部位为边坡中部的 T05 点,P 方向的累计位移量为 231.3mm,位移速率为 0.45mm/d。

(5)位移速率曲线反映出 2014 年 1—5 月 T05 位移速率从 0.18mm/d 增大到 0.99mm/d,据施工资料,除与该阶段施工干扰和填料的不均匀性有关外,还有一个重要原因是降雨入渗,导致坡面塑性变形加剧。

在 2014 年 5 月 10—12 日持续降雨后,边坡中下部开始鼓胀变形并向坡脚扩展,4h 后坡脚部位开始滑移剪出,局部形成滑塌,并处于持续变形之中。滑塌主要集中在边坡的中部到坡脚部位,呈不规则扇状,滑塌多表现为前缘推挤剪出、中部鼓胀隆起、后缘密集拉裂的特征,如图 11.4-3～图 11.4-5 所示。近坡脚部位出现了大量的突水点,且流出的水呈浑浊状,如图 11.4-6 所示。通过现场调查及监测资料,填方边坡还表现出变形失稳滞后于降雨峰值的特征。

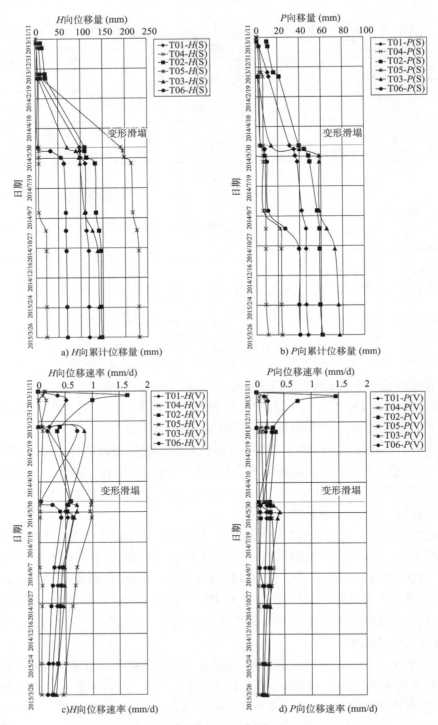

a) H向累计位移量 (mm)

b) P向累计位移量 (mm)

c)H向位移速率 (mm/d)

d) P向位移速率 (mm/d)

图 11.4-2 T01 ~ T06 监测点水平位移量及位移速率曲线

图 11.4-3 边坡鼓胀、坡脚剪出

图 11.4-4 坡面后缘密集拉裂

图 11.4-5 边坡下部滑移变形

图 11.4-6 边坡下部冒水

11.5 滑塌成因机制理论分析

11.5.1 填筑材料与施工因素

道槽区采用块碎石料填筑,压实度按 96% 控制,土面区、边坡区采用碎石和红黏土填筑,压实度按 93% 控制,见图 11.5-1,并在马道对应位置设置碎石排水层,厚度 30cm。

图 11.5-1 边坡区填筑用料

由于施工过快,变形过大,施工方对边坡区进行了强夯补强处理,造成大部分已完工的碎石排水层遭到破坏,不能很好地发挥排水功效。从道槽区和土面区入渗的雨水不能及时地被排出,地下水位逐步升高,最终在道槽区形成一个被土面区、边坡区封闭的"高水位地下水库"。"水库"的高水压力及地下水的渗流潜蚀作用,对控制填筑体沉降和保证边坡稳定极为不利,埋下了安全隐患。

11.5.2 降雨入渗与地下水渗流因素

气候条件对斜坡稳定性影响有多种方式,其中降雨的作用尤为突出[4]。地下水对斜坡有强烈的侵蚀作用、渗透变形及软化、泥化作用等,可在斜坡中形成对斜坡演变起重要控制作用的活跃带,主要表现在三个方面:①力学作用,孔隙水压力效应、动水压力效应、饱水加载效应;②物理作用,浸泡软化、泥化、润滑作用、结合水强化作用及淘蚀、侧蚀作用;③化学作用,离子交换、溶解、水化、水解、溶蚀及氧化还原作用[5]。由于受降雨时间和非饱和土基质吸力的影响,受雨水影响的非饱和土层深度一般仅为数米,所以此类滑坡的发育深度往往较浅,其力学性状受天气变化影响很大;对于深层破坏,土层一般是饱和的,这种破坏的根本原因是孔隙水压力的增长。研究非饱和态变化的问题也就是非饱和渗流的问题,包含着非饱和状态下水分的赋存和运动规律[6-7]。非饱和土渗流基本理论一般根据广义达西(Darcy)定律和质量守恒定律建立[8]。

道槽区采用块碎石填筑,填料孔隙度高、渗透性好,降雨全部入渗;土面区采用含碎石红黏土填筑,且经过夯实处理,渗透系数很小,是较好的隔水材料。降雨小部分向下入渗,大部分以地表径流的形式排泄到场外。随着地表水入渗,道槽区地下水位不断抬升,形成了一个很高的不稳定水头,对土面区和边坡区产生侧向的静水压力。

土面区和边坡区存在被破坏的水平碎石排水层,且填筑的红黏土含有大量的碎石颗粒,因此填筑体并不是完全的隔水层,而是在其中存在相对的渗流通道,见图11.5-2。

道槽区地下水会沿这些通道缓慢地向边坡部位渗流,且利用这些通道,将道槽区水压力传递到坡面、坡脚部位。

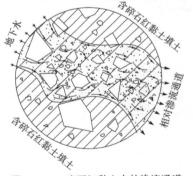

图 11.5-2　碎石红黏土中的渗流通道

由于地下水的潜蚀、淘蚀作用,在边坡填料松散、渗透性好的部位逐步形成贯通的突水孔,向外排泄地下水;在土质密实、渗透性差的部位,则会因地下水压力强大的推挤作用,而使部分坡面向外隆起形成鼓包。在降雨入渗和道槽区积水渗流的联合作用下,边坡部分土体将逐步饱和,一方面增大了土体的质量,使下滑力增加;另一方面浸泡软化填筑体,减小抗滑力,导致边坡前缘鼓出,后缘拉裂,最后形成贯通的滑移面而失稳。降雨入渗与地下水渗流对边坡影响的作用过程,见图11.5-3。

综上所述,降雨入渗形成地下水的不良作用是病害产生的主要原因。

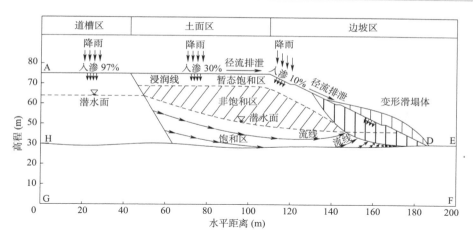

图 11.5-3 降雨入渗、地下水渗流与斜坡失稳关系示意图

11.6 边坡变滑塌机制数值模拟分析

为更加深入地分析降雨入渗形成的地下水对填方边坡滑塌的影响,研究中采用有限元分析模块 SEEP/W、SIGMA/W、SLOP/W 进行耦合计算。通过数值计算,分析降雨时间、降雨强度、填筑体内水位变化对边坡变形和稳定性的影响。

11.6.1 计算模型与参数取值

对边坡进行概化建模,模型物理力学参数由室内试验、原位试验及工程类比获得,见表 11.6-1。数值分析几何模型见图 11.6-1。

建模物理力学参数   表 11.6-1

分类	重度(kN/m³)	黏聚力(kPa)	内摩擦角(°)	模量(kPa)	泊松比	渗透系数(m/s)
碎石	2000	2.0	29.0	3.4×10^4	0.21	1.9×10^{-2}
含碎石红黏土	1850	41	22.0	6.1×10^3	0.25	2.88×10^{-6}
白云岩	2720	5400	44.0	1.12×10^7	0.20	4.2×10^{-10}

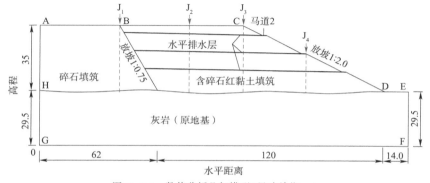

图 11.6-1 数值分析几何模型(尺寸单位:m)

11.6.2 边界条件设置

渗流计算的边界条件通常包括两类,第一类为定流量边界,第二类为定水头边界。降雨入渗可根据入渗雨量大小作为定流量边界[9];由于工程区地下水埋藏较深,最初填筑体内无地下水,持续降雨后地下水观测孔的水位可作为定水头边界。模型 AB、BC、CD 段为定流量边界,DE 段为零压力边界,AH、HG、EF 段固定竖直向位移,FG 段固定水平和竖直向位移。J1、J2、J3、J4 为孔隙水压力、饱和度监测断面线。根据气象资料,降雨强度考虑 0.125×10^{-4} m/s、0.22×10^{-4} m/s、0.33×10^{-4} m/s、0.47×10^{-4} m/s,降雨时间考虑为 0h、1h、12h、24h、48h、72h,根据水位观测孔资料,道槽区地下水水头考虑为 0m、5m、15m、25m、30m。

体积含水率函数和水力传导系数函数是非饱和土渗流分析的两个重要参数,两参数变异性大,不易直接测量[10-11],本书采用 Van-Genuchten 模型估算水力传导系数函数,所需估算参数由室内试验及原位试验获得。体积含水率函数和水力传导系数函数曲线,见图 11.6-2、图 11.6-3。

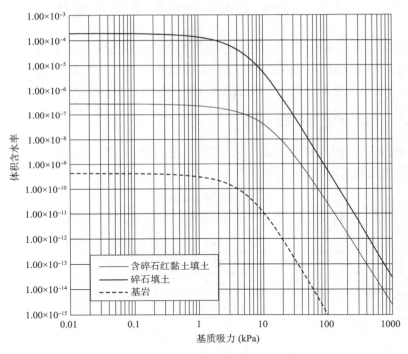

图 11.6-2 土体的水-土特征曲线

11.6.3 计算结果分析

1)降雨历时对边坡附加变形及稳定性影响

设定降雨强度为 0.33×10^{-4} m/s,分别计算降雨历时 1h、12h、24h、48h、72h 情况下,填方结构各部位体积含水率、孔隙水压力、稳定性的变化。不同降雨历时后填方边坡体积含水率变化见图 11.6-4。

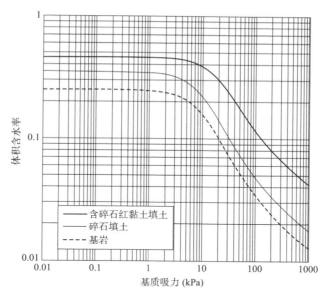

图 11.6-3 土体的渗透系数曲线

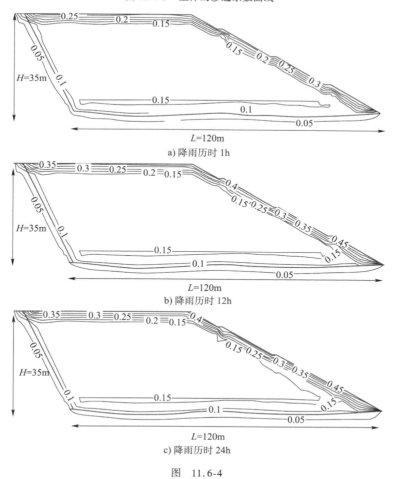

a) 降雨历时 1h

b) 降雨历时 12h

c) 降雨历时 24h

图 11.6-4

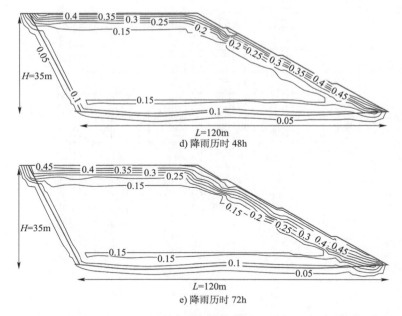

图 11.6-4　不同降雨历时土体体积含水率等值线图

由体积含水率等值线图可以看出,随着降雨的持续,在一定深度范围内,从坡面向内部体积含水率逐步增加,入渗深度缓慢增大,而后在边坡顶面一定深度范围内形成一个暂态饱和区,下部为饱和区与非饱和区的过渡带。J3 监测断面不同降雨历时体积含水率-深度分布如图 11.6-5 所示。

由图 11.6-5 可以看出,0 ~ 8m 范围内,随降雨的持续,表层土体体积含水率在不断增大,浸润线以下体积含水率基本不变,曲线水平。

J3 监测断面不同降雨历时孔隙水压力与深度分布,如图 11.6-6 所示。

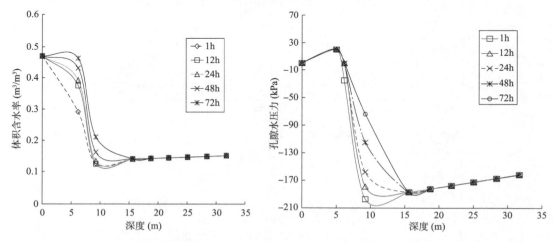

图 11.6-5　不同降雨历时体积含水率-深度分布曲线　　图 11.6-6　不同降雨历时孔隙水压力-深度分布曲线

由图 11.6-6 可见,同一降雨历时,在一定深度范围内,随降雨的持续,孔隙水压力由负孔隙水压力逐步增加到正的孔隙水压力,后又回落到负的孔隙水压力,正负孔隙水压力交接区域为浸润线所在部位,且降雨历时越长,浸润线的深度越深。换言之,降雨入渗的深度也就越深。

在同一降雨强度(0.33×10^{-4} m/s),不考虑地下水变化,降雨历时 1h、24h、48h、72h 条件下,以降雨入渗瞬态分析结果为父项,导入 SLOP 中进行稳定性计算。获得各历时边坡稳定性系数 f 为 1.35、1.30、1.26、1.18、1.10、1.03,边坡处于稳定~基本稳定状态。可见,单一的降雨入渗因素对边坡的稳定性影响并不明显。图 11.6-7 为各降雨历时条件下边坡稳定性和潜在滑移面分布特征。

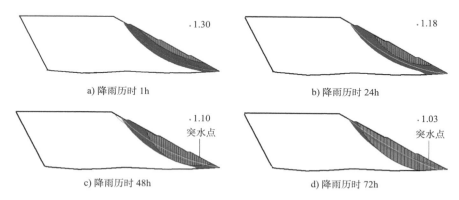

a) 降雨历时 1h 　　　　b) 降雨历时 24h 　　　　c) 降雨历时 48h 　　　　d) 降雨历时 72h

图 11.6-7　各降雨历时边坡稳定性和滑带分布图

2)地下水渗流对边坡稳定性影响

分别研究水位高度 0m、5m、15m、25m、30m 情况下,边坡变形及稳定性特征。结果得出,随地下水位的抬升,填方边坡内孔隙水压力逐步增大,且随深度增加而增大,水位高度与水压力呈正相关。在不考虑时间效应的情况下,水位的抬升将会使边坡的稳定性降低,两者呈近似的负相关。但实际情况是,土层的渗透系数较小,地下水渗流到坡脚部位需要一定的时间,边坡的变形要滞后于地下水位的变化。因此,渗流分析需要考虑时间效应才符合工程实际。计算得出,在地下水位 5m 情况下,降雨持续 50h 后,边坡变形较为明显,说明地下水已渗流到坡脚部位。

图 11.6-8 为边坡稳定性与地下水位、降雨历时的关系特征。曲线反映出,随水位升高,地下水渗流到坡脚的时间将缩短,加快坡脚饱和速率,边坡稳定性将急剧下降。可见,地下水位的升高对填方边坡稳定性的影响十分明显,这种影响强于单一降雨入渗的影响。并且在降雨入渗、地下水渗流的耦合作用下,边坡变形失稳的概率将会更高。

3)降雨强度对边坡稳定性的影响

计算中分别设定降雨强度为 0.125×10^{-4} m/s、0.22×10^{-4} m/s、0.33×10^{-4} m/s、0.47×10^{-4} m/s 来分析降雨强度的影响。结果显示,在降雨历时同为 48h,不考虑地下水位抬升的情况下,对应的稳定性系数分别为 1.19、1.15、1.10、1.01;在同时考虑降雨强度和地下水位抬升的情况下,对应稳定性系数分别为 1.15、1.10、0.98、0.87。可见,降雨过程中地下水位会逐步升高,动静水压力也同步增大,随着降雨的持续,将对边坡稳定性产生显著影响,且降雨强度越大影响越迅速。

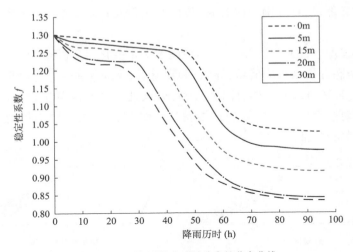

图 11.6-8　降雨历时-边坡稳定性分布曲线

4）应力应变及变形特征

采用 SIGM/W 进行耦合分析，计算结果显示，当没有降雨入渗时，塑性区分布范围较小，只在边坡下部至靠近坡脚部位有局部应变集中，集中程度低，边坡位移量总体较小，见图 11.6-9。

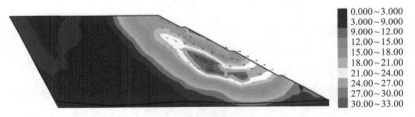

图 11.6-9　天然工况下应变及位移矢量布图（单位：mm）

当降雨入渗、地下水向边坡部位渗流时，边坡塑性区分布范围明显增大，应变集中区从边坡下部逐步向边坡中上部扩展，在靠近坡脚部位产生了剪应力集中，中上部位产生了拉应力集中。位移矢量显示，该种工况下边坡的变形量较大，呈现出边坡中上部密集拉裂，中部鼓胀隆起，中下部至靠近坡脚部位推挤剪出的破坏特征，见图 11.6-10，结果与现场调查基本一致。

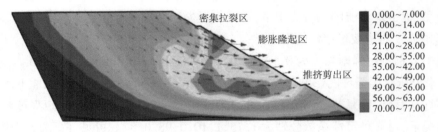

图 11.6-10　降雨工况下应变及位移矢量分布图（单位：mm）

11.7 病害处理措施

在查清边坡滑塌主要因素为地下水不良作用的基础上,针对性地提出病害应急处理措施和永久处理措施相结合方案。

11.7.1 应急治理措施

(1)道槽区、土面区,地表水入渗严重区域,及时采用防水土工布或薄膜封闭,见图 11.7-1。

(2)变形观测点 T05 附近坡面出水点,用网装级配碎石反滤和引流,滑塌坡面用袋装碎石回填,防止渗透变形进一步发展。

(3)高填方边坡鼓起部位和渗水部位,打应急排水孔疏排填筑体内积水,见图 11.7-2。

图 11.7-1 防水土工布和薄膜覆盖顶面

图 11.7-2 应急排水孔布置特征

11.7.2 永久治理措施

(1)鉴于雨季进行永久性整治存在较大的不确定性和风险,建议加强变形和渗水的观测,并尽快对已变形区域的构筑物进行修缮。

(2)坡顶与排水沟、围场路之间的区域,用水泥砂浆封闭,以防止雨水继续入渗。

(3)土面区顶部回填黏性土并压密,边坡坡面采用碎石换填并设置仰斜管排水。

(4)破坏后的边坡坡面采用加筋格构防护。

实践表明,采用上述的灾害治理措施,边坡变形得到很好的控制,沉降量、水平位移量、地下水位、孔隙水压力监测值均在安全范围之内,治理效果良好。

本章参考文献

[1] 罗洋.基于 PFC^{3D} 的不规则颗粒土石混合体宏细观三维静动力特性分析[D].成都:西南交通大学,2021.

[2] 张进发.土石混合非均质填料的压实特性与质量控制[J].公路,2005(10):164-166.

[3] 谢春庆,潘凯,廖崇高,等.西南某机场高填方边坡滑塌机制分析与处理措施研究[J].工

程地质学报,2017,25(04):1083-1093.

[4] 张倬元,王士天,王兰生,等.工程地质分析原理[M].2版.北京:地质出版社,2009.

[5] 薛禹群,吴吉春,地下水动力学[M].3版.北京:地质出版社,2010.

[6] 戚国庆.降雨诱发滑坡机理及其评价方法研究[D].成都:成都理工大学,2004.

[7] 朱伟,程南军,陈学东,等.浅谈非饱和渗流的几个基本问题[J].岩土工程学报,2006(02):235-240.

[8] RICHARDS L A. Capillary conduction of liouids through porous mediums[J] Journal of applied physics,1931,1(5):318-333.

[9] 罗平平,王兰甫,高献伟,等.降雨入渗下高填强夯矿渣边坡滑坡机理研究[J].工程地质学报,2011,19(06):844-851.

[10] 陈铁林,邓刚,陈生水,等.裂隙对非饱和土边坡稳定性的影响[J].岩土工程学报,2006(02):210-215.

[11] 李海亮,黄润秋,吴礼舟,等.非均质土坡降雨入渗的耦合过程及稳定性分析[J].水文地质工程地质,2013,40(04):70-76.

第12章　砂质土大面积填筑地基地下水工程效应

砂质土与其他类型的土,在结构、物理力学性质上存在着明显差异,砂质土的粒组特征往往与其工程性质和运用相关联。刘恒[1]通过对含黏粒砂土填方路基渗透特性及沉降研究认为,粉砂、细砂土容易出现流沙现象,中砂、粗砂土虽然性质相对较好,但其仍有可能出现管涌、渗漏等不良现象。

关于砂质土用于地基填料的研究,张晓[2]、李洪胜[3]对公路填砂路基的施工技术进行了探讨,获取了一些砂质土填筑施工技术方面的成果。但目前相关研究尚浅,可借鉴的成熟工程经验还较少,尤其是关于砂质土填筑地基病害的成因机制分析及防治措施研究更为鲜见。

基于研究现状,本章依托某高速公路路基溜塌案例,详细调查了路基溜塌的特征和历史发展过程,并从路基设计、填料性质、降雨、地下水作用等方面系统分析了路基溜塌的成因机制,针对性提出了病害的临时处置措施及永久治理措施建议方案,取得了较好的治理效果,以期为类似大面积填筑工程的设计、施工和病害防治提供参考。

12.1　工程概况

该工程为高速公路双向六车道,路面总宽度30.5m,路基填筑高度4.0~13.0m,按1:1.5~1:1.75坡度分层填筑,单层虚铺厚度0.3m,振动碾压密实,路基边坡采用带排水槽的M7.5浆砌片石拱形骨架灌草护坡。

填料采用建设方指定料场的砂质土,参考《铁路路基设计规范》(TB 10001—2016)附录A[4],该类填料属 B_2、C_3 组混合料(B_2:间断级配含土中砂、粗砂;C_3:间断级配含土细砂、粉土、粉砂)。路基填料粒径变化较大,颗分试验表明该类土主要为级配不良的细砂、中砂和粗砂,其次为黏土质砂和粉质黏土,不均匀系数 $C_u = 2 \sim 15$,曲率系数 $C_c = 0.3 \sim 0.9$,总体属级配不连续的砂质细粒土。重型击实试验得出,砂质填土最大干密度1.76~1.91g/cm³,最优含水率12.0%~14.8%。

这类土黏聚力低、渗透性好,抗侵蚀性能差,易冲刷破坏,重型击实试验获取的最大干密度1.76~1.91g/cm³,最优含水率12.0%~14.8%。

12.2　研究区地质概况

研究区地处成都平原西部,岷江Ⅰ级阶地之上,总体地势开阔、平坦。气候属亚热带湿润气候,降雨充沛,多年平均降水量950mm,丰水期为6—9月,其降水量占全年降雨量的 75%。

研究区地层具典型的二元结构特征,覆盖层为第四系全新统冲洪积层,分为上、下两段,上段为杂色黏土、粉质黏土、粉土和黄灰色砂土;下段为灰白色卵砾石层,粒径在 2~15cm 之间,卵砾石层中夹少量黏性土和砂土透镜体;下伏基岩为白垩系灌口组泥岩、粉砂质泥岩。工程影响深度内,地下水类型为第四系松散层孔隙潜水,砂卵砾石层为主要含水层,丰水期地下水位埋深为 0.15~2.0m,地下水位动态变化幅度为 1.0~2.5m。

12.3 填方路基溜塌病害特征

该工程路基土石方填筑施工完后进入雨季,在某年 6 月 19 日—7 月 9 日,约 22d 的时间里,路基发生了 50 余处溜塌,溜塌路基累计长达 3.5km,溜塌路段高差 9~13m,溜塌厚度 0.5~4.0m,溜塌方量从几立方至 200 余立方米,溜塌多呈泥流、砂流状,如图 12.3-1、图 12.3-2 所示。

图 12.3-1 填方路基整体溜塌破坏特征　　　图 12.3-2 填方路基局部溜塌破坏特征

根据调查,溜塌前部分路段坡脚出现冒水现象,一般是先冒清水,再冒浑水,甚至冒沙。溜塌后,有大量的地下水渗出,雨后渗水量逐步减小,并在一段时间内疏干。

12.4 溜塌病害形成机制及影响因素分析

12.4.1 渗透变形作用

1)填土的粒组构成影响

对溜塌地段的填筑体采样作颗粒分析,得出溜塌填土为不连续级配土,现场试验测定溜塌段填筑体孔隙率和细粒含量特征,见表 12.4-1。

溜塌段填筑体孔隙率和细粒含量测试成果表　　　表 12.4-1

测点号	1	2	3	4	5	6	7	8
$n(\%)$	36.1	42.0	23.0	38.1	41.0	25.3	38.0	20.2
C_u	7.1	5.2	8.2	6.6	5.8	13.3	9.2	12.5
$P(\%)$	39.1	43.1	32.4	40.4	42.4	33.5	40.3	31.3

根据上表,溜塌地段的填筑体不均匀系数 $C_u = 5.2 \sim 13.3$,其中孔隙率 $n = 20.2\% \sim 42.0\%$,细粒颗粒含量 P 达 $31.3\% \sim 43.1\%$。根据《水利水电工程地质勘察规范》(GB 50487—2008)附录 $G^{[5]}$,采用黏质砂进行填筑的溜塌段,主要发生流土(沙)渗透变形破坏;采用粉砂、细砂和中粗砂等不均匀系数 $C_u > 5$ 的砂土料填筑路基,当填土细颗粒含量 $P \geqslant 35\%$ 时,发生流土(沙)渗透变形,当 $25\% \leqslant P \leqslant 35\%$ 时,发生过渡型(流沙与管涌过渡型)渗透破坏。根据上述分析,该段路基填土的性质,可发生以流土(沙)、过渡型为主的渗透变形。因此,填料特殊的岩性及粒组结构是路基溜塌的重要内因之一。

2)路基土石方设计及填筑施工影响

研究中,对设计文件进行分析发现,设计中未考虑在填筑体内设置水平排水层、排水沟或排水管等内部排水结构;同时在对溜塌断面进行现场调查时,也未发现施工中增设有任何的内部排水结构。

由于填筑料为砂质土,渗透性好,铺设路面前,雨水可从路基顶面和坡面入渗,并快速渗透到坡体底部。当路基底部填筑体内地下水排泄量低于入渗水量时,将造成底部填筑内积水,并且细粒物质将随地下水向下运移,不断地在路基底部沉积,导致底部土基渗透性和排水能力下降,造成水位不断壅高,水压力增大。填筑体内积水一方面会浸泡、软化填料,削弱填土抗剪强度;另一方面,水头抬升,水压力增大,渗流作用变强,将进一步加剧路基变形,特别是在细颗粒沉淀的坡脚部位,更容易发生破坏,现场调查结果也印证了这一点。

因此,排水系统设计不完善、填筑料性质不均、土方调配不合理,是造成路基溜塌的重要内因之一。

3)降雨入渗与渗透变形

路基溜塌发生期间,累计降雨天数达到 15d,累计降雨量达 475.5mm,钻探揭露到路基内有多层呈"片状"分布的上层滞水层。受填料粒组成、含泥量的影响,上层滞水分布无规律,且厚度不一。

据监测单位及附近群众介绍,溜塌前部分路段边坡出现冒水现象,冒水部位先是在坡脚部位,再是坡体中部位置,冒水孔先冒清水,再冒浑水,冒水点的流量呈现底部大于中上部,总体上呈现随坡体高度增大而减小的特征。

上述现象说明,在路基溜塌前填筑体内已具有了较高的动水位,根据坡面冒水位置判断,暴雨期间路基内瞬时水头高度在 $2.7 \sim 8.6$m 之间,水力坡度可达 0.65 以上,高动水压力的作用加速了流土、管涌的发生,当渗透变形累积到一定程度时,边坡将发生突然的溜塌。

关于路基溜塌区渗透变形类型的判别和临界水力比降的大小,研究中参考《水利水电工程地质手册》$^{[6]}$进行了定量分析。

(1)流土(沙)破坏及临界水力比降。

按水力条件进行判别,斜坡表面由里向外水平方向,无黏性土渗流作用时流土(沙)破坏的临界水力比降 J_{cr} 计算公式如式(12.4-1)所示:

$$J_{cr} = G_w (\cos\theta\tan\varphi - \sin\theta)/\gamma_w \tag{12.4-1}$$

式中：G_w——土的浮重度；

γ_w——水的重度（kN/m）；

φ——土的内摩擦角（°）；

θ——斜坡坡度（°）。

填筑路基边坡坡度为 $1:1.75 \sim 1:1.5$，以室内及现场岩土物理力学试验成果为基础，计算填筑体发生流土（沙）渗透变形的临界水力比降见表12.4-2。

流土（沙）渗透变形临界水力比降计算结果表　　　　　　表12.4-2

参量指标	土类型					
	细砂		中砂		粗砂	
$\varphi(°)$	36	36	38	38	40	40
$\theta(°)$	29.74	33.69	29.74	33.69	29.74	33.69
G_w	1.68	1.68	1.67	1.67	1.66	1.66
J_{cr}	0.23	0.08	0.30	0.16	0.39	0.24

由上表可知，无论坡度为 $1:1.75（\theta = 29.74°）$，还是坡度为 $1:1.5（\theta = 33.69°）$，几类主要填料发生流土（沙）渗透变形的临界水力比降均小于降雨条件下填筑体最大水力比降0.65，说明两种坡度均存在发生流土（沙）渗透变形的可能。同时计算结果还反映出，坡度越陡，无黏性土颗粒越细，发生流土（沙）的可能性越大的特征。

根据调查，进入雨季后，一旦降大雨，部分路基边坡坡脚就会出现鼓胀、开裂和冒砂现象，并伴有泥流状物质流出，结合工程经验判断其应为流土（沙）类物质。

（2）管涌破坏及临界水力比降。

①根据细粒含量确定。

管涌破坏的临界水力坡度与土中细粒含量密切相关，研究中采用《水利水电工程地质手册》附图查取，如图12.4-1所示。

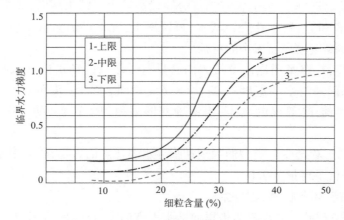

图12.4-1　临界水力比降与细粒含量关系曲线

查询获取溜塌体处填筑体发生管涌渗透破坏的临界水力比降见表12.4-3。

发生管涌渗透破坏的临界水力比降查询结果　　　表12.4-3

测点编号	1	2	3	4	5	6	7	8
$P(\%)$	39.1	43.1	32.4	40.4	42.4	33.5	40.3	31.3
J_{cr}	0.88	0.91	0.55	0.88	0.90	0.61	0.86	0.48

从表中数据可知,有三个点的临界水力比降小于填筑体最大水比降0.65,说明局部地段可发生管涌渗透变形,现场则表现为冒沙、冒浑水的现象。

②根据渗透系数确定。

根据现场双环法渗水试验、钻孔注水试验获取渗透性系数,颗粒分析试验获取土体粒组结构数据,根据式(12.4-2)计算管涌临界水力比降见表12.4-4。

$$J_{cr} = 42d_3 \left/ \sqrt{\frac{k}{n^3}} \right. \tag{12.4-2}$$

式中:d_3——小于该粒径的含量占总土重3%的土粒粒径(mm);

k——土体的渗透系数(cm/s);

n——土体的孔隙率(%)。

根据渗透系数计算临界水力比降结果　　　表12.4-4

测点及土类	1	2	3	4	5	6
	细砂	细砂	中砂	中砂	粗砂	粗砂
$k(\text{cm/s})$	0.015	0.026	0.021	0.11	0.078	0.18
J_{cr}	0.92	0.99	0.52	0.94	0.88	0.55

同理,从上表得出,细砂的临界水力比降平均值为0.96,中砂临界水力比降平均值为0.73,粗砂临界水力比降平均值为0.72,大于最大临界水力比降0.65,但部分测点临界水力比降小于0.65,填筑体部分地段可发生管涌渗透破坏。

根据上述分析,降雨入渗造成填筑体内水位壅高,渗透变形作用是造成溜塌的重要因素,其中降雨属于外因,土体结构属于内因。

12.4.2　增湿加载与强度劣化作用

采取典型区域溜塌区0~8m深度土样进行天然含水率(w)、液限含水率(w_L)和饱和含水率(w_{sr})测试,并开展标贯对比试验,根据《工程地质手册》[7]提供的经验公式估算其力学指标,分析降雨入渗作用对路基土体强度的影响。试验结果见表12.4-5~表12.4-7。

0~4m深度内土体含水率测试结果　　　表12.4-5

测点号	1	2	3	4	5
$w(\%)$	45.8	27.4	27.6	26.8	30.6
$w_L(\%)$	37.0	25.1	25.3	24.4	27.0
$w - w_L$ 差值	8.8	2.3	2.3	2.4	3.6

4~8m 深度内土体含水率测试结果　　　　　　表 12.4-6

测点号	6	7	8	9	10	11	12	13
w_{sr}(%)	21.1	27.0	11.1	23.0	26.0	12.63	22.9	9.44
w(%)	29.0	32.3	33.5	29.6	28.7	30.5	24.8	13.7

标准贯入对比试验成果表　　　　　　表 12.4-7

点号		A-1	A-2	A-3	A-4	A-5	A-6
岩土类别		黏质砂、粉砂、粉土			细砂、中粗砂		
试验点深度(m)		0.3~0.5	1.5~1.8	3.0~3.3	4.2~4.5	6.1~6.4	7.6~7.9
天然工况	N(击)	15.4	15.8	17.3	23.1	25.9	27.6
	φ(°)	32.5	32.8	33.6	36.5	37.8	38.5
	E_s(MPa)	16.94	17.38	19.03	36.96	38.85	41.4
降雨工况	N(击)	11.6	12.4	15.4	17.6	19.6	21.6
	φ(°)	30.2	30.7	32.5	33.8	34.8	35.8
	E_s(MPa)	12.76	13.64	16.94	28.16	29.4	32.4

根据试验结果,溜塌区浅层部分主要为低液限黏质砂,部分为粉土和细砂,中下层主要为细砂、中粗砂。浅部黏质砂天然含水率大于液限含水率,土层处于超饱和状态;下部中粗砂、细砂的含水率,远大于其饱和含水率,土层处于超饱水状态。高含水率和孔隙水压力将使土体颗粒处于悬浮状态,有效应力减小,抗剪强度显著下降。根据试验,雨后浅部 0~4m深度土体内摩擦角平均下降2.04°,压缩模量平均下降3.78MPa,深部 4~8m 深度土体内摩擦角平均下降2.48°,压缩模量平均下降8.08MPa,地下水使土体强度劣化,抗滑力减小,下滑力增大,稳定性下降。

研究中采用 GEO-SLOP 软件 SEEP 渗流分析模块与 SIGM 应力应变分析模块耦合计算得出,边坡坡脚部位逐步出现剪应力集中现象,随着降雨入渗及地下水的持续浸润作用,应力集中程度逐步加深、范围逐步扩大,并向边坡后缘扩展,边坡位移变形量表现出与应力应变类似的特征,变形量较大的区域位于边坡中下部至坡脚部位。当地下水持续作用,应力累积到一定程度后,将造成边坡的溜塌。降雨作用下边坡剪应力分布和变形特征,如图12.4-2、图12.4-3 所示。

采用 SEEP 渗流分析模块与 SLPO 稳定性分析模块耦合定量分析暴雨工况下边坡稳定性的变化特征。根据降雨监测数据,计算中降雨强度分别设置为 200mm/d(大暴雨)、110mm/d(暴雨)、30mm/d(中~大雨),降雨历时设置为 0~168h。

根据《公路路基设计规范》(JTG D30—2015)[8](采用快剪强度指标),要求高路基正常工况下稳定安全系数 $f > 1.35$,暴雨工况(非正常工况Ⅰ)$f > 1.25$。

定量计算得出,边坡稳定性系数与降雨历时和雨强呈负相关,随降雨的持续,边坡稳定性逐步降低。雨强分别为 30mm/d、110mm/d、200mm/d 三种工况,降雨历时分别在96.3h、50.4h、34.5h 后,边坡稳定性系数 $f \leq 1.25$,将不满足规范稳定安全系数要求,降雨历时分别为 128.0h、90.0h、49.6h 后,边坡稳定性系数 $f \leqslant 1.0$,边坡将发生溜塌失稳。边坡稳定性系数与雨强、降雨历时关系曲线,如图 12.4-4 所示。

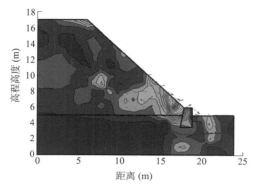

图 12.4-2 降雨入渗作用下边坡剪应力分布特征   图 12.4-3 降雨入渗作用下边坡位移变形特征

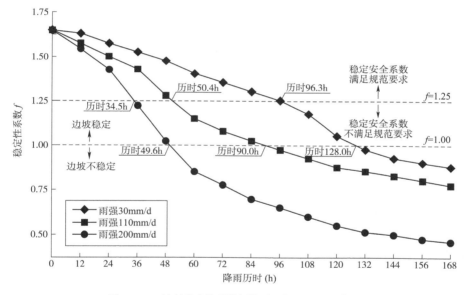

图 12.4-4 边坡稳定性系数与降雨强度、历时关系曲线

12.4.3 冲刷侵蚀作用

据气象资料,自 6 月 19 日—7 月 11 日,路基溜塌历时 22d,其中降雨天数达 15d,占 67%,日降水量 2.2~109.5mm,大雨和暴雨共有 7d,占降雨总天数的 46.7%,见表 12.4-8 及图 12.4-5。由于路基填料主要为黏质砂、粉砂、细砂和粉土等砂质土,土体本身的黏聚力低,抗冲刷性能差,而建设阶段路基坡面拱形骨架内除植草外,未采取其他防冲刷措施,坡顶部也未采取有效的临时截排水措施,在雨水的冲刷作用下,易造成水土流失。据调查,新建路基坡面冲刷侵蚀现象比较普遍,同时由于未对前期冲刷损毁区域采取应急处理措施,随着后续多期降雨作用,坡面破坏面积、程度进一步扩展,进而造成更大面积的坡面损坏。

研究区 6—7 月降雨特征统计表　　　　　　　　　　　表 12.4-8

日期	6 月								7 月							
	19	20	21	23	24	27	29	30	1	4	5	7	8	9	10	11
日降雨量（mm）	61.2	84.7	36.2	17.6	12.8	2.2	2.8	26.9	5.2	58.6	0.1	1.5	56.2	109.5	92.5	48.2
雨强等级	暴雨	暴雨	大雨	中雨	中雨	小雨	小雨	大雨	小雨	暴雨	小雨	小雨	暴雨	大暴雨	暴雨	大雨

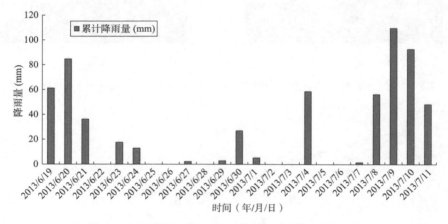

图 12.4-5　工程区 6 月 19 日—7 月 11 日降雨量变化直方图

12.4.4　病害成因综合分析

综上分析，溜塌区路基填土属于级配不良的砂质细粒土，具备发生流沙和管涌渗透破坏的天然条件。路基填料性质不均、粒组结构、渗透性差异大，填筑路基表面及截排水结构设计不完善等因素是形成溜塌的内因，降雨入渗引起水位壅高、地下水的增湿加载、强度劣化、渗流潜蚀、孔隙水压力作用及地表积水的冲刷侵蚀作用是形成溜塌的外因，内因和外因综合作用造成路基的大面积溜塌。并且，由于不同地段填料类型、压实程度、渗透性、地下水补给强度等存在差异，因此出现的病害现象也有所不同。表现特征如下：

（1）受动水压力影响明显的区域，多表现突然性的溜塌，其往往在降雨过程中或雨后短时间内发生。该类路基变形溜塌过程，见图 12.4-6。

（2）以渗透变形破坏为主的区域，往往是先在坡脚部位发生滑移，边坡中上部土体将因坡脚滑移失去支撑力而发生牵引式滑移，并逐步向坡顶及后缘发展。该类路基变形溜塌过程，见图 12.4-7。

（3）上部颗粒粗、下部颗粒细的地段通常较其他地段水位壅高幅度大，溜塌的频次高、范围广。

（4）路基顶部地势低洼积水，地下水补给强的区域，往往比补给弱的地段更易发生溜塌，特别是在顶部路肩开挖电缆沟未及时回填封闭地段，灾害最为严重。

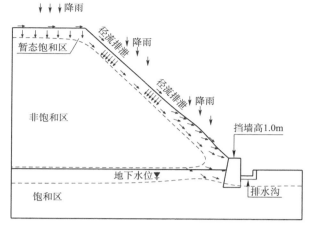

a) 边坡变形初期阶段

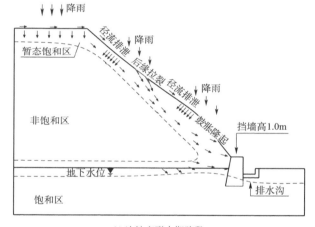

b) 边坡变形中期阶段

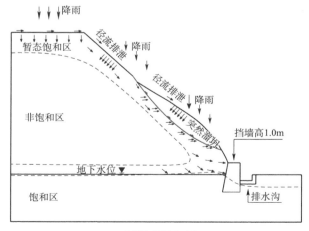

c) 边坡溜塌滑移阶段

图 12.4-6　动水压力型边坡变形溜塌过程示意图

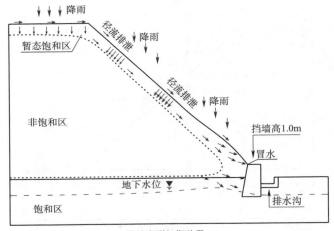

a) 边坡变形初期阶段

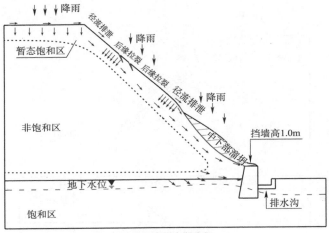

b) 边坡变形中期阶段

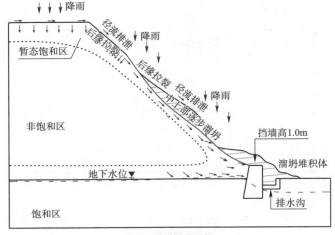

c) 边坡溜塌滑移阶段

图 12.4-7　渗透破坏型边坡变形溜塌过程示意图

12.4.5　治理措施分析

1）应急处理措施

为防止溜塌进一步发展,造成更大规模的病害,在初步判明溜塌原因的情况下,根据填料性质、填筑高度、水文条件以及现场可用的应急物资等,采取顶面防水薄膜覆盖隔水、坡面增设密目网、坡脚沙袋反压防渗、简易钢管桩加固的临时处置措施。

2）永久性整治措施

（1）溜塌段开挖台阶回填修复,土体性质差的地段,置换粗砂土、砂砾石土等性质较好的填料,分层回填并压实。

（2）拓宽路基与既有路基交界面开挖台阶搭接,并搭接区铺设密目钢丝网或钢塑土工格栅,加强新旧路基连接,减小不均匀沉降。

（3）将原设计拱形截水骨架中 M7.5 浆砌片石改为 C15 混凝土,并优化挡水条设计。

（4）坡脚处未设置挡墙的路段,增设 1.5m 高的俯斜式浆砌片石重力式挡墙,溜塌段将原 1m 高的挡土墙提高至 2m,坡脚设置反滤层,并分层设置泄水孔。

（5）所有路基边坡坡面增设密目防护网,防止雨水冲刷流失。

（6）所有路基顶面增铺防水土工布,减少降雨入渗量,在检测合格、沉降监测数据收敛稳定后,尽快硬化路面,减小降雨入渗的影响。

（7）完善地表及地基内部永久排水系统,局部富水高填方路基增设水平排水层,并结合施工打仰斜孔排水孔,孔内充填滤料,加强路基内部排水。

整治以后,原溜塌路段后期基本未出现溜塌现象,变形监测结果满足规范及设计要求,治理效果良好。目前该公路已顺利竣工,并正常运营。

12.4.6　结语

（1）溜塌路基填料属于级配不良的砂质细粒土,其物理性质特征具备发生渗透变形的天然条件,溜塌段填土可发生以流土（沙）、过渡型为主的渗透变形。

（2）受动水压力影响明显的区域,多表现突然的溜塌,溜塌往往在降雨过程中或雨后短时间内突然发生。

（3）以渗透变形破坏为主的区域,通常先在坡脚部位发生溜塌破坏,并逐步向坡顶及后缘发展,发生牵引式滑移破坏。

（4）截排水系统设计不完善,降雨入渗引起填筑体内水位壅高,地下水的增湿加载、强度劣化、渗流潜蚀、孔隙水压力作用及地表积水的冲刷侵蚀作用是形成溜塌关键性控制因素,路基溜塌是内因和外因共同作用的结果。

（5）查明病害的成因机制及影响因素,采用上文提出的治理措施,能达到较好的病害应急处置和永久治理效果,可供类似工程的设计、施工和病害防治提供参考。

本章参考文献

[1] 刘恒. 含黏粒砂土填方路基渗透特性及沉降预测研究[D]. 武汉:湖北工业大学,2020.

［2］张晓.高等级公路填砂路基施工技术探讨［J］.公路,2018,63(06):75-77.

［3］李洪胜.填砂路基施工技术的探讨［J］.交通标准化,2009(5):16-20.

［4］国家铁路局.铁路路基设计规范:TB 10001—2016［S］.北京:中国铁道出版社,2017.

［5］中华人民共和国住房与城乡建设部.水利水电工程地质勘察规范:GB 50487—2008［S］.北京:中国计划出版社,2009.

［6］水利水电部水利水电规划设计院.水利水电工程地质手册［M］.北京:水利电力出版社,1985.

［7］《工程地质手册》编委会.工程地质手册［M］.5 版.北京:中国建筑工业出版社,2018.

［8］中华人民共和国交通运输部.公路路基设计规范:JTG D30—2015［S］.北京:人民交通出版社股份有限公司,2015.